高等学校“十一五”精品规划教材

建筑设备工程

主　编　张爱民　刘曙光
副主编　李宏斌　宫克勤　职大庆
参　编　刘万亮　张海泉　张西平

中国水利水电出版社
www.waterpub.com.cn

内 容 提 要

本书共分为三篇：即给水排水工程、暖通空调工程、建筑电气工程，共计十三章。第一章至第五章介绍了城市及建筑给水排水工程，第六章至第九章介绍了供暖、空调、热源及冷源、通风工程，第十章至第十三章介绍了电力系统及建筑供配电、建筑照明、建筑物防雷、智能建筑等内容。

本书为土木工程、建筑学、规划、园林等专业教材，也可供土木工程技术人员参考使用。

图书在版编目（CIP）数据

建筑设备工程/张爱民，刘曙光主编．—北京：中国水利水电出版社，2009（2014.1 重印）
高等学校“十一五”精品规划教材
ISBN 978-7-5084-6112-0

Ⅰ．建…　Ⅱ．①张…②刘…　Ⅲ．房屋建筑设备-高等学校-教材　Ⅳ．TU8

中国版本图书馆 CIP 数据核字（2008）第 204580 号

书　　名	高等学校“十一五”精品规划教材 **建筑设备工程**
作　　者	主编　张爱民　刘曙光
出版发行	中国水利水电出版社 （北京市海淀区玉渊潭南路 1 号 D 座　100038） 网址：www.waterpub.com.cn E-mail：sales@waterpub.com.cn 电话：（010）68367658（发行部）
经　　售	北京科水图书销售中心（零售） 电话：（010）88383994、63202643、68545874 全国各地新华书店和相关出版物销售网点
排　　版	中国水利水电出版社微机排版中心
印　　刷	北京纪元彩艺印刷有限公司
规　　格	184mm×260mm　16 开本　19.25 印张　456 千字
版　　次	2009 年 1 月第 1 版　2014 年 1 月第 2 次印刷
印　　数	4001—6000 册
定　　价	**34.00** 元

前　言

建筑设备，是要为建筑物的使用者提供生活和工作服务的各种设施和设备系统的总称。现代建筑，特别是高层建筑的迅猛发展，对建筑物的使用功能和质量提出了越来越高的要求。现代建筑中水、电、空调和消防等系统的设备日趋复杂，建筑设备投资在建筑总投资中的比重越来越大，建筑设备工程在建筑工程中的地位也越来越重要。近几年来，我国建筑设备的发展比较迅速，国外先进的建筑设备也在不断地进入国内市场。随着新材料的大量应用，新设备的不断涌现，我国的建筑设备将向着体积小、重量轻、能耗少、效率高、噪声低、造型新和功能多的方向发展。与此同时，电子技术的应用、智能建筑的兴起，不仅把建筑设备各系统的运行管理推向一个更高的层次，同时也对建筑设备的制造与系统设计提出了更高的要求。因此，从事建筑类各专业工作的工程技术人员，需要对现代建筑物中的给排水、供暖、通风、空调、燃气供应、供配电、消防、智能建筑等系统和设备的工作原理和功能，以及在建筑中的应用情况有所了解，以便在建筑和结构设计、建筑施工、室内装修、房地产开发和建筑管理等工作中合理的配置及使用能源和资源，做到既能完美地体现建筑物的设计和使用功能，又能尽量地减少能量的损耗和资源的浪费。建筑设备是土木工程专业中的一门重要的专业课。学习本课程的目的在于掌握给水、排水、供暖、通风与空调、电气照明等建筑设备的基本知识，能识读这些工种的施工图纸，具有综合考虑和合理处理各种建筑设备与建筑主体之间的关系的能力，从而提高在建筑施工中综合解决各种技术问题的能力。本书在编写内容上注重了基本理论与工程应用的有机结合，注重培养学生理论与实践相结合的工程意识，为提高学生综合素质奠定基础。

同时本书中增加了近些年发展起来的新技术、新方法、新的施工工艺，以及大量形象化的图例，便于读者更好地理解和掌握学习内容。

本书由东北林业大学张爱民、刘曙光担任主编，河北农业大学李宏斌、大庆石油学院宫克勤、东北林业大学职大庆担任副主编，哈尔滨理工大学刘万亮、东北林业大学张海泉、河北农业大学张西平参加编写。具体分工：张爱民编写第一、二章，张西平编写第三章，张海泉编写第四、五章，宫克勤编写第六章，李宏斌编写第七章，刘万亮编写第八章，刘曙光编写第九章，职大庆编写第十～十三章。王鑫、冷云涛等同学进行了资料的整理、编写工作。全书由张爱民统稿。本书在编写过程中参阅了许多文献和国家发布的最新规范，对各参考文献的作者表示衷心的感谢。

由于编者水平有限，书中不妥之处，敬请读者批评指正。

编 者

2014 年 1 月

目　录

第二篇　暖通空调工程

第三篇　建筑电气工程

第一篇　给水排水工程

第一章　城市给水工程

水在人们生活和生产活动中占有重要地位。城市给水工程是供应生活用水、生产用水及消防用水的设施，是城市建设一个重要基础设施。因此，该工程必须保证以足够的水量、合格的水质、充裕的水压供应生活用水、生产用水和其他用水，不但能满足近期的需要，还要兼顾到城市的发展。

第一节　给水水源及取水工程

一、给水水源的类型

给水水源分地下水和地面水两大类。地下水和地面水都是来源于雨、雪等大气降水，只是由于地形地势的不同，有的汇集到江、河、湖等水体而形成的地面水；有的直接渗入地下或通过河流渗入地下形成地下水。

1. 地下水源及水质特征

地下水由于埋藏在地表以下，因而水在地下流动时受到地层的吸附过滤和微生物作用，一般具有水质清澈、水温稳定、无色无味、分布面广、不易受外界环境污染等优点。但其流量较小，矿物质含量较高。地下水源根据取水条件的不同分为浅井水、深井水、泉水等。

（1）浅井水。系指地面下第一隔水层以上的水也叫潜水。由于离地面近，易受地面水污染，水位变化也较大，其浑浊度较低，矿物质含量、硬度偏高，部分地区铁、锰含量较高，细菌含量较少。

（2）深井水。系指穿过地层内隔水层后所得到的水，也称为承压水。其水量稳定、水质清澈、细菌含量一般都能满足卫生要求。但硬度较高，铁、锰、氯化物常超标准。

（3）泉水。系指含水层露出地面，自流而出的地下水。水质一般较好，常含与地层有关的化学元素，部分地区水温较高。是比较理想的水源。

2. 地面水源及水质特征

由于地面水直接与大气接触，容易受地面各种因素的影响，具有浊度高，易受周围环境污染以及水量随季节变化较大的特点。但取用方便，矿化度、硬度较低。为江河水、湖泊水、水库、海水等。

（1）江河水。由于河流流程长、流域广，因而水中悬浮物和胶体杂质含量较多，浊度、细菌含量较高；水质、水量随季节和自然环境变化而变化。大多数河流的合盐量和硬度无碍于生活饮用，但易受生活污水、工业废水和其他人为污染、有害有毒物质易侵入水体。

(2) 湖泊、水库水。一般由河流水补充其水量，水质与河流相似。但由于流动缓慢，贮存时间长，进入其中的部分悬浮杂质能依靠重力作用而下沉，所以浊度较低；细菌含量较高。由于阳光的照射，水里往往会繁殖大量浮游生物和藻类，使水产生色、臭、味。同时不断地蒸发使含盐量高于河流水。

二、取水工程

取水工程根据水源的不同分为地下水及地面水。

(一) 地下水取水工程

地下水取水构筑物根据地下水的类型、埋深、含水层厚度、水文地质等条件的不同，其开采方法和取水构筑物的型式也不同。一般分为管井、大口井、渗渠等形式。

1. 管井

管井又称机井。它是垂直安装在地下的取水构筑物是地下水取水构筑物中采用最广泛的一种型式。适于开采含水层厚度大于5m底板埋深大于15m的情况。管井的直径有50～1000mm，常用150～600mm。井深为20～1000m，常用的在300m以内。

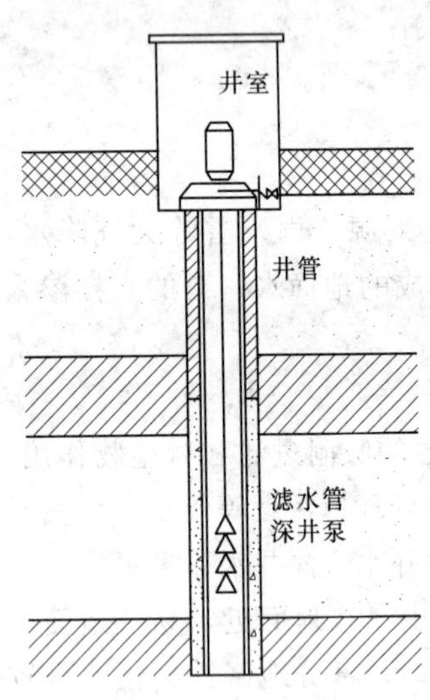

图 1-1　管井构造图

管井的一般构造如图 1-1 所示，通常由井室、井管、滤水管、沉砂管、人工填砾等部分所组成。

(1) 井室。是用以保护井口免受污染和安放水泵机组或其他设备的场所，也称深井泵房。井口应高于地面 0.2～0.3m，并用水泥和优质黏土封闭，以防积水流入井内，污染水源。深井泵房分地下式或半地下式两种。

(2) 井管。是用以加固井孔，防止井壁坍塌、并隔绝水质不良的含水层。井管的材料可采用钢管、铸铁管、钢筋混凝土管、石棉水泥管等。一般情况，非金属管适用于井深不超过150m的管井。井管内安装泵管和深井泵，因而井管口径应根据吸水管的最大外形尺寸和深井泵外径而定。一般井管内径应比井内设备的内径大50～100mm。

(3) 滤水管。又称过滤器，安装于含水层中，用以集水和防止含水层中颗粒进入井内。滤水管周围有一层天然的或人工填砾的反滤层，以增加井的出水量。在砂及砂砾石含水层内，一般采用穿孔缠丝过滤器或穿孔包网过滤器如图 1-2 所示；在卵石或破碎基岩水层中，一般采用骨架式过滤器如图 1-3 所示；在坚硬或半坚硬的稳定岩层含水层，一般不需要安装过滤器。过滤器下部是沉砂管，用以沉淀进入井内的细小砂粒和水中析出的沉淀物，一般为2～10m。

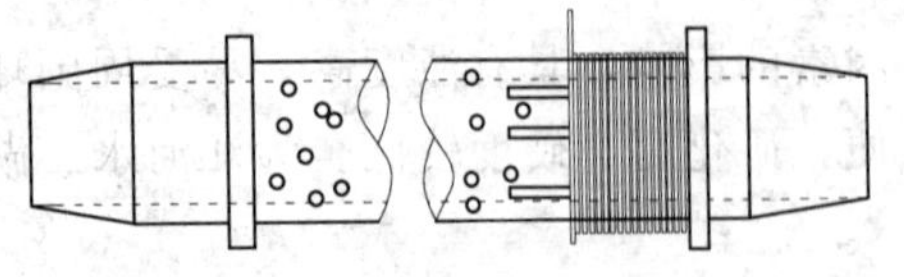
图 1-2　穿孔缠丝过滤器图

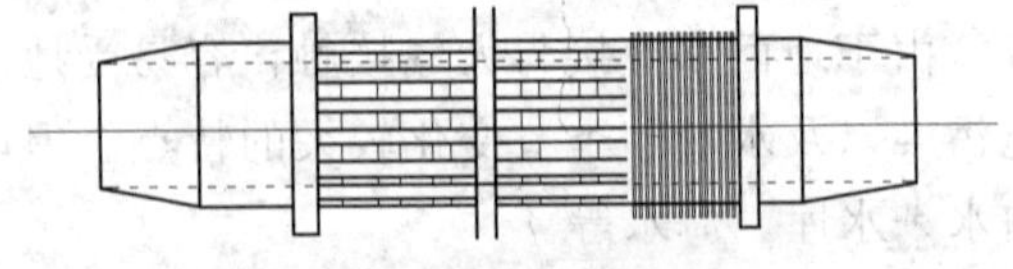
图 1-3　钢筋骨架过滤器图

管井的建造主要程序为：钻凿井孔、下沉砂管、滤管、井管、填砂与封井、安装抽水设备、洗井和进行抽水试验，修建泵房、安装水泵等。

2. 大口井

大口井是广泛用于开采浅层地下水和河床渗透水的取水构筑物。井深一般不大于15m，井径一般为3～8m，可采用卧式离心泵抽水。

大口井的构造如图1-4所示，主要由井筒、井口，进水部分和井底反滤层等部分组成。

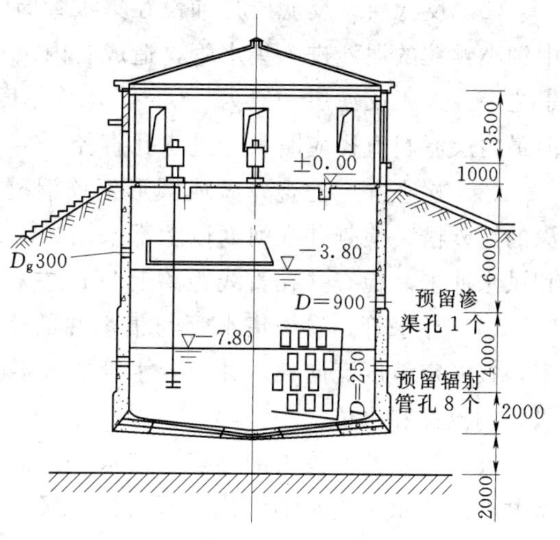

图1-4 大口井构造图

(1) 井筒。井筒一般为圆筒形，也有阶梯圆筒形等。通常用钢筋混凝土浇筑或用砖、石砌筑而成。井筒用于加固井壁，防止井壁坍塌及隔离水质不良的含水层。

(2) 井口。大口井露出地面的部分为井口。在井口上可设水泵也可只设盖板，人孔和通气管。

(3) 进水部分。大口井的进水方式有：井壁进水、井底进水、井壁和井底同时进水三种。井壁进水，一般是在井壁上做成直径100～200mm圆孔或100mm×150mm、100mm×200mm、100mm×250mm等的矩形孔，交错布置在动水位以下；孔中装填一定级配的滤料层，孔的两侧放置格网防止滤料漏失。当采用井底进水时，井底部位应铺设锅底状的反滤层。

反滤层是为了防止含水层的细水砂随水流进入井内，保持含水层渗透性稳定。反滤层一般为3～4层，粒径自下而上逐渐增大，每层厚度约200～300mm。

3. 渗渠

渗渠是截取地下水的一种取水方式。它是利用埋设在地下含水层中带孔眼的水平渗水管或渠道，依靠渗透和重力流来集取浅层地下水或地表渗透水。渗渠一般由水平集水管、反滤层、检查井、导水管组成，如图1-5所示。

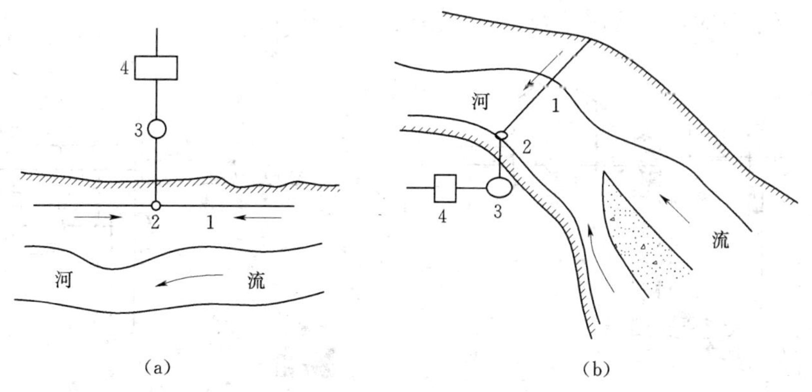

图1-5 渗渠布置图

(a) 平行河流布置；(b) 垂直河流布置

1—集水管；2—检查井；3—集水井；4—泵站

(1) 集水管。集水管一般采用带孔眼的钢筋混凝土管或混凝土管。孔眼有圆形和长条形两种。圆形孔径一般为20～30mm，布置成梅状，孔眼内大外小，以防堵塞。进水孔眼布置在离管底1/3～1/2管径以上，下部一般不设孔眼。集水管管径不得小于200mm。

(2) 反滤层。反滤层是铺设在集水管周围的人工滤层。其主要目的是用以防止含水层中细小颗粒的泥沙进入集水管，造成管内淤积。反滤层铺设的质量是影响渗渠效果重要因素之一。人工反滤层一般为3～4层，总厚度约为800mm，与大口井的反滤层要求相同，但最内层滤料直径应略大于进水孔直径。

(3) 检查井。检查井做成圆形钢筋混凝土较好。直径1～2m，井底做成1.5～1.0m深的沉砂槽。检查井在河面以上都采用封闭式井盖外面用螺栓将井盖固定，以防漏进泥沙和洪水冲击。检查井在直线距离上50m左右设置一个，在转弯处都应设置。

(4) 导水管。渗渠集水管与集水井的连接管称为导水管。一般用钢筋混凝土管或渠道，按一定坡度流向集水井。导水管要求不漏水和防止砂土流入。导水管上一般安设闸门以控制流量和水位。

(5) 集水井。渗渠的终点为集水井。集水井往往与泵房吸水井合建在一起。合建的吸水井要满足水泵吸水的水位、水量、水深和沉砂的要求。

(二) 地面水取水工程

由于地面水的种类、性质和取水条件的不同，取水构筑物也有多种形式。按其构造情况基本上分为固定式和活动式两类。

1. 固定式取水构筑物

固定式取水构筑物的形式常用的有岸边式和河床式两种。

(1) 岸边式取水构筑物。直接从岸边进水口取水的构筑物称为岸边式构筑物。它由集水井和泵站两部分所组成。当河岸较陡，主流近岸，岸边水深足够，水质及地质条件较好，水位变化幅度不太大时，宜选用这种形式，如图1-6所示。

(2) 河床式取水构筑物。从河心进水口取水的构筑物称为河床式取水构筑物。它由取水头部、自流管、集水井、泵房等部分组成。集水井与泵房同样可以采用合建式或分建式。当河床稳定，岸边较平坦，主流距岸边较远，岸边水深不足或水质较差，而河心有足够水深和良好水质时，宜选用这种型式，如图1-7所示。

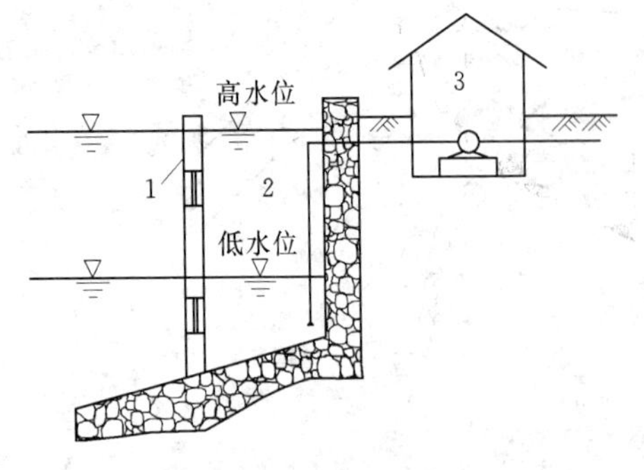

图1-6　岸边式取水构筑物

1—格栅；2—集水井；3—泵站

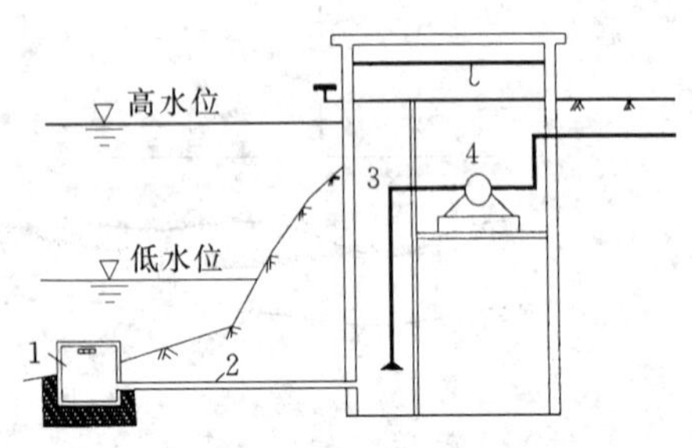

图1-7　河床式取水构筑物

1—取水头部；2—自流管；3—集水井；4—泵站

取水头部的型式较多，常用的有喇叭管、蘑菇形、桩框形、箱式等。

喇叭管的布置分为顺水流向、垂直向上、水平式、垂直向下四种类型，如图 1－8 所示，顺水流向多用于泥砂和漂浮物较多的河流。垂直向下多用于岸边式直接用水泵取水的情况。

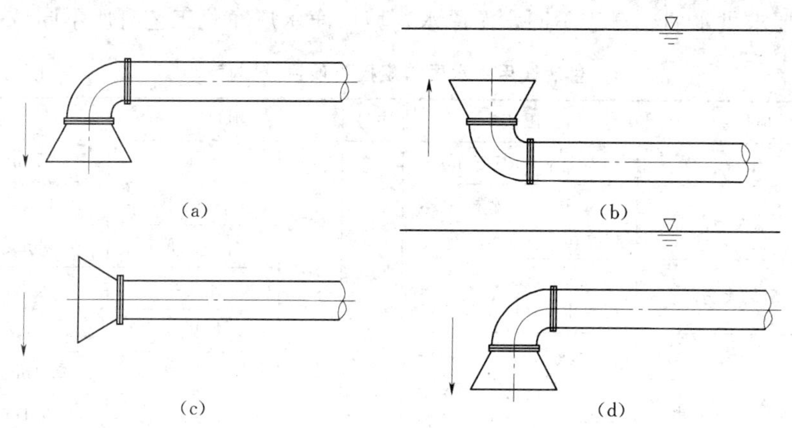

图 1－8 喇叭管式取水

(a) 顺水流向；(b) 垂直向上；(c) 水平式；(d) 垂直向下

垂直向上式多用于河床较陡，河水较深冰凌和漂浮物较少，而河床底泥砂又较多的河流。水平式多用于河道纵坡较小的河段。

2. *活动式取水构筑物*

当河流水位变化幅度较大（1.0～3.5m 或以上）时，为了节省投资，减少水厂工程量，或作为应急措施，可采用活动式取水构筑物。活动式取水构筑物主要有浮船式和缆车式两种。采用浮船式具有投资少、施工期短、调度灵活、能吸取含砂量较少的表面水等优点。缺点是操作管理较麻烦，受水流、风浪等因素影响，供水安全性较差。浮船有木船、钢板船、钢丝网水泥船三种。一般做成平底围船形式，平面为矩形，断面为梯形或矩形。如图 1－9 所示。

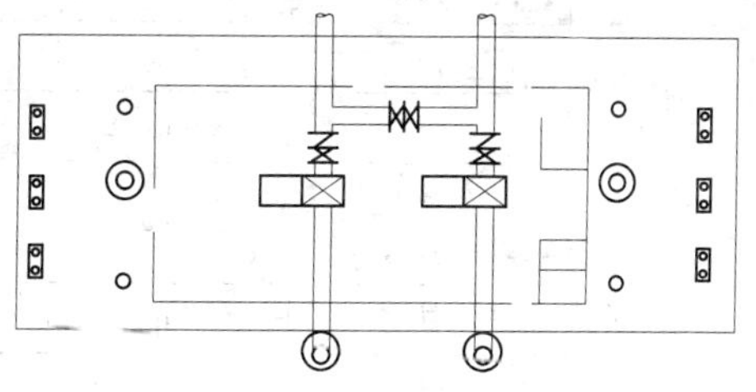

图 1－9 浮船水泵纵向布置图

第二节 净水与输配水工程

一、水质标准

天然水或流经地表或穿行于地层的水，会不同程度地携带杂质，或受到污染，不能直接用于生活或生产，需要进行处理，使其达到使用要求的水质标准，方可提供使用。对于不同用途的水，国家以规范的形式制定了水质标准。表 1－1 为生活饮用水常规检验项目极限值。城市供水是以生活饮用水标准要求的，其他更高要求的用水，则在饮用水的基础上再进行处理。

二、净化工艺与净水厂

（一）净水工艺流程

净水工艺是根据水源原水水质与用户对水质的要求来确定。城市供水是按生活饮用水水质标准的要求供水的。对于不同水源原水，城市净水厂净化工艺有所不同。一般地表水

表 1-1　生活饮用水水质常规检验项目及限值

序号	项目		限值
1	微生物学指标	细菌总数	不大于 80CFU/mL
		总大肠菌群	每 100mL 水样中不得检出
		耐热大肠菌群	每 100mL 水样中不得检出
		余氯（加氯消毒时测定）	与水接触 30min 后出厂游离氯不小于 0.3mg/L；或与水接触 120min 后出水总氯不小于 0.5mg/L
		臭和味	无异臭异味，用户可接受
		浑浊度	1NTU（特殊情况不大于 3NTU）①
		肉眼可见物	无
		氯化物	250mg/L
2	化学指标	铝	0.2mg/L
		铜	1.0mg/L
		总硬度（以 $CaCO_3$ 计）	450mg/L
		铁	0.3mg/L
		锰	0.1mg/L
		pH	6.5～8.5
		硫酸盐	250mg/L
		溶解性总固体	1000mg/L
		锌	1.0mg/L
		挥发酚类（以苯酚计）	0.002mg/L
		阴离子合成洗涤剂	0.3mg/L
		耗氧量（COD_{Mn}，以 O_2 计）	3mg/L，（特殊情况下不大于 5mg/L）②
3	毒理学指标	砷	0.01mg/L
		镉	0.003mg/L
		铬（六价）	0.05mg/L
		氰化物	0.05mg/L
		氟化物	1.0mg/L
		铅	0.01mg/L
		汞	0.001mg/L
		硝酸盐（以 N 计）	10mg/L（特殊情况下不大于 20mg/L）
		硒	0.01mg/L
		四氯化碳	0.002mg/L
		三氯甲烷	0.06mg/L
		敌敌畏（包括敌百虫）	0.001mg/L
		林丹	0.002mg/L
		滴滴涕	0.001mg/L
		丙烯酰胺（使用聚丙烯酰胺时测定）	0.0005mg/L
		亚氯酸盐（使用 ClO_2 时测定）	0.7mg/L
		溴酸盐（使用 O_2 时测定）	0.01mg/L
		甲醛（使用 O_2 时测定）	0.9mg/L
4	放射性指标	总 α 放射性	0.1Bq/L
		总 β 放射性	1.0Bq/L

① 特殊情况为水源水质和净水技术限制等。

② 特殊情况指水源水质超过Ⅲ类即耗氧量大于 6mg/L。

水源是选择不受人为污染的水体（如江河、湖泊、水库），尽管如此，大气降水流经地面时会带进泥沙、细菌等各种污染物。其处理工艺流程如图1-10所示。

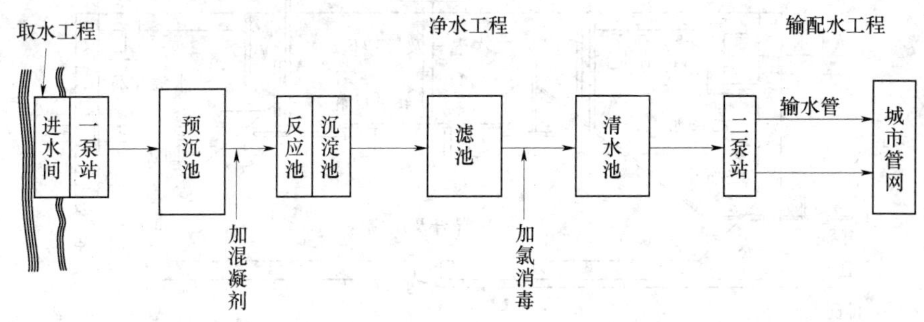

图1-10　以地表水为水源的净水工艺流程图

（二）地下水处理工艺流程

对于清洁的地下水，一般只需作消毒处理即可，但对于含有铁锰或含氟砷等有害物的地下水，应进行除铁锰、除氟除砷处理。其处理工艺流程如图1-11所示。

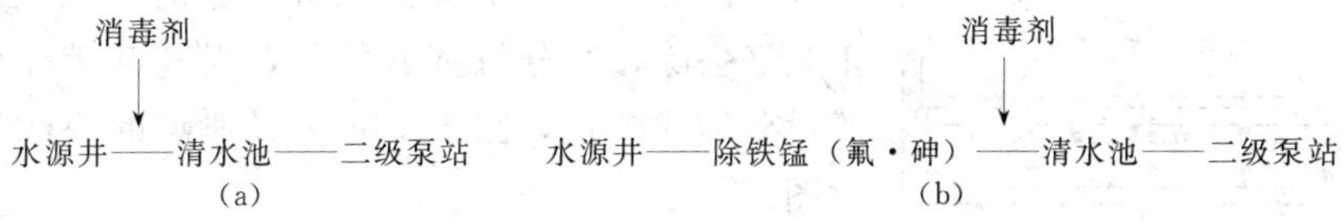

图1-11　地下水处理工艺流程图

（三）净水工艺

1. 混凝沉淀

原水中一些十分细小的悬浮颗粒（包括细菌等），在水中受水分子的碰撞，可以被推着运动，水分子的碰撞力可以抵消重力的作用时它们不能靠重力下沉。另外，它们比表面积大，在颗粒表面会选择性吸附带电离子而呈带电状态，同种悬浮颗粒，带同种电荷，在碰撞运动中，彼此相斥，不能相聚成大颗粒，因此它们在水中永远呈悬浮状态不能下沉。这种带电悬浮颗粒称为胶体颗粒。要去除这种颗粒，首先要消去胶体颗粒表面的电荷，使之呈电中性，然后创造条件，使这些悬浮颗粒彼此接触而聚结成较大的颗粒，再使它们在一个较为平稳的水力状态下通过重力作用沉淀下来。

为消除胶体颗粒表面的电荷而投加的药剂称混凝剂，在水中投加混凝剂后使药剂与水混合，并且创造条件，使胶体颗粒接触凝聚的设备称混凝池。

创造一个平稳水流条件，使凝聚后的悬浮物沉淀的设备称为沉淀池。也有将混凝和沉淀合在一起的构筑物称澄清池。图1-12为平流式沉淀池，图1-13为机械加速澄清池。

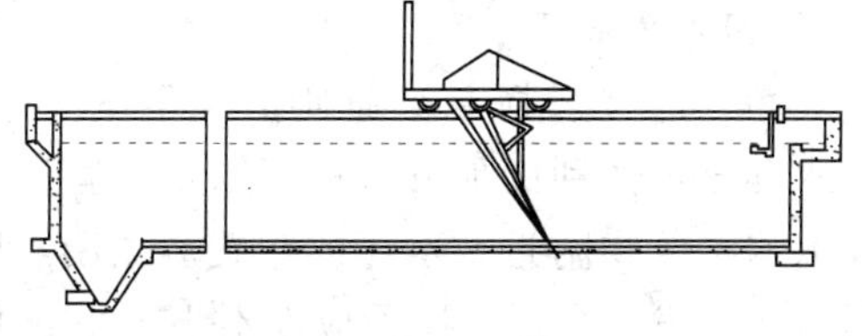

图1-12　平流式沉淀池图

2. 过滤

过滤工艺是利用水流通过颗粒滤料，通过滤粒表面的吸附作用，将经过混凝后已经是电

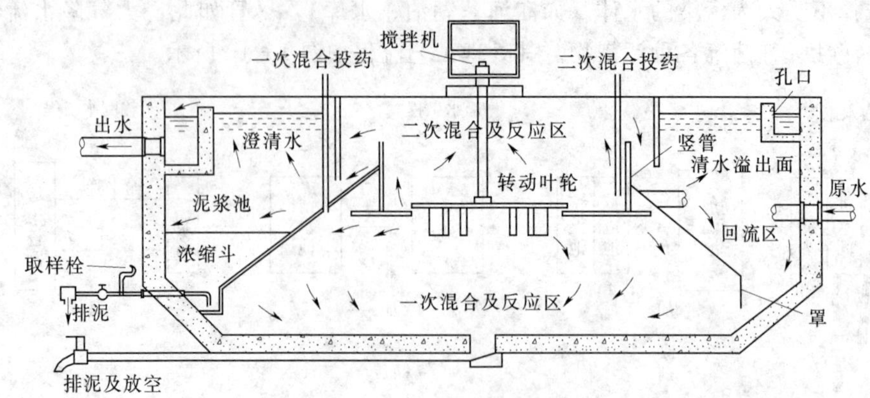

图 1-13 机械加速澄清池图

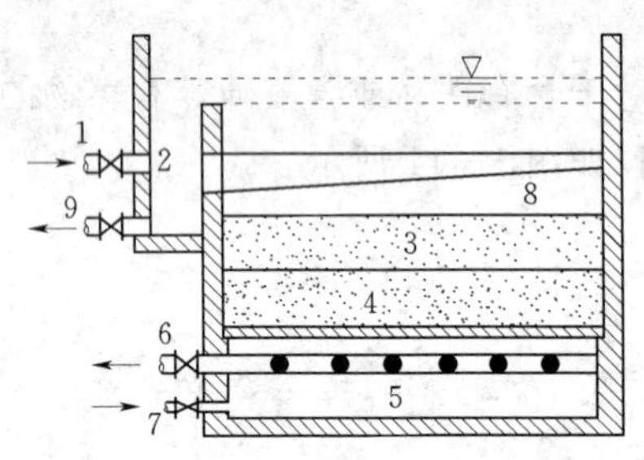

图 1-14 典型快滤池剖面示意图

中性的悬浮颗粒去除的工艺。滤料表面的吸附作用有饱和的时候，达到饱和需要反冲，将被吸附物冲走后，再次工作。为节省滤料的吸附能力，一般是将过滤工艺放在沉淀之后，沉淀池未曾去除的小颗粒，由过滤工艺来去除，充分发挥其特长，提高其工作效率。过滤设备形式多样，图 1-14 为最典型的快滤池剖面示意图。

图中其工作时的水流走向是 1 ⟶2 ⟶8 ⟶3 ⟶4 ⟶5 ⟶6。反冲时的水流走向为 6 ⟶5 ⟶4 ⟶3 ⟶8 ⟶2 ⟶9。

过滤工艺对去除悬浮物很有效，一般在进水浊度在 20 度左右，过滤后出水浊度在 3 度以下。过滤工艺对细菌、藻类和病毒都有去除能力，而且还发现可以去除部分溶解性有机物。

3. 消毒工艺

经过混凝沉淀、过滤工艺处理后的水，仍然有残留的细菌、病原菌。为保证饮用水的安全，必须进行消毒处理。消毒的方式很多，主要有投加化学药剂（如加氯、氯胺、二氧化氯），采用臭氧、紫外线等。消毒，不但要求保证消毒的用药量，而且要求确保在水的输送管网内也保持一定浓度的消毒药剂以抑制病原菌的再度复活、繁殖。

（四）净水厂

净水厂宜选择在交通便捷及供电安全、取水和排水便利的地方，地下水水厂宜选择在取水构筑物附近。水厂的布置应紧凑，同时应留有发展余地，周围应设不小于 10m 的绿化地带。图 1-15 为一地面水为水源的净

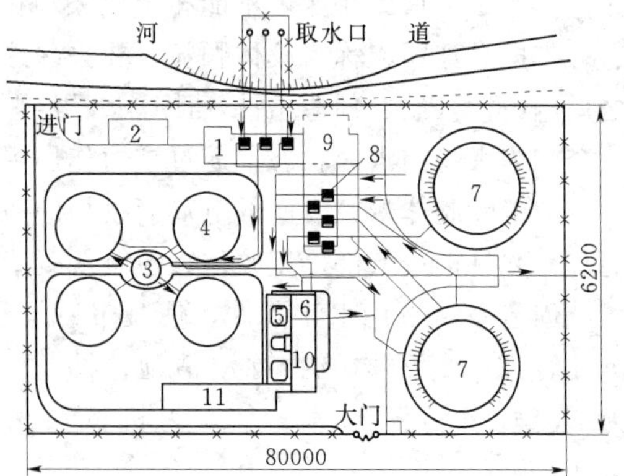

图 1-15 净水厂平面图

1—一级泵房；2—加药间；3—配水井；4—澄清池；5—快滤池；6—加氯间；7—清水池；8—二级泵站；9—变电间；10—化验室；11—办公室

水厂平面图。

三、输水与配水工程

输水与配水系统由输水泵站、中途升压泵站、输水管和配水管网及调节构筑物组成。

1. 输水泵站与中途升压泵站

输水泵站又称二泵站，因水流从取水泵站算起是第二次被提升而得名。二泵站的任务是由水厂清水池抽水向管网供水。管网上的用水量是变化的，向管网供水所需的水压也随之变化。为省能耗，二泵站常根据用水变化，分时段用不同的水泵机组供水，做到大致适应用水的水量、水压变化。一些城市采用现代管网水压监控与水泵变频调速技术可使二泵站只用很少的水泵机组，很好地适应管网的用水量变化。中途升压泵站是用于输水途中再次提升水压的泵站。

2. 输水管

输水管是负责向城市配水管网送水的总管，它本身不直接负担向用户配水的任务。输水管的线路应简短，敷设的位置应在便于施工、便于维护管理、安全可靠、不易受损害的地方。为供水安全，输水管应同时敷设两条，并每隔一定距离两条管线间设联络管和相应的阀门以保证事故发生时不间断供水。当一个城市有多个水源供水时或者有安全的贮水、允许短时间停水的情况，可只设一条输水管。

3. 配水管网

配水管网是负责向用户供水的管道。配水管网应与城市建设同步，布满全部用水区。配水干管设在用水大的地区，力求简短地通向用水大户以节省管材、节省输送能量。配水管网也应布置在道路两侧、便于施工维修的地段，与建筑物和其他管道的间距、埋深应符合规范要求。

配水管网有两种布置形式：

(1) 树枝式管网：也称枝状管网，管道呈树枝状布置，管线向供水区延展，管线随用户减少而减小，树枝式管网投资较少，但安全性稍差，一旦某处发生故障，其下游就可能停水，树枝管网的末端，水流停滞，易变质。树枝管网宜用于初建工程中，以后逐渐再完善成环网。

(2) 环式管网：配水干管间互相连接成环状的管网，管中水流可以畅通，每条管路均可以两个方向供水，安全可靠性提高了，水力条件也好。其缺点是管道投资大。对于可靠性要求高的城市多用环网。

四、管网上的附属设备

为保证管网正常工作和维护管理，管道上常设置阀门、排气阀、泄水阀、消火栓。

1. 阀门

用于调节水流或截断水流的阀门，其种类很多，有闸阀、截止阀、蝶阀之分，接口方式有螺纹连接和法兰连接两种。管径小于 50mm 的阀门多用螺纹连接，管径大于 50mm 的多用法兰连接。对于要求阀门产生阻力小的情况下或水流可能双向流动的管段上，不能用截止阀，而应用闸阀。

蝶阀安装占空间小，阻力比闸阀稍大，但造价低，常被代替闸阀使用，尤其是在空间窄小的情况下采用。

阀门设在管网的节点处，或分支处。在管长较长的管段上要设阀门加以分段，以保证事故时断水的管段不太长，在设有消火栓的管段上每段上的消火栓不能超过五个。

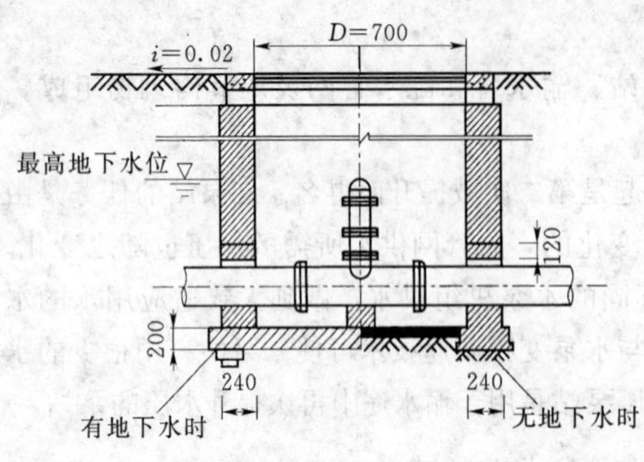

图 1-16　排气阀井

减压阀是用来调控出水水压的，设在需要降低水压的管段上。排气阀设在输水管和管网的高处，以排除管道中的空气，如图1-16所示。而泄水阀设在输水管和管道的低处，为排除泥沙或事故泄水用。为防水流倒流，泵站的水泵出口设置单向阀。大型泵站设多功能阀，其作用为：一是防水倒流；二是防水锤作用。室外阀门多设在阀门井内如图1-17所示，室内阀门可明装，也可暗装。

2. 消火栓

消火栓是用于城市区域内灭火的设备。设于配水管网管段路边、街口等便于发现和使用的地方，消火栓之间的间距不超过120m，设消火栓的管道管径不能小于100mm。消火栓有地上式和地下式两种，寒冷地区宜用地下式。图1-18为地上式消火栓，图1-19为地下式消火栓。

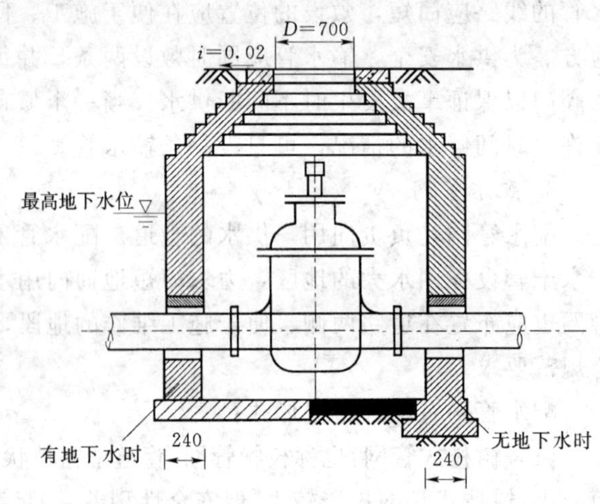

图 1-17　阀门井

3. 调节构筑物

调节构筑物有清水池、管网前后设的高地水池或水塔。清水池在水厂内，用来调节净水厂产水与二泵站向外供水的不平衡。水塔与高地水池设在供水区或配水管网前后，用来调节二泵站供水与用水水量的不平衡。用水低峰时，将水贮存起

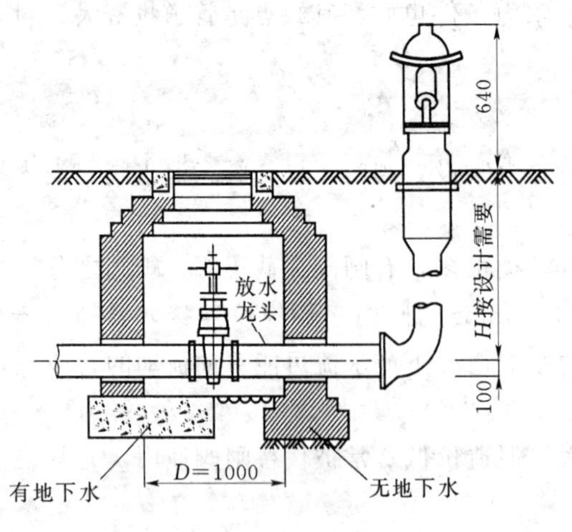

图 1-18　地上式消火栓

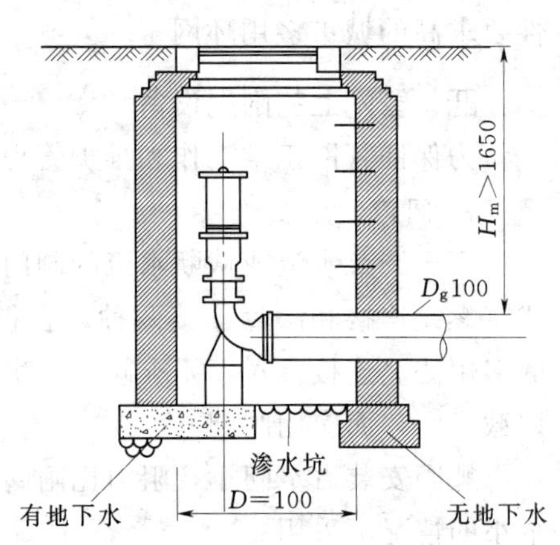

图 1-19　地下式消火栓

来，用水高峰时，贮存的水送入管网，这样可减小二泵站的高峰供水流量，又可保证水泵在稳定的水量和水压下工作，效率高、省能耗。但水塔和高地水池的高度要与管网供水水压相适应，建造费用高，而水塔调节容量有限，只适用于小城镇或工矿企业内部，图 1-20 为清水池图。

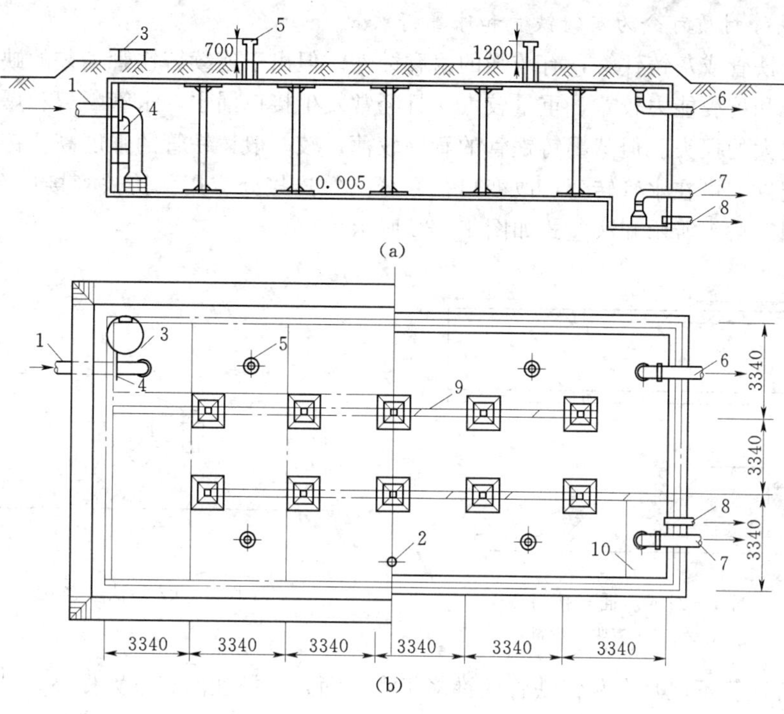

图 1-20　800m³清水池

1—进水管；2—水位监测孔；3—人孔；4—爬梯；5—通气管；6—溢流管；7—吸水管；8—放空管；9—导流墙；10—吸水坑

第三节　给水管道材料及配件

水管及零件是安装给水管网的主要材料，选用时应综合考虑管网中所承受的压力、敷设地点的土质情况、施工方法和可取得的材料等因素。输配水管网的造价占整个给水工程投资的大部分，一般约为 60%～80%。正确的选用管道材料，对工程质量、供水的安全可靠性及维护保养均有很大关系。因此，给水工程中必须重视和掌握水管材料的种类、性能、规格、使用经验、价格和供应情况，才能做到合理选用水管材料，做出正确的选择。

按照水管工作条件，水管性能应满足下列要求：

(1) 有足够的强度，可以承受各种内外荷载。

(2) 水密性，是保证管网有效而经济地工作的重要条件，如因管线的水密性差以致经常漏水，无疑会增加管理费用和导致经济上的损失。同时，管网漏水严重时也会冲刷地面而引起严重事故。

(3) 水管内壁应光滑以减小水头损失。

(4) 价格较低，使用年限较长，并且有较高的防止水和土壤的侵蚀能力。此外，水管接口应施工简便，工作可靠。

一、管道材料

水管可分为金属管和非金属管。

1. 铸铁管材质可分为灰铸铁管和球墨铸铁管

连续铸铁管或灰铸铁管，有较强的耐腐蚀性。但出于连续铸铁管工艺的缺陷，质地较脆，抗冲击和抗震能力较差，重量较大，且经常发生接口漏水，水管断裂和爆管事故，给生产带来很大的损失。但球墨铸铁管的管壁较薄，较一般铸铁管的强度高。铸铁管有各种标准铸铁配件，可在水管转弯、改变口径、分叉等连接处应用。铸铁管接口有两种形式：承插式如图 1－21 所示和法兰式如图 1－22 所示。

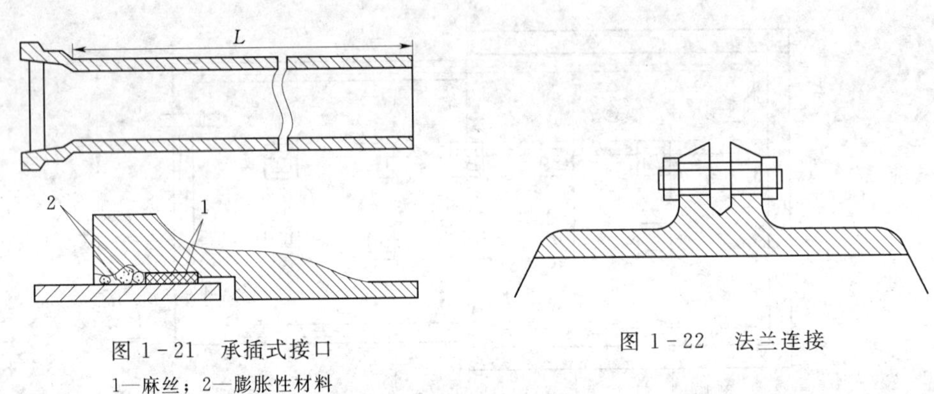

图 1－21　承插式接口

1—麻丝；2—膨胀性材料

图 1－22　法兰连接

球墨铸铁管不但具有灰铸铁管的许多优点，而且机械性能有很大提高，其强度是灰铸铁管的多倍，抗腐蚀性能远高于钢管，因此是理想的管材。球墨铸铁管的重量较轻，很少发生爆管、渗水和漏水现象，可以减少管网漏损量和管网维修费用。

2. 钢管有无缝钢管和焊接钢管

钢管的特点是耐高压、耐震动，重量较轻，单管的长度长，接口方便，但承受外荷载的稳定性差，耐腐蚀性差，管壁内外部需有防腐措施，并且造价较高。在给水管网中，通常只在管径大和水压高处以及因地质、地形条件限制或穿越铁路、河谷和地震地区时使用。钢管用焊接或法兰接口，所用配件如三通、四通、弯管和渐缩管等，由钢板卷焊而成，也可直接用标准铸铁配件连接。

3. 预应力和自应力钢筋混凝土管

在给水工程建设中，有条件时宜以非金属管代替金属管，对于加快工程建设和节约金属材料都有现实意义。

预应力钢筋混凝土管分普通和加钢套筒两种，其特点是造价低，抗震性能强，管壁光滑，水力条件好，耐腐蚀性较好、爆管率低、但重量大，不便于运输和安装。预应力钢筋混凝土管在设置阀门、弯管、排气、放水等装置处，须采用钢管配件。

预应力钢筋混凝土管是在预应力钢筋混凝土管内放入钢筒，其用钢量比钢管省，价格比钢管便宜。接口为承插式，承插环和插口环均用扁钢压制成型，与钢筒焊成一体。自应力钢筋混凝土管的管径最大为 600mm，只要质量可靠，可用在城市郊区等水压较低的次要管线上。

4. 玻璃钢管

玻璃钢管是一种新型管材，已在很多城市广泛采用。它耐腐蚀性强、不结垢，能长期保持较高的输水能力，强度高、粗糙系数小。在相同使用条件下，重量只有钢材的1/4左右，是预应力钢筋混凝土管的1/5～1/10，因此便于运输和施工。但价格较高，几乎和钢管相接近，可考虑在强腐蚀性土壤处采用。

5. 塑料管

塑料管具有强度高、表面光滑、不易结垢、水头损失小、耐腐蚀、重量轻、加工和接口方便等优点，但是管材的强度较低，膨胀系数较大，用作长距离管道时，需考虑温度补偿措施，例如伸缩节和活络接口。塑料管有多种，如聚丙烯腈—丁二烯—苯乙烯塑料管(ABS)、聚乙烯管（PE）和聚丙烯塑料管（PP）、硬聚氯乙烯塑料管（UPVC）等，其中以UPVC管的力学性能和阻燃性能力好，价格较低，因此应用较广。

与铸铁管相比，塑料管的水力性能较好，由于管壁光滑，在相同流量和水头损失情况下，塑料管的管径可比铸铁管小；塑料管相对密度在1.4左右，比铸铁管轻。又可采用橡胶圈柔性承插接口，抗震和水密性较好，不易漏水，既提高了施工效率，又可降低施工费用。塑料管已成为城市供水中中小口径管道的一种主要管材。

硬聚氯乙烯（UPVC）管是一种新型管材，其工作压力低于2.0MPa，用户进水管的常用管径为DN25mm和DN50mm，小区内为DN100～DN200mm、管径一般不大于DN400mm。为了推广应用，还须开发质量高、规格齐全的管配件和阀门。管道接口在无水情况下可用胶黏剂粘接，承插式管可用橡胶圈柔性接口，也可用法兰连接。塑料管在运输和堆放过程中，应防止剧烈碰撞和阳光曝晒，以防止变形和加速老化。

上述各种材料的给水管多数埋在道路下。水管管顶以上的覆土深度，在不冰冻地区由外部荷载、水管强度以及其他管线交叉情况等决定，金属管道的管顶覆土深度通常不小于0.7m。非金属管的管顶覆土深度应大于1m，覆土必须夯实、以免受到动荷载的作用而影响水管强度。冰冻地区的覆土深度应考虑土壤的冰冻线深度，在土壤耐压力较高和地下水位较低处，水管可直接埋在管沟中未扰动的天然地基上。

二、管网配件

给水管网除了水管以外还应设置各种附件，以保证管网的正常工作。管网的附件主要有调节流量用的阀门、供应消防用水的消火栓，其他还有控制水流方向的单向阀、安装在管线高处的排气阀和安全阀等，阀门用来调节管线中的流量或水压。阀门的布置要数量少而调度灵活，管线交接处的阀门常设在次要管线上。承接消火栓的水管上要安装阀门。阀门的口径一般和水管的直径相同，但当管径较大以致阀门价格较高时，为了降低造价，可安装口径为0.8倍水管直径的阀门。

阀门内的闸板有楔式和平行式两种。根据阀门使用时阀杆是否上下移动，可分为明杆和暗杆两种。明杆是阀门启闭时，阀杆随之升降，因此易于掌握阀门启闭程度，适宜于安装在泵站内。暗杆适用于安装和操作空间受到限制之处，否则当阀门开时因阀杆上升而妨碍工作。

图1-23为一般采用的手动法兰暗杆楔式阀门，由手工启闭。用法兰连接，阀杆不上

下移动，闸板为楔式。

大口径的阀门，在手工开启或关闭时很费时间，劳动强度也大。所以直径较大的阀门有齿轮传动装置，并在闸板两侧接以旁通阀，以减小水压差，便于启闭。

蝶阀如图 1-24 所示的作用和一般阀门相同，但结构简单，开启方便，旋转 90°就可全开或全关。蝶阀宽度较一般阀门要小，但闸板全开时占据上游管道的位置，因此不能紧贴楔式和平行式阀门旁安装。蝶阀可用在中、低压管线上，例如水处理构筑物和泵站内。

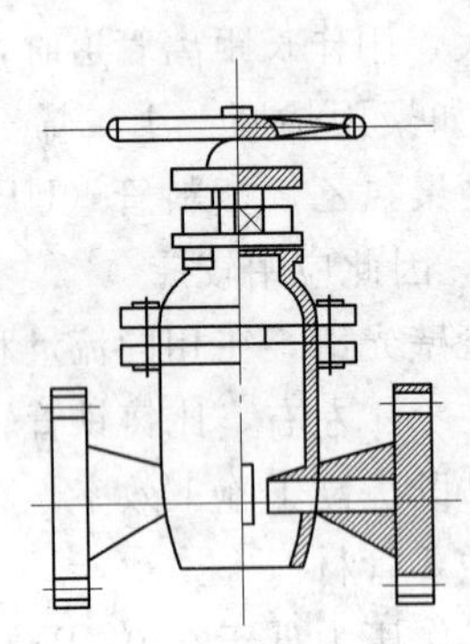

图 1-23　手动法兰暗杆楔式阀门

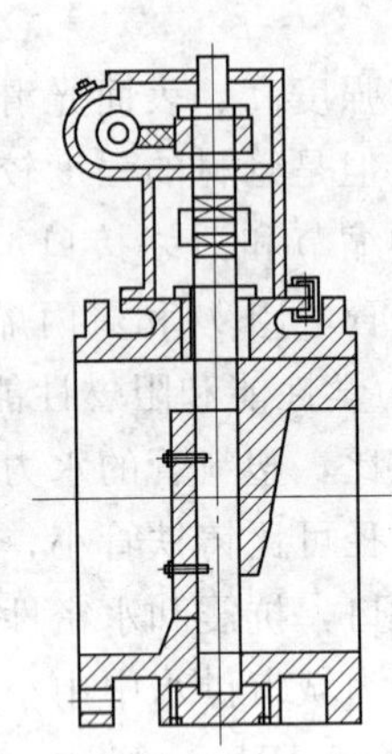

图 1-24　蝶阀

止回阀如图 1-25 所示是限制压力管道中的水流朝一个方向流动的阀门。阀门的闸板可绕轴旋转。水流方向相反时，闸板因自重和水压作用而自动关闭。止回阀一般安装在水压大于 196KPa 的泵站出水管上，防止因突然断电或其他事故时水流倒流而损坏水泵设备。

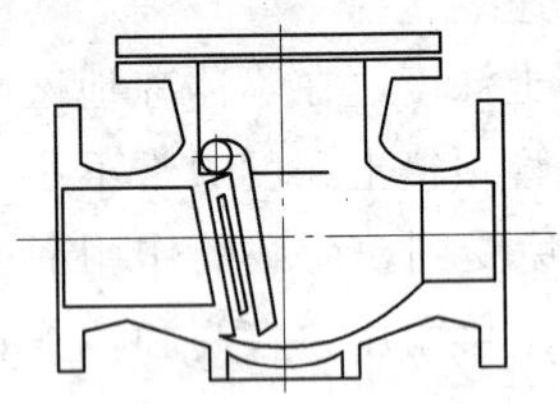

图 1-25　止回阀

在直径较大的管线上，例如工业企业的冷却水系统中，常用多瓣阀门的单向阀，由于几个阀瓣并不同时闭合，所以能有效地减轻水锤所产生的危害。

止回阀的类型除旋启式外，微阻缓闭止回阀和液压式缓冲止回阀还有防止水锤的作用。

综上所述，城市给水工程是由相互联系的一系列构筑物和输配水管网组成。它的基本任务是安全可靠经济合理地供应城乡人民生活、工业生产、城市消防、交通运输、建筑工程、公共设施、军事部门等各项用水，即从水源取水，按照用户对水质的要求进行处理，然后将水输送到用户，并向用户配水。

为了完成上述任务，给水系统要由下列工程设施组成：

(1) 取水构筑物。用以从选定的水源（包括地面水和地下水）取水的构筑物，包括一级泵站。

(2) 水处理构筑物。它是将取水构筑物的来水进行处理，使之符合用户对水质的要求的构筑物，包括二级泵站这些构筑物常集中布置在自来水厂范围内。

(3) 输水管渠和管网。输水管渠是将原水送到水厂或将水厂的水送到管网的管渠，管网则是将处理后的水达到各个给水区的全部管道（主要指直径较大的干管）。

（4）调节构筑物。它包括各种类型的贮水构筑物，例如高地水池、水塔、清水池等，用以贮存和调节不均匀的水量。高地水池和水塔兼有保证水压的作用。大城市通常不设水塔。中小城市或企业为贮备水量和保证水压，常设置水塔。根据城市地形特点，水塔可设在管网起端、中间或末端，分别构成网前水塔、网中水塔和对置水塔的给水系统。

泵站、输水管渠、管网和调节构筑物等总称为输配水系统。从给水系统整体来说，它是投资最大的子系统。

图 1－26 表示了以地表水为水源的给水系统。相应的工程设施为：取水构筑物 1 从江河取水，经一级泵站 2 送往水处理构筑物 3，处理后的清水贮存在清水池 4 中。二级泵站 5 从清水池取水，经输水管 6 送往管网 7 供应用户。有时，为了调节水量和保持管网的水压，可根据需要建造提升泵站、高地水池或水塔。

以地下水为水源的给水系统，常凿井取水。因地下水水质良好，一般可省去水处理构筑物而只需加氯消毒，使给水系统大为简化，如图 1－27 所示。

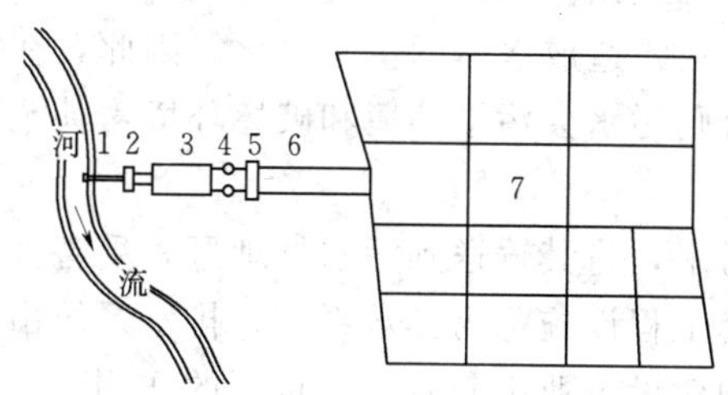

图 1－26　地表水源的给水系统

1—取水构筑物；2——级泵站；3—自来水厂；4—清水池；5—二级泵站；6—输水管网；7—城市管网

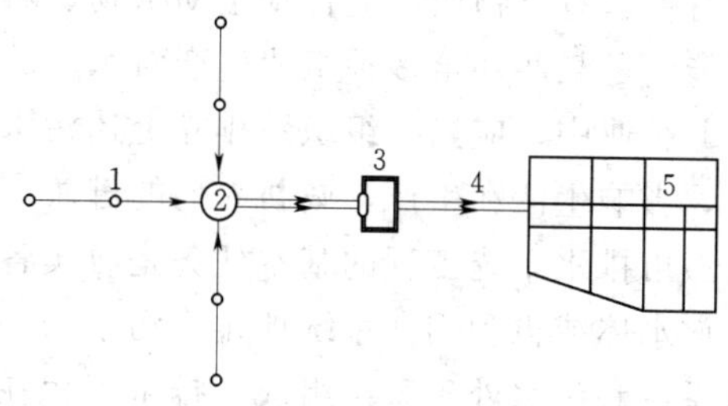

图 1－27　取地下的给水系统

1—管井井群；2—集水池；3—泵站及水处理间；4—输水管线；5—城市管网

第二章　城 市 排 水 系 统

在人类的生活和生产中，使用大量的水，水在使用过程中受到各种物质不同程度的污染，改变了水原来的物理性质及化学成分，这些受到污染的水称为污水或废水。在城市，从住宅、各种公共建筑和工厂中不断排出大量污水或废水。

污水含有大量的有机物质、病原微生物、氰化物、铬、汞、铅等等。其中，有很多有害、有毒物质，如不加以控制，任意直接排入水体或土壤，会造成以下几方面的危害：①污水中的有机物质会消耗水体或土壤中的溶解氧，使正常的有氧环境转化为反常的无氧环境，从而破坏正常环境中的生物的生长和繁殖；②传播病原微生物、氰化物、铬、汞、铅等有害、有毒物质，危害水生动植物、农业，也直接或间接地危害人类和牲畜；③使水体不能满足某些甚至多种工业生产对水质的要求；④造成水体的富营养化。因此，在城市和工业企业中，应当有组织地排除上述污水，否则污水会污染环境和破坏环境，甚至引起公害，影响生活和生产，威胁人们的健康。

城市排水系统工程的基本任务是收集各种污水，将其输送到污水处理厂，妥善处理后再排放水体或再利用。系统地排除污水的一整套工程设施称为排水系统，排水系统由排水管道系统和污水处理系统组成。排水工程在我国建设事业中起着十分重要的作用。

第一节　污水分类及排水系统的体制

一、污水分类及其性质

按照来源不同，污水可分为三类：生活污水、工业废水及降水等。

1. 生活污水

生活污水是指人们日常生活中排出的污水，它来自住宅、公共建筑和工业企业的盥洗室、厕所、厨房和浴室等，这些污水中含有大量天然有机物质，如碳水化合物、蛋白质、脂肪等，还含有大量病原微生物及洗涤剂等。这一类污水如果直接排入水体或土壤。将会使水体或土壤受到污染。因此，这类污水应要妥善收集，处理后才可排放水体、灌溉农田或再利用。

2. 工业废水

工业废水是指工业生产过程中所排出的废水，它来自车间或矿场，这类废水量与水质有很大差异。根据水被污染的情况，工业废水又分为两大类：生产污水和生产废水。

生产污水是指在生产过程中受到较严重污染的水。这类污水中往往含有大量有机物、无机物，有的含有氰化物、铬、汞、铅等有害有毒物质。这类污水对水体或土壤污染严重，其有毒物质会毒死水体或土壤的原有生物，破坏原有的生态系统。这类污水需要妥善收集，处理后再排放，或回收利用污水中有价值的工业原料。

生产废水是指水在生产过程中仅受到轻度污染或仅仅是水温升高，如生产中的冷却水。这类废水一般水量很大，处理简单，往往只要经过简单处理后可重复使用或直接排放水体。

3. 降水

降水是指雨水或冰雪融化水。这类废水比较清洁，一般不需处理即可直接排入水体。但初期雨水往往挟带大量地面和屋面上的各种污染物质而受到污染，尤其是一些露天矿场、化工厂等初期降水污染较严重，最好是将其处理后再排放。这类污水的另一个特点是，量大流急、若不及时妥善排除，往往会积水成灾，阻碍交通，淹没房屋，危害生活生产。这类污水需妥善收集，及时输送水体。为系统地排除和处置各种污水、废水而建设的一整套工程设施称为排水系统。

二、排水体制

生活污水、工业废水和雨水可采用一套管道系统，或采用多套各自独立的管道系统来排除，污水的这种不同的排除方式，称排水体制，又称排水制度。

排水体制主要分为两大类：合流制和分流制。

1. 合流制排水系统

合流制排水系统是将生活污水、工业废水及雨水混合在同一个管渠内排除的系统。最早出现的合流制排水系统，是将排除的混合污水不经处理直接就近排入水体，国内外很多老城市以往几乎都是采用这种合流制排水系统。但由于污水未经无害化处理就排放，使受纳水体遭受严重污染。现在常采用的是截流式合流制排水系统如图 2－1 所示。这种系统是在临河岸边建造一条截流干管，同时在合流干管与截流干管相交前或相交处设置溢流井，并在截留干管下游设置污水厂。晴天和初降雨时所有污水都排送至污水厂，经处理后排入水体，随着降雨量的增加，雨水径流也增加，当混合污水的流量超过截流干管的输水能力后，就有部分混合污水经溢流井溢出，直接排入水体。截流式合流制排水系统较前一种方式前进了一大步，但仍有部分混合污水未经处理直接排放，成为水体的污染源而使水体遭受污染，这是它的严重缺点。国内外在改造老城市合流制排水系统时，通常采用这种方式。

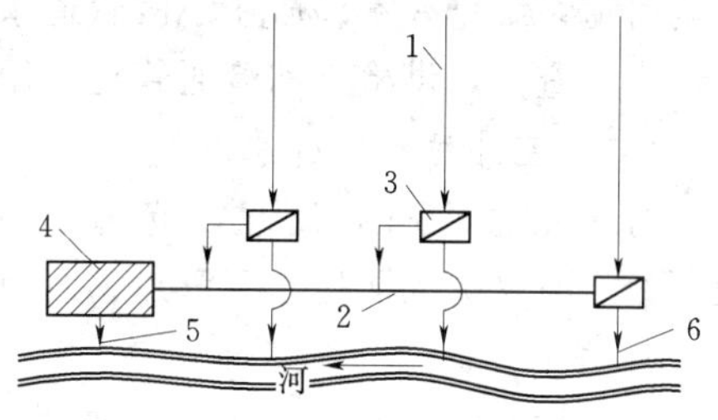

图 2－1 截流式合流制排水系统图

1—合流干管；2—截流主干管；3—溢流井；4—污水处理厂；5—污水厂出水口；6—溢流出水口

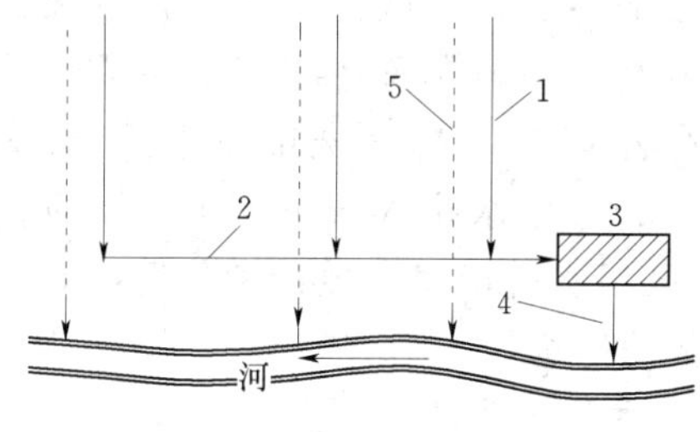

图 2－2 分流制排水系统

1—污水干管；2—污水主干管；3—污水处理厂；4—出水口；5—雨水干管

2. 分流制排水系统

是将生活污水、工业废水和雨水分别在两个或两个以上各自独立的管渠内排除的系统，如图 2－2 所示。排除生活污水、城市污水或工业废水的系统称污水排水系统；排除雨水的系统称雨水排水系统。

由于排除雨水方式的不同，分流制排水系统又分为完全分流制和不完全分流制两种排水系统。在城市中，完全分流制排水系统具有污水排水系统和雨水排水系统；而不完全分流制只具有污水排水系统，未建雨水排水系统，雨水沿天然地面、街道边沟、水渠等原有渠道系统排泄，或者为了补充原有渠道系统输水能力的不足而修建部分雨水道，待城市进一步发展再修建雨水排水系统转变成完全分流制排水系统。

第二节　排水系统的主要组成

排水系统是指排水的收集、输送、处理和利用以及排放等设施以一定方式组合成的总体。下面就城市污水、工业废水、雨水等各排水系统的主要组成部分分别加以介绍。

一、城市污水排水系统的主要组成部分

城市污水包括排入城市污水管道的生活污水和工业废水。将工业废水排入城市生活污水排水系统，就组成了城市污水排水系统。

城市生活污水排水系统由下列几个主要部分组成：

（一）室内污水管道系统及设备

其作用是收集生活污水，并将其排送至室外居住小区污水管道中。

在住宅及公共建筑内，各种卫生设备既是人们用水的容器，也是承受污水的容器，它们又是生活污水排水系统的起端设备。生活污水从这里经水封管、支管、竖管和出户管等室内管道系统排入室外居住小区管道系统。在每一出户管与室外居住小区管道相接的连接点设有检查井，供检查和清通管道之用。

（二）室外污水管道系统

分布在地面下的依靠重力流输送污水至泵站、污水厂或水体的管道系统称室外污水管道系统。它又分为居住小区管道系统及街道管道系统。

1. 居住小区污水管道系统

敷设在居住小区内，连接建筑物出户管的污水管道系统。又称居住小区污水管道系统。它分为接户管、小区支管和小区干管。接户管是指布置在建筑物周围接纳建筑物各污水出户管的污水管道。小区污水支管是指布置在居住小区内与接户管连接的污水管道，一般布置在小区内道路下。小区污水干管是指在居住小区内，接纳各居住小区内小区支管流来的污水的污水管道。一般布置在小区道路或市政道路下，居住小区污水排入城市排水系统时，其水质必须符合《污水排入城市下水道水质标准》。居民小区污水排出口的数量和位置，要取得城市市政部门同意。

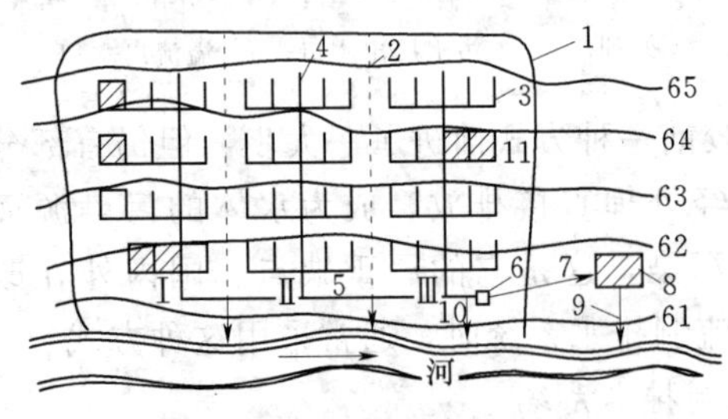

图 2-3　城市污水排水系统总平面示意图（等高线：m）

Ⅰ，Ⅱ，Ⅲ—排水流域

1—城市边界；2—排水流域分界线；3—支管；4—干管；5—主干管；6—总泵站；7—压力管道；8—城市污水厂；9—出水口；10—事故排出口；11—工厂

2. 街道污水管道系统

敷设在街道下，用以排除居住小区管道流来的污水。在一个市区内它由城市支管、干管、主干管等组成，如图 2-3 所示。

支管是承受居住小区干管流来的污水或集中流量排出的污水。在排水区界内，常按分水线划分成几个排水流域。在各排水流域内，干管是汇集输送由支管流来的污水，也常称流域干管。主干管是汇集输送由两个或两个以上干管流来的污水管道。市郊干管是从主干管把污水输送至总泵站、污水处理厂或通至水体出水口的管道，一般在污水管道系统设置区范围之外。管道系统上的附属构筑物。有检查井、跌水井、倒虹管等。

3. 污水泵站及压力管道

污水一般以重力流排除，但往往由于受到地形等条件的限制而发生困难，这时就需要设置泵站。泵站分为局部泵站、中途泵站和总泵站等。输送从泵站出来的污水至高地自流管道或至污水厂的承压管段，称压力管道。

4. 污水处理厂

在污水处理中就是要采用各种技术与手段，将污水中所含的污染物分离去除、回收利用，或将其转化为无害物质，使水得到净化。污水处理的方法可归纳为物理法、化学法、生物法等。城市污水与生产污水中的污染物是多种多样的，往往需要采用几种方法的组合才能处理不同性质的污染物与污泥，达到净化的目的与排放标准，如图 2－4 所示。现代污水处理技术，按处理程度划分，可分为一级、二级和三级处理。

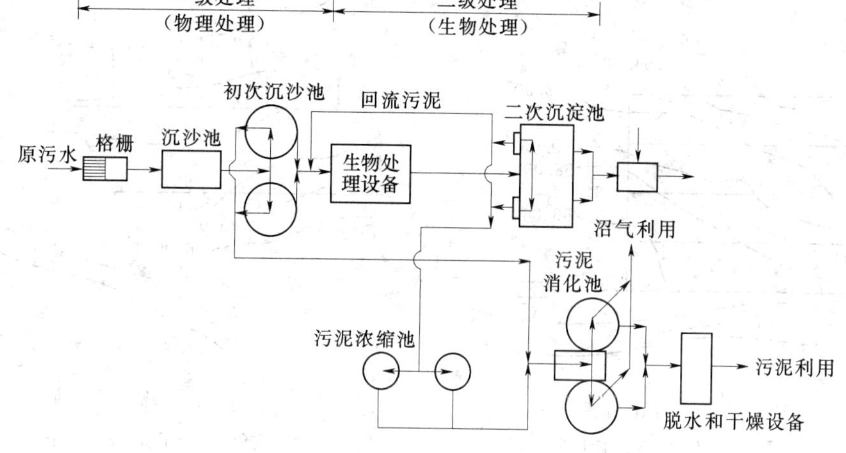

图 2－4　城市污水处理流程

供处理和利用污水、污泥的一系列构筑物及附属构筑物总称为污水处理厂。在城市中常称污水厂，在工厂中常称废水处理站。城市污水厂一般设置在城市河流的下游地段，并与居民点或公共建筑保持一定的卫生防护距离。若采用区域排水系统时，每个城市就不需要单独设置污水厂，而将全部污水送至区域污水厂进行统一处理。

5. 出水口及事故排出口

污水排入水体的渠道和出口称出水口，它是整个城市污水排水系统的终点。事故排出口是指在污水排水系统的中途，在某些易于发生故障的组成部分的某一段，例如在总泵站的前面，所设置的辅助性出水渠，一旦发生故障，污水就通过事故排口直接排入水体。图 2－3 为城市污水排水系统总平面示意图。

第三节　室外排水管道的布置与敷设

一、污水管道的平面布置

在进行城市污水管道系统的规划时，首先要在城市规划总平面图上确定污水管道系统的位置及水流方向。这种工作通常称为污水管道的定线，即污水管道的平面布置。定线的程序是按主干管、干管、支管的顺序进行的。在定线时一般应依据的原则是，尽可能做到管线最短、埋深最小和最大面积地排除污水。

在一定条件下，地形影响管道的定线工作。地形不同，管道布置形式也不相同。定线时应充分利用地形形成重力流减少管道的埋设深度。在整个排水区域较低的地方敷设主干管以利于支管的水流入主干管。图 2－5 为在地形平坦并且向一边倾斜，主干管沿地形的等高线平行敷设，干管与等高线相交称为正交式。正交式布置干管长度短、管径小、污水排出迅速。当地形斜向河道的坡度很大时，主干管与等高线垂直干管与等高线平行的称为平行式。在地势高低相差很大的地方，污水不能靠重力流至污水厂时，可采用分区式布置，如图 2－6 所示，这样可分别在高地区和低地区敷设独立的管道系统。分区式的优点是充分利用地形排水，节省电力，经济可靠。

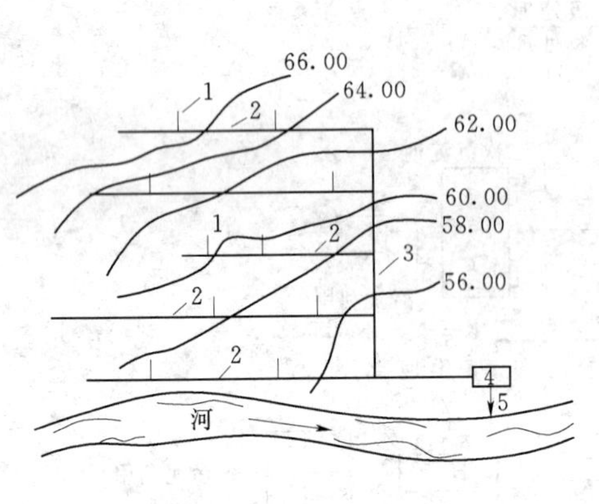

图 2－5　平行式布置

1—支管；2—干管；3—主干管；
4—污水处理厂；5—出水口

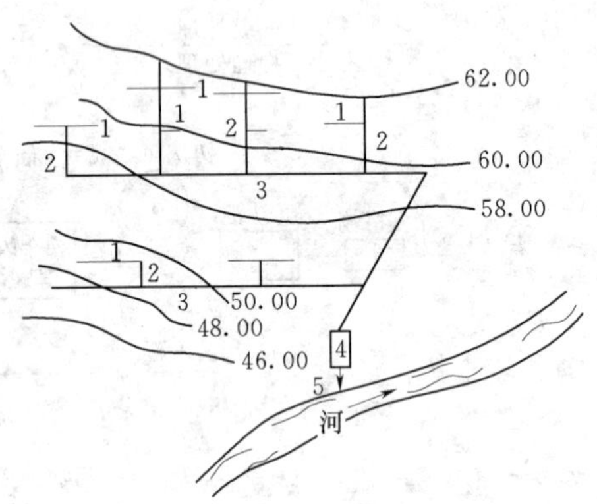

图 2－6　分区式布置

1—支管；2—干管；3—主干管；
4—污水处理厂；5—出水口

污水支管是连接建筑物的出户管，用于汇集建筑物内部排出的污水。它的平面布置取决于地形及街坊建筑特征。当街道支管设在街道较低的一边称为低边式，如图 2－7（a）所示。其特点是管线较短，在规划中采用较多。在街坊四周布置支管被称为围坊式，如图 2－7（b）所示。围坊式适合于地形平坦，居住集中的地区。当街坊内建筑物规划已确定，支管只有穿越街道的布置称为穿坊式如图 2－7（c）所示。穿坊式适合于新建区域。

城市道路也影响管道的布置。一般情况下只在污水量较大或地下管线较少的一侧人行道、绿化带或慢车道下设置一条污水干管且尽可能使污水管的坡降与地面坡降一致，以减少管道埋深，节省工程造价。当道路宽度大于 40m 时可考虑在道路两侧各设一条污水管道。污水管尽量避免穿越河道、铁路、地下建筑物或其他障碍物，减少与其他管线的交

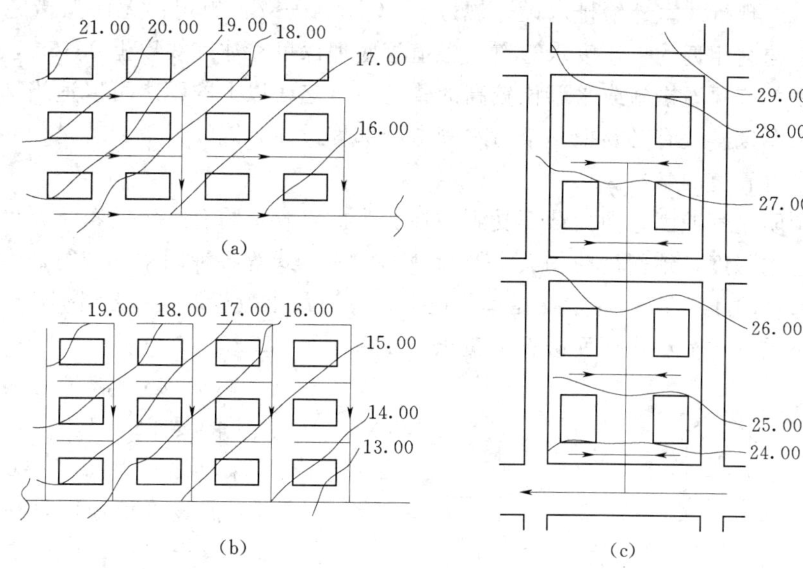

图 2-7　污水支管的布置形式

(a) 低边式；(b) 围坊式；(c) 穿坊式

叉，污水管道的定线，应考虑到工业企业和居住区远、近期规划及分期建设的情况，使管道的定线工作既满足近期城市建设的需要，又利于远期的发展。

城市街道上除了埋设有污水管道外，还有各种其他设施：①各种管道——给水管、雨水管、煤气管线；②各种电缆、电线——电话线、电灯线、电力电缆等；③各种隧道——人行通道、防空隧道等。设计污水管道在街道横断面上的位置时，应综合考虑各种地下设施。

污水管道埋设深度较其他管道要大，要首先考虑污水管道在平面和垂直方向的位置。

污水管道长期使用难免渗漏，对相邻的电缆、煤气管等会产生影响，因此与其他管线应保持一定距离。

在地下设施较拥挤的地区或极为繁忙的街道把污水管道与其他管线集中安在隧道中比较合适。

二、污水管道的埋深

管道的埋深是指管道外壁底到地面的深度。埋深是决定管道系统造价和施工期的主要因素。管道埋深愈大，造价愈高，施工期愈长。因而进行水力计算时合理确定管道的埋深具有十分重要的经济作用。

覆土厚度是指管道外壁顶到地面之间的距离如图 2-8 所示。它与埋深之间相差一个管外径。为了降低施工造价管道的埋深愈小愈好，但为了技术上的要求规定了一个最小覆土厚度其值取决于下面三个因素：

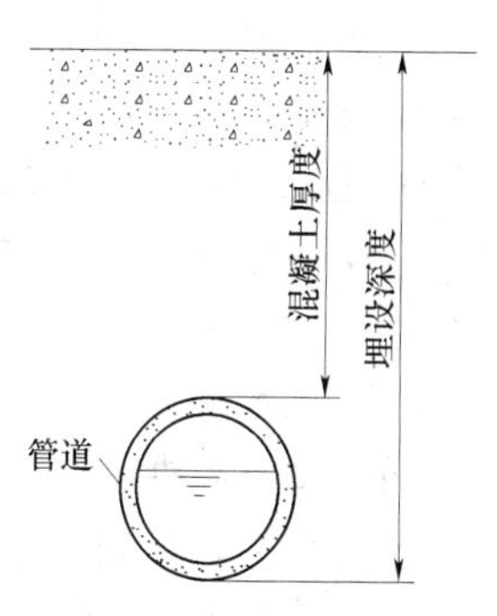

图 2-8　覆土厚度

(1) 防止管道内的污水冰冻和因土壤冰冻膨胀而损坏管道

(在寒冷地区)。现行《室外给排水设计规范》(GBJ14—87)规定：无保温措施的生活污水管道或水温与它相近的工业废水管道，管道管底埋深可在冰冻线以上0.15m，并且保证最小覆土厚度。有保温措施或水温比较高的管道在冰冻线以上的距离可以适当增大，也应保证最小覆土厚度。没有必要把整个污水管道全部埋没在冰冻线以下，若是如此，会由于土壤膨胀而影响管道的基础。

(2) 必须防止管壁因地面荷载而受到破坏。为此，管道需有一定的覆土厚度。覆土厚度取决于管道的强度，地面荷载的大小及荷载的传递方式等各种因素。现行《室外给水排水设计规范》(GBJ14—87)规定，在车行道下，管道最小覆土厚度一般不小于0.7m。若能保证管道不受外部荷载作用而破坏，覆土厚度可小于0.7m。

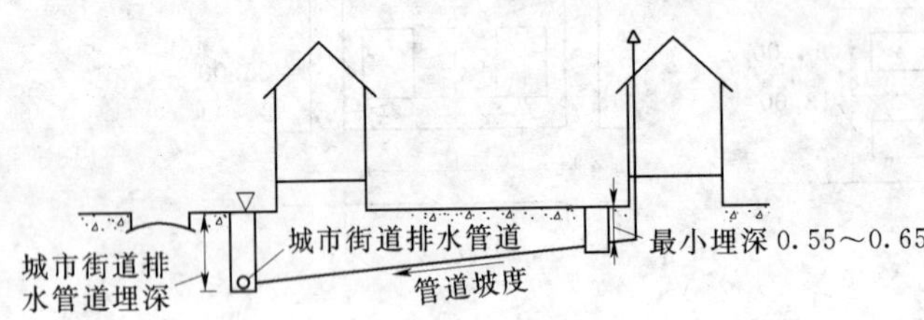

图 2-9　污水管道最小埋深

(3) 必须满足污水支管在衔接上的要求。房屋出户管的最小埋深通常采用0.55～0.65m，在气候温暖平坦地区，往往控制着最小覆土厚度，所以街坊或庭院污水管埋深也应有0.55～0.65m。街道污水管道起端最小埋深如图2-9所示。

在设计计算时，综合上述三个因素，算出三个不同最小覆土厚度，取其最大值为允许最小覆土厚度。

排水区域内，离污水处理厂或出水口最远最低点称为控制点。因为，控制点的埋深影响整个管道系统的埋深，故应尽可能浅埋。其措施可以采取增加管道的强度，加强管道的保温设施，填土提高地面高程或设置提升泵站。

在进行管道水力计算时，除了考虑到污水管道的最小覆土厚度以外，还必须考虑到污水管道的最大埋深。一般在干燥的土壤中，最大埋深不得超过8m；在地下水位较高或土质不好的情况下，最大埋深不超过5m。如果管道埋深超过最大埋深时，应设置污水提升泵站；或者增大管径来减少管道埋深。否则，管道埋深过大会导致施工困难，施工工期延长，造价增高。

三、污水管道的衔接

污水管道上下游之间衔接维护、检修一般在检查井内进行。凡是在管径、坡度、高程或方向发生改变的地方以及和支管接入的地方都要设置检查井。

上下游之间管道衔接应满足两方面的要求：

(1) 避免在上游管道因形成倒流而造成淤积；

(2) 尽量提高下游管段的高程，以减小管段的埋深，降低造价。

管道的衔接方式通常有管顶平接和水面平接两种，如图2-10所示。

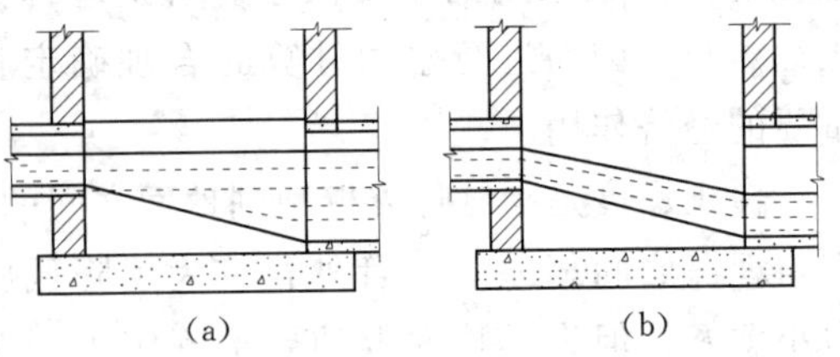

图 2-10　污水管道的衔接

(a) 水面平接；(b) 管顶平接

水面平接是指在水力计算中，使上游管道和下游管道在指定的设计充满度的情况下，具有相同水面的高程。

管顶平接是指在水力计算中，使上游管顶和下游管顶标高相同。管顶平接一般用于不同口径的污水管道的衔接。

无论采用哪一种衔接方法，下游管段的水面和管底高程不得高于上游管段的水面和管底高程。

四、雨水管渠的布置

雨水管渠的任务是及时地排除暴雨所形成的地面径流，以保障城市中工厂企业和居民生命财产的安全。尤其是在雨水量大的南方地区，起着十分重大的作用。落在地面上的雨水，其中一部分沿地面流入雨水管渠和水体，通常称为地面径流。我国地域广阔，气候差异大，降雨量分布不均匀，从东南到西北呈递减趋势。即使是在降雨量大的地区，全年的降雨总量也不过和生活污水量相近，而沿地面流入雨水管的雨水不到总雨水量的一半。但由于全年雨水的绝大部分是在短时间内降下的，就会形成数十倍于生活污水的径流量。为了防止雨水造成巨大的危害，需要及时排除。

在城市排水区域内多采用埋地管道排除雨水，只有在人口稀少等特殊地带才采用明渠排水。采用埋地管道的雨水管道系统是由雨水口、连接管、检查井、雨水管道和出水口等主要部分组成，如图 2－11 所示。

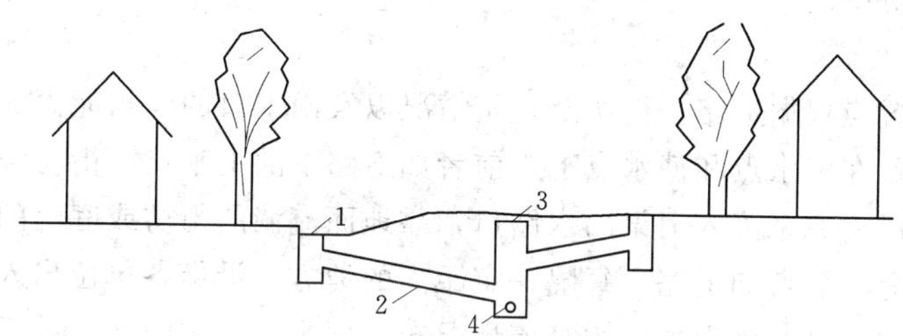

图 2－11　雨水管道系统的组成

1—雨水口；2—连接管；3—检查井；4—雨水管道

雨水口的作用是收集由街区、庭院流入街道和道路边沟的雨水，连接管是雨水和检查井之间的连接管段；检查井是为了便于管道连接和清通的构筑物；出水口设在雨水管道系统的终端，将雨水排入河流。

雨水管道系统的基本要求是布局经济合理、安全可靠、要及时排除城市区域内所形成的暴雨径流。所以管道系统布置时应遵循下列原则：

1. 充分利用地形，就近排入水体

雨水管道应尽量利用自然地形，以最短距离重力流排入附近的水体中。在一般情况下，当地形坡度较大时，雨水干管布置在地形低处或溪谷线；当地形平坦时，雨水管布置在排水区域的中间。

2. 管道的覆土厚度

雨水管道的最小覆土厚度参照污水管道的规定。有一种排水方式是无覆土盖板渠，在国内已有广泛的采用，即地面式暗沟。它主要用于排除雨水，不宜用此排除污水。这种暗沟适用于雨水系统中控制点地区或其他平坦地区，可以减少全系统的挖深，一般都能降低造价。

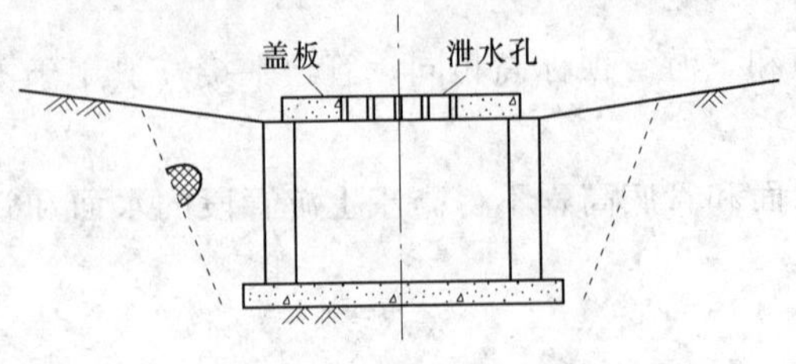

图 2-12　地面暗沟示意

图 2-12 为地面式暗沟断面示意图。设计时，应注意盖板直接承受动荷载和静荷载的情况，宜尽量利用地面径流，延长集水距离。暗沟不宜过小，起点沟宽不宜小于 0.5m，沟深不宜小于 0.6m，盖板兼做人行道时，在构造上应考虑启盖后便于复原，盖板应光滑耐磨。

3. 避免设置雨水泵站

由于暴雨量比较大，所以设雨水泵站投资大。而且一年之中雨水泵站利用率很低，一般情况下不设雨水泵站。只有在距水体位置较远，且地形平坦或地势不利的情况下，才设置雨水泵站。即使如此，也应尽可能使通过泵站的流量减少至最小，以节省泵站的工程造价和经营运转费用。

4. 结合道路规划布置管渠

雨水管路应平行道路敷设，宜布置在人行道下或某地带下，不宜布置在快车道上。当道路宽度大于 40m 时，可以考虑在道路两侧分别设置雨水管渠。还应考虑到与其他地下管线之间的相互协调。

5. 雨水口的设置

雨水口的设置应根据道路、街坊及建筑情况以及雨水口的泄水能力。

雨水口宜设置在汇水点和截水点上，前者如道路上的汇水点，街坊中的低洼处，河道或明渠改建暗沟以后原来流入河渠的水路口，靠地面流淌的街坊或庭院的水路口，沿街建筑物雨落管附近等。后者如道路上每隔一定距离的地方，沿街各单位出入路口及人行横道线上游等。十字路口处，应根据雨水径流情况布置雨水口，如图 2-13 所示。

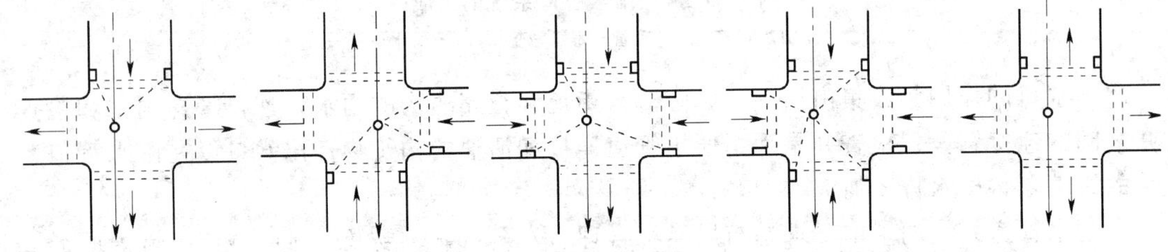
图 2-13　路口雨水口设置

雨水口的设置间距应根据前述有关因素和实践经验来确定，一般为 25～60m。

第四节　排水管材、排水管及其附属构筑物

一、排水管材

排水管材必须具有足够的强度能抵抗水中杂质的冲刷和磨损；必须具有不透水性，内

壁光滑平整，水力条件好；必须能够就地取材，能够快速施工，以节省管道的造价和施工费用。常用的排水管材有混凝土管、钢筋混凝土管、陶土管、金属管、石棉水泥管以及用砖石、混凝土进行现浇的排水管道。

1. 混凝土管和钢筋混凝土管

排水管材中常用的是混凝土管和钢筋混凝土管，一般可现浇制成或在工厂预制。常见的接口形式有三种：平口式、承插式、企口式如图 2-14 所示。

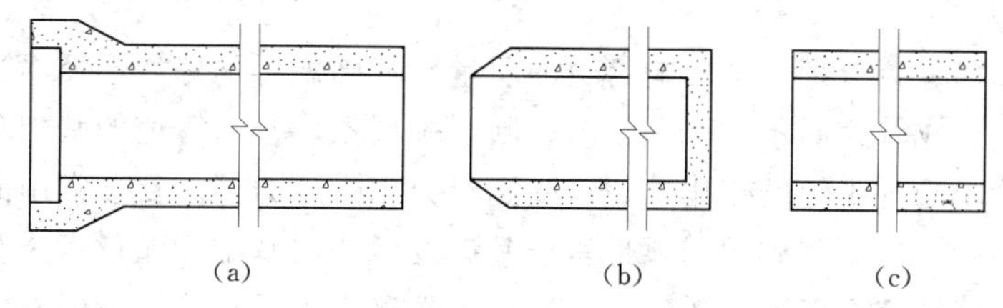

图 2-14　污水管道的衔接

(a) 承插口式；(b) 企口式；(c) 平口式

混凝土管的直径一般不超过 600mm，为了增加管道强度，直径大于 400mm，一般做成钢筋混凝土管。钢筋混凝土管的优点是，便于就地取材，制造方便、造价较低、耗钢材少，可根据不同的内压分别制成无压管、低压管适用性较广。缺点是管道的接头较多，自重大、管节短、易受到酸、碱的腐蚀。

2. 金属管

常用的金属管有铸铁管和钢管。室外排水管道很少采用钢管，只有在室外排水管道需要承受较高的压力，或者对渗漏要求严格的地方，才使用金属管材。如穿越铁路、河流的倒虹管往往是金属管材。其主要优点是抗压、抗震性好，质地坚固。但是耐腐蚀性差，价格昂贵，金属管的表面须涂防锈漆。

3. 陶土管

陶土管有承插式或平口式两种方式，直径不超过 500～600mm，有效长度 400～800mm。

陶土管的主要优点是便于制造，内外壁光滑，水流阻力小、不透水、耐磨损、抗腐蚀。缺点是质脆易损，抗弯抗压强度低，不宜埋没较深。它主要用于排除酸、碱、盐等有腐蚀性的工业废水。

4. 排水明渠

明渠常见的断面形式有矩形、梯形等，用普通砖或特殊的楔形砖砌成。主要优点是抗腐蚀性好，便于就地取材；缺点是断面过小时不易施工，现场施工时间较预制管时间长，适用于不宜采用预制管的地方。

二、管道的接口和基础

(一) 管道接口

排水管道的不透水性和耐久性往往取决于敷设管道的接口质量。常用的管道接口有：

(1) 水泥砂浆接口。此接口在管子接口处用 1∶2.5～1∶3 的水泥砂浆，抹成半椭圆形或其他形状的砂浆带，带宽 120～150mm。一般适用于地基土质较好的雨水管道，或用于地下水位以上的污水管线上。平口式、承插式和企口式 3 种形式，均可采用此种接口。

(2) 钢丝网水泥砂浆抹带接口。它适用于地基土质较好的具有带形基础的雨水、污水管道。

(3) 沥青麻布卷材接口。它适用于地基沿管道纵向沉陷不均匀地带，平口式和企口式均可采用此种接口。

(4) 预制套管接口。它适用于地基较弱地段的污水管段接口。在一定程度上，可防止管道纵向不均匀沉降所产生的纵向弯曲或错口。

(二) 管道基础

管道基础选择是否合理，会影响管道的质量。基础做得不好，选择不当会使管道产生不均匀沉陷，或造成管道漏水、淤积错口、断裂等现象。排水管道的基础和一般构筑物的基础不同，它除了受到重力的作用外，还受到浮力、土压力等。目前常用的基础有三种：

(1) 砂土基础。砂土基础包括弧形素土基础及砂垫层基础。弧形素土基础是在原土上挖一弧形管槽，管子落在弧形管槽里。它适用于无地下水原土能挖成弧形的干燥土上、管径不大、埋深在 0.8～3.0m 之间的污水管道。砂垫层基础是在挖好的弧形管槽上，用粗砂填好，使管壁与弧形槽吻合。适用于无地下水，岩石或多石土壤，管径不大，埋深在 1.5～3.0m 的排水管道。

(2) 混凝土基础。混凝土地基是在管道接口处应设置的管道局部基础，通常在管道接口下用 C7.5 混凝土做成枕式垫块。它适用于干燥土壤中的雨水管及不太重要的污水支管。

(3) 混凝土带形基础。它是沿管道全长铺设的基础。按管座的形式可分为 90°、135°、180°3 种管座基础。适用于各种潮湿土壤以及地基硬度不均匀的排水管道，常加碎石做垫层。

三、管道系统上的附属构筑物

(一) 检查井

检查井的设置是为了便于管道系统的检查和清通。当检查井上下游的管底高程落差大于 1m 时，为了防止冲刷，在检查井内应设有消除冲击力的措施，通常称这种特殊检查井称为跌水井。

检查井一般采用圆形。由井底、井身和井盖三部分组成，如图 2-15 所示。

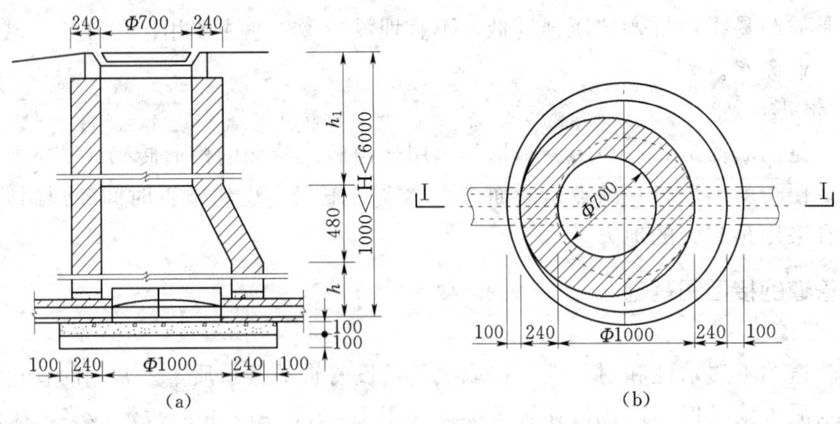

图 2-15　检查井的构造

(a) Ⅰ－Ⅰ剖面（用于无地下水）；(b) 平面

检查井井底一般用低强度等级混凝土，基础采用碎石、卵石或低强度等级混凝土，井身可用砖石混凝土或钢筋混凝土。井盖可用铸铁或钢筋混凝土，在车行道上一般用铸铁。

检查井一般设置在管渠交汇、转弯、管道尺寸或坡度发生改变的地方以及一定距离的直线管渠上。一般检查井间的最大间距为如下。

（1）污水管道：

1）管径为150～600mm时，不大于50m；

2）管径为700～1400mm时，不大于75m。

（2）雨水管道管径小于700mm时，不大于75m。

（二）雨水口

雨水口是在雨水管渠上收集雨水的构筑物。街道路面上的雨水首先经过雨水口通过连接管进入管渠。雨水口的设置位置一般在交叉口，路边一侧边沟以及设有道路边石的低洼处。

雨水口的构造包括进水箅、井筒和连接管三部分。雨水口按进水箅可分为两种。

（1）边沟雨水口。进水口孔隙与道路边构之底在同一平面上，如图2-16所示。

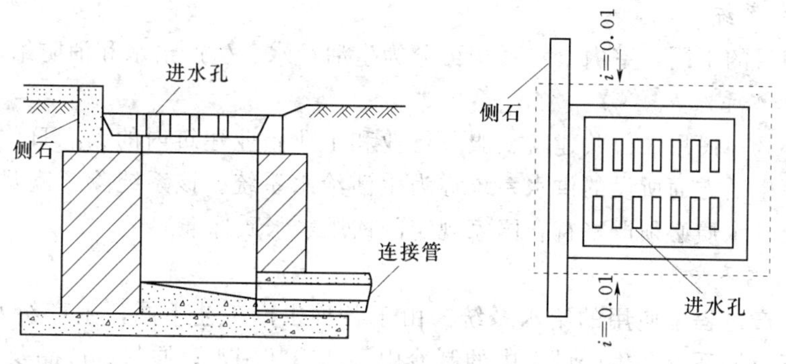

图2-16　边沟雨水口

（2）边石雨水口。进水口孔隙在道路边石侧面上，边石侧面进水孔隙上应设竖挡，以拦阻粗大物体进入雨水口。

第三章　建 筑 给 水 工 程

第一节　给水系统及给水方式

给水系统是供应建筑内部及小区内的生活用水、生产用水和消防用水的一系列工程措施的组合。它的主要任务是选用供水方式，按照用户对水质的要求进行处理，将水从室外管道输送给各种卫生器具、用水龙头、生产装置和消防设备等，满足用户对水质、水压和水量的不同要求。

一、建筑给水系统

（一）给水系统

按照使用目的不同，室内给水系统可分为生活给水、生产给水和消防给水 3 类。

1. 生活给水系统

为居住小区、民用、公共建筑、服务行业和工业企业建筑内的人们日常饮用、烹调、洗涤、沐浴等生活方面所设的供水系统称为生活给水系统。该系统除了满足必需的水量、水压外，还要求水质必须严格符合国家规定的饮用水水质标准。

2. 生产给水系统

一般指生产过程中使用的给水系统。由于各种生产工艺不同，生产给水系统种类较多，主要用于空调系统及生产设备中的制冷用水和冷却用水；原料、产品及洗衣房的洗涤用水；锅炉的软化用水及某些工业原料的用水等几个方面。由于生产工艺不同，生产用水对水压、水量、水质以及安全方面的要求也不同，一般应根据工艺需求不同来确定。

3. 消防给水系统

消防给水系统分为消火栓给水系统和自动喷水灭火给水系统。消防给水系统供层数较多或高层民用建筑、大型公共建筑、国家重点保护的古建筑及某些生产车间的消防系统的消防设备用水。消防用水对水质要求不高，一般低于饮用水标准，但其水量和水压必须按现行的建筑设计防火规范的有关规定确定。

以上所述三种给水系统，在同一建筑物中不一定全部具备，应根据建筑物的用途和性质以及设计规范的要求取舍。如果按要求需要设置某两种或三种系统均设置，可根据实际情况不必分系统单独设置，应根据水质、水压、水温及建筑小区给水实际情况，并考虑到技术、经济和可靠性等方面的约束条件，可组合成不同的共用系统，如三者共用系统、生活和消防两者共用系统、生产和消防两者共用系统；或共用某些供水设备，例如共用贮水池、高位水箱和加压设备等。

（二）给水系统的组成

室内给水系统由引入管、水表节点、管道系统（干管、立管、支管）、给水附件（阀门、水表、配水龙头）等组成。当室外管网水压不足时，还需要设置加压贮水设备（水泵、水箱、贮水池、气压给水装置等）。给水系统的组成如图 3-1 所示。

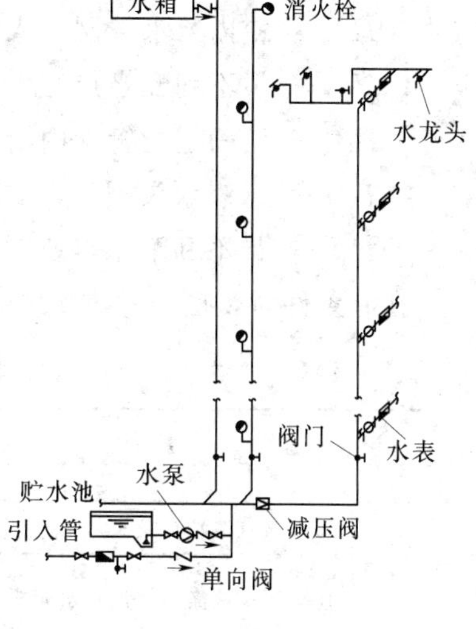

图 3-1 建筑给水系统

1. 水源

建筑室内给水水源是指市政给水管网或自备贮水池等。

2. 引入管

是指穿越建筑物承重墙或基础的管道，是室外给水管网与室内给水管网之间的联络管段，也称进户管。

3. 水表节点

水表节点是指引入管上装设的水表及其前后设置的阀门、泄水阀等装置的总称。

4. 管网

室内给水管网是由水平管或垂直干管、立管、横支管及引入管等组成。

5. 给水附件

给水附件是指给水管网中的阀门、止回阀、减压阀及各种配水龙头等辅助配件。

6. 升压和贮水设备

在室外给水管网提供的压力不足或建筑内对安全供水、水压稳定有特殊要求时，需设置各种附属设备，如水箱、水泵、气压给水装置、水池等升压和贮水设备。

7. 室内消防设备

按照建筑物的防火要求及规范，需要设置消防给水系统时，一般应配置有消火栓设备，有特殊要求时，还需设置自动喷水灭火系统等装置。

8. 给水局部处理设备

建筑物所在地点的水质若不符合要求或高级宾馆、涉外宾馆的给水水质要求超出我国现行标准的情况下，需要设给水深处理构筑物和设备进行给水局部深处理。

（三）给水系统的压力

给水系统应保证一定的水压，使得系统能够供给足够的生活、生产和消防用水量，并保证最不利配水点（自引入管中心标高算起，最高最远的配水点）具有一定的流出水头。在给水系统设计以前，需设法得到建筑物所在地区室外管网能够提供的供水压力范围，同时计算出建筑物内的给水系统所需要的压力，由此确定建筑物的供水方式。

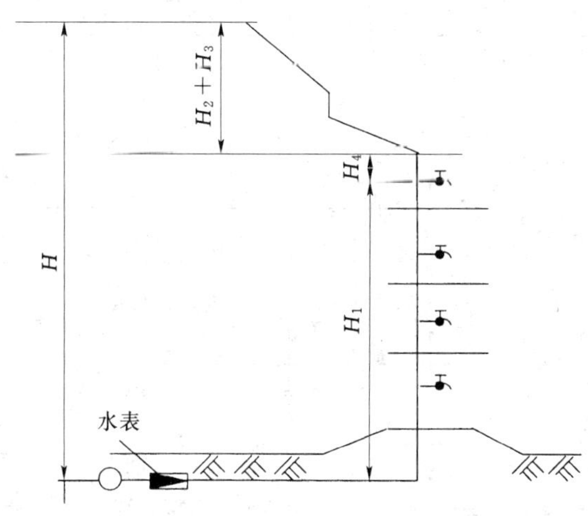

图 3-2 室内给水系统所需水压

建筑物内的给水系统所需的水压（自室外引入管起点管中心标高算起）如图 3-2所示，可由式（3-1）计算：

$$H_s=10H_1+H_2+H_3+H_4 \tag{3-1}$$

式中　H_s——室内给水管网引入管前所需的水压，kPa；

H_1——最不利配水点与引入管起点的标高差，m；

H_2——所确定的管网内沿程和局部水头损失之和，kPa；

H_3——水表水头损失，kPa；

H_4——最不利配水点所需流出水头，kPa；按表 3-1 采用。

在有条件时，也可考虑 1～3m 的富裕水头。

表 3-1　　卫生器具给水额定流量和流出水头

序号	给水配件名称	额定流量 (L/s)	配水点前所需流出水头 (MPa)
1	污水盆（池）水龙头	0.20	0.020
2	住宅厨房洗涤盆（池）水龙头	0.20 (0.14)	0.015
3	食堂厨房洗涤盆（池）水龙头 普通水龙头	0.32 (0.24) 0.44	0.020 0.040
4	住宅集中给水龙头	0.30	0.020
5	洗手盆水龙头	0.15 (0.10)	0.020
6	洗脸盆水龙头、盥洗槽水龙头	0.20 (0.16)	0.015
7	浴盆水龙头	0.30 (0.20) 0.30 (0.20)	0.020 0.015
8	淋浴器	0.15 (0.10)	0.025～0.040
9	大便器 　冲洗水箱浮球阀 　自闭式浮球阀	 0.10 1.20	 0.020 按产品要求
10	大便槽冲洗水箱进水阀	0.10	0.020
11	小便器 　手动冲洗阀 　自闭式冲洗阀 　自动冲洗水箱进水阀	 0.05 0.10 0.10	 0.015 按产品要求 0.020
12	小便槽多孔冲洗管（每 m 长）	0.05	0.015
13	实验室化验龙头（鹅颈） 　单联 　双联 　三联	 0.07 0.15 0.20	 0.020 0.020 0.020

续表

序号	给水配件名称	额定流量 (L/s)	配水点前所需流出水头 (MPa)
14	净身器冲洗水龙头	0.10 (0.07)	0.030
15	饮水器喷嘴	0.05	0.020
16	洒水栓	0.40 0.70	按使用要求 按使用要求
17	室内洒水龙头	0.20	按使用要求
18	家用洗衣机给水龙头	0.24	0.020

注 1. 表中括弧内的数值系在有热水供应时单独计算冷水或热水管道管径时采用。
2. 淋浴器所需流出水头按控制出流的启闭阀件前计算。
3. 充气水龙头和充气淋浴器的给水定额流量按表内同类型给水配件的额定流量乘以 0.7 采用。
4. 卫生器具给水配件所需流出水头有特殊要求时，其数值应按产品要求确定。

管道水头损失的计算：

给水管道的水头损失包括沿程水头损失（h_f）和局部水头损失（h_j）之和，根据水力学中常用达西—维斯巴赫公式（Darcy－Weisbach）计算沿程水头损失：

$$h_f=\lambda\frac{l}{d}\frac{v^2}{2g} \tag{3-2}$$

式中 h_f——管道的沿程水头损失，m；
d——管道的计算内径，m；
l——计算管段的长度，m；
v——管道断面平均流速，m/s；
g——重力加速度，9.8m/s^2；
λ——沿程阻力系数，目前国内给水管道多采用前苏联舍维列夫根据他所进行的实验提出的适用于旧钢管和旧铸铁管中水流的 λ 计算公式为

当 $v<1.2$m/s
$$\lambda=\frac{0.0179}{d^{0.3}}\left[1+\frac{0.867}{v}\right]^{0.3} \tag{3-3}$$

当 $v>1.2$m/s
$$\lambda=\frac{0.0210}{d^{0.3}} \tag{3-4}$$

塑料管道的沿程水头损失应按下式计算

$$h_f=0.000915l\frac{Q^{1.774}}{d^{4.774}} \tag{3-5}$$

式中 h_f——管道的沿程水头损失，m；
d——管道的计算内径，m；
l——计算管段的长度，m；
Q——管道流量，m^3/s。

在实际室内给水管道局部水头损失计算时，由于管件数量较多，产生局部水头损失的部位较多，形式各异，计算起来较麻烦，所以为了简化计算，在实际设计中不做逐个计算，而是根据经验按不同给水系统沿程水头损失的百分数估算。不同用途的室内给水管

网，其局部水头损失占沿程水头损失的百分比如下所示：

（1）生活给水管网为 25%～30%；

（2）生产给水管网为 20%；

（3）消火栓系统、消防给水管网为 10%；

（4）自动喷淋给水管网为 20%；

（5）生活、消防共用给水管网为 20%～25%；

（6）生产、消防共用给水管网为 15%；

（7）生活、生产、消防共用给水管网为 20%。

居住建筑的生活给水管网，当用水安全性要求较低或楼层较低时，为了简便，在进行初步设计时，系统所需的服务水头也可根据建筑物的层数估计，从地面算起，一般一层为 10m，二层为 12m，三层以及三层以上的建筑物，每增加一层，则增加 4m。例如，某房屋按 5 层楼考虑供水，则最小服务水头应为 24m。

通过计算得到所需压力值 H_s，与室外能够提供的水压 H_g 的对比关系，可选择不同的给水方式和给水附件。

二、建筑给水方式的选择

（一）低层建筑给水方式

室内给水方式的选择，是根据建筑的性质、高度、配水点的布置情况以及室内所需水压、室外管网水压、配水量和用水安全性等因素而决定的给水系统的布置形式，一般工程常用的给水方式有如下几种。

1. 直接给水方式

当室外给水管网提供的水压、水量和水质都能满足建筑要求时，可直接把室内给水管网与室外给水管网相连，利用室外管网压力供水，称为直接给水方式，如图 3-3 所示。该方式要求室外管网在最低压力时也能满足室内用水要求。一般单层和层数少的多层建筑采用这种供水方式。这种方式的优点是：可充分利用室外管网水压，节约能源，且供水系统简单、投资少、减少水质受污染的可能性；缺点是：若室外管网一旦停水，室内立即断水。

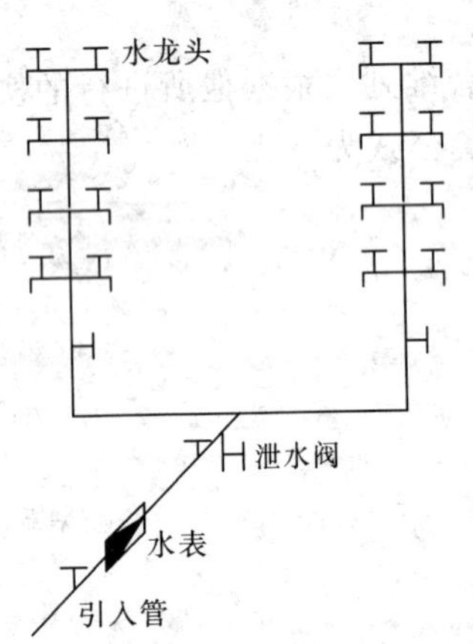

图 3-3　直接给水方式

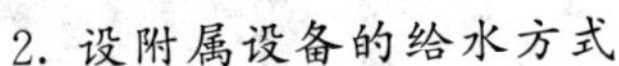

2. 设附属设备的给水方式

（1）单设水箱的给水方式。当室外管网提供的水压在一天中的大部分时间内能满足要求，只是周期性的在用水高峰时间出现水压不足，或者在室内某些用水点需要稳定压力，并且供水建筑物具备设置高位水箱的条件下，可在屋顶设高位水箱。当室外管网压力大于室内管网所需压力时（一般在夜间），水进入屋顶水箱，此时水箱存水；当室外管网压力不足，不能满足室内管网所需水压时（一般在白天），此时水箱供水，以达到调节水压和水量的目的。这种供水方式适用于多层建筑，下面几层与室外管网直接连接，利用室外管网水压供水（等同于直接给水方式），上面几层则靠屋顶水箱调节水量和水压，由水箱供水，如图 3-4 所示。

这种给水方式的优点是：充分利用室外管网水压，节省能源，安装和维护简单，投资较少；供水较可靠，水箱贮备一定量的水，在室外管网压力不足时不会中断室内供水；缺点是：需设高位水箱，增加了屋顶结构荷载，不美观；寒冷地区水箱需保温防冻，造价较高；水箱浮球阀失灵的几率多，漏水量增加，维修频繁；水箱水质受到潜在污染的可能性。

(2) 单设水泵的给水方式。当室外管网压力经常低于室内管网所要求的压力，而且室内用水量比较均匀时，可采用设水泵加压的给水方式，如图 3－5 所示。

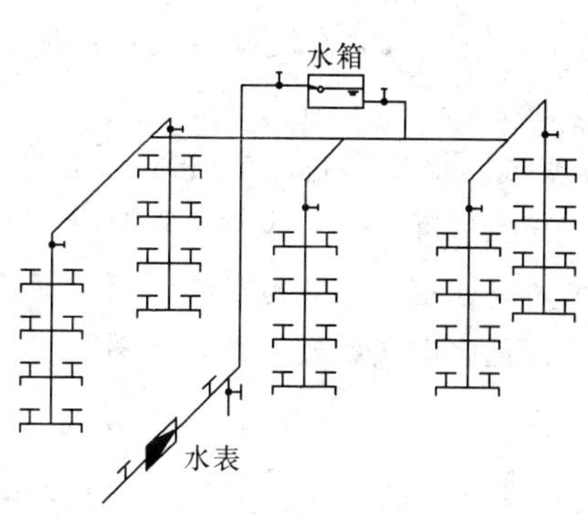

图 3－4　单设水箱的给水方式

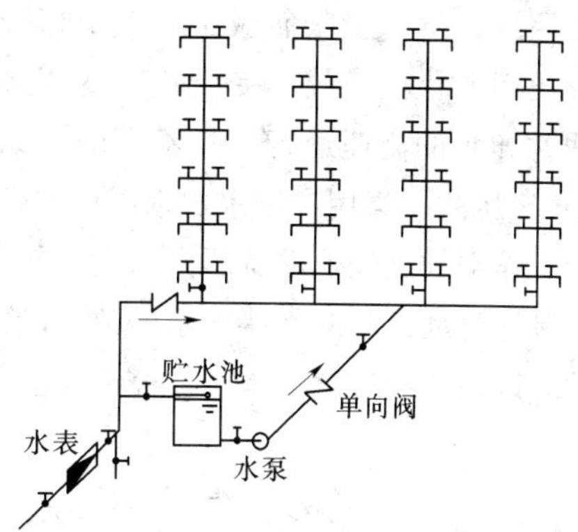

图 3－5　单设水泵的给水方式

这种给水方式避免了上述单设水箱的缺点，但由于市政给水管理部门明确规定生活用水水泵不能直接从室外管网的管道上吸水，所以要设贮水池。原因是强制抽水会使水泵附近室外管网的水压线猛降，严重时可使室外干管某些部位水压呈负值。这不仅会妨碍附近其他用户的正常供水，而且有可能损坏管道，让管外四周土壤中的细菌及污秽杂物进入管内，甚至被强行吸入管网，污染水质，这对用户的身体健康非常有害。因此，应设调节水池，水泵经水池抽水然后加压再送往室内管网。该方式的优点是：不设高位水箱，当小区规模扩展时，只需更换或增加水泵，不会像设置高位水箱那样限制水压提高；由于有调节水池，所以可以减轻市政管网高峰负荷；缺点是：建造大容量的调节水池；没有充分利用城市管网的水压；水泵耗电量大、有噪音、工作效率低；调节水池中的水存在潜在的被污染的可能性。

(3) 设水泵和水箱的联合给水方式。在上一种给水方式的基础上修建高位水箱。这种给水方式一般适用于室外给水管网压力经常性或周期性不足，而且室内用水又不均匀时，可采用这种给水方式。该方式的工作过程是利用水泵将调节水池中的水提升到高位水箱，再利用高位水箱储存调节水量并向用户供水，如图 3－6 所示。该方式的优点是：供水相对可靠，水池、水箱贮存有一定水量，停水停电时可延时供水；供水压力较稳定；减少水泵工作台数，提高了水泵工作效率。缺点是：需设水泵、高位水箱、调节水池。

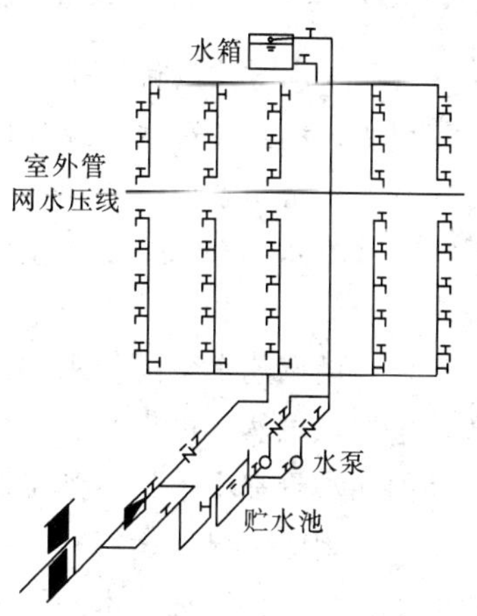

图 3－6　设水泵和水箱的给水方式

(4) 气压装置给水方式。当城市管网提供的压力经常不足，而且不宜设置高位水箱的建筑，可采用这种气压装置给水方式。该方式是用水泵抽水加压，利用密闭贮罐内空气的压缩或膨胀使水压力上升或下降来调节和压送水量的给水装置，其作用相当于高位水箱或水塔。根据密闭贮罐内气体压力的变化与否，可将气压装置给水方式分为变压式和定压式两种。

1）变压式。水泵启动向用户供水，当水泵流量大于用户所需用水量时，多余的水进入水罐，罐内空气因被压缩而增压，从而将水输送至用户。当罐内水位下降至设计最低水位时，因罐内空气膨胀而减压，水泵打开向罐中加压供水。罐内的水压是与压缩空气的体积成反比而变化的，故称变压式。变压式设备较简单，但因压力有波动，故对保证用户用水舒适性和泵的高速运行均是不利的，如图 3－7 所示。

2）定压式。当用户用水，水罐内水位下降时，空气压缩机即自动向气罐内补气，而气罐中的压缩空气又经自动调压阀（调节气压恒为定值）向水罐补气。当水位降至设计最低水位时，泵即自动开启向水罐充水，故它既能保证水泵始终稳定在高效范围内运行，又能保证管网始终以恒压向用户供水，但需专设空气压缩机，并且启动次数较频繁，如图3－8所示。

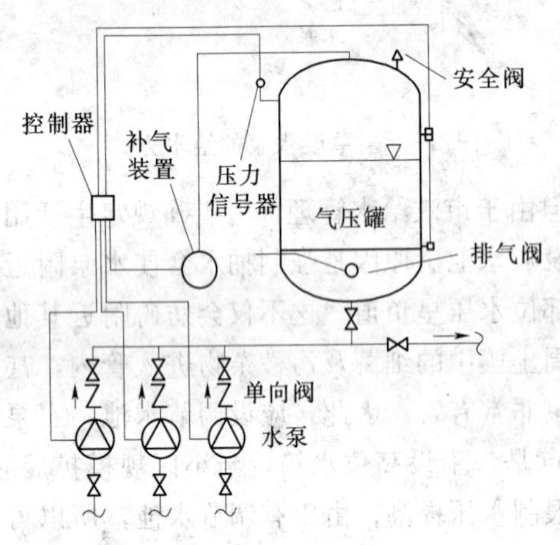

图 3－7　变压式给水方式

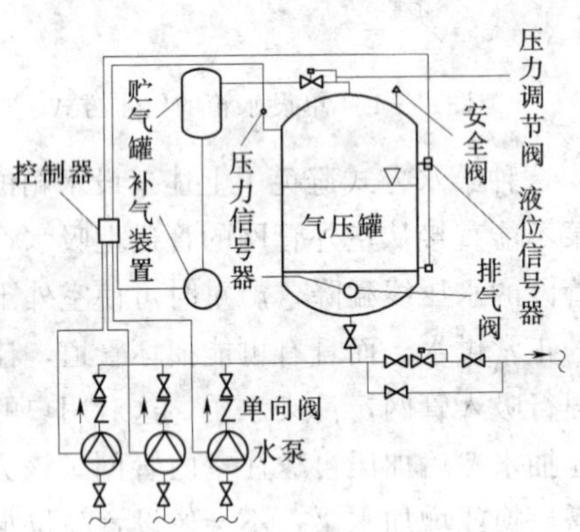

图 3－8　定压式给水方式

气压给水方式的优点是：给水设备施工简单，便于扩建、改建、拆迁，拆装灵活，投入使用快；不需建造水塔或高位水箱；设备紧凑，占地较小，便于与水泵集中管理；供水可靠，水在密闭系统中流动不会受污染；缺点是：水泵扬程高，工作效率低、电耗大；在低峰用水时水压过高，造成卫生器具漏水几率增高；但是调节能力小，经常运行费用较高。

（5）设调速水泵的给水方式。在工程设计中，水泵的型号一般都是按最不利工况的参数选定的，虽然其可靠性有了保证，但是系统在实际运行过程中，绝大部分时间里，单位时间的耗水量都小于最不利工况的流量。随着水泵的出水流量下调，扬程上升，水泵常处于扬程过剩的工况下运行。这部分过剩扬程的长时间存在造成水泵耗能高、效率低。由于微电子技术、自动化技术的飞速发展，实现水泵变速调节变得简单易行。因此，变速技术得到广泛应用。

变频调速水泵的工作原理：系统中扬程发生变化时，压力传感器不断向微机控制器输入水泵出水管压力的信号。若测得的压力值大于设计供水量对应的压力时，则微机控制器即向变频调速器发出降低电流频率的信号，水泵转速随之降低，水泵出水量减小，水泵出水管压力下降，反之亦然。调节水泵的转速可改变水泵的流量、扬程和功率，使水泵出水量随时与管网的用水量一致，对于不同的流量都可以使水泵处于较高效率范围内运行，以节约电能。因此，水泵出水管内压力值以标定的扬程为依据，并始终在标高扬程上下范围内变化，如图 3-9 所示。

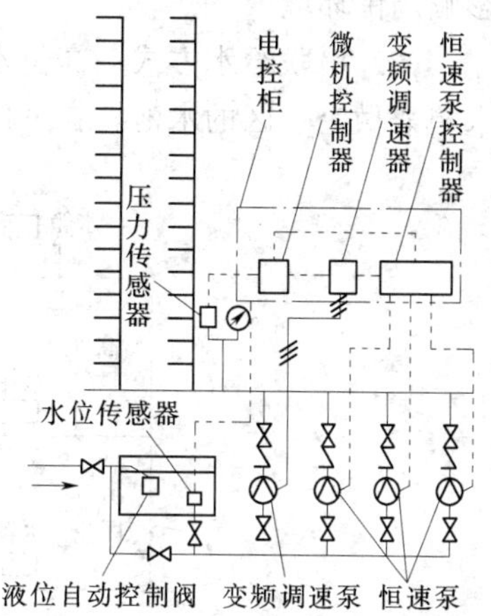

图 3-9 设调速水泵的给水方式

此种给水方式的主要优点是：运行可靠、稳定；耗能低、效率高；装置结构简单、占地面积小；对管网系统中用水量变化适应能力强。

（二）高层建筑的供水方式

高层建筑层数多，建筑高度高，满足高层用水压力后低层管道中静水压力过大，生活、生产、消防给水系统中管道、配件和各种附件均有一定的耐压极限，当大于此极限时应当采取分区给水，否则将会产生如下不利现象：

（1）低层配件开启后，压力过大，水成射流喷溅，使用不便，浪费水源。

（2）低层必须采用耐高压管材、零件及配水器材，龙头、阀门等器材磨损迅速，漏水增加，检修频繁，寿命缩短。

（3）下层龙头的流出水头过大，出流量比设计流量大得多，使管道内流速增加，当阀门或水龙头等配件关闭时，管网易产生水锤、水流噪音和振动。

（4）给水系统中高层和低层的配水点出水量差别过大，不能满足使用要求，破坏管网设计流量的分配和给水系统的正常运行。

（5）维修管理费用和水泵运转电费增高。

为克服以上不利现象，高层建筑给水应采用竖向分区，分区后各区最低卫生器具配水点的静水压力应小于其工作压力。总结国内工程实践、参考相关文献、规范推荐出如下压力值范围：旅馆、住宅、医院等建筑一般为 300～350kPa；办公楼（无宿舍）等一般为 350～450kPa，且最大不得大于 550kPa（或以 10～12 层为一个供水区）。

为确保高层建筑给水安全可靠，高层建筑应设置两条并联的引入管，室内竖向或水平向管网连成环状，尤其是设有消防给水系统的高层建筑更甚。

高层建筑竖向分区给水方式可归纳为以下几种类型：

1. 高位水箱给水方式

（1）并联给水方式。高位水箱并联供水方式是在各分区独立设置水箱和水泵，且水泵集中设置在建筑底层或地下室，分别向各区供水，如图 3-10 所示。

该方式的优点是：供水安全可靠，各区是独立给水系统，互不影响，某区发生事故或检修，不影响其他各分区；水泵集中布置，维护管理方便；能源消耗较小，运行所用动力费用经济；缺点是：水泵数量多，高区水泵出水高压管线长，投资费用增加；分区水箱占建筑楼层若干面积，给建筑房间布置带来困难，减少房间面积，影响经济效益；分区水箱影响周围环境。

(2) 串联给水方式。高位水箱串联供水方式为水泵分散设置在各区的设备层中，下区水箱兼做上一区的水池，自下区水箱逐级抽水供上区用水，如图 3-11 所示。

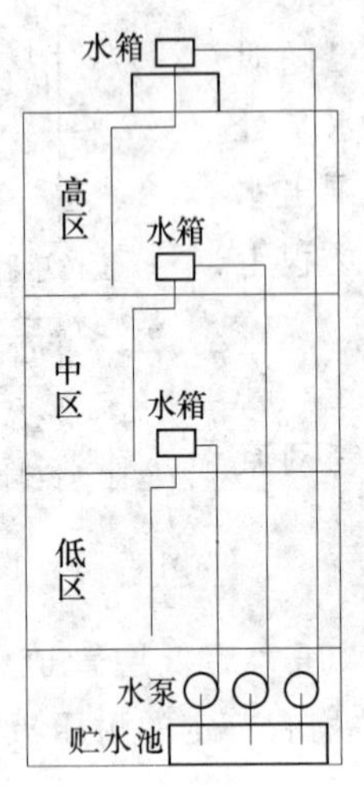

图 3-10　并联给水方式

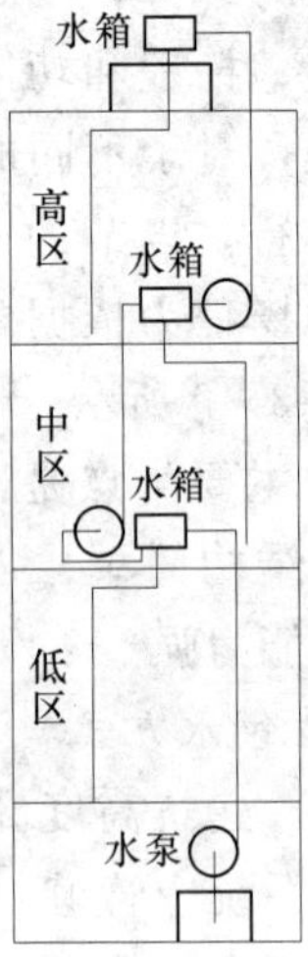

图 3-11　串联给水方式

该方式的优点是：设备与管道较简单，无高压水泵和高压管道，投资较节约；能源消耗较小，运行动力费用较低；缺点是：水泵分散设置，连同水箱所占设备层面积较大；各区均设水泵，防震隔音要求较高；水泵分散，管理维护不便；若下区发生事故或检修，其上部数区供水受影响，供水可靠性差。

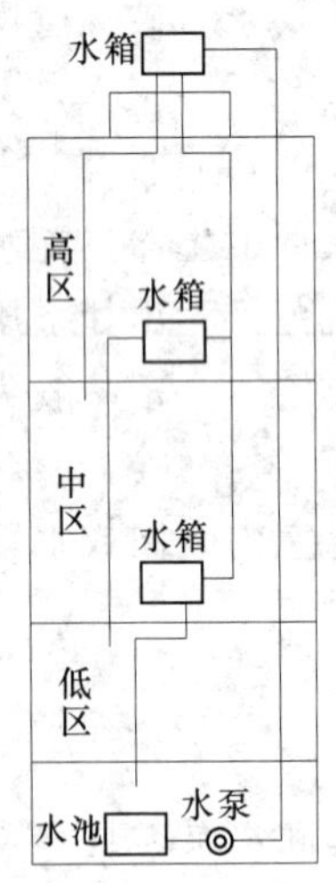

图 3-12　减压水箱给水方式

(3) 减压水箱给水方式。该方式是在屋顶设置总水箱，各分区设置减压水箱，整个高层建筑的用水量全部由设置在地下底层的水泵提升至屋顶总水箱，然后再由总水箱分送至各分区水箱，分区水箱起减压作用，如图 3-12 所示。

该方式的优点是：水泵数量最少，设备费用降低，管理维护简单；水泵房面积小，各分区减压水箱调节容积小。它的缺点是：所用水均需提升到最高处总水箱，水泵运行费用高；屋顶总水箱容积大，对建筑的结构和抗震不利；水泵扬程大，耐高压管线长；建筑物高度较高分区较多时，下区减压水箱中浮球阀承压过大，造成关不严或经常维修；供水可靠性差。

(4) 减压阀给水方式。减压阀供水方式的原理与减压水箱供水方式相似，屋顶设总水箱，其不同之处是以减压阀来代替各区的减压水箱，如图 3-13 所示。

该方式的最大优点是：减压阀不占设备层房间面积，使建筑面积发挥最大的经济效益。国外多采用该种方式。其缺点是：水泵运行动力费用较高。

减压阀供水方式是目前我国实际工程中较多采用的一种方式。

2. 气压水箱给水方式

气压水箱给水方式取消了高位水箱，用气压水箱代替了高位水箱。利用气压水箱控制水泵间歇工作，并能保证管网中维持一定的供水压力。这种方式有如下两种典型的形式。

(1) 并联气压水箱给水方式，如图 3-14 所示。

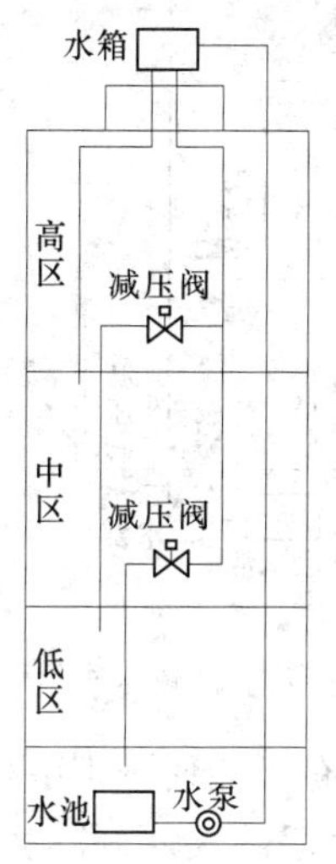

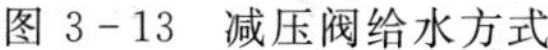
图 3-13　减压阀给水方式

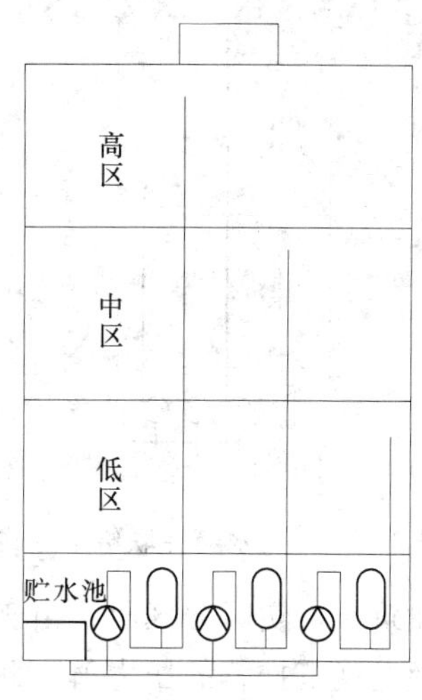

图 3-14　并联气压水箱给水方式

该方式的特点是每个分区独立设置一个气压水箱，且气压水箱集中设置在建筑底层，向各区供水。该方式的优点是：各区供水相对独立，供水安全性高。缺点是：初期投资大，每个气压水箱体积小，水泵启动次数频繁、耗电多。

(2) 气压水箱减压阀给水方式。该方式只设置一个总的气压水箱，向各区供水，各区用减压阀控制水压。优点是：投资少，气压水箱较大，水泵启动次数较少；缺点是：共用一个气压水箱系统，供水安全性相对较差，如图 3-15 所示。

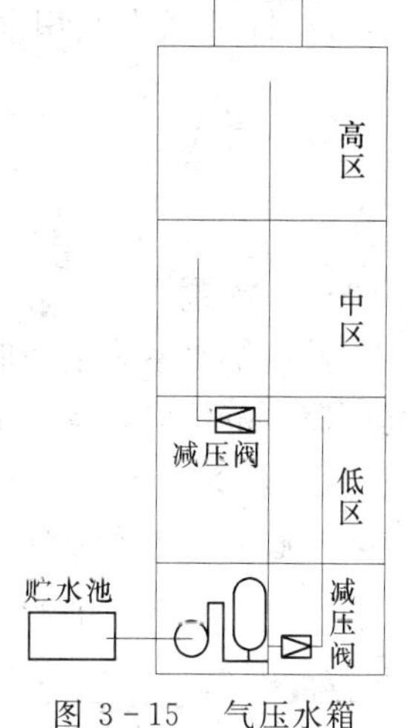

图 3-15　气压水箱减压阀给水方式

3. 无水箱给水方式

近年来，国外不少大型高层建筑采用无水箱的变速水泵供水方式，根据给水系统中用水量情况自动改变水泵的转速，使水泵经常处于较高效率下工作。这种供水方式的优点是：省去高位水箱，增加了有效使用面积。其缺点是：需要一套价格较贵的变速水泵及自动控制设备，使工程造价提高，且维修较复杂。按系统不同可将无水箱给水方式分成两种：

(1) 无水箱并联给水方式。根据不同的高度分区采用不同的水泵机组和压力。初期投资大，但运行费用较少，供水安全性较高，如图 3-16 所示。

(2) 无水箱减压阀给水方式。所有分区共用一组水泵。分区处设减压阀降低各区压力。系统简单，但运行费用高，供水安全性相对较差，如图 3-17 所示。

许多给水系统的形成，根据客观条件，往往将上述两种或两种以上给水方式适当组合而成。

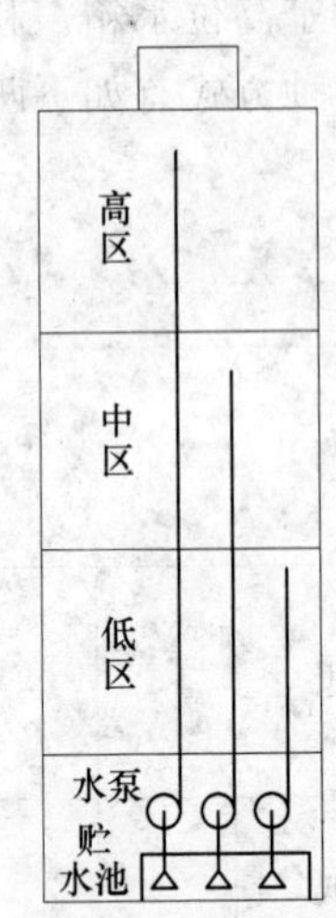

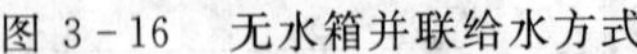

图 3-16　无水箱并联给水方式

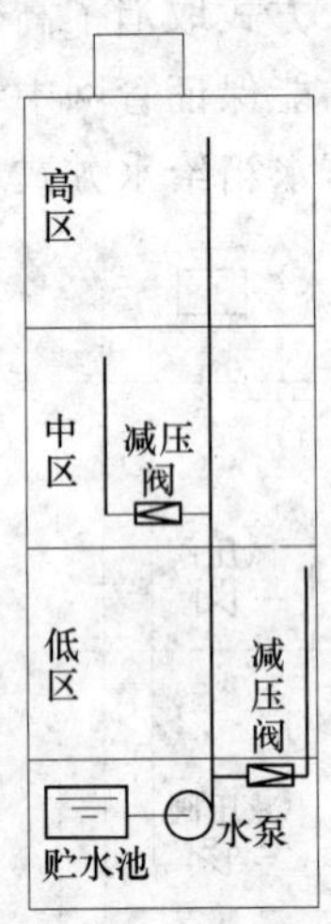

图 3-17　无水箱减压阀给水方式

在高层建筑中，实际分区时，由于各种因素的制约，有可能使个别卫生器具给水附件处的静压力超过规范推荐的压力值。此时，为防止水压过大导致各种弊病，宜采用减压限流措施。

当建筑楼层较高、竖向分区比较多时，往往可根据工程的实际情况混合采用各种供水方式，以便达到充分利用室外管网压力，提高供水安全性，降低初期投资及运行成本的目的。

第二节　水泵和贮水设备

一、水泵

室内给水系统中一般采用离心泵，离心泵具有结构简单、管理方便、体积小、扬程较高，流量范围广，运转平衡等优点。

（一）离心泵的构造

离心泵的工作原理，是靠叶轮旋转形成的惯性离心力而工作的水泵。

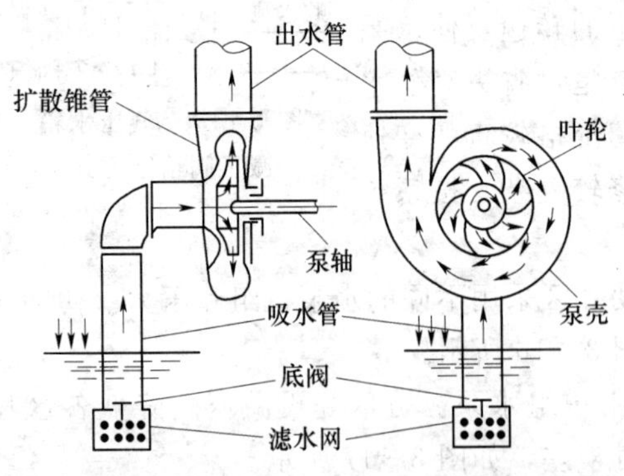

图 3-18　离心泵工作原理示意图

如图 3-18 所示，是离心泵扬水工作原理示意图。具有弯曲叶片的叶轮安装在固定不动的蜗壳形的泵壳内，泵壳分别与出水管和吸水管相连。在开始抽水前，要使泵壳及吸水管中先充满水（吸水管底部的底阀是防止水倒泄入吸水池中）。当动力机通过泵轴带动叶轮高速旋转时，叶轮中的水也随之一起高速旋转，由于水的内聚力和叶片与水之间的摩擦力不足以形成维持水流旋转运动的向心力，轮中水流逐渐向叶轮外缘而去。叶轮的圆周速度随半径的增大而增大，沿叶片离心而去的水流的圆周速度越来越大，最后高速甩出进水泵壳中，再经扩散锥管减速将大部分动能转化为压能经出水管扬至高处。在水流向外缘的同时，叶轮中心附近形成真空（小于大气压力），但吸水池水面作用着大气压力，吸水管中的水在此压差作用下，立即填补所空出的空间而进入叶轮，由于叶轮的不断旋转，水就源源不断地甩出和吸入，形成连续的扬水作用。

离心泵在启动前一定要充满水才能工作，因为水的质量比空气约大800倍，如果启动前泵中不灌满水，尽管叶轮高速旋转，由于空气质量轻，惯性极小，所以排出的空气有限，泵中空气压力和作用在下水面的外界大气压力相差很小，在这样小的压差下，水是无法压入水泵中的。

（二）水泵的基本工作参数的确定

1. 水泵流量的确定

水泵的流量是指在单位时间内通过水泵的水的体积，以符号 Q 表示，单位常用L/s或m^3/h。建筑给水系统无水箱时，应按设计秒流量确定；有水箱时，应按最大小时流量确定。

当高位水箱容积较大，用水量较均匀时，可按照平均小时流量确定。生活、生产用调速水泵的出水量应按设计秒流量确定。生活、生产、消防共用调速水泵，在消防时其流量除保证消防用水总量外，还应满足防火规范中关于生活、生产用水量的要求。

2. 水泵扬程的确定

单位重量液体单从水泵获得的能量称为水泵的扬程，用符号 H_p 表示，单位用 mH_2O。在室内给水系统中，水泵的扬程应满足最不利配水点处的水压需求。

（1）当水泵直接从室外管网吸水时，水泵扬程可按如下公式确定

$$H_p=(Z-H_0)\times 10+H_1+H_2+H_3 \tag{3-6}$$

这种情况除按上式计算外，还应以室外管网的最大水压校核水泵的超压情况，判断是否会对管道、配件及附件等造成破坏。

（2）当水泵从贮水池或吸水井吸水时，总扬程可按下式确定：

$$H_p=(Z_2-Z_1)\times 10+H_1+H_2 \tag{3-7}$$

式中　H_p——水泵总扬程，kPa；

Z——水泵吸水管所接室外给水管处，其轴线至最不利配水点（或消火栓）间的垂直距离，m；

Z_1——贮水池最低水位标高，m；

Z_2——最不利点标高，m；

H_0——水泵吸水管所接室外给水管处的最小压力（该资用水头从室外地面算起不得小于100kPa）；

H_1——吸水管和压水管内总水头损失，kPa；

H_2——最不利配水点（或消火栓出口、或水箱最高设计水位）处所需流出水头，kPa；

H_3——水表水头损失，kPa。

（三）水泵选型的原则

所选用的水泵必须同时满足如下要求。

(1) 充分满足供水设计标准内各个供水时段的流量和扬程要求。并尽量使所选水泵在泵站设计扬程运行时的工作点，在其设计工况点附近，在泵站最高及最低扬程运行时的工作点，在其高效区范围内。

(2) 选用性能良好，并与泵站扬程、流量变化相适应的泵型。选用效率高、吸水性能好、适用范围广的水泵。

(3) 所选水泵的型号和台数使泵站建设的投资最小。

(4) 便于运行调度、维修和管理。

生活水泵应根据建筑物的重要性，供水安全性要求和水泵装置运行可靠性等因素，来确定是否设置备用泵。一般的高层建筑、大型民用建筑、建筑小区应设有一台备用泵。备用泵的容量应与最大一台水泵相同。

(四) 水泵房

泵房是装置主机组、辅机及其电器设备的建筑物，它为机电设备及运行管理人员提供良好的工作条件。

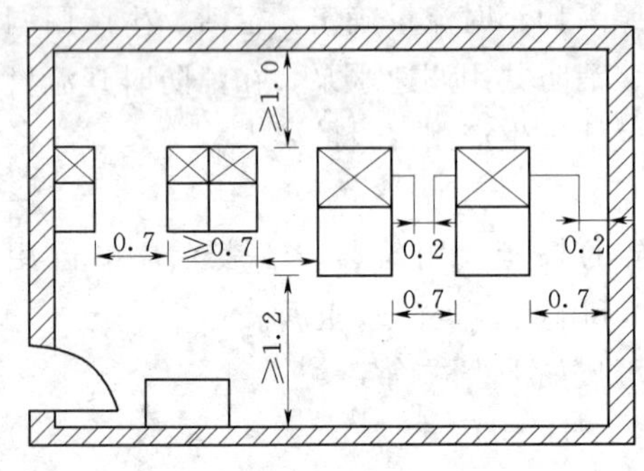

图 3-19　水泵机组布置间距

水泵机组的布置间距应符合下述要求，如图 3-19 所示。

(1) 水泵机组的基础侧边之间和至墙面的距离不得小于 0.7m。电机容量小于或等于 20kW 或吸水口直径小于或等于 100mm 的小型水泵，两台同型号的水泵机组可共用一个基础，基础的一侧与墙面之间可以留通道；不留通道的机组突出部分与墙壁间的净距及相邻两机组的突出部分的净距不得小于 0.2m。

(2) 水泵机组的基础墙边之间至墙面的距离不得小于 1.0m，电机端边至墙的距离还应保证能抽出电机转子。

(3) 水泵机组应设在独立的基础上，基础至少高出地面 0.1m。

二、贮水设备

(一) 贮水池

当室内给水系统中布置有水泵时，一般不允许生活水泵直接从市政给水管网抽水，因此给水系统中就需要设贮水池或吸水池，由水泵再从水池中抽水。

贮水池的容积设计过大，不仅增加基建投资和占地面积，而且可能会影响水质；相反，如果贮水池的容积过小，则影响供水的可靠性。

1. 贮水池的有效容积

(1) 贮水池的有效容积与水源的供水能力和用水要求有关，一般应根据用水调节水量，消防贮水量和生产事故备用水量综合确定，可按下式确定：

$$V_y \geqslant (Q_b - Q_g) T_b + V_x + V_s \tag{3-8}$$

$$Q_g T_i \geqslant (Q_b - Q_g) T_b \tag{3-9}$$

式中　V_y——贮水池的有效容积，m^3；

Q_b——水泵出水量，m^3/h；

Q_g——水源的供水能力，m^3/h；

T_b——水泵运行时间，h；

V_x——消防贮备用水总量，m^3；

T_t——水泵运行间隔时间，h；

V_s——生产事故备用水量，m^3。

(2) 当资料不足时，贮水池的调节容积 $(Q_b - Q_g)T_b$，可按最高日用水量20%～25%取用。

(3) 为了防止水质腐化，贮水池的容积不宜过大，当必须大量贮备时，应有补充加氯措施，以保持一定的余氯量。

(4) 当水源的供水能力可以保证消防或事故时的正常平均小时用水量时，可以不设置贮水池，仅设吸水井。

2. 贮水池布置及要求

(1) 贮水池可布置在独立的水泵房屋顶上，或单独布置在室外地面上或布置在地坪下面，也可以布置在建筑物的地下室。

(2) 消防和生产事故贮水池可兼做喷泉水池、水景池等，但不得少于两格，生活用贮水池不得兼做他用。

(3) 设计时应尽量保证池中贮水能经常流动，防止水质变坏，贮水池至少分成两格，以便清洗和检修，保证供水安全。

(4) 室内贮水池的贮水容积如包括室外消防水量时，应在室外设有供消防车取水用的吸水口。

(5) 如果生活用水和消防用水共用一个贮水池时，应有保证消防水量平时不被动用的措施。

(6) 生活贮水池必须远离化粪池、厕所、厨房等卫生环境不良的地方，防止生活饮用水被污染。

(7) 贮存生活饮用水的贮水池，应有防止生活饮用水被污染的措施。

(二) 吸水井

在设有水泵的供水方式中，如果室外用水量能满足室内用水量要求的情况下，一般不需设贮水池，但室外管网不允许水泵直接抽时，应设置吸水井。

吸水井的有效容积不得小于最大一台水泵3min的出水量。吸水井的尺寸应满足吸水管、浮球阀等的布置、安装、检修和防止水深过浅的水泵进气等正常工作的要求。其最小尺寸如图3-20所示。

吸水井可设置在室内底层或地下室，也可设置在室外地上或地下。

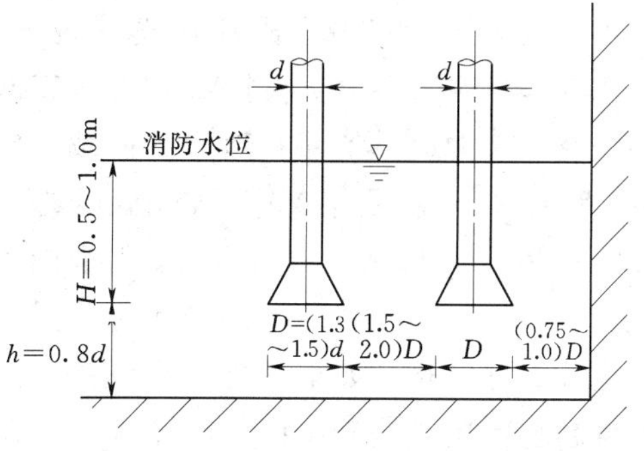

图3-20 吸水井内吸水管布置最小尺寸

第三节　给水管网的布置和敷设

室内给水管道系统的布置和敷设，应尽量做到供水安全可靠、节约工料、便于安装和维修，不妨碍美观，所以应满足以下要求：

一、供水安全及经济性要求

（1）各级给水管道应力求短而直。

（2）引入管力求简短，结合室外给水管网的具体情况，由建筑物用水量最大处接入，或从用水设备平面对称中心接入。

（3）室内给水管网宜采用树枝状布置，若要求不允许间断供水时，可采用环状管网。

（4）给水管道尽量布置在不结冻的房间内，否则，应采取防冻措施。

二、水质安全性要求

（1）生活饮用水管道尽量不与非饮用水管道连接。在特殊情况下，如必须以饮用水作为其他用水水源时，两种管道的连接处，应采取断流或其他防止水质污染的措施，如图 3-21 所示。

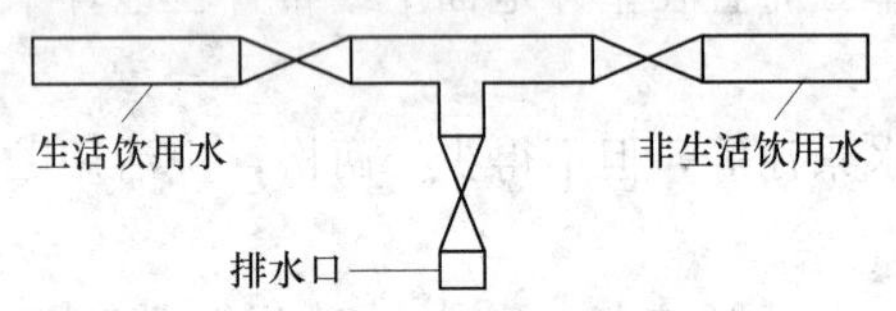

图 3-21　两种水质给水管的连接

（2）生活给水引入管与污水排出管管壁的水平净距不宜小于 1.0m。建筑物内给水管与排水管之间的最小净距，平行埋设时为 0.5m；交叉埋设时为 0.15m，且给水管应在排水管的上方。

（3）生活给水管道不允许敷设在烟道、风道、排水沟内，不允许穿过大小便槽、橱窗、壁柜、木装修等。

（4）埋地生活饮用水贮水池与化粪池的净距，不得小于 10m。

（5）严禁生活饮用水管道与大便器（槽）直接连接。用于大便器冲洗的冲洗阀要求有延时、自闭和破坏真空装置。

三、结构布置要求

（1）一般的建筑物设一根引入管，单向供水。对不允许间断供水，用水量大，设有消防给水系统的大型或多层建筑，应设两条或两条以上引入管，在室内连成环状或贯通枝状供水。引入管的埋设深度主要根据城市给水管网及当地的气候、水文地质条件和地面的荷载而定。引入管应埋在冰冻线以下 200mm 处，覆土厚度不小于 0.7～1.0m。引入管穿越承重墙或基础时，应注意管道保护。如果基础埋深较浅时，则管道可以从基础底部穿过；如果基础埋深较深，则引入管将穿越承重墙或基础本体，如图 3-22 所示。此时应预留洞口（具体尺寸如表 3-2 所示），管顶

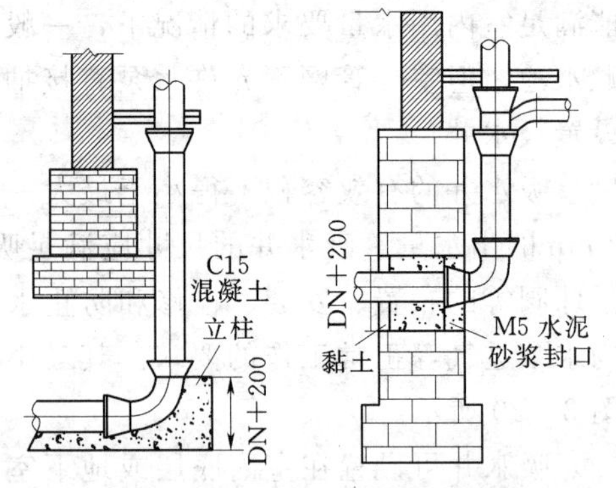

图 3-22　引入管穿越建筑物基础

上部净空高度一般不小于0.15m。

表 3-2　　引入管穿基础留洞尺寸规格

管径（mm）	50以下	50～100	125～150
孔洞尺寸（高×宽）（mm×mm）	200×200	300×300	400×400

（2）一般应从引入管上装设水表。为检修水表方便，水表前应设阀门，水表后可设阀门止回阀和放水阀。放水阀主要用于检修室内管路时，将系统内的水放空与检修水表灵敏度。阀门的作用是关闭管段，以便修理或拆换水表。水表节点在我国南方地区可设在室外水表井中，并距建筑物外墙2m以上；在寒冷地区常设于室内的供暖房间内。

（3）给水管道穿过承重墙或基础处应预留洞口，管顶上部净空不得小于0.1m。

（4）给水管道不易穿过伸缩缝，沉降缝和抗震缝，必须穿过时应采取相应的技术措施，如图3-23所示。

（5）厂房、车间内管道架空布置时，不得妨碍生产操作、交通运输和建筑物的使用；不得布置在遇水能引起爆炸、燃烧或损坏原料与产品和设备的上方。

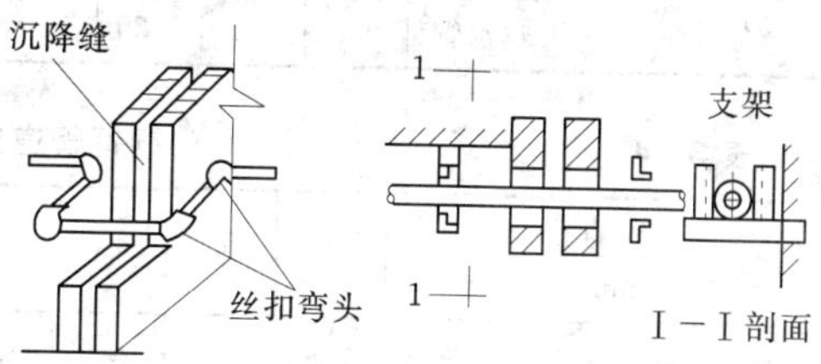

图3-23　给水管穿越伸缩缝和沉降缝

（6）给水管道不应穿越变、配电房，通信机房，大中型计算机房，计算机网络中心，音像库房等。否则，给水管的渗漏和损坏，可能造成火灾事故。

（7）管道穿过建筑物内墙及楼板时，一般均应预留孔洞（具体尺寸如表3-3所示），安设套管，安装在楼板内的套管，其顶部应高出装饰地面20mm；安装在卫生间及厨房内的套管，其顶部应高出装饰地面50mm，底部应与楼板地面相平；安装在墙壁内的套管，其两端应与装饰面齐平。

表 3-3　　立管管外皮距墙面距离及留洞尺寸

管径（mm）	32以下	32～50	75～100	125～150
管外壁距墙面（抹灰）距离（mm）	25～35	30～50	50	60
管孔尺寸（高×宽）（mm×mm）	80×80	100×100	200×200	300×300

（8）为了固定管道位置，水平管道和垂直管道均应每隔一定距离装设支架和吊架，常用的支架、吊架有钩钉、管卡、吊环、托架等，如图3-24所示。楼层高度小于或等于5m，每层只需设一个管卡，楼层高度大于5m，每层不得少于两个，通常设于1.2～1.8m高度处。支架、吊架间距视管径大小而定，如表3-4所示。

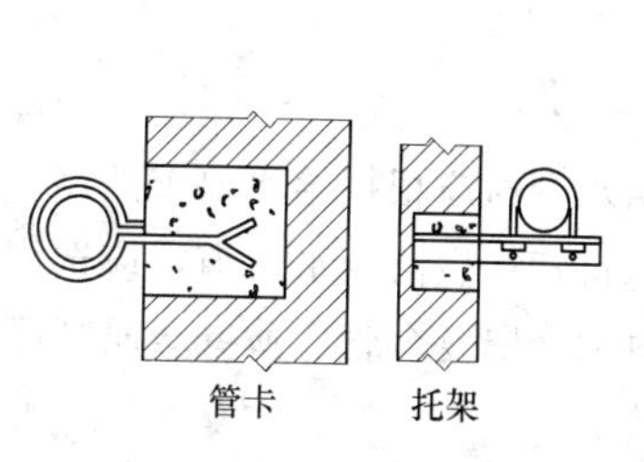

图3-24　管道支架、托架

表 3-4-1　　管径在 15～300mm 的水平钢管支吊架间距

管径（mm）		15	20	25	32	40	50	70	80	100	125	150	200	250	300
最大间距（m）	保温	2	2.5	2.5	2.5	3	3	4	4	4.5	6	7	7	8	8.5
	不保温	2.5	3	3.5	4	4.5	5	6	6	6.5	7	8	9.5	11	12

表 3-4-2　　塑料管及复合管管道支架的最大间距

管径（mm）			12	14	16	18	20	25	32	40	50	63	75	90	110
最大间距（m）	立管		0.5	0.6	0.7	0.8	0.9	1.0	1.1	1.3	1.6	1.8	2.0	2.2	2.4
	水平管	冷水管	0.4	0.4	0.5	0.5	0.6	0.7	0.8	0.9	1.0	1.1	1.2	1.35	1.55
		热水管	0.2	0.2	0.25	0.3	0.3	0.35	0.4	0.5	0.6	0.7	0.8		

表 3-4-3　　铜管管道支架的最大间距

公称直径（mm）		15	20	25	32	40	50	65	80	100	125	150	200
最大间距（m）	垂直管	1.8	2.4	2.4	3	3	3	3.5	3.5	3.5	3.5	4	4
	水平管	1.2	1.8	1.8	2.4	2.4	2.4	3	3	3	3	3.5	3.5

四、管网敷设

室内给水管道的敷设应根据建筑物的性质、系统类型、美观要求等综合考虑，一般可分为明装和暗装两种方式。

（1）明装：管道尽量沿墙、梁、柱、顶棚、地板或桁架敷设。它的优点是：便于安装、维修管理方便、造价低；缺点是：管道表面易积灰尘、影响美观、不整洁。一般民用建筑和生产车间常采用明装方式。

（2）暗装：管道应尽量暗设在地下室、顶棚室、吊顶、公共管廊、管道层或公共管沟内，立管和支管宜设在公共管道井和管槽内。管道井应每层设检修门。它的优点是：美观、干净卫生、不影响室内装修；缺点是：安装工作量大、不便操作、检修困难。

第四节　管道材料、器材及卫生器具

一、管道材料

（一）管材

室内给水系统是由管道和各种管件、附件连接而成。给水管材应根据给水要求选用。消防给水管道一般采用镀锌钢管、无缝钢管、给水铸铁管或塑料管；生活给水管道，应选用耐腐蚀和安装连接方便的管材，一般可采用塑料给水管、塑料和金属复合管、薄壁金属管等。

按照水管工作条件，水管性能应满足下列要求：

（1）有足够的强度，可以承受各种内外荷载。

(2) 具有一定的水密性，不漏水。

(3) 管道内表面光滑。

(4) 价格较低，使用寿命较长，有较高的防止水和土壤的侵蚀能力。

(5) 水管接口施工简便，工作可靠。

水管可分为金属管（铸铁管和钢管等）和非金属管（预应力钢筋混凝土管、玻璃钢管、塑料管等）。水管材料的选择，取决于承受的水压、外部荷载、埋管条件、价格高低、供应情况等。现将各种管材的性能分述如下：

1. 钢管

钢管有焊接钢管和无缝钢管两种。焊接钢管又分为镀锌钢管和不镀锌钢管。钢管镀锌的目的是防锈、防腐蚀、不使水质变坏，延长使用年限。自动喷水灭火系统的消防给水管应采用镀锌钢管或镀锌无缝钢管，并且要求采用热浸镀锌工艺生产的产品。水质没有特殊要求的生产用水或独立的消防系统，才允许采用非镀锌钢管。镀锌钢管在生活给水系统中已禁止使用。

钢管的优点是：强度高、承受流体的压力大、抗震性能好、长度大、接头方便、接头少、重量比铸铁管轻、加工安装方便；它的缺点是：抗腐蚀性差、造价较高。

钢管连接方法有焊接、螺纹连接和法兰连接等。

焊接的优点是：接头紧密、不漏水、施工速度快、不需配件；缺点是：不能拆卸。焊接只能用于非镀锌钢管，因为镀锌钢管焊接时锌层会被破坏，反而加速锈蚀。一般适用于管径大于50mm的钢管，具有电源及操作条件。

丝扣连接法是利用配件连接，连接配件的形式及应用如图3-25所示。配件一般用可锻铸铁制成，抗腐蚀性及机械强度较高，分镀锌和非镀锌两种。丝扣连接操作方便，可拆卸。一般适用于管径小于50mm的钢管。

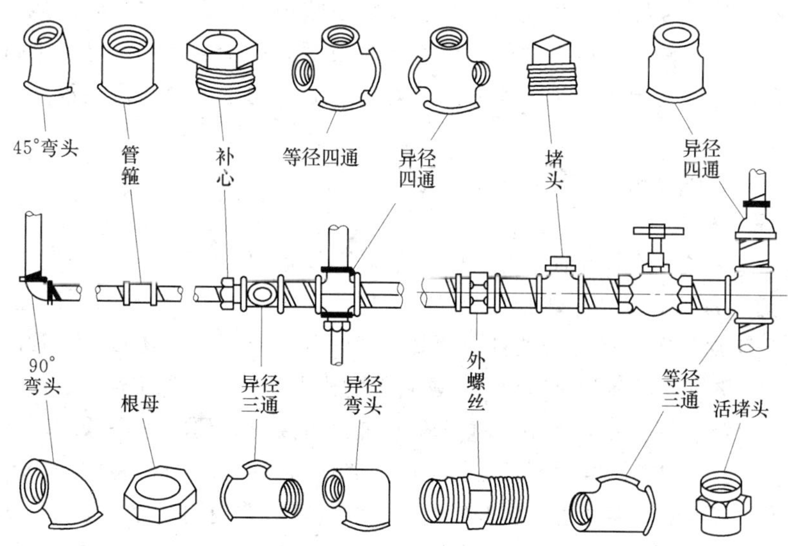

图3-25 钢管螺纹连接配件及方法

法兰连接常用在连接闸阀、止回阀、水泵、水表等处以及需要经常检修、拆卸的管

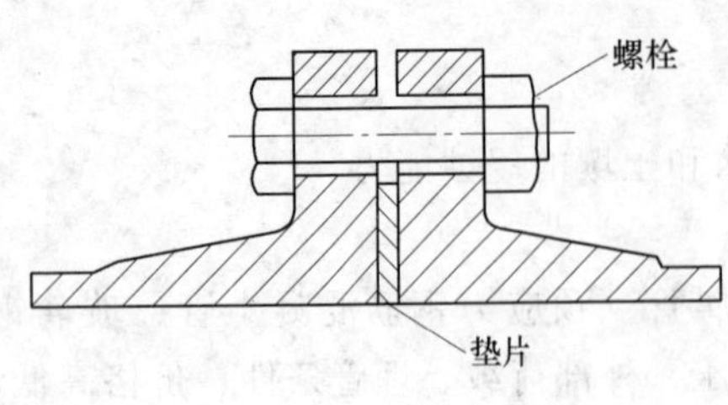

图 3-26　法兰连接

段上，如图 3-26 所示。法兰连接的优点是：接头严密，检修方便。一般适用于管径大于 50mm 的钢管，适用于与带法兰管件连接的部位。

2. 铸铁管

铸铁管按材质分为灰铸铁管和球墨铸铁管。

灰铸铁管有较强的耐腐蚀性，以往使用较广，但由于其质地较脆，抗冲击和抗震能力较差，重量较大，接口易漏水，常发生断裂和爆管事故，给生产带来较大损失。球墨铸铁管既具有灰铸铁管的许多优点，而且机械性能较高，强度较高，抗腐蚀性能远高于钢管，是较为理想的管材。球墨铸铁管的重量较轻，很少发生爆管、渗水及漏水现象，可以减少管网漏损率和管网维修费用。

给水铸铁管常用的连接方法有两种：承插连接与法兰连接。

承插连接适用于埋地管线，安装时将插口插入承口内，两口之间的环形空隙用接头材料填实，如图 3-27 所示。接口材料，一般可用橡胶圈、膨胀性水泥砂浆或石棉水泥，特殊情况下也可用青铅接口，目前不少单位采用膨胀性填料接口，利用材料的膨胀性达到接口密封的目的。该种接口施工麻烦，劳动强度较大；若采用橡胶圈接口时，安装时无需敲打接口，因而减轻了劳动强度，并加快了施工进度。

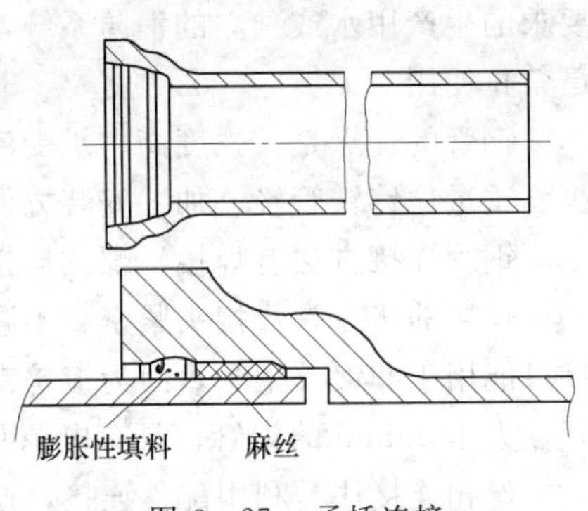

图 3-27　承插连接

3. 铜管

铜管的优点是：强度高、耐高压、热胀冷缩系数小、防火、抗锈能力强、抗老化、抗高温环境、抗严寒气候，可以有效防止卫生洁具被污染；缺点是：管材造价高。

铜管在我国应用几十年，被证实效果较好，一般可用于高层建筑供水管、消防管、热水管等。

铜管常用的连接方法有丝扣连接和焊接。

4. 塑料管

塑料管种类较多，我国目前常用的塑料管有聚乙烯（PE）管、交联聚乙烯（PEX）管、高密度聚乙烯（HDPE）管、硬聚氯乙烯给水（UPVC）管、丙烯腈—丁二烯-苯乙烯（ABS）管、聚丁烯（PB）管以及改性聚丙烯（PP—R）管，其中以 UPVC 管的力学性能和阻燃性能好，价格较低，因此应用较广。塑料管的优点是：化学稳定性高、耐腐蚀、管内壁光滑、不易积垢阻塞、水头损失小、重量轻、加工和接口方便、价格低廉。缺点是：强度低，耐温性差（交联聚乙烯管、厚壁改性聚丙烯管耐温性好，可作为热水管），膨胀系数较大，用作长距离管道时，需考虑温度补偿措施。塑料管可普遍用于建筑生活给水系统中。

硬聚氯乙烯管的连接方法有：胶圈连接、粘接连接、焊接连接、在硬聚氯乙烯管道上可钻孔接支管等。

聚丙烯塑料管的连接方法有：

(1) 焊接法：将待连接管的两端制作坡口，使焊枪焊接温度控制在240℃左右，并用焊枪将两端管材与聚丙烯焊条同时熔化，再将焊枪沿加热部位后退，焊条随着焊枪向前，两管端即焊成。

(2) 加热插粘接法：将甘油加热到170℃左右，再将待接管管端插入甘油内加热，同时在另一管管端涂上601黏结剂；将甘油内加热管变软的待接管由甘油中取出，最后将管端涂过黏结剂的已接管插入待接管管端，经冷却后接口即成。

(3) 热熔压紧法连接：将两待接管管端对好，将250℃左右的恒温电热板夹置于两端之间，当管端熔化之后，即将电热板抽出，用力紧压熔化的管端面，经冷却后，接口即成。

(4) 钢管插入搭接法：将待接管管端插入170℃左右甘油中，再将钢管短节的一端插入到熔化的管端，经冷却后将接头部位用铁丝绑扎；再将钢管短节的另一端头插入该熔化的另一管端，经冷却后用铁丝绑扎。这样，两条待安管即由钢管搭接而成。

(5) 丝扣法连接：如钢管施工，只是丝扣要硬些，便于接牢。

5. 铝塑复合管、钢塑复合管

复合管有交联聚乙烯夹铝混合式压力管（PEX—AL—PEX）；高密度聚乙烯夹铝混合式压力管（HDPE—AL—HDPE）；内壁喷塑、衬塑、注塑的镀锌钢管等。其特点是高强度、不易腐蚀、结垢，集中了金属管与塑料管的优点，而克服了两者的缺点。

二、管道器材

（一）水龙头

(1) 配水龙头，俗称水龙头，包括球形阀式配水龙头和旋塞式配水龙头。一般由钢或铸铁制成。

(2) 盥洗龙头，设在洗脸盆上专用，供冷水或热水用。有莲蓬头式、鸭嘴式、角式、长脖式等多种形式。

(3) 热水混合龙头，用以调节冷、热水的龙头，供盥洗、洗涤、浴用等，样式较多。

（二）阀门

阀门是用来控制水量和关闭水流的附件。室内给水管道上常用的阀门有下面几种：

(1) 闸阀。流体流动的通道为直通的阀门。阀体两端口的轴线在同一直线上，关闭体（楔形、平行式闸板）由阀杆带动，沿阀座密封面作升降运动。阀杆轴线通常与阀体两端口的轴线垂直，并在同一平面上。

(2) 截止阀。是由阀杆带动关闭件（盘形、针形阀瓣）作升降运动，达到与阀座密封，阀杆垂直于阀体密封面。

(3) 逆止阀。是一种利用止回机构来阻止流体倒流的阀门，它靠流体的流动来开启，当流动中断时靠逆止机构的重量或背压来关闭。

(4) 安全阀。在超过规定的安全压力时自动开启，压力正常后又能自动关闭的阀门。它通常用于要求快速卸压的可压缩性气体，如蒸汽等。

(5) 蝶阀。蝶阀的关闭件为一圆形板，称为蝶板。蝶板能围绕着它的固定轴旋转大约90°，该固定轴垂直于流体的流动方向。蝶阀的型式有手动蝶阀（带扳手）、电动蝶阀、蜗杆传动蝶阀。

(6) 浮球阀。是一种可以自动进水自动关闭的阀门，一般安装在各种水池、水塔、水箱的进水口上，室内卫生器具常用于大小便器的冲水箱中。当水箱充水到设定水位时，浮球随水位浮起，关闭进水口；当水位下降时，浮球下降，自动开启充水。浮球阀口径为15～100mm，与各种管径规格相同。

（7）减压阀。它的作用是调节管道中的压力。适用于高层建筑生活用水、消防用水系统中需减静压及动压的场合。应用减压阀可以简化给水系统，高层建筑中需要水泵机组分区供水，采用减压阀后，可以减少水泵机组中的台数，或减压水箱，避免给水的二次污染。在消火栓给水系统中使用它，可以防止消火栓口超压。

（三）水表

水表是一种计量用户累计用水量的仪表。常用水表有旋翼式水表、螺翼式水表和新型IC卡水表。其中，旋翼式水表和螺翼式水表工作原理都是根据管径一定时，通过水表的水流流速与流量成正比的原理来测量流量的。水流通过时水流带动水表叶轮转动传递到记录装置，指针即在计量盘上指示出流量的累积值，用以显示用水量的累计值；IC卡水表是以传统水表为母表，在传统水表基础上增加了预付费控制器和电控阀后组成的新型水表。

1. 旋翼式水表

旋翼式的翼轮转轴与水流方向垂直，水流阻力较大，多为小口径水表，常用于测量小的流量。按传动机构所处状态不同又可分为干式和湿式两种。旋翼湿式水表规格性能参数如表3-5所示。

表3-5　旋翼湿式水表技术数据

公称直径(mm)	特性流量	最大流量	额定流量	最小流量	灵敏度≤	最大示值
	m^3/h				(m^3/h)	(m^3)
15	3	1.5	1.0	0.045	0.017	10^3
20	5	2.5	1.6	0.075	0.025	10^3
25	7	3.5	2.2	0.090	0.030	10^3
32	10	5	3.2	0.120	0.040	10^3
40	20	10	6.3	0.220	0.070	10^5
50	30	15	10.0	0.400	0.090	10^5
80	70	35	22.0	1.100	0.300	10^6

2. 螺翼式水表

螺翼式的翼轮转轴与水流方向平行，阻力较小，一般适用于大流量的大口径水表计量，一般用在管径大于50mm的地方，其水表的规格性能如表3-6所示。

表3-6　水平螺翼式水表技术数据

公称直径(mm)	流通能力	最大流量	额定流量	最小流量	最小示值	最大示值
	m^3/h				m^3	
80	65	100	60	3	0.1	10^5
100	110	150	100	4.5	0.1	10^5
150	270	300	200	7	0.1	10^5
200	500	600	400	12	0.1	10^7
250	800	950	450	20	0.1	10^7

3．IC 卡水表

IC 卡水表是以传统水表为母表，在传统水表基础上增加了预付费控制器和电控阀后组成的新型水表。采用 IC 卡表后，可以改变自来水收费及管理的现状，实现“先付费后用水”，用水收费的电子化，从根本上杜绝欠缴、迟缴、漏缴水费的现象，促进自来水公司管理科学化、流程化、自动化，提高自来水公司的服务质量和竞争力。

IC 卡水表的结构型式一般可分为整体式和分体式。整体式的电子发讯水表、控制器和电控阀为一体或互相之间以最短的距离连接。分体式的控制器与电子发讯水表和电控阀分开信号线距离一般在 5～10m 之间。

IC 卡水表主要由阀门、流量传感器、微处理器、IC 卡读/写器、显示器及电源等组成，硬件结构如图 3－28 所示。

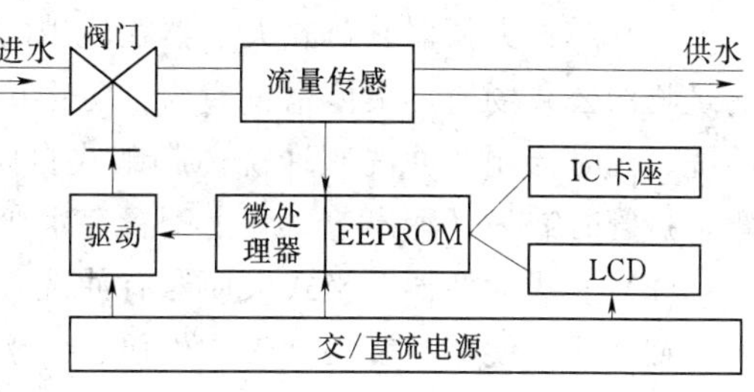

图 3－28 IC 卡水表原理框图

IC 卡水表的功能分别如下：

（1）供、停水的控制功能。当用户将购得的 IC 卡插入水表时，表内系统在确认该卡有效后，会自动打开阀门进行供水。用户用水过程中，卡内剩余水量会相应减少，当水量降到报警水量时（由用户与供水部门商定），水表开始通过指示灯闪烁等方式发出报警信号，提示用户水量不足，一旦继续使用到透支水量（同样由用户与供水部门商定），水表将自动关闭阀门，切断供水。

（2）用水量显示功能。为了方便用户随时掌握用水情况，用户可通过水表的显示屏查看累计用水量、阶段用水量及可用水量（指卡表内所剩余的水量）。当用户插入购水后的 IC 卡时，系统能够自动将水表结余水量与本次所购水量进行累计并显示，作为新的用户可用水量。

（3）自动保护及加密功能。当 IC 卡水表被擅自拆卸时，表内自动保护系统将自动关闭阀门，停止供水，并记录拆卸时间，以备查。当系统遇到因客户操作不当而导致错误的时候，会给出错误操作提示，必要时会关闭阀门。这样便可以同时保证客户与供水部门的利益不受到侵犯。此外，对 IC 卡及卡表内的信息进行加密，做到一卡一表，使得系统不易被仿制和非法使用。

4．水表选用

水表选用包括两方面内容，即类型的选择和口径的选择。

（1）水表类型选择。水表类型选择主要考虑通过水表的最大流量、最小流量、经常流量及其变化幅度、水温、工作压力、单向或正逆向流动、计量范围及水质情况等因素，对照水表性能选用。一般情况下，$DN\leqslant 50$mm 时，应采用旋翼式水表；$DN>50$mm 时，应采用螺翼式水表；当通过的流量变幅较大时，应采用复式水表。

（2）水表口径选择。水表口径的选择是按照通过水表的设计流量（不包括消防流量），以不超过水表额定流量确定水表口径，并以平均小时流量的 6%～8%校核水表灵敏度。对生活与消防共用的供水系统，还需要消防流量复核，使总流量不超过水表最大流量限值：

1）对于用水量均匀的给水系统，给水设计秒流量能在较长时间范围内出现，因此，应以设计秒流量作为水表的额定流量来确定水表口径。

2）对于用水量不均匀的给水系统，给水设计秒流量只能在较短时间内出现，因此，应以设计秒流量作为水表的最大流量来确定水表口径。

三、卫生器具

（一）便溺用卫生器具

1. 大便器

目前我国常用的大便器有蹲式大便器、坐式大便器和大便槽三种主要形式。

（1）蹲式大便器。蹲式大便器在使用的卫生条件上比坐式好，一般多用于住宅、公共建筑物的公共场所、集体宿舍或为了防止接触传染的医院厕所内。冲洗方式有：高位水箱冲洗、延时自闭式冲洗阀冲洗、脚踏式自闭式冲洗阀冲洗。蹲式便器本身一般不带存水弯，接管时需另外在出口立管上配置存水弯。

（2）坐式大便器。坐式大便器有冲洗式和虹吸式两大类，其中虹吸式坐便器又可分为喷射虹吸式坐便器和旋涡虹吸式坐便器。坐式大便器本身构造带有存水弯。

1）冲洗式坐便器：在坐便器上口设有冲水槽，冲水槽周边靠近内测均匀布置有一圈放水小孔，冲洗时，水首先进入冲洗槽，再由冲洗槽上均匀分部的小孔沿便器内表面冲下，使便器内积水，水位上升，水位上升到一定高度后将粪便冲出。该便器的缺点是：受污面积大，水面面积小，不能保证冲洗干净，如图 3－29 所示。

2）虹吸式坐便器：该类型是靠虹吸作用，把粪便全部吸出，排水带有一定的主动性。其构造是：在冲洗槽进水口处有一个充水缺口，部分水从这里冲射下来，形成负压，加快虹吸作用的开始。该类型坐便器的缺点是：噪音较大，如图 3－30 所示。

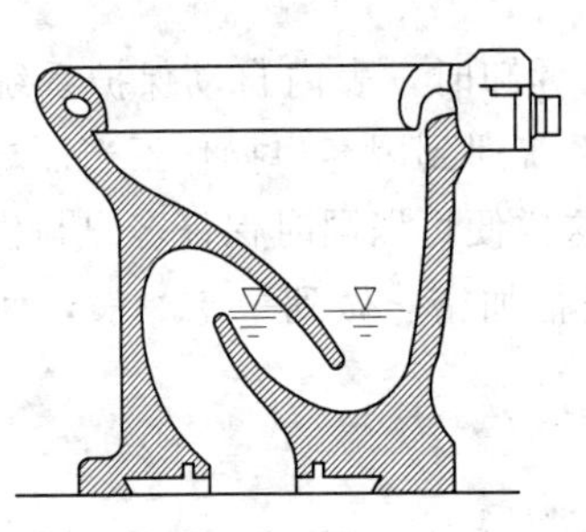

图 3－29　冲洗式坐便器

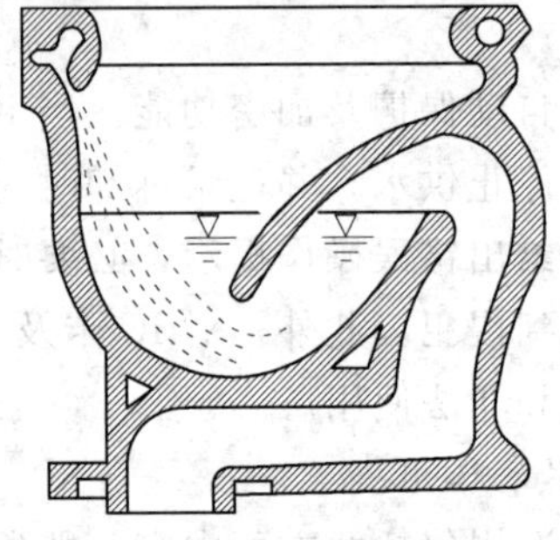

图 3－30　虹吸式坐便器

3）喷射虹吸式坐便器：该类型坐便器的构造如图 3－31 所示。冲洗水的一部分水充满着空心边沿，冲水时从孔口中流下；另一部分水从喷射道以射流方式出流，形成负压，产生较强的虹吸作用，把大便器中的粪便全部吸出，从而加大排污能力。当水面下降到水封下限时，空气进入，虹吸作用破坏，冲水停止。该类型坐便器冲洗速度快、噪声较小、便器存水面大、干燥面小，能够较好地防止臭气向室内扩散，是一种比较理想的卫生便器。

4）旋涡虹吸式坐便器：其结构特点如图 3－32 所示。由于上圈内侧周边水孔出水量很小，使其旋转力很小，因此在水道部冲水出口（C）处便生成弧形水流呈切线冲出，产生较大旋涡，使水封表面的粪便连水一起，借助于旋涡向下旋转的作用，迅速排到水管入口处，在入口底反作用力的作用下，污水很快进入排水管道的前段排出。该类型的优点是：排污能力强、噪声低。

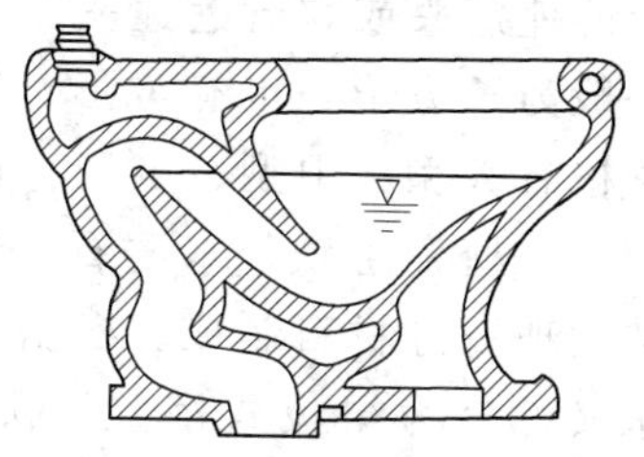

图 3-31　喷射虹吸式坐便器

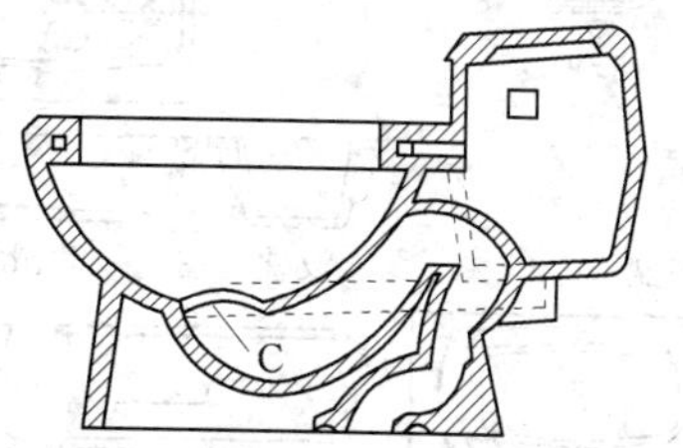

图 3-32　旋涡虹吸式坐便器

（3）大便槽。一般用于学校、车站、游乐场等的公共厕所内。通常采用集中自动冲洗水箱或红外线数控冲洗装置。其原理是，在大便槽两端设置一道红外线装置，当人们使用大便槽时，进出便槽就会遮挡光线两次，控制器便记录1人次，当累计进出便槽的人次数达到预定人次数时，水箱便自动放水冲洗便槽。若较长时间内累计不到预定人次，水箱也会通过延时器的控制，在预先设定时期内冲洗一次。它的卫生条件较差，但造价低。随着人们生活水平的提高和各种干净、卫生、节水型便器的出现，大便槽的使用已经越来越少。

2. 小便器

一般用于机关、学校、工厂、剧院、旅馆等公共建筑的公共男厕所内。住宅楼内一般不需要设置小便器。根据不同性质建筑物的要求及标准，分别选用立式、挂式小便器或小便槽，如图 3-33、图 3-34 所示。小便器常采用的冲水方式有：自闭式冲洗阀、自动冲洗水箱、光电控制或自动控制冲水装置。

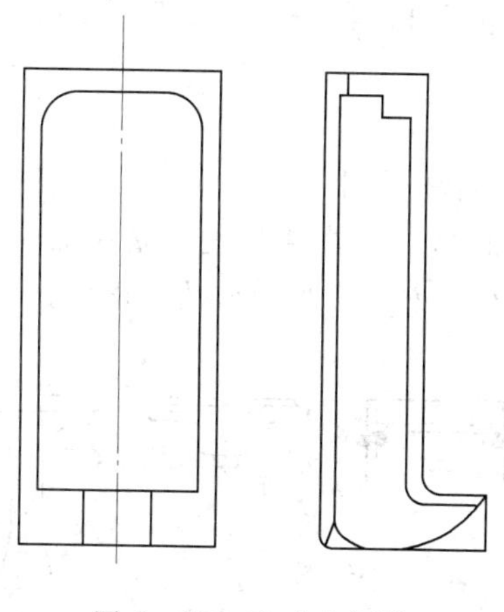

图 3-33　立式小便器

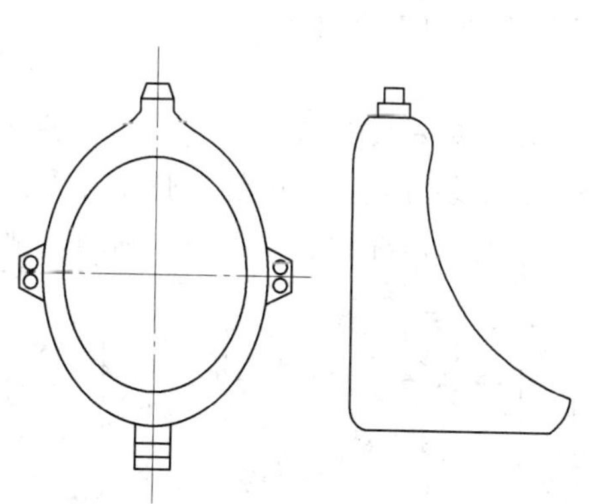

图 3-34　斗式小便器

小便槽因具有建筑简单、造价低，能同时容纳较多的人使用，好管理的特点，因此工厂、学校、运动场等公共厕所采用较多。冲洗方式有采用手动启闭截止阀或设自动冲洗水箱。也可采用红外线数控冲洗装置，采用定时控制的冲洗装置。

（二）沐浴用卫生器具

1. 浴盆

浴盆常设在住宅、宾馆、旅馆、医院等建筑物的卫生间和浴室中，浴盆一般均设有冷、热水龙头或混合龙头，有的还有固定的莲蓬头或软管莲蓬头。浴盆的形式一般为长方形，也有方形、斜边形。其规格有大型、中型、小型。它常用钢板搪瓷、搪瓷生铁、水磨石、玻璃钢、人造大理石等材料制成。根据不同功能要求又可分为裙板式浴盆、扶手式浴盆、防滑式浴盆、坐浴式浴盆及普通式浴盆等类型，如图 3-35 所示。

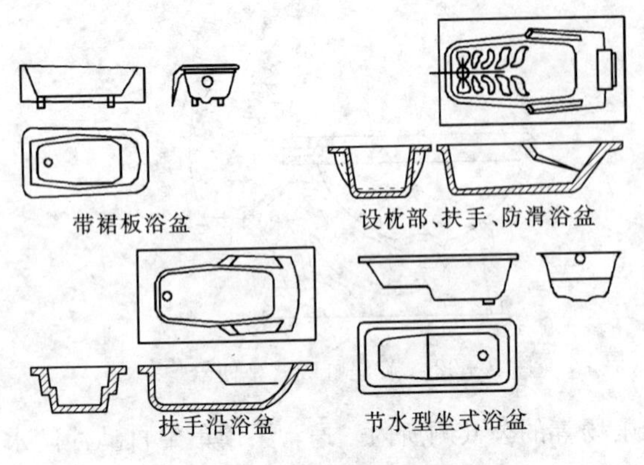

图 3-35 各类型浴盆

随着人们生活水平提高的需要，具有保健功能的盆型也在逐渐普及，如装有水力按摩装置的旋涡浴盆，可以进行水力理疗。

2. 淋浴器

淋浴器一般用于工厂生活间、学校集体宿舍、机关、部队等单位的公共浴室中。也可安装在卫生间的浴盆上，作为配合浴盆一起使用的洗浴设备。与浴盆相比，淋浴器有如下优点：清洁卫生，淋浴是采用水流一次冲洗，比较卫生，可避免各种皮肤疾病的传染；占地少，同样面积淋浴比盆浴容纳的使用人数多；节水，淋浴一人耗水量约为 135～180L，而盆浴每人次耗水量约为 250～300L；造价低，淋浴单价和装置的建造费用均比浴盆省得多。

根据淋浴器配水阀件和装置的不同，淋浴器可分为以下型式：有冷热水手调式淋浴器、单把开关调温式淋浴器、恒温脚踏式淋浴器和光电式淋浴器等，如图 3-36 所示。

（三）盥洗用卫生器具

1. 洗脸盆

洗脸盆一般布置于旅馆卫生间、公寓卫生间、公共洗手间、理发室内等。根据其构造、外形和安装方式不同可将洗脸盆分为：普通式洗脸盆、台式洗脸盆和立式洗脸盆等，如图 3-37 所示。洗脸盆大多用上釉陶瓷制成，形状有长方形、半圆形及三角形。

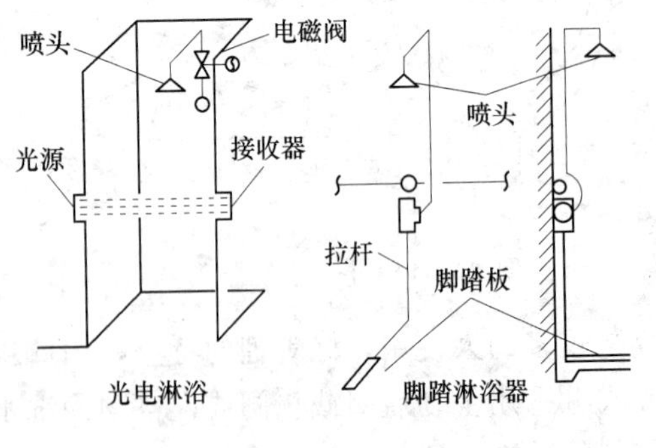

图 3-36 淋浴器

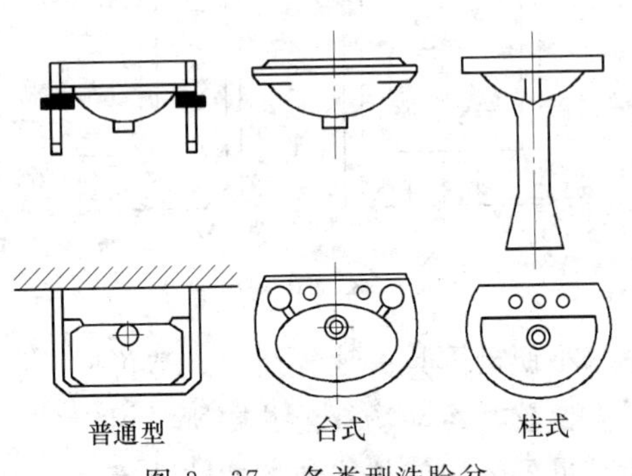

图 3-37 各类型洗脸盆

2. 净身盆

一般供妇女便溺后洗下身用，常与大便器配套装置。根据其外型不同可将净身盆分为立式及墙挂式两种。按出水方式不同，可分为放水式和喷水式。

（四）洗涤用卫生器具

洗涤用卫生器具供人们洗涤器物之用，主要有污水盆、洗涤盆、化验盆等。通常，污水盆装置在公共建筑厕所、卫生间及集体宿舍盥洗室中，供打扫厕所、洗涤拖布及倾倒污水之用；洗涤盆装置在居住建筑、旅馆或公寓的配餐烹调间、食堂及饭店的厨房内供洗涤碗碟及蔬菜食物之用；化验盆装置在医院的诊室、治疗室、试验室等场所供洗涤医疗器械及实验器皿之用。

第五节　热水与饮水供应

一、热水供应系统类型

按照建筑物内热水供应范围的不同可以将热水供应系统分为：局部热水供应系统、集中热水供应系统和区域热水供应系统 3 类。

1. 局部热水供应系统

采用各种小型加热器在建筑物中的厨房、卫生间或其他辅助用房就地加热，供局部范围内的一个或几个用水点使用的热水供应系统称为局部热水供应系统。采用的加热器有：电加热器、小型燃气热水器、蒸汽加热器、炉灶、太阳能热水器等。这种系统适用于热水用水点少且较分散的多层或小高层、高层住宅、小别墅、单元旅馆、饮食店、理发室、门诊所、办公楼等建筑。

2. 集中热水供应系统

集中热水供应系统是在锅炉房、热交换站或加热间将水集中加热，通过热水管网输送至一幢或几幢建筑的热水供应系统，如图 3－38 所示。这种系统适用于热水用量较大、用水点比较集中的建筑，如较高级居住建筑、旅馆、医院、疗养院、体育馆、游泳馆、公共浴室、大型饭店等公共建筑，布置较集中的工业企业建筑等。

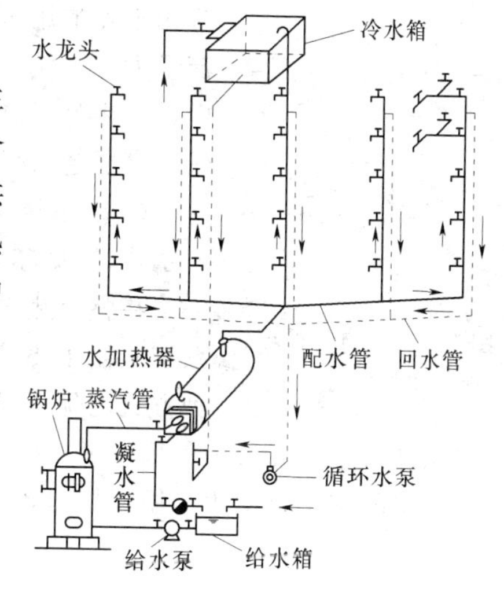

图 3－38　集中热水供应系统

3. 区域热水供应系统

该系统中，水在热电厂、区域性锅炉房或热交换站集中加热，通过市政热水管网输送至整个建筑群、城市街道或整个工业企业的热水供应系统，如图 3－39 所示。这种系统热效率高、操作管理的自动化程度高，适用于有城市热网或区域热网地区的建筑物。

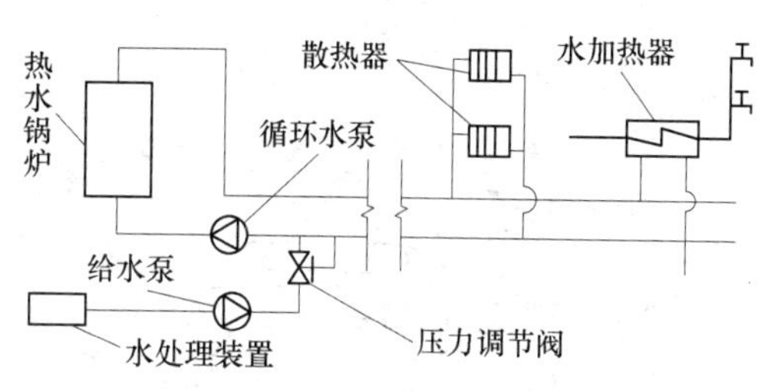

图 3－39　区域热水供应系统

以上是 3 种热水供应系统，具体热水供应系统选用时，应根据建筑物所在地区的热源情况、建筑物的性质和热水使用要求等因素进行综合考虑，技术经济分析比较后确定。

二、热水供应系统组成

对于不同的热水供应系统，其系统组成不尽相同。热水供应系统一般由热源、加热设备、输配水管网、水质处理设备、热水配水点以及配水附件等组成。

三、热水供应方式

（一）按照管网中是否设置循环水泵分类

1. 自然循环方式

这种方式不设循环水泵，利用配水管和回水管的温度差形成的压力差促使水在系统中循环流动，同时保持一定的水温，如图 3-40 所示。这种方式的优点是：不设水泵，运行成本费用低，系统简单。缺点是：管道管径大、循环速度慢、供水半径小。实际应用中该种方式使用较少。

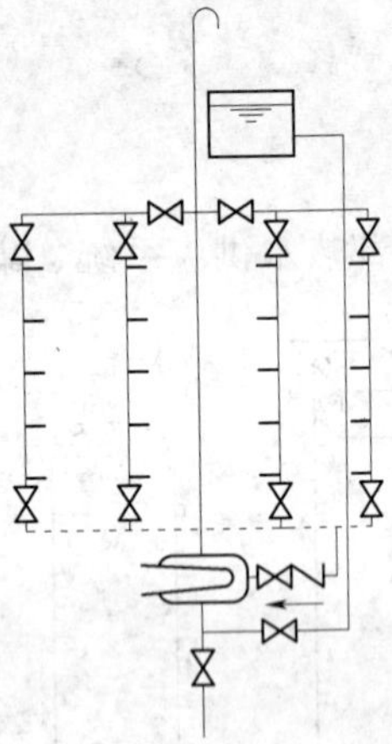

图 3-40　自然循环热水供应方式

2. 机械循环方式

这种方式利用循环水泵加压，强制水在管网中循环输送，保证各用水点的用水要求，如图 3-41 所示。这种方式的优点是：循环流量大、系统温降小、供水可靠。缺点是：系统设循环水泵，需耗电，产生噪音。该方式一般常用于热水供应要求较高的建筑，如宾馆、高层建筑、医院等。

（二）按热水管网循环不同分类

1. 不循环方式

在整个热水管网中不设循环管。一般适用于管路短的小型热水系统及使用要求不高的定时供应系统，如公共浴室、洗衣房等。这种方式的优点是：系统简单，缩短了系统的管路长度，节省管材，不设循环水泵，降低了工程造价。缺点是：每次供应热水前需要排掉管道中存在的冷水，造成一定的浪费，使用不便，如图 3-42 所示。

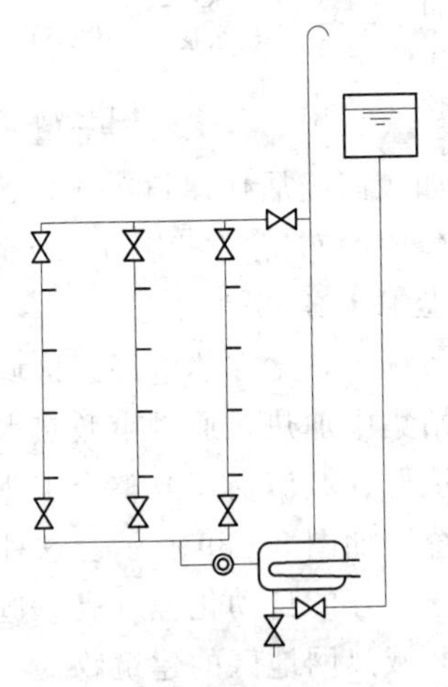

图 3-41　机械循环热水供应方式

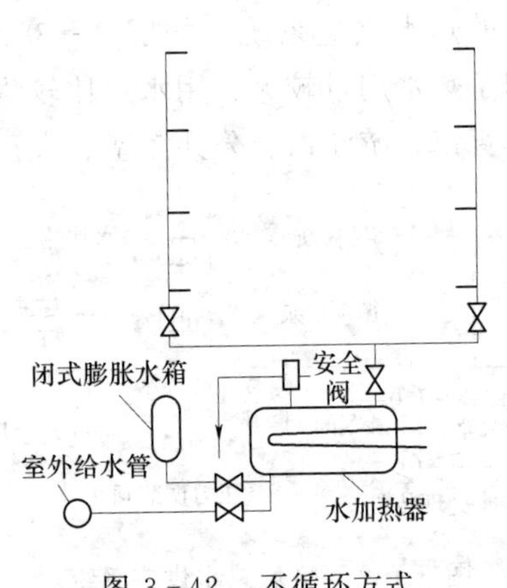

图 3-42　不循环方式

2. 半循环方式

该管网系统中只是在供水干管设循环管，管网中的立管和支管不参与循环，只能形成单环路循环，系统中一般情况下设有循环水泵，如图 3-43 所示。一般适用于对水温要求不高、不甚严格且支管、分支管较短，用水较集中或一次用水量较大的建筑，该方式比不循环方式有一定改善，但是仍不及后一种方式。

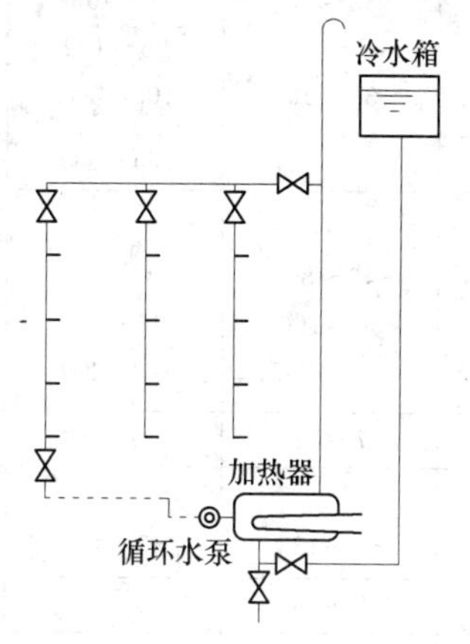

图 3-43 半循环方式

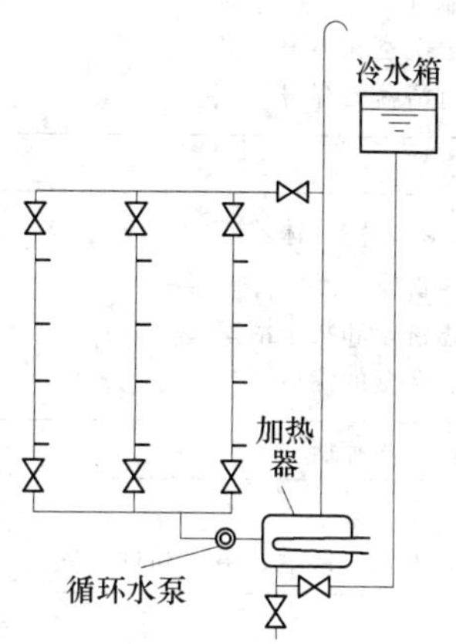

图 3-44 全循环方式

3. 全循环方式

该管网系统在回水干管、立管和支管中均设有循环管，系统中一般情况下设有循环水泵。可随时迅速获得热水，使用方便，是一种较完善的热水供应系统。但是管网管线长，工程投资大。一般适用于五层以上，并且对热水温度的稳定性要求比较高的建筑，如旅馆、医院、疗养院、托儿所以及高层民用建筑等，如图 3-44 所示。

四、热水用水定额、水温及水质

1. 热水用水定额及水温

室内热水供应系统主要供给生产、生活用户洗涤及盥洗用热水，热水供应系统应能保证用户随时可以得到符合设计要求的水量、水温和水质。

生活热水用水定额应根据水温、卫生设备完善程度、热水供应时间、当地气候条件和生活习惯等因素确定。当集中供应冷、热水时，有两种确定方法，一种是根据建筑的功能和内部卫生器具的完善程度确定；另一种是根据建筑物中卫生器具一次或 1h 热水用水定额确定，如表 3-7、表 3-8 所示。

表 3-7 热水用水定额

序号	建筑物名称	单位	各温度时最高日用水定额（L）		
			50℃	60℃	70℃
1	住宅（每户设沐浴设备）	每人每日	107～160	87～131	69～103
2	集体宿舍 有盥洗室 有盥洗室和集中浴室	 每人每日 每人每日	 33～47 47～67	 27～38 38～55	 23～32 32～46

续表

序号	建筑物名称	单位	各温度时最高日用水定额（L）		
			50℃	60℃	70℃
3	普通旅馆、招待所 有盥洗室 有盥洗室和集中浴室 设有浴盆的客房	 每床每日 每床每日 每床每日	 33～67 67～133 133～200	 27～55 55～109 109～164	 23～46 46～92 92～138
4	宾馆客房	每床每日	200～267	164～218	138～185
5	医院、疗养院、休养所 有盥洗室 有盥洗室和集中浴室 设有浴盆的病房	 每病床每日 每病床每日 每病床每日	 40～80 80～160 200～267	 33～65 65～131 164～218	 28～55 55～111 138～185
6	门诊部、诊疗所	每病人每次	7～11	5～9	5～7
7	公共浴室 设有淋浴、浴盆、浴池和理发室	 每顾客每次	 67～133	 55～109	 46～92
8	理发室	每顾客每次	7～16	5～13	5～11
9	洗衣房	每千克干衣	20～33	16～27	14～23
10	公共食堂 营业食堂 工厂、机关、学校、居民食堂	 每顾客每次 每顾客每次	 5～8 4～7	 4～7 3～5	 4～6 3～5
11	幼儿园、托儿所 有住宿 无住宿	 每儿童每日 每儿童每日	 20～40 11～20	 16～33 9～16	 14～28 7～14
12	体育场 运动员淋浴	 每人每次	 33	 27	 23

表 3-8　　卫生器具一次和 1h 热水用水定额

序号	卫生器具名称	一次用水量（L）	1h 用水量（L）	水温（℃）
1	住宅、旅馆 带有淋浴器的浴盆 不带淋浴器的浴盆 淋浴器 洗脸盆、盥洗槽水龙头 洗涤盆 妇女卫生盆 家用洗衣机	 150 125 70～100 3 8～10 10～15 40～60	 300 250 140～200 30 180 120～180 150～360	 40 40 37～40 30 60 30 30～60
2	集体宿舍 淋浴器：有淋浴小间 无淋浴小间 洗脸盆、盥洗槽水龙头 妇女卫生盆 家用洗衣机	 70～100 — 3～5 10～15 40～60	 210～300 450～540 50～80 60～90 240～600	 37～40 37～40 30 30 30～60

续表

序号	卫生器具名称	一次用水量（L）	1h用水量（L）	水温（℃）
3	公共食堂			
	洗涤盆（池）	—	250	60
	洗脸盆：工作人员用	3	60	30
	顾客用	3	120	30
	淋浴器	40	400	37～40
4	幼儿园、托儿所			
	浴盆：幼儿园	100	400	35
	托儿所	30	120	35
	淋浴器：幼儿园	30	180	35
	托儿所	15	90	35
	洗脸盆、盥洗槽水龙头	1.5	25	30
	洗涤盆（池）	—	180	60
	家用洗衣机	40～60	240～360	30～60
5	医院、疗养院			
	洗手盆	—	15～25	35
	洗涤盆（池）	—	300	60
	浴盆：不带淋浴器	125～150	250～300	40
	带淋浴器	150	300	40
	妇女卫生盆	10～15	30～45	30
6	公共浴室			
	浴盆	125	250	40
	淋浴器：有淋浴小间	100～150	200～300	37～40
	无淋浴小间	—	450～540	37～40
	洗脸盆	5	50～80	35
7	理发室			
	洗脸盆	10～25	60～100	35
8	实验室			
	洗涤盆（池）	—	60	60
	洗手盆	—	15～25	30
9	剧院			
	淋浴器	60	200～400	37～40
	演员用洗脸盆	5	80	35
10	体育场			
	淋浴器	30	300	35
	洗脸盆	3	30	35
11	工业企业生活间			
	淋浴器：一般车间	40	360～540	37～40
	脏车间	60	180～480	40
	洗脸盆或盥洗槽水龙头：一般车间	3	90～120	30
	脏车间	5	100～150	35
	妇女卫生盆	10～15	120～180	30

生产热水用水量和小时变化系数，应根据工艺要求确定。

2. 热水的水质

生活用热水的水质应符合现行的《生活饮用水卫生标准》（GB5749—2006）的要求。热水供应系统中的管道和设备在使用过程中，管道的结垢和腐蚀是两个普遍问题，影响其使用寿命与投资维修费用。

热水管道中水垢的形成因素很多：如原水的暂时硬度、热水的用量、水的温度、硬度、流速、管道粗糙度、溶解气体、pH 值等。但通常主要的因素为热水中的暂时硬度含量和水温。

我国一般热水供应系统中大部分是采用降低或控制水温来控制加热设备和管道结垢的程度。防止热水管道腐蚀的措施是减小水中的溶解氧和采用防腐管材，工程设计时常设置排气装置和采用铜管。

我国《建筑给排水设计规范》（GBJ50015—2003）对热水供应水质要求规定：生活用热水的水质应符合现行的《生活饮用水卫生标准》的要求；热水在加热前是否要进行软化处理，应根据水质、水温、水量等因素经技术经济分析比较后确定，当按水温 60℃计算的日用水量不小于 10m^3 时，应进行水质处理。当按水温 60℃计算的日用水量小于 10m^3 时，其原水可不进行水质处理。

五、饮水供应

1. 饮水定额

饮水定额及小时变化系数因建筑物性质（或劳动性质）和地区的气候条件不同而异，如表 3-9 所示。

表 3-9　　饮水定额及小时变化系数

建筑物名称	单位	饮水定额（L）	小时变化系数	冷饮水温度（℃）
办公楼	每人每班	1～2	1.5	7～10
集体宿舍	每人每日	1～2	1.5	7～10
教学楼	每学生每日	1～2	2.0	7～10
医院	每病床每日	2～3	1.5	7～10
影剧院	每观众每场	0.2	1.0	7～10
招待所、旅馆	每客人每日	2～3	1.5	7～10
体育馆（场）	每观众每日	0.2	1.0	7～10
高级饭店、冷饮店、咖啡店	每小时每人	0.31～0.38		4.5～7
热车间	每人每班	3～5	1.5	14～18
一般车间	每人每班	2～4	1.5	7～10
工厂生活间	每人每班	1～2	1.5	7～10

注　1. 饮水定额（）内数字为参考数字。
2. 小时变化系数系指开水供应时间内的变化系数。

表 3-9 中所列数据既适用开水、温水、饮用自来水，也适用于冷饮水。

2. 饮水水质

各种饮水水质必须满足现行的《生活饮用水卫生标准》的要求。对于作为能直接饮用的温水、生活和冷饮水，除满足《生活饮用水水质标准》（GB5749—2006）外，还应在接至饮水装置前进行必要的过滤和消毒处理，为防止贮存、运输过程中的再污染和进一步提高饮水水质。

3. 饮水温度

（1）开水：应将水烧开至100℃，并维持3min。饮用开水是目前我国采用较多的饮水方式。

（2）温水：它的计算温度可采用50～55℃，目前在我国较少采用。

（3）生水：水温一般为10～30℃。国外饮用较多，国内一些饭店、宾馆设计的饮用水系统也常用这种水。

（4）冷饮水：根据当地气候条件、人的生活习惯、建筑标准、工作（劳动）性质和强度而确定。一般高温环境重体力劳动为14～18℃，中体力劳动为10～14℃，轻体力劳动为7～10℃，高级饭店、餐馆、冷饮店为4.5～7℃。

第四章　建筑消防给水系统

消防给水系统是扑灭火灾，保护国家财富和人民生命财产安全的给水系统。火灾虽是偶然事故，一旦发生危害无穷，因此对消防供水要求极为严格，必须使供水管网及设备，处于警备状态，保证消防的用水需求。

水是不燃液体，在与燃烧物接触后会通过物理、化学反应从燃烧物中摄取热量，对燃烧物起到冷却作用；同时水在被加热和汽化的过程中所产生的大量水蒸气，能够阻止空气进入燃烧区，并能稀释燃烧区内氧的含量从而减弱燃烧强度；另外，经水枪喷射出来的压力水流具有很大的动能和冲击力，可以冲散燃烧物使燃烧强度显著减弱。

在水、泡沫、酸碱、卤代烷、二氧化碳和干粉等灭火剂中，水具有使用方便、灭火效果好、来源广泛、价格便宜、器材简单等优点，是目前建筑消防的主要灭火剂。

第一节　建筑消火栓给水系统

一、室内消火栓系统的组成

室内消火栓给水系统由水枪、水龙带、消火栓、消防水喉、消防管道、消防水池、水箱、增压设备和水源等组成。当室外给水管网的水压不能满足室内消防要求时，应当设置消防水泵和消防水箱。图 4-1 为高层建筑室内消火栓系统。

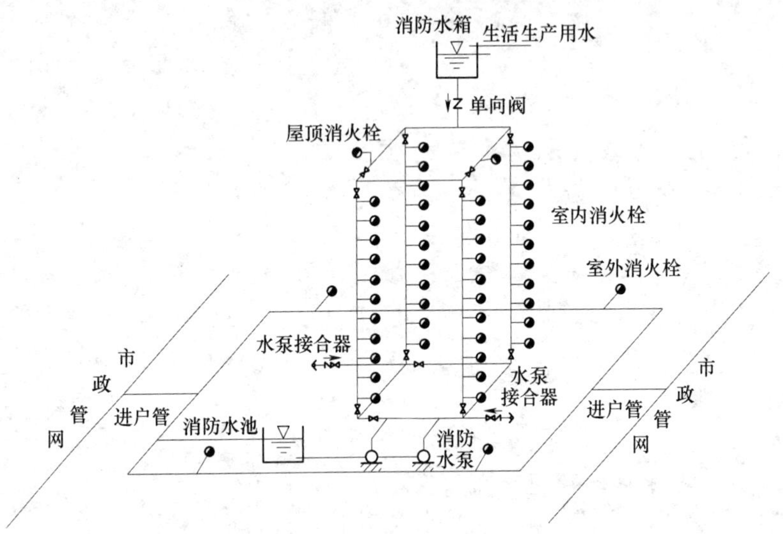

图 4-1　室内消火栓给水系统组成

1. 水枪、水龙带、消火栓

水枪是一种增加水流速度、射程和改变水流形状和射水的灭火工具，室内一般采用直流式水枪。水枪的喷嘴直径分别为 13mm、16mm、19mm，水龙带接口口径有 50mm 和 65mm 两种。

水龙带是连接消火栓与水枪的输水管线，材料有棉织、麻织和化纤等。水龙带长度有 15m、20m、25m 或 30m 四种。长度确定要根据水力计算后选定。

消火栓是具有内扣式接口的环形阀式龙头，有单出口和双出口之分，单出口消火栓直径有 50mm 和 65mm 两种，双出口消火栓直径为 65mm。当水枪射流量小于 5L/s 时，采用 50mm 口径消火栓，配用喷嘴为 13mm 或 16mm 的水枪，当水枪射流量大于或等于 5L/s 时应采用 65mm 口径消火栓，配用喷嘴为 19mm 的水枪。消火栓、水龙带、水枪均设在消火栓箱内，如图 4-2 所示。设置消防水泵的系统，其消火栓箱应设启动水泵的消防按钮，并应有保护按钮设施。消火栓箱有双开门和单开门，又有明装、半明装和暗装三种形式，在同一建筑内，应采用同一规格的消火栓、水龙带和水枪，以便于维修、保养。

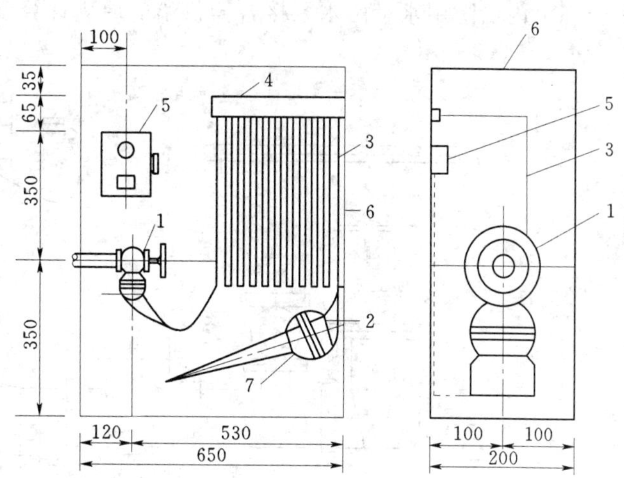

图 4-2　室内消火栓箱图（尺寸单位：mm）
1—消火栓；2—水带接口；3—水带；4—挂架；
5—消防水泵按钮；6—消火栓箱；7—水枪

2. 消防水喉

这是一种重要的辅助灭火设备。按其设置条件有自救式小口径消火栓和消防软管卷盘两类。可与普通消火栓设在同一消防箱内，也可单独设置。该设备操作方便，便于非专职消防人员使用，对及时控制初起火灾有特殊作用。自救式小口径消火栓适用于有空调系统的旅馆和办公楼，消防软管卷盘适用于大型剧院（超过 1500 座位）、会堂闷顶内装设，因用水量较少，且消防人员不使用该设备，故其用水量可不计入消防用水总量。

3. 屋顶消火栓

为了检查消火栓给水系统上是否能正常运行及使本建筑物免受邻近建筑火灾的波及，在室内设有消火栓给水系统的建筑屋顶应设一个消火栓。可能冻结的地区，屋顶消火栓应设在水箱间或采取防冻措施。

4. 水泵接合器

水泵接合器一端由室内消火栓给水管网底层引至室外；另一端进口可供消防车或移动水泵加压向室内管网供水。当室内消防泵发生故障或发生大火，室内消防水量不足时，室外消防车可通过水泵接合器向室内消防管网供水，所以，消火栓给水系统和自动喷水灭火系统均应设水泵接合器。消防给水系统竖向分区供水时，在消防车供水压力范围内的各区，应分别设水泵接合器，只有采用串联给水方式时，可在下区设水泵接合器，供全楼使用。

水泵接合器有地上式、地下式和墙壁式3种，如图4-3所示为地上式消防水泵接合器，可根据当地气温等条件选用。设置数量应根据每个水泵接合器的出水量10～15L/s和全部室内消防用水量由水泵接合器供给的原则计算确定。

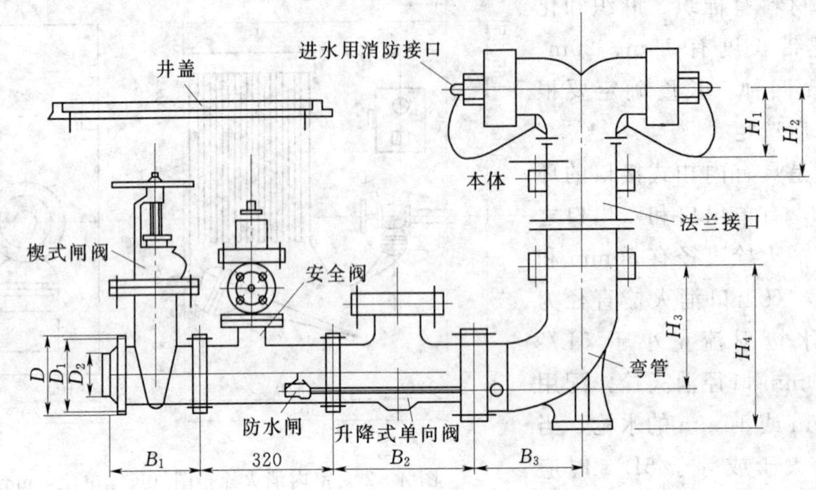

图4-3 地上式消防水泵接合器

水泵接合器的接口为双接口，每个接口直径为65mm及80mm两种，它与室内管网的连接管直径不应小于100mm，并应设有阀门、单向阀和安全阀。

水泵接合器周围15～40m内应设室外消火栓、消防水池或有可靠的天然水源，并应设在室外消防车通行和使用的地方。

5. 减压设施

室内消火栓处的静水压力不应超过0.8MPa，如超过时宜采用分区给水系统或在消防管网上设置减压阀。消火栓栓口处的出水压力超过0.5MPa时，应在消火栓栓口前设减压节流孔板。设置减压设施的目的在于保证消防贮水的正常使用和消防队员便于掌握好水枪。若出流量过大，将会迅速用完消防贮水；若系统下部消火栓口压力增大，灭火时水枪反作用力随之增大，当水枪反作用力超过147N水的作用力时，消防队员就难以掌握水枪对准着火点，影响灭火效果。

6. 消防水箱

消防水箱的设置对扑救初期火灾起着重要作用，水箱应设置在建筑物一定的高度位置，采用重力流向管网供水，经常保持消防给水管网中有一定压力。重要的建筑和高度超过50m的高层建筑物，宜设置两个并联水箱，以备检修或清洗时仍能保证火灾初期消防用水。消防水箱宜与生活或生产用水高位水箱分开设置，当两者合用时应保持消防水箱的贮水经常流动，防止水质变坏，同时必须采取消防贮水量不被动用的技术措施。

发生火灾后，由消防水泵供应的水不得进入消防水箱。低层建筑的消防水箱，应贮存10min的室内消防用水量。当室内消防用水量小于25L/s时，消防储水量最大为12m^3；当室内消防用水量超过25L/s时，消防贮水量最大为18m^3；高层建筑的消防水箱的消防贮水量，一类建筑（住宅除外）不应小于18m^3，二类建筑（住宅除外）不应小于12m^3；

二类建筑的住宅不应小于 $6m^3$。

消防水箱设置在建筑物的最高部位；建筑高度不超过 100m 的高层建筑，水箱高度应保证建筑物最不利消火栓静水压力不小于 0.07MPa；建筑高度超过 100m 的高层建筑，水箱高度应保证建筑物最不利消火栓静水压力不小于 0.15MPa。当高位水箱不能满足上述静水压力时，应设增压设施。

7. 消防水泵

消防水泵宜与其他用途的水泵一起布置在同一水泵房内，水泵房一般设置在建筑底层。水泵房应有直通安全出口或直通室外的通道，与消防控制室应有直接的通信联络设备。泵房出水管应有两条或两条以上与室内管网相连接。每台消防水泵应设有独立的吸水管，分区供水的室内消防给水系统，每区的进水管亦不应少于两条。在水泵的出水管上应装设试验与检查用的出水阀门。水泵安装应采用灌入式。消防水泵房应设有和主要泵性能相同的备用泵，且应有两个独立的电源，若不能保证两个独立的电源，应备有发电设备。

为了在起火后很快提供所需的水量和水压，必须设置按钮、水流指示器等远距离启动消防水泵的设备。在每个消火栓处应设远距离启动消防水泵的按钮，以便在使用消火栓灭火的同时，启动消防水泵。水流指示器可安装在水箱底下的消防出水管上，当动用室内消火栓或自动消防系统的喷头喷水时，由于水的流动，水流指示器发出电信号并自动启动消防水泵。建筑物内的消防控制中心，均应设置远距离启动或停止消防水泵运转的设备。

8. 消防水池

当生产和生活用水量达到最大时，市政给水管道、进水管或天然水源不能满足室内外消防用水量；市政给水管网为枝状或只有一条进水管，且室内外消防用水量之和大于 25L/s 时，应设消防水池。消防水池的容量应满足在火灾延续时间内，室内外消防用水总量的要求。

二、室内消火栓给水系统的给水方式

根据建筑物的高度，室外给水管网的水压和流量以及室内消防管道对水压和水量的要求，室内消火栓灭火系统一般有下面几种给水方式：

1. 由室外给水管网直接供水的给水系统

室外给水管网的水量、水压在任何时候均能满足室内最高、最远处消火栓的设计流量、压力要求，可优选此种方式，如图 4-4 所示。

这种方式为独立的消火栓给水系统。低层建筑的消火栓系统可以与生活或生产系统联合成同一管网，那么进水管上设置的水表口径可按生活或生产设计流量之和选用，但其生活或生产与消防设计流量之和不应大于所选水表的最大流量，否则应设旁通管，旁通管上设阀门，发生火灾时，开启阀门。采用联合供水，消火栓应设在独立的立管上。

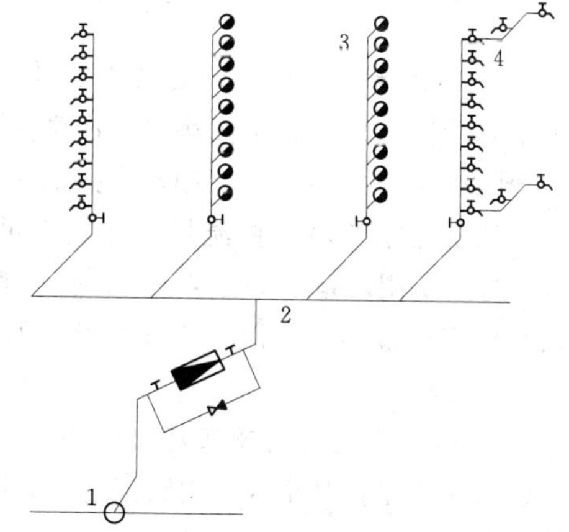

图 4-4　直接给水的消防和生活共用给水方式

1—室外给水管网；2—室内管网；3—消火栓及立管；4—给水立管及支管

2. 设水箱的室内消火栓给水系统

这种方式适用在水压变化较大的城市或居住区，当生活和生产用水量达到最大时，室外管网不能满足室内最不利点消火栓的压力和流量，由水箱出水满足消防要求；当生活和生产用水量较小时，室外管网压力大，能保证各消火栓的供水并能向高位水箱补水，因此，常设水箱调节生活、生产用水量，同时水箱中贮存 10min 的消防用水量，如图 4-5 所示。

生活、生产、消防共用高位水箱且生活、生产给水管网与消防给水管网分开设置时，为防止水箱中消防水量不被生活、生产所用，水箱上的生活、生产出水管应设在水箱中消防贮备水量的水位之上，消防出水管设在水箱底部最低水位。

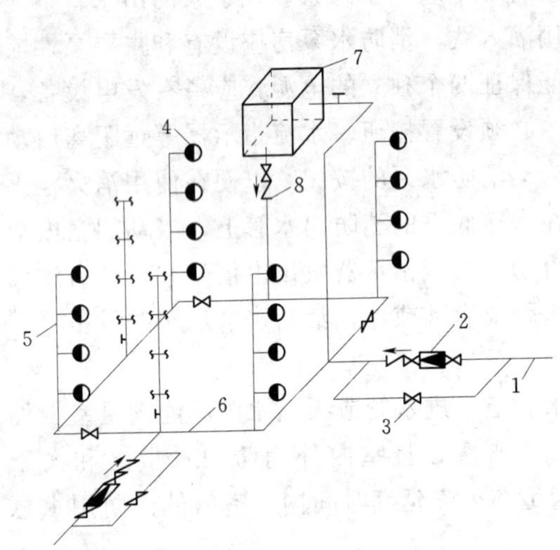

图 4-5　设水箱的室内消火栓给水系统

1—进户管；2—水表；3—旁通管；4—室内消火栓；5—竖管；6—干管；7—水箱；8—止回阀

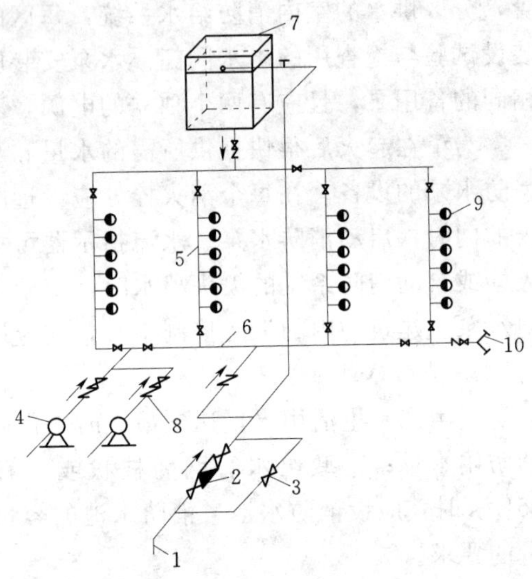

图 4-6　设消防泵和水箱的室内消火栓给水系统

1—进户管；2—水表；3—旁通管；4—水泵；5—竖管；6—干管；7—水箱；8—止回阀；9—室内消火栓；10—水泵接合器

3. 设消防水泵、水箱的消火栓给水系统

室外管网压力经常不能满足室内消火栓给水系统的水量和水压要求时，宜设水泵和水箱。消防用水与生活、生产用水合并的室内消火栓给水系统，其消防泵应保证供应生活、生产、消防用水的最大秒流量，并应满足室内管网最不利点消火栓的水压。水箱应储存 10min 的消防用水量，如图 4-6 所示。消防水箱的补水由生活或生产泵供给，消防水泵的扬程按室内最不利点消火栓灭火设备的水压计算。并保证在火灾初期 5min 之内能启动供水。

4. 区域集中的室内高压消火栓给水系统及室内临时高压消火栓给水系统

区域集中是指某个区域内数幢建筑共用 1 套消防水池和消防水泵设备，各幢建筑内的消防管网由区域集中消防水泵房出水管引入并自成环状布置。消防管网内经常保持能够满足灭火用水所需的压力和流量，扑救火灾时不需要启动消防水泵可直接使用灭火设备进行灭火，这种系统称为高压消防给水系统。消防管网平时水压和流量不满足灭火需要，起火时启动消防水泵使管网内的压力和流量达到灭火要求，这种系统称为临时高压消防给水系统。

5. 高层建筑分区给水的室内消火栓给水系统

当建筑高度超过50m或消火栓口处的静水压力超过0.8MPa时，考虑麻质水龙带和普压钢管的耐压强度，应采用分区供水的室内消火栓给水系统，即各区组成各自的消防给水系统。分区方式有并联分区和串联分区两种，如图4-7、图4-8所示。

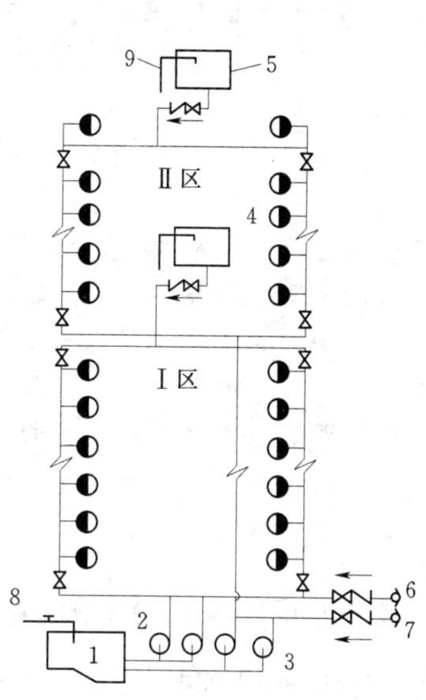

图4-7 并联分区给水室内消火栓给水系统

1—水池；2—Ⅰ区消防水泵；3—Ⅱ区消防水泵；4—Ⅰ区水箱；5—Ⅱ区水箱；6—Ⅰ区水泵接合器；7—Ⅱ区水泵接合器；8—水池进水管；9—水箱进水管

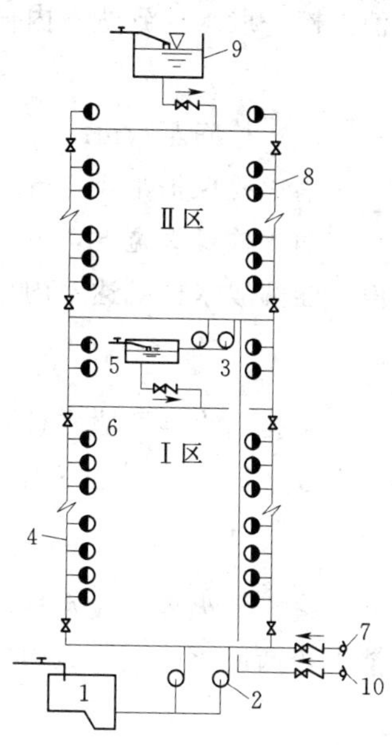

图4-8 串联分区给水室内消火栓给水系统

1—水池；2—Ⅰ区消防水泵；3—Ⅱ区消防水泵；4—Ⅰ区管网；5—Ⅰ区水箱；6—消火栓；7—Ⅰ区水泵接合器；8—Ⅱ区管网；9—Ⅱ区水箱；10—Ⅱ区水泵接合器

并联分区的消防水泵集中于底层，管理方便，系统独立设置，互相不干扰。但在高区的消防水泵扬程较大，其管网的承压也较高。串联分区消防泵设置于各区，水泵的压力相近，无需高压泵及耐高压管，但管理分散，上区供水受下区限制，高区发生火灾时，下面各区水泵联动逐区向上供水，供水安全性差。

三、室内消火栓给水系统的布置

1. 室内消火栓布置

设置消火栓给水系统的建筑各层均设消火栓，并保证有两支水枪的充实水柱同时到达室内任何部位。只有建筑高度小于或等于24m，且体积小于或等5000m^{3}的库房，可采用一支水枪的充实水柱到达任何部位。

充实水柱是指从消防水枪射出的消防射流中最有效的一段射流长度，它占全部消防射流量的75%～90%，在直径为26～38mm的圆断面内通过，并保持紧密状态，具有扑灭火灾的能力。

消火栓的保护半径为

$$R=0.9L+H_m\cos45^\circ \tag{4-1}$$

式中 L——水龙带长度，m，0.9 是考虑到水龙带转弯曲折的折减系数；

H_m——充实水柱长度，m。

消火栓布置间距，有如图 4-9 所示的几种方式。

布置间距的计算公式分别为：

单排消火栓一股水柱到达室内任何部位的间距，如图 4-9（a）所示：

$$S_1=2\sqrt{R^2-b^2} \tag{4-2}$$

式中 S_1——消火栓间距，m；

R——消火栓保护半径，m；

b——消火栓最大宽度，m。

单排消火栓两股水柱到达室内任何部位的间距，如图 4-9（b）所示：

$$S_2=\sqrt{R^2-b^2} \tag{4-3}$$

式中 S_2——单排消火栓两股水柱到达时的间距，m。

多排消火栓一股水柱到达室内任何部位时的消火栓间距，如图 4-9（c）所示：

$$S_n=\sqrt{2}R=1.4R \tag{4-4}$$

式中 S_n——多排消火栓一股水柱的消火栓间距，m。

多排消火栓两股水柱到达室内任何部位时，消火栓间距可按图 4-9（d）所示布置。

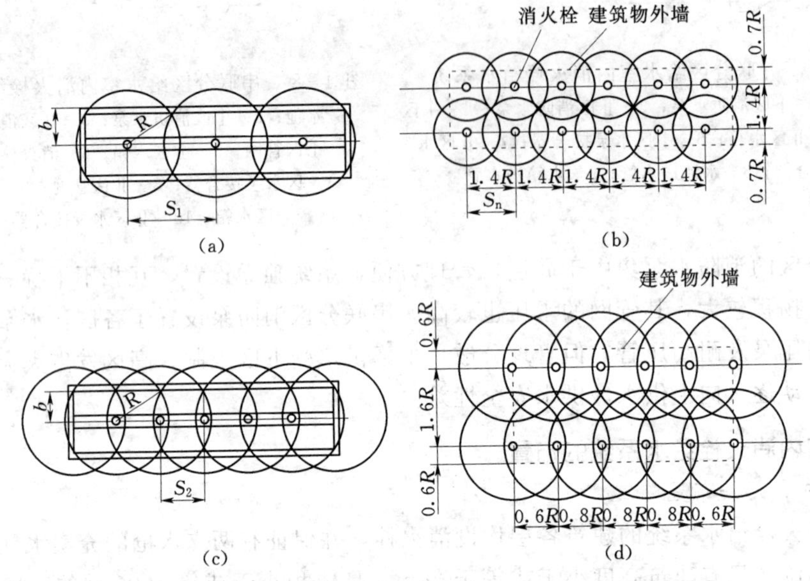

图 4-9 消火栓布置位置

（a）单排一股水柱时的消火栓布置；（b）单排两股水柱时的消火栓布置；（c）多排一股水柱时的消火栓布置；（d）多排两股水柱时的消火栓布置

消火栓应设在明显易取用地点，如耐火的楼梯间、走廊、大厅和车间出入口等。消防电梯前室应设消火栓，以便消防人员救火打开通道和淋水降温减少辐射热的影响。同一建筑内采用统一规格的消火栓、水枪和水带，每根水带的长度不应超过25m。消火栓口离安装处地面高度为1.1m，其出口宜向下或与设置消火栓的墙面成90°。

2. 室内消防管道布置

高层建筑消火栓给水系统应独立设置，其管网要求布置成环状，使每个消火栓得到双向供水。引入管不应少于两条。一般建筑室内消火栓超过10个，室外消防用水量大于17L/s时，引入管也不应少于两条，并应将室内管道连成环状或将引入管与室外管道连成环状。但7～9层的单元式住宅和不超过9层的通廊式住宅，设置环管有一定困难，允许消防给水管枝状布置和采用一条引入管。

室内消防给水管网应用阀门分隔成若干独立的管段，当某管段损坏或检修时，停止使用的消火栓在同一层中不超过5个，关闭的竖管不超过1条；当竖管为4条及4条以上时，可关闭不相邻的两条竖管。一般按管网节点的管段数 $n-1$ 的原则设置阀门，如图4-10所示。

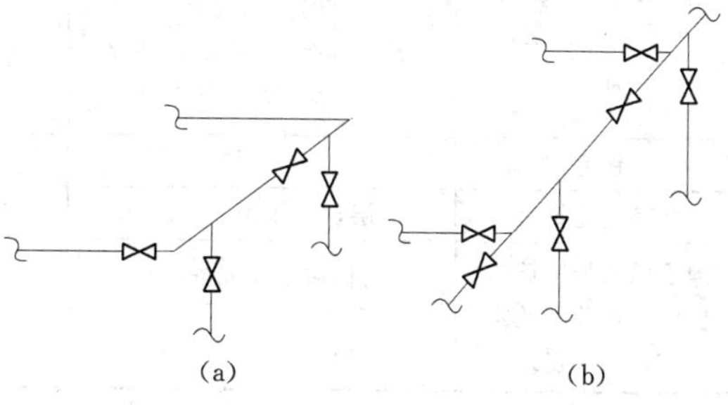

图4-10 消防管网节点阀门布置

(a) 三通节点；(b) 四通节点

消防阀门平时应开启，并有明显的启闭标志。

室内消火栓灭火系统与自动喷水系统，宜分别设置。若有困难，则应在报警阀前分开。

四、室内消火栓系统给水管网的水力计算

室内消火栓给水管道的配管是在绘出管道平面布置图和系统图后进行的，计算内容同室内给水系统，包括确定各管段管径和消防给水系统所需压力。

1. 消防用水量的确定

室内消防用水量与建筑高度及建筑性质有关，其大小应根据同时使用水枪数及充实水柱长度来确定。查表4-1、表4-2可获得低层和高层民用建筑的室内消防用水量。

表4-1 低层建筑室内消防用水量

建筑物名称	高度、层数、体积或座位数	消火栓设备用水量 (L/s)	同时使用水枪数量 (支)	每支水枪最小流量 (L/s)	每根立管最小流量 (L/s)
科研楼、试验楼等	高度≤24m、体积≤10000m³	10	2	5	5
	高度≤24m、体积>10000m³	5	3	5	10
厂房	高度≤24m、体积≤10000m³	5	2	2.5	5
	高度≤24m、体积>10000m³	10	2	5	10
库房	高度≤24m、体积≤50000m³	5	1	5	5
	高度≤24m、体积>50000m³	10	2	5	10
车站、码头、展览馆	5001～25000 m³	10	2	5	10
	25001～50000 m³	15	3	5	10
	>50000m³	20	4	5	15

续表

建筑物名称	高度、层数、体积或座位数	消火栓设备用水量 (L/s)	同时使用水枪数量 (支)	每支水枪最小流量 (L/s)	每根立管最小流量 (L/s)
商店、病房楼、教学楼等	5001～10000m³ 10001～25000m³ ＞25000m³	5 10 15	2 2 3	2.5 5 5	5 10 10
剧院、电影院、俱乐部、礼堂、体育馆等	801～1200 个 1201～5000 个 5001～10000 个 ＞10000 个	10 15 20 30	2 3 4 6	5 5 5 5	10 10 15 15
住宅	7～9 层	5	2	2.5	5
其他建筑	≥6 层，或体积≥10000m³	15	3	5	10
国家级文物保护单位的重点砖木及木结构的古建筑	体积≤10000m³ 体积＞10000m³	20 25	45 5	10 5	10 15

表 4-2　　高层民用建筑室内消火栓给水系统用水量

建 筑 物 名 称	建筑高度 (m)	消火栓消防用水量 (L/s)		每根立管最小流量 (L/s)	每支水枪最小流量 (L/s)
		室内	室外		
普通住宅	≤50	10	15	10	5
	＞50	20	15	10	5
高级住宅、医院、二类建筑的商业楼、展览楼、财贸金融楼、电信楼、图书馆、书库；省级以下的邮政楼、防火指挥调度楼、广播电视楼、电力调度楼；建筑高度不超过 50m 的教学楼和普通的旅馆、办公楼、科研楼、档案楼等	≤50	20	20	10	5
	＞50	30	20	15	5
高级旅馆、重要的办公楼、科研楼、档案楼、图书馆，每层建筑面积大于 1000m² 的百货楼、展览楼、综合楼、每层面积大于 800m² 的电信楼、财贸金融楼、中央和省级的广播楼、电视楼、地区级和省级调度楼、防洪指挥楼	≤50	30	30	15	5
	＞50	40	30	15	5

2. 水枪的设计射流量

水枪的设计射流量 q_{xh} 是确定各管段管径和计算水头损失，进而确定水枪给水系统所需压力的主要依据。消防给水系统最不利水枪的设计射流量，应由每支水枪的最小流量 q_{min} 和水枪的设计射流量 q_{xh} 即在保证建筑物所需充实水柱长度的压力作用下水枪的出水量，进行比较后确定如表 4-3 所示。水枪设计射流量可按下式计算：

$$q_{xh}=\sqrt{BH_q} \tag{4-5}$$

式中　B——水流特性系数；

H_q——水枪喷口处的压力。计算最不利水枪射流量时，应为保证该建筑充实水柱长度所需的压力（10kPa），q_{xh}也可根据充实水柱长度和水枪喷嘴口径由表4－4确定。若计算可行，$q_{xh}>q_{min}$则取设计射流量，若$q_{xh}=q_{min}$，为确保火灾现场所需水量，应取设计射流量$q_{xh}=q_{min}$。

表 4－3　　水流特性系数 *B* 值

喷嘴直径（mm）	9	13	16	19	22	25
B	0.079	0.346	0.793	1.577	2.834	4.727

表 4－4　　直流水枪技术数据充实水柱

充实水柱 H_m（m）	水枪不同喷嘴口径 $d_{出}$ 的压力 H_q 和实际消防射流量 q_{xh}					
	d_{13}（mm）		d_{16}（mm）		d_{19}（mm）	
	H_q（mH_2O）	q_{xh}（L/s）	H_q（mH_2O）	q_{xh}（L/s）	H_q（mH_2O）	q_{xh}（L/s）
6	8.1	1.7	7.8	2.5	7.7	3.5
8	11.2	2.0	10.7	2.9	10.4	4.1
10	14.9	2.3	14.1	3.3	13.6	4.6
12	19.1	2.6	17.7	3.8	16.9	5.2
14	23.9	2.9	21.8	4.2	20.6	5.7
16	29.7	3.2	26.5	4.6	24.7	6.2

3. 消火栓给水管网水力计算

在保证最不利消火栓所需的消防流量和水枪所需的充实水柱的基础上，确定管径及计算管路水头损失，消火栓给水管道中的流速一般以 1.4～1.8m/s 为宜，不宜大于 2.5m/s。

（1）管径的确定。根据给水管道中设计流量，按下列公式，即可确定管径

$$Q=\frac{\pi D^2}{4}\nu \tag{4-6}$$

$$D-\frac{4Q}{\pi\nu} \tag{4-7}$$

式中　Q——管道设计流量，m^3/s；

D——管道的管径，m；

ν——管道中的流速，m/s。

已知管段的流量后，只要确定了流速，方可求得管径。

（2）计算水头损失，确定消防给水系统的压力，如表 4－5 所示。消火栓给水管网的水头损失包括沿程水头损失和局部水头损失，消火栓给水网所需压力可按下式计算：

$$H=H_1+H_2+H_{xh} \tag{4-8}$$

$$H_{xh}=H_q+H_d \tag{4-9}$$

$$H_d = A_z L_d q_{xh}^2 \tag{4-10}$$

式中　H——消火栓给水系统所需的压力，kPa；

H_1——管网与外网直连时，引入管起点至最不利消火栓高度的压力；管网与外网间接连接时，水池最低水位至最不利消火栓高度的压力，kPa；

H_2——计算管路沿程与局部水头损失之和，kPa；

H_{xh}——消火栓口处所需压力，一般取20kPa；

H_q——水枪喷嘴造成设计所需充实水柱长度时所需水压，kPa；

H_d——水龙带的水头损失，kPa；

A_z——水龙带的阻力系数；

L_d——水龙带的长度，m；

q_{xh}——水枪的设计射流量，L/s。

表 4-5　水龙带阻力系数 A_z 值

水龙带口径（mm）	A_z		水龙带口径（mm）	A_z	
	帆布的、麻织的水龙带	衬胶的水龙带		帆布的、麻织的水龙带	衬胶的水龙带
50	0.1501	0.0677	80	0.015	0.0075
65	0.0430	0.0172			

第二节　自动喷水灭火系统

一、概述

自动喷水灭火系统是一种在发生火灾时，能自动喷水灭火并同时发出火警信号的灭火系统。这种灭火系统具有很高的灵敏度和灭火成功率，是扑灭建筑初期火灾非常有效的一种灭火设备。在经济发达国家的消防规范中，几乎要求所有应该设置灭火设备的建筑都采用自动喷水灭火系统，以保证生命财产安全。

自动喷水灭火系统是由水源、增压设备、管网系统、喷头、阀门、报警阀及火灾控制系统等组成。

自动喷水灭火系统按喷头开闭形式，分为闭式喷水系统和开式喷水系统。闭式喷水系统可分为湿式自动喷水灭火系统、干式自动喷水灭火系统、干湿式自动喷水灭火系统、预作用自动喷水灭火系统、重复启闭预作用灭火系统、闭式自动喷水——泡沫联用系统等；开式自动喷水灭火系统可分为雨淋灭火系统、水幕系统、水喷雾系统等。

自动喷水灭火系统与消火栓系统相比有突出的优点，主要为：

（1）自动喷水灭火系统能自动洒水灭火、报警，使火灾得到及时控制，直到扑灭。

（2）自动喷水灭火系统在任何时候都处于准备工作状态。一旦发生火灾，能及时喷水灭火，一般不超过2min。因此，火灾扩散的范围小，火势易在短时间内得到控制。

（3）自动喷水灭火系统的喷头位于火灾中心，哪里有火，哪里的喷头才启动喷水，因此相对用水量较少，造成的水渍损失也较小。

二、闭式自动喷水灭火系统

1. 闭式自动喷水灭火系统的四种主要类型

（1）湿式自动喷水灭火系统。湿式自动喷水灭火系统是世界上使用最早、应用最广泛、灭火速度快、控火率较高，系统比较简单的一种自动喷水灭火系统。系统管网始终充满水，该系统适用于室内温度为4～70℃的建筑物、构筑物。

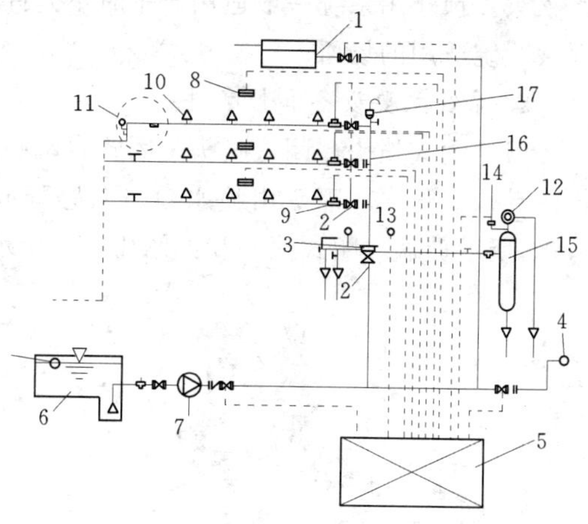

图4-11　湿式自动喷水灭火系统

1—高位水箱；2—消防安全信号阀；3—湿式报警阀；4—水泵接合器；5—控制箱；6—贮水池；7—消防水泵；8—感烟探测器；9—水流指示器；10—闭式喷头；11—末端试水装置；12—水力警铃；13—压力表；14—压力开关；15—延迟器；16—节流孔板；17—自动排气装置

湿式喷水灭火系统是由闭式喷头、管道系统、湿式报警阀、报警装置和供水设施等组成，如图4-11所示。由于该系统在报警阀的前后管道内始终充满着压力水，故称湿式喷水灭火系统或湿管系统。

火灾发生时，高温火焰或高温气流使闭式喷头10的热敏感元件炸裂或熔化脱落，喷水灭火。此时，管网中的水由静止变为流动，则水流指示器9就被感应送出信号。在报警控制器上指示某一区域已在喷水，持续喷水造成湿式报警阀3的上部水压低于下部水压，原来处于关闭状态的阀片自动开启。此时，压力水通过湿式报警阀，流向干管和配水管，同时水进入延迟器15，继而压力开关动作、水力警铃12发出火警声号。此外，压力开关14直接连锁自动启动消防水泵或根据水流指示器9和压力开关的信号，控制器自动启动消防水泵向管网加压供水，达到持续自动喷水灭火的目的。

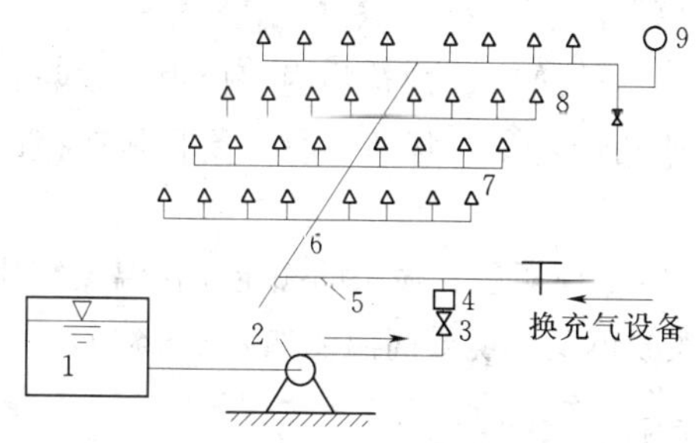

图4-12　干式喷水灭火系统

1—水池；2—水泵；3—总控制阀；4—干式报警阀；5—配水干管；6—配水管；7—配水支管；8—闭式喷头；9—末端试水装置

（2）干式喷水灭火系统。该系统平时喷水管网充满有压的气体，只是在报警阀前的管道中经常充满有压的水。干式喷水灭火系统，如图4-12所示。适用于环境在4℃以下或70℃以上而不宜采用湿式喷水灭火系统的地方，其喷头应向上安装（干式悬吊型喷头除外）。

干式报警装置最大工作压力不超过1.20MPa。干式喷水管网容积不宜超过1500L，当设有排气装置时，不宜超过3000L。

（3）干湿式自动喷水灭火系统。干湿式喷水灭火系统，一般由闭式喷头、管道系统、充气双重作用阀、报警装置、供水设备、探测器和控制系统等组成，这种系统具有湿式和干式喷水灭火系统的性能，安装在冬季采暖期不长的建筑物内，寒冷季节为干式系统，温暖季节为湿式系统，系统形式基本与干式系统相同，主要区别是报警阀采用的是干湿式报警阀。

(4) 预作用自动喷水灭火系统。预作用自动喷水灭火系统，喷水网中平时不充水，而充以有压或无压的气体，发生火灾时，由火灾探测器接到信号后，自动启动预作用阀门而向配水管网充水。当起火房间内温度继续升高，闭式喷头的闭锁装置脱落，喷头即自动喷水灭火。预作用系统一般适用于平时不允许有水渍损失的高级重要的建筑物内或干式喷水灭火系统适用的场所。

2. 系统主要设备和控配件

(1) 闭式喷头。闭式喷头是闭式自动喷水灭火系统的关键设备，它通过热敏感释放机构的动作而喷水，喷头由喷水口、温感释放器和溅水盘组成，其形状和式样较多，如图4-13所示玻璃球闭式喷头和如图4-14所示易熔合金闭式喷头。

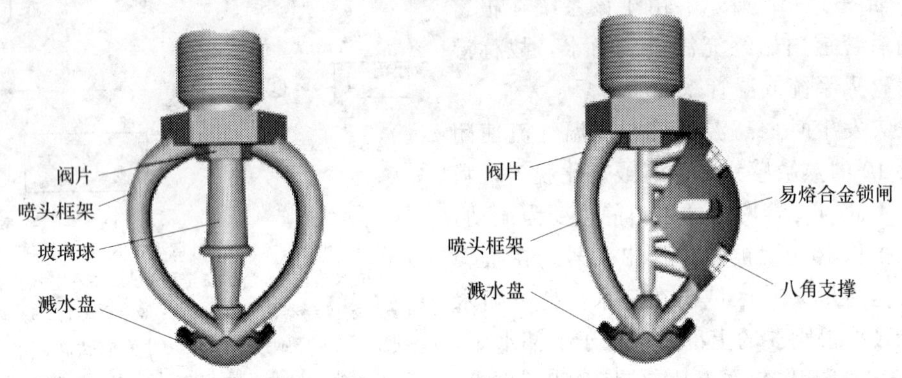

图4-13　玻璃球闭式喷头　　图4-14　易熔合金闭式喷头

玻璃球闭式喷头是由喷水口、玻璃球、框架、溅水盘、阀片等组成。这种喷头释放机构中的热敏感元件是一个内装一定量的彩色膨胀液体的玻璃球，球内有一个小的气泡，用它顶住喷水口的密封垫。当室内发生火灾时，球内的液体因受热而膨胀，瓶内压力升高，当达到规定温度时，液体就完全充满了瓶内全部空间，当压力达到规定值时，玻璃球便炸裂，这样使喷水口的密封垫失去支撑，压力水便喷出灭火。

玻璃球喷头体积小、重量轻、耐腐蚀，适用于各类建筑物、构筑物内。但由于本身特性的影响，在环境温度低于－10℃的场所、受油污或粉尘污染的场所、易于受机械碰撞的部位不能采用。

玻璃球喷头按额定动作温度分成9档，每一档设定一种颜色。喷头的额定动作温度宜比环境温度高30℃，玻璃球喷头的额定动作温度、充液颜色及环境最高温度如表4-6所示。

表4-6　　玻璃球洒水喷头指标

额定动作温度(℃)	玻璃球充液色标	环境最高温度(℃)	额定动作温度(℃)	玻璃球充液色标	环境最高温度(℃)
57	橙色	27	182	淡紫色	152
68	红色	38	227	黑色	197
79	黄色	49	260	黑色	230
93	绿色	63	343	黑色	313
141	蓝色	111			

易熔合金元件喷头的热敏感元件为易熔金属或其他易熔材料制成的元件。当室内起火温度达到易熔元件本身的设计温度时，易熔元件便熔化，释放机构脱落，压力水便喷出灭火。

这种喷头可安装于不适合玻璃球喷头使用的任何场合。它的额定动作温度为7档，其色标涂刷于轭臂上。易熔合金片喷头的额定动作温度、色标、环境最高温度如表4-7所示。

表4-7 易熔合金洒水喷头指标

额定动作温度（℃）	轭臂色标	环境最高温度（℃）
57～77	本色	27～47
80～107	白色	50～77
121～149	蓝色	91～119
163～191	红色	133～161
204～246	绿色	174～216
260～302	橙色	230～272
320～340	黑色	290～310

（2）报警阀。报警阀的主要功能是开启后能够接通管中水流同时启动报警装置。不同类型的自动喷水灭火系统，应安装不同结构的报警阀，报警阀分为湿式、干式、干湿式、预作用4种。干式、湿式报警阀如图4-15所示。

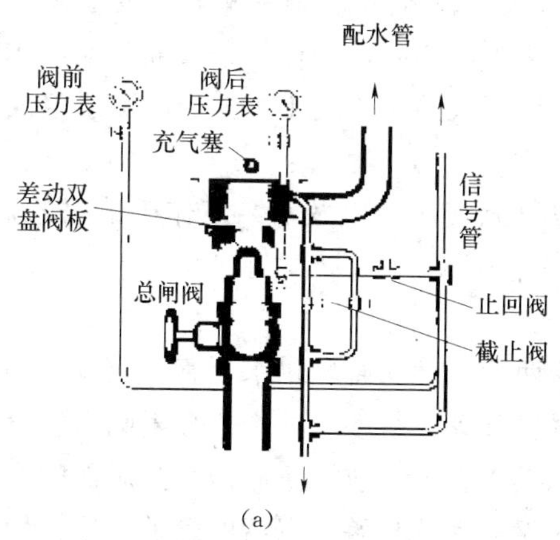

(a)

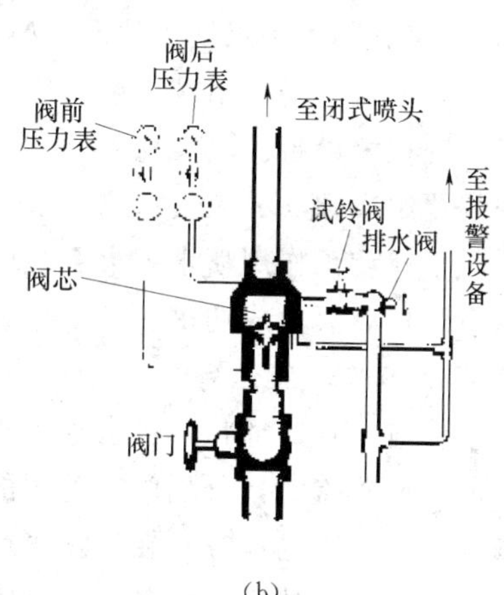

(b)

图4-15 干式、湿式报警阀

(a) 干式报警阀；(b) 湿式报警阀

下面以湿式报警阀为例说明报警阀原理，湿式报警阀平时阀芯前后水压相等（水通过导向管中的水压平衡小孔保持阀板前后水压平衡），由于阀芯的自重和阀芯前后所受水的总压力不同，阀芯处于关闭状态（阀芯上面的总压力大于阀芯下面的总压力）。发生火灾时，闭式喷头喷水，由于水压平衡小孔来不及补水，报警阀上面的水压下降，此时阀下水压大于阀上水压，于是阀板开启，向洒水管网及洒水喷头供水，同时水沿着报警阀的环形槽进入延迟器，这股水首先充满延迟器后才能流向压力继电器及水力警铃等设施，发出火警信号并启动消防水泵等设施。若水流较小，不足以补充从节流孔板排出的水，就不会引起误报。

（3）报警控制装置。

1）水流报警装置：可报知闭式自动喷水灭火系统中哪里的闭式喷头已开启喷水灭火。

水力报警器（即水力警铃）与报警阀配套使用。当某处发生火灾时，喷头开启喷水，管道中的水流动，在水流冲击下，能发出报警铃声。水流通过管道时，水流指示器中浆片摆动接通电信号，可直接报知起火喷水的部位。

2）压力开关（压力继电器）：一般安装在延迟器与水力警铃之间的信号管道上，必须垂直安装。当闭式喷头启动喷水时报警阀亦即启动通水，水流通过阀座上的环形槽流入信号管和延迟器，延迟器充满水后，水流经信号管进入压力继电器，压力继电器接到水压信号，即接通电路报警，并可启动消防泵。电动报警在系统中可作为辅助报警装置，不能代替水力报警装置。

3）延迟器：安装在报警阀与水力警铃之间的信号管道上，用以防止水源发生水锤时引起水力警铃的误动作。当湿式阀因压力波动瞬时开放时，水首先进入延迟器，这时由于进入延迟器的水量很少，会很快经延迟器底部的节流孔排出，水就不会进入水力警铃或作用到压力开关，从而起到防止误报的作用。只有当湿式报警阀保持其开启状态，经过报警通道的水不断地进入延迟器，经过一段延迟时间由顶部的出口流向水力警铃和压力开关才发出警报。

4）火灾探测器：用感烟、感温、感光火灾探测器可报知在哪里发生了火灾，分别将物体燃烧产生的烟、光、温度的敏感反应转化为电信号，传递给报警或启动消防设备的装置，属于早期报警设备。火灾探测器在预作用灭火系统中是不可缺少的重要组成部分，也可与自控装置组成独立的火灾探测系统。

此外，干式和预作用喷水灭火系统中应设充气压力以及水泵工作等情况的监测装置，以消除隐患，提高灭火成功率。

3. 管网的布置和敷设

供水干管应布置成环状，进水管不少于两条。环状管网供水干管，应设分隔阀门。当某一管段损坏或检修时，分隔阀所关闭的报警装置不得多于三个，分隔阀门应设在便于管理、维修和容易接近的地方。在报警阀前的供水管上，应设置阀门，其后面的配水管上不得设置阀门和连接其他用水设备。自动喷水灭火系统报警阀以后的管道，应采用镀锌钢管或无缝钢管。湿式系统的管道，可用丝扣连接或焊接。对于干式、干湿式或预作用系统管道，宜用焊接方法连接。不同管径管道的连接，避免采用补心，而应采用异径管。在弯头上不得采用补心，在三通上至多用一个补心，四通上至多用两个补心。

管道上吊架和支架的位置，以不妨碍喷头喷水效果为原则。一般吊架距喷头的距离应大于0.3m，距末端喷头的间距应小于0.75m。管道支架或吊架的间距，如表4-8所示。一般在喷头之间的每段配水支管上至少安装一个吊架，但其间距小于1.8m时，允许每隔一段配置一个吊架，吊架的间距应不大于3.6m。

表4-8　　支架或吊架的最大间距

公称管径(mm)	15	20	25	32	40	50	70	80	100	125	150
间距(m)	2.5	3.0	3.5	4.0	4.5	5.0	5.5	6.0	7.0	7.5	8.0

每根配水支管或配水管的直径，均应不小于25mm。每根配水支管设置的喷头数，对轻危险级或普通危险级的建筑物不应超过8个；对严重危险级的建筑物不应超过6个。闭

式自动喷水灭火系统的每个报警阀控制的喷头数，应按所选的规格及供水压力计算确定，如表 4-9 所示。

表 4-9　　一个报警阀的最多喷头数

系统类型		危险级别		
		轻危险级	普通危险级	严重危险级
		喷头数量（个）		
充水式喷水灭火系统		500	800	1000
充气式灭火系统	有排气装置	250	500	500
	无排气装置	125	250	—

三、开式自动喷水灭火系统

开式自动喷水灭火系统，按其喷水形式的不同而分为雨淋灭火系统和水幕灭火系统，通常布设在火势猛烈、蔓延迅速的严重危险级建筑物和场所。

雨淋灭火系统用于扑灭大面积火灾。如火柴厂的氯酸钾压碾车间；建筑面积超过 $60m^2$ 或储存量超过 2t 的硝化棉、喷漆棉、火胶棉、赛璐珞胶片、硝化纤维库房；超过 1200 个座位的剧院和超过 2000 个座位的会堂舞台的葡萄架下部；建筑面积超过 $400m^2$ 的演播室，建筑面积超过 $500m^2$ 的电影摄影棚等。

雨淋灭火系统一般由火灾探测传动控制系统，雨淋阀自动启动及报警系统，装有开式喷头的自动喷水灭火系统三部分组成。主要设备和部件有：开式喷头、雨淋阀、控制阀、供水设备、管网、探测报警设施等。

该系统的工作原理如下。被保护的区域内一旦发生火灾，急速上升的热气流使感温探测器探测到火灾区内有燃烧的粒子，立即向电控箱发出报警信号，经电控箱分析确认后发出声、光报警信号，同时启动雨淋阀的电磁阀开启，使高压腔的压力水快速排出。由于经单向阀补充流入高压腔的水流缓慢，因而高压腔水压快速下降，供水压力作用在阀瓣上的力迅速打开雨淋阀门，水流立即充满整个雨淋管网，使雨淋阀控制的管道上所有开式喷头同时喷水，可以在瞬间像下暴雨般喷出大量的水覆盖火区，达到灭火目的，雨淋阀打开后，水同时流向报警管网，使水力警铃发出声响报警，在水压作用下，接通压力开关，并通过电控箱切换，给值班室发出电信号或直接启动水泵，在消防水泵启动前，火灾初期所需的消防水位由高位水箱或气压罐供给。如图 4-16 所示。

消防水幕系统不以灭火为主要目的。该系统是将水喷洒成水帘幕状，用以冷却防火分隔物，提高防火分隔物的耐火性能；或利用防火水帘阻止火焰和热辐射穿过开口部位，防止火势扩大和火灾蔓延。水幕系统由水幕喷头、管网、雨淋阀、供水设备和探测报警装置等组成。水幕灭火系统应设在防火墙等隔断物而无法设置的开口部分，大型剧院、会堂、礼堂的舞台口，防火卷帘或防火幕的上部。

水喷雾灭火系统在系统组成上与雨淋系统基本相似，所不同的是该系统使用的是一种喷雾喷头。这种喷头有螺旋状叶片，当有一定压力的水通过喷头时，叶片旋转，在离心力作用下，同时产生机械撞击作用和机械强化作用，使水形成雾状喷向被保护部位。

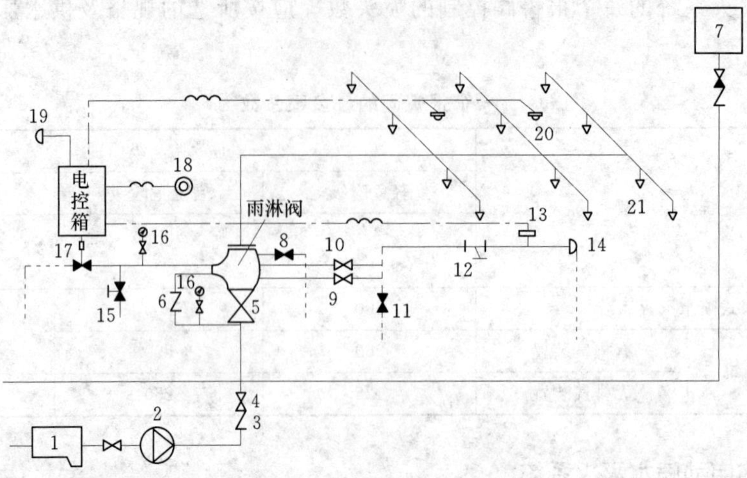

图 4-16 雨淋喷水灭火系统

1—水池；2—水泵；3—止回阀；4—闸阀；5—供水闸阀；6—止回阀；7—水箱；8—放水阀；9—试警铃阀；10—警铃管阀；12—滤网；13—压力开关；14—水力警铃；15—手动快开阀；16—压力表；17—电磁阀；18—紧急按钮；19—电铃；20—感温或感烟报警器；21—开式喷头

四、自动喷水灭火系统给水管网的水力计算

1. 喷头出水量

喷头的出水量是确定各管段设计流量的基本数据，可按下式计算

$$q=K\sqrt{\frac{P}{9.8\times10^4}} \tag{4-11}$$

式中 q——喷头出水量，L/min；

P——喷头的工作压力，Pa；

K——喷头流量特性系数，当 $P=9.8\times10^4$Pa，喷头公称直径为 15mm 时，$K=80$。

2. 计算各管段的设计流量并确定管径

自动喷水灭火系统的计算，是以作用面积，如表 4-10 所示内的喷头全部动作，且满足所需喷头强度要求为出发点，因为喷水强度是衡量控火、灭火效果的主要依据。由于火

表 4-10　　自动喷水灭火系统的基本设计数据

建筑物的危险等级（项目）		设计喷水强度（$L/m^2\cdot min$）	作用面积（m^2）	喷头工作压力（Pa）	设计流量 Q_1	设计流量 $Q_s=1.15\sim1.30Q_1$	相当于喷头开放数（个）
严重危险级	生产建筑物	10.0	300	9.8×10^4	50	57.5～65.0	43～49
严重危险级	储存建筑物	15.0	300	9.8×10^4	75	86.25～97.5	65～73
中危险级		6.0	200	9.8×10^4	20	20.0～23.0	17～20
轻危险级		3.0	180	9.8×10^4	9	10.35～11.7	8～9

灾时一般火源呈辐射状向四周扩散，因此作用面积宜选用正方形或长方形，当采用长方形布置时，其长边应平行于配水支管，边长宜为作用面积平方根的1.2倍。

对严重危险系统，为确保安全，在作用面积内每个喷头的出水量应按喷头处的水压计算确定。对中危险级和轻危险级系统，为简化计算，可假定作用面积内每只喷头的出水量均等于最不利点喷头的出水量，但需保证作用面积内的平均喷水强度不小于表4-10的规定，且任意四个喷头组成的保护面积内的平均喷水强度不小于表中规定的20%。各管段设计流量即为该管段所有作用喷头的出水量之和。管径按流量、流速计算确定，管道内的水流速度不宜超过5m/s，个别情况下配水支管内的水流速度可控制在不大于10m/s的范围内。

在初步设计时，也可按喷头数计算管径，如表4-11所示。

表4-11　　管径估算表

建、构筑物的危险等级	允许安装喷头数（个）							
	Φ25	Φ32	Φ40	Φ50	Φ70	Φ80	Φ100	Φ150
轻危险级	2	3	5	10	18	48	按水力计算	按水力计算
中危险级	1	3	4	10	16	32	60	按水力计算
严重危险级	1	3	4	8	12	20	40	>40

3. 计算水头损失，确定系统所需压力

自动喷水灭火系统管网的水头损失包括沿程水头损失和局部水头损失。沿程水头损失的计算式为

$$h=ALQ^2 \tag{4-12}$$

式中　h——计算管道沿程水头损失，10kPa；

A——管道阻力系数，查表4-12；

L——计算管道长度，m；

Q——计算管道流量，L/s。

表4-12　　管道阻力系数A　　单位：s^2/L^2

管径（mm）	管材		管径（mm）	管材		管径（mm）	管材	
	钢管	铸铁管		钢管	铸铁管		钢管	铸铁管
20	1.643	—	50	0.01108	—	150	0.00003395	0.00004185
25	0.4367	—	70	0.002893	—	200	0.000009273	0.0000092029
32	0.09386	—	80	0.001168	—			
40	0.04453	—	100	0.0002674	0.0003653			

局部水头损失可按沿程水头损失的20%计算。自动喷水灭火系统所需压力，可按下式计算：

$$H=H_p+H_{pj}+\sum h+H_{pk} \tag{4-13}$$

式中　H_p——计算管路中最不利喷头的工作压力，kPa；

H_{pj}——管网与外网直连时，引入管起点至最不利喷头高度的压力，管网与外网间接连接时，水池最低水位至最不利消火栓高度的压力，kPa；

$\sum h$——计算管路沿程与局部水头损失之和，kPa；

H_{pk}——报警阀的局部水头损失，可按产品提供使用。

第三节　其 他 灭 火 系 统

因各类建筑物与构筑物的功能不同，其中存贮的可燃物质和设备可燃性也各异，因此仅使用水作为消防手段是不能达到扑救目的，或者用水扑救会造成很大的水害损失，故根据各种可燃物质的物理化学性质，分别采用不同的方法和手段。本节将对粉末和气体灭火系统作简单介绍。

一、泡沫灭火系统

1. 灭火方式和系统分类

泡沫灭火工作原理是应用泡沫灭火剂，使其与水混溶后产生一种可漂浮且黏附在可燃、易燃液体或固体表面，或者充满某一着火物质的空间，以达到隔绝、冷却燃烧物质的目的。

泡沫灭火系统可分为。

（1）低倍数泡沫灭火系统。低倍数泡沫灭火系统有固定式、半固定式、移动式和喷淋几种类型。其中，固定式和半固定式又有液上喷射和液下喷射两种。

（2）中倍数泡沫灭火系统。该系统有局部应用式和移动式两种，局部应用式有固定式和半固定式的区别。

（3）高倍数泡沫灭火系统。该系统分为全淹没式，局部应用式和移动式，局部应用式有固定式和半固定式之分。

2. 泡沫灭火系统简介

固定式液下喷射泡沫灭火系统，如图 4－17 所示。油罐或溶剂罐起火后，用自动或手

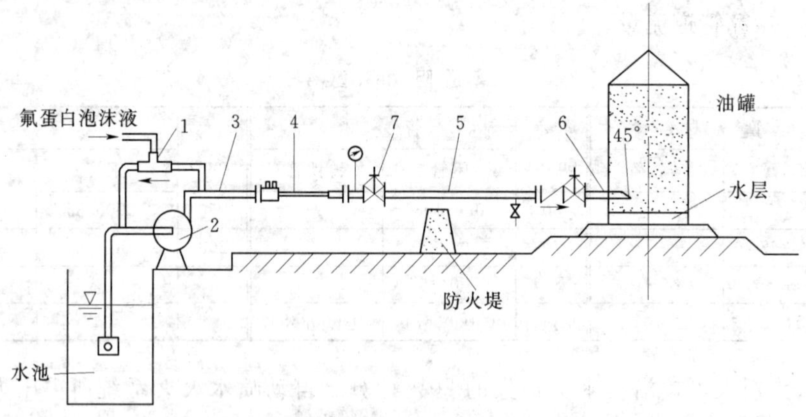

图 4－17　固定式液下喷射泡沫灭火系统

1—环泵式比例混合器；2—泡沫混合液泵；3—泡沫混合液管道；4—液下喷射泡沫产生器

5—泡沫管道；6—泡沫注入管；7—背压调节阀

动装置启动水泵，打开泵出口阀，由环泵式泡沫比例混合器将水和泡沫液以一定的比例混合，再通过管道输送到位于油罐内壁上方（液上）或管道中间（液下）的泡沫产生器，形成的空气泡沫覆盖在油面之上，将火熄灭。

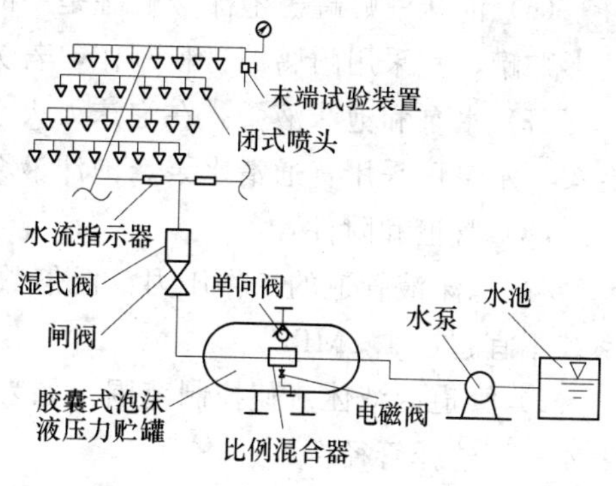

图 4-18　闭式泡沫喷淋灭火系统

当有火情发生时，位于保护区的闭式喷头破裂喷水，启动该区域的水流指示器向消防控制室报警，又由于水流通过引起湿式报警阀阀芯前后水压不平衡，使湿式报警阀开启，由湿式报警阀上的水力警铃发出声响警报，压力开关启动水泵，泡沫贮罐进口打开，水泵出水在通过泡沫比例器时，吸入贮罐内的泡沫液，成为泡沫混合液由喰头喷出灭火，如图 4-18 所示。

3. 设备与组件

泡沫灭火系统设备与组件包括：

（1）泡沫液。根据泡沫液的发泡倍数可分为低倍数泡沫液（发泡倍数小于 20）、中倍数泡沫液（发泡倍数 20～200）和高倍数泡沫液（发泡倍数 201～1000）三种。

（2）泡沫比例混合器。泡沫比例混合器是空气泡沫灭火系统的关键设备之一，有负压类和正压类两种，负压类有环泵式（PH）和管线式（PHF 和 PHX），正压类有压力式（PHY 和 PHJ）和平衡压力式（PHP）。

（3）泡沫产生器和泡沫喷头：

1）泡沫产生器：低倍数泡沫产生器主要用在油罐灭火中，分液上喷射和液下喷射两种。液上喷射式泡沫产生器装在油罐壁上部，泡沫混合液通过泡沫产生器后与空气混合产生空气泡沫，进入油罐覆盖在油层表面而达到灭火效果。液下喷射式泡沫产生器装在进罐前的泡沫混合液管道的中部，泡沫混合液通过产生器时产生负压吸入空气形成空气泡沫，克服管道阻力和油层静压力喷入液下，再浮到油面上灭火。

中倍数泡沫产生器与低倍数泡沫产生器相似，主要用在油罐的灭火。

高倍数泡沫产生器是通过产生器内的喷嘴组将泡沫混合液均匀喷洒在发泡网上，利用风扇的鼓风作用，将空气与发泡网上的泡沫混合液混合形成空气泡沫，扑灭火灾。

2）泡沫喷头：泡沫喷头用于泡沫喷淋系统。

（4）雨淋阀。在泡沫灭火系统中，用在开式泡沫喷淋系统中。当火灾发生时，由于感温或感烟探头发出信号打开雨淋阀上的电磁阀，或者由于作为感知元件的闭式水喷头破裂出水，使雨淋阀两侧产生压差，打开雨淋阀使泡沫混合液通过泡沫喷头洒向着火点，扑灭火灾。

（5）空气泡沫枪、泡沫钩管和泡沫炮。空气泡沫枪（PQ 型）是移动式泡沫灭火系统的重要而轻便的消防器材。它的管牙接口与水带相接，供给水和泡沫液混合后便可用来产生和喷射空气泡沫。

泡沫钩管（PG 型）也是一种移动式泡沫灭火设备，常和泡沫消防车配合使用。主要用来扑救油罐火灾，尤其当油罐掀顶，罐顶的泡沫发生器被拉坏后，常用该设备来替代。

泡沫炮可固定安装在炼油、化工区域内，也可固定架设在泡沫消防车上。它射出的泡沫量大、射程远，是对固定泡沫灭火系统较好的补充。

（6）泡沫液贮罐。泡沫液贮罐是平时贮存泡沫液的容器。泡沫液贮罐有卧式、立式圆柱形贮罐，宜采用耐腐蚀材料制作，若为钢罐，其内壁应作防腐处理。

（7）水泵和泡沫液泵。在泡沫灭火系统中水泵和泡沫液泵的设置与比例混合器的种类有关。水泵可采用普通清水泵，泡沫液泵宜采用耐腐蚀泵。

（8）管道和附件：

1）泡沫液管道的工作压力：低倍数系统一般为 0.7MPa 左右，中倍数系统、高倍数系统不宜超过 1.2MPa。

2）管道内液体流速控制范围：如表 4－13 所示，在知道泡沫混合液管内流量后，按表 4－14 选择管径。

表 4－13　　管道内液体流速范围

<table>
<tr><th colspan="2">规定 / 系统</th><th>管内流速</th><th>其　他</th></tr>
<tr><td rowspan="2">低倍数系统</td><td>泡沫混合液管道</td><td>不宜大于 3m/s
也不得低于 2m/s</td><td>管道长度不宜超过 200m，输送时间不得超过 100s</td></tr>
<tr><td>泡沫液管道（液下喷射）</td><td>一般不得大于 3m/s</td><td></td></tr>
<tr><td rowspan="3">中、高倍数系统</td><td>泡沫混合液管道</td><td rowspan="3">主管道内流速不宜超过 5m/s，在支管道内流速不应超过 10 m/s</td><td rowspan="3"></td></tr>
<tr><td>水管</td></tr>
<tr><td>泡沫液管道</td></tr>
</table>

表 4－14　　泡沫混合液管管径选择

泡沫混合液流量（L/s）	泡沫混合液管管径（mm）	泡沫混合液流量（L/s）	泡沫混合液管管径（mm）
4	65	16	100
8	80	24	150

3）管材：泡沫灭火系统管道管材的选择同管道的工作状态，即干式和湿式有关。所谓干式管道，即在平时无火警时管内无液体介质的管道。反之，在平时无火警时管内充满泡沫混合液的管道称湿式管道。两类管道的管材及防腐等要求，如表 4－15 所示。当管道采用法兰连接时，其垫片应采用石棉橡胶垫片。

表 4－15　　管材的选择及要求

<table>
<tr><th colspan="2">管材及要求 / 管道种类</th><th colspan="2">管　材</th><th>防腐要求</th><th>其　他</th></tr>
<tr><td rowspan="3">干式管道</td><td>低倍数灭火系统</td><td colspan="2">焊 接 钢 管</td><td rowspan="3">管外壁进行防腐处理</td><td rowspan="3"></td></tr>
<tr><td>中倍数灭火系统</td><td>无缝钢管</td><td rowspan="2">管道过滤器与泡沫发生器之间宜选用不锈钢管</td></tr>
<tr><td>高倍数灭火系统</td><td>镀锌钢管</td></tr>
<tr><td>湿式管道</td><td>低、中、高倍数灭火系统</td><td colspan="2">不锈钢管或碳素钢管</td><td>采用碳素钢管时，内、外均应进行防腐处理</td><td>在寒冷季节有冰冻的地区，应采取防冻措施</td></tr>
</table>

4）管道附件的设置：各类系统中阀、过滤器等管道附件的设置要求，如表4-16所示。

表4-16　管道附件的设置要求

使用场合＼管道附件	控制阀	管道过滤器	止回阀	压力开关	压力表	备注
压力式或平衡压力式比例混合器的水和泡沫液入口	设	设	设	设	设（在管道过滤器两端）	
管线式比例混合器入口前		设			设（在管道过滤器两端）	
高倍数灭火系统泡沫发生器前	设	设			设（在管道过滤器两端）	

（9）泡沫泵站。固定式泡沫灭火系统一般应设泡沫泵站。泡沫泵站宜与消防水泵房合建，其耐火等级不应低于二级。泡沫泵站与保护对象的距离不宜小于30m，且应满足在泡沫消防泵启动后，将泡沫混合液或泡沫输送到最远保护对象的时间不宜大于5min。

二、干粉灭火系统

以干粉作为灭火剂的灭火系统，称为干粉灭火系统。干粉灭火剂是一种干燥且易于流动的细微粉末。当干粉灭火剂用于扑救燃烧物时，会形成粉雾而扑灭燃烧物表面火灾。干粉灭火主要是对燃烧物质起到化学抑制烧爆作用使燃烧熄灭。

干粉灭火具有灭火历时短、效率高、绝缘好、灭火后损失小、不怕冻、不用水、可长期贮存等优点。干粉灭火系统的组成，如图4-19所示。

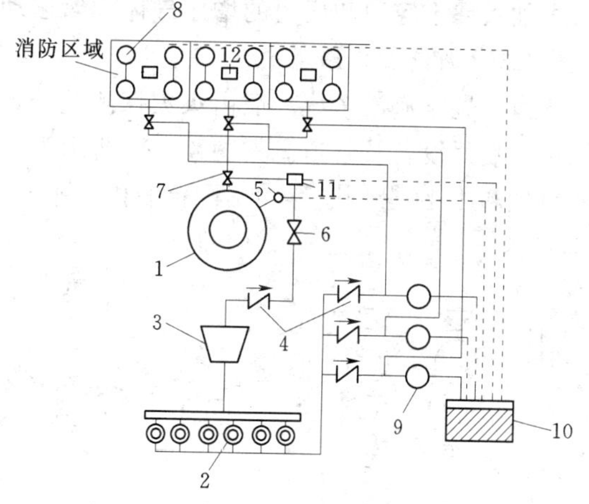

图4-19　干粉灭火系统的组成

1—干粉贮罐；2—氮气瓶和集气管；3—压力控制器；4—单向阀；5—压力传感器；6—减压阀；7—球阀；8—喷嘴；9—启动气瓶；10—消防控制中心；11—电磁阀；12—火灾探测器

干粉灭火系统按其安装方式的不同，可分为固定式、半固定式；按其控制启动方法的不同，又有自动控制、手动控制之分；按其喷射干粉的方式不同，还有全淹没和局部应用系统之分。

设置干粉灭火系统，其干粉灭火剂的贮存装置应靠近其防护区，但不能对干粉贮存器有着火危险，干粉还应避免潮湿和高温。输送干粉的管道宜短而直、光滑、无焊瘤、缝隙。管内应清洁，无残留液体和固体杂物，以便喷射干粉时提高效率。

三、卤代烷灭火系统

（一）卤代烷灭火系统的特点和分类

1. 卤代烷灭火系统具有一些显著的特点

这些特点主要是由卤代烷灭火剂本身的物理和化学性能造成的。灭火剂具有灭火效率高、灭火速度快、灭火后不留痕迹（水渍）、电绝缘性好、腐蚀性极小、便于贮存且久贮不变质等优点，是一种性能十分优良的灭火剂，目前已成为一些特定的重要场所的首选灭火剂之一。但卤代烷灭火剂也有显著的缺点，一是有毒性，要按符合系统的安全要求设计；二是灭火剂本身价格高，使其应用受到限制。

卤代烷灭火剂的临界压力较小，在系统中可以用贮存容器作液相贮存，使用方便；沸点低。在常温下，只要灭火剂被释放出来，就会成为气体状态，属于气体灭火方式；饱和蒸汽压力低，不能快速地从系统中释放出来，需要增加气体加压工作。

2. 卤代烷灭火系统的分类

按灭火方式分为全淹没系统和局部应用系统。全淹没系统是一种用固定喷嘴，通过一套贮存装置，在规定的时间内向保护区喷射一定浓度的灭火剂，并使其均匀地充满整个保护区的空间，让燃烧物淹没在灭火剂中灭火的系统；局部应用系统是用固定的喷嘴或移动的喷枪，采用直接、集中地向被保护对象或局部危险区域喷射灭火剂的方式进行灭火的系统。

按结构形式分为管网式和无管网式。灭火系统可以用管网形式作远距离灭火，或将装置以悬挂方式就地灭火，也可以对面积不等的多个保护区用一套装置同时保护选择灭火。

按加压方式分为临时加压系统和预先加压系统。临时加压系统具有独立的增压动力气体贮罐，动力气体和灭火剂是分开贮存的。预先加压系统是在卤代烷灭火剂贮存容器中，预先加入一定容积和压力的增压气体，增压动力气体与灭火剂同在一个贮存容器内。

（二）系统工作原理

卤代烷全淹没系统一般由火灾探测监控设备和灭火喷射设备组成，组件一般有贮罐、阀件、喷射设备及管道。如图 4－20 所示为全淹没 1211（CF_2ClBr）灭火系统的流程。高压氮气和 1211 分别贮存在不同钢瓶内，平时由减压阀 1 隔开。

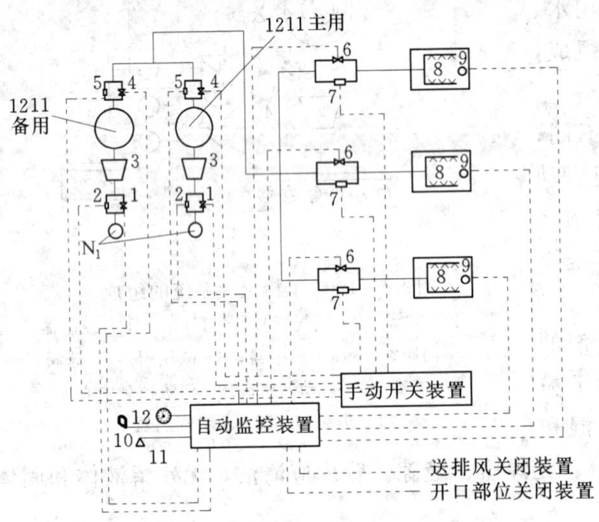

图 4－20　全淹没卤代烷灭火系统

1—电动启动减压阀；2—手动启动减压阀；3—减压调压阀；4—电磁阀；5—气动活塞阀；6—选择电磁阀；7—选择活塞阀；8—1211 喷头；9—探测器；10—指示灯；11—蜂鸣器；12—计时钟

当房间内起火时，探测器 9 发出火警信号，自动控制装置开始工作，同时在控制室和被保护房间内发出声光报警，计时钟 12 开始计时，延时 15～50s（时间可调）后，电动减压阀 1、1211 瓶口电磁阀 4、选择电磁阀 6 打开，氮气瓶内的氮气通过自动电动减压阀 1、减压调压阀 3，进入 1211 贮罐，1211 在动力气体氮气的作用下，通过电磁阀 6，进入被保护房间，再通过喷头 8 喷射灭火。

若自动灭火失灵，可由操作人员使用手动装置打开 1211 灭火系统，若主用灭火系统发生故障或需加大被保护房间 1211 的用量时，可使用电动启动装置或手动开启装置打开备用灭火系统，向被保护房间喷射 1211 灭火剂。

主用灭火系统应设延时装置，以便管理人员判断是否需要喷射灭火剂。若不需要喷射，可用手动停止自动装置。同时，在延时时间内，可以关闭房间开口部位、停止通风设备运转和疏散人员等。备用灭火系统则不应有延时装置，以便及时启动喷射灭火剂。

设有自动灭火系统的房间内，宜采用双报警系统，即在同一室内设置两种报警器。例如设置感烟和感温或感烟和感光等两种相互独立的报警设备。当两种报警器同时发生报警时，自动灭火系统才会工作。这样可以防止因误报警，造成灭火系统误动作。

（三）卤代烷灭火系统的设置

选用卤代烷灭火系统，首先应根据保护对象划好保护区，然后再根据防护区的数量、大小，可分别采用相适应的灭火系统。一个固定的封闭空间防护区，当采用卤代烷管网灭火系统时，其防护面积不宜大于 $500m^2$、容积不宜大于 $2000m^3$；当采用卤代烷无管网灭火系统时，其防护面积不宜大于 $100m^2$、容积不宜大于 $300m^3$。防护区围护结构的构件、门和吊顶的耐火极限应分别不低于 30min 和 15min。门窗和围护构件的允许压强均不得低于 1.2×10^3Pa。防护区尽量不开口、少开口或开小口，以减少卤代烷灭火剂的流失补偿量。当必须开口时，在开口处应设手动或自动关闭装置。此外，防护区还应有泄压装置。防护区应有疏散防护区内人员的通道和出口，防护区的门应能自行关闭，并能从内部开启，且应有声音报警器。防护区内设有通风机和通风管道时，应设防火阀，以便喷射灭火剂前关闭防火阀，堵塞其向外的通道。

四、二氧化碳灭火系统

二氧化碳灭火系统是气体消防的一种，主要靠窒息作用和一定的冷却降温作用灭火。该系统是一种物理的，无化学变化的气体灭火系统，具有不污损保护物、灭火快、空间淹没效果好等优点。一般可以使用卤代烷灭火系统的场合均可以采用二氧化碳灭火系统。

1. 二氧化碳灭火系统分类

按系统应用场合，二氧化碳灭火系统通常可分为全充满二氧化碳灭火系统、局部二氧化碳灭火系统及移动式二氧化碳灭火系统。

所谓全充满系统也称全淹没系统，是由固定在某一特定地点的二氧化碳钢瓶、容器阀、管道、喷嘴、控制系统及辅助装置等组成。此系统在火灾发生后的规定时间内，使被保护封闭空间的二氧化碳浓度达到灭火浓度，并使其均匀充满整个被保护区的空间，将燃烧物体完全淹没在二氧化碳中。

全充满系统在设计、安装与使用上都比较成熟，因此是一种应用较为广泛的二氧化碳灭火系统。

局部二氧化碳灭火系统也是由设置固定的二氧化碳喷嘴、管路及固定的二氧化碳组成，可直接、集中地向被保护对象或局部危险区域喷射二氧化碳灭火。

移动式二氧化碳灭火系统是由二氧化碳钢瓶、集合管、软管卷轴、软管以及喷筒等组成，系统构成如图 4-21 所示。

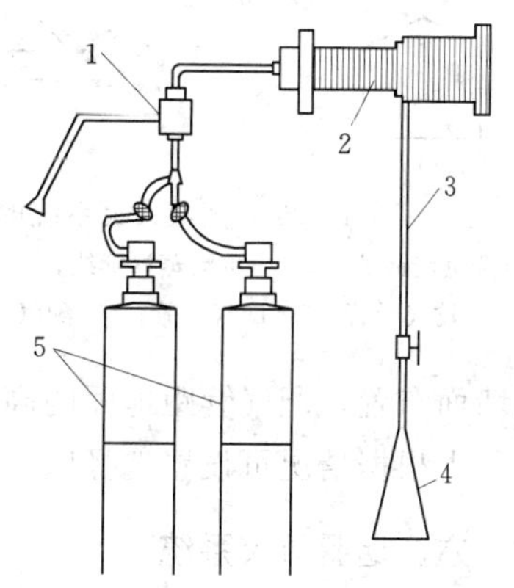

图 4-21　移动式二氧化碳灭火系统

1—手动阀；2—软管卷轴；3—软管；4—喷筒；5—二氧化碳钢瓶

2. 二氧化碳灭火系统的介绍

二氧化碳管网灭火系统主要有二氧化碳贮存容器、启动气瓶装置、管道、阀门和其他附件、喷嘴、应急操作机构及探测、报警、控制器等组成，如图4-22所示。

发生火灾时，火灾探测器将信号送至控制盘12，控制盘驱动报警器3发出火灾声、光报警，并同时驱动电动控制器17。二氧化碳灭火系统是由一组二氧化碳钢瓶组成的二氧化碳源、管路及喷头等构成，负责保护的区域两个以上的多区域，其主要特征是在二氧化碳供给总路干管上需分出若干路支管，再配以选择阀，完成各自被保护的封闭区域。

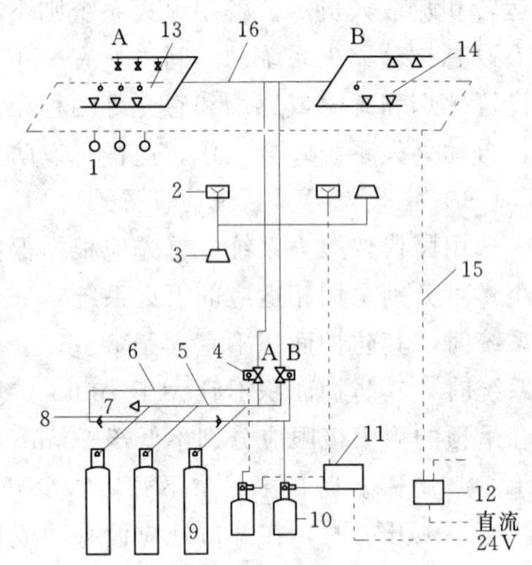

图4-22 二氧化碳灭火系统

1—火灾探测器；2—手动按钮启动装置；3—报警器；4—选择阀；5—总管；6—操作管；7—安全阀；8—连接管；9—贮存容器；10—启动用气体容器；11—报警控制装置；12—控制盘；13—被保护区1；14—被保护区2；15—控制电缆线；16—二氧化碳支管

五、蒸汽灭火系统

蒸汽灭火的工作原理是在火场燃烧区内，向其释放一定量的蒸汽时，可产生阻止空气进入燃烧区而使燃烧窒息。这种灭火系统只有在经常具备充足蒸汽源的条件下才能设置。蒸汽灭火系统适用于扑灭石油化工、炼油、火力发电等厂房、燃油锅炉房、油库及高温设备的油气火灾。蒸汽灭火系统具有设备简单、造价低、淹没性好等优点，但不适用于体积大、面积大的火灾区，也不适用于扑灭电气设备、贵重仪表、文物档案等火灾。

蒸汽灭火系统有固定式和半固定式两种类型，其系统组成如图4-23所示。半固定式蒸汽灭火系统多用于扑救局部火灾；固定式蒸汽灭火系统为全淹没式灭火系统，对建筑物容积不大于500m³的保护空间的灭火效果较好。蒸汽灭火系统宜采用高压饱和蒸汽，不宜采用过热蒸汽。蒸汽源与被保护区距离一般不大于于60m为好，蒸汽喷射时间不宜超过3min。配气管可沿保护区一侧或四周墙面布置，配气管距地面的高度一般为200～300mm。输气干管上应设总控制阀，配气管段上根据情况可设置选择阀，接口短管上应设短管手阀。

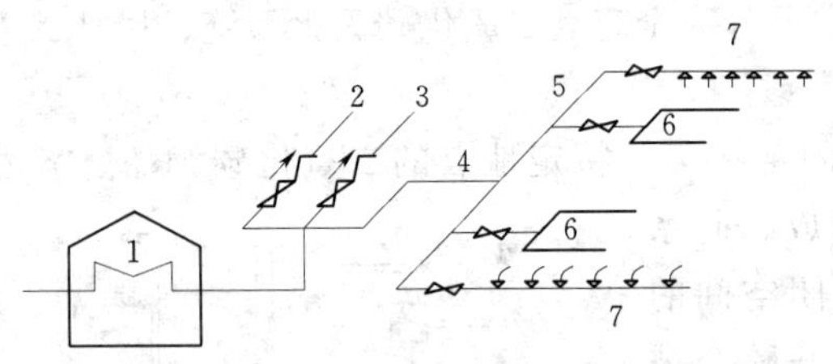

图4-23 蒸汽灭火系统的组成

1—蒸汽锅炉房；2—生活蒸汽管线；3—生产蒸汽管线 4—输气干管；5—配气支管；6—配气管；7—蒸汽幕

六、烟雾灭火系统

烟雾灭火系统的发烟剂是以硝酸钾、三聚氰胺、木炭、碳酸氢钾、硫磺等原料混合而成。发烟剂装于烟雾灭火容器内，在使用时使其燃烧反应产生烟雾，并喷射到燃烧物上，形成又厚又浓的烟雾气体层而使燃烧熄灭。

烟雾灭火系统主要用在各种油罐和醇、酮类贮罐等初起火灾。此系统具有设备简单、不需水和电、不需人工操作、扑灭初期火灾快、适用温度范围宽等特点，很适合用于野外无水、无电设施的独立油罐或冰冻期较长地区。

烟雾灭火系统按其灭火器安装位置的不同，可分为罐内式和罐外式两种。罐内式又有滑动式和三翼式之分，如图 4－24 所示。罐内式烟雾灭火系统的烟雾灭火器置于罐中心，并用浮漂托于液面上；而罐外灭火系统的烟雾灭火器是置于罐外，但其烟雾喷头伸入罐内的中心液面上。当罐内温度达到 110～120℃时，会使各种烟雾灭火器上的探头熔化，通过导火索导燃烟雾灭火剂，而自动喷出烟雾于罐内空间，起到灭火效果。

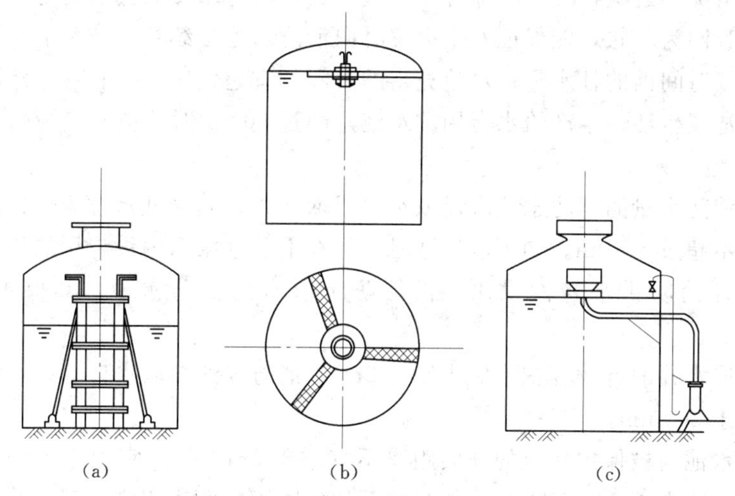

图 4－24　烟雾灭火系统图

(a) 滑动式灭火系统；(b) 三翼式灭火系统；(c) 罐外式灭火系统

第四节　室　外　消　防

一、作用与系统组成

室外消防系统的作用为：一是供消防车从该系统取水，经水泵接合器向室内消防系统供水，增补室内消防用水不足；二是消防车从该系统取水，供消防车、曲臂车等的带架水枪用水，控制和扑救火灾。

室外消防系统是由：室外消防水源、室外消防管道和室外消火栓组成。

二、室外消防水源、水量与水压

1. 室外消防水源

建筑物室外消防用水可从下列水源取得：

（1）由市政给水管网提供（一般为低压室外消防系统）。

（2）有条件时可就近利用天然水源供室外消防用水（此时应考虑天然水源地与保护建筑的距离、天然水源的水量与水位以及天然水源与保护建筑之间的交通条件）。

(3) 可利用建筑的室内(外)水池中的储备消防用水作为室外消防水源。

消防水源可根据具体情况从上面的三种形式中选取。三种水源次序不分先后,可任选一种、两种或三种。但如具有下列情况之一者应设消防水池来满足室内、外消防用水要求。

(1) 市政给水管道和进水管或天然水源不能满足消防用水总量。

(2) 市政给水管道为枝状或只有一条进水管(对于多层建筑消防用水总量不超过25L/s,对于高层建筑二类居住建筑除外)。

消防水池是消防用水量的储备构筑物,一般设计成室内、外消防共用水池。应根据室外管网的补水情况,建筑物类型,综合考虑室内、外消防水量的要求确定。

市政给水管网为环状,能保证发生火灾时向消防水池延续补水情况下,消防水池容量可减去火灾延续时间内的补水量;水池充水的时间不宜超过48h;水池总容积(包括独立设置的消防水池及生活、生产给水合用的水池)超过500m^3时,应分隔为两个能独立使用的水池。

贮存室外消防水量的消防水池应设取水口或取水井,其最低水位应保证消防车的消防水泵吸水高度不超过6.00m。如不能保证时,可在消防水泵房内设专用加压泵由消防水池直接取水向室外消防供水管网供水。供消防车取水的消防水池,其保护半径不得大于150m。

取水口或取水井的有效容积不应小于7.2m^3,消防水池与取水口(井)之间的连接管道的管径不小于200mm。

室外消防水池与被保护建筑的外墙距离不宜小于5m,并不宜大于100m;与甲、乙、丙类液体贮罐的距离不宜小于40m;与液化石油气贮罐的距离不宜小于60m,若有防止辐射热的保护设施时,可减为40m;寒冷地区的消防水池应有防冻措施。

2. 室外消防水量

(1) 城市与居住区的消防用水量,如表4-17、表4-18所示可按下式计算:

表4-17　　同一时间内的火灾次数表

名称	基地面积(hm^2)	附有居住区人数(万人)	同一时间内的火灾次数(次)	备　注
工厂	≤100	≤1.5	1	按需水量最大的一座建筑物(或堆场、贮罐)计算
		>1.5	2	工厂、居住区各一次
	>100	不限	2	按需水量最大的两座建筑物(或堆场、贮罐)之和计算
仓库民用建筑	不限	不限	1	按需水量最大的一座建筑物(或堆场、贮罐)计算

注　采矿、选矿等工业企业当各分散基地有单独的消防给水系统时,可分别计算。

$$Q=Nq \tag{4-14}$$

式中　Q——室外消防用水量,L/s;

N——同一时间火灾次数；

q——一次灭火用水量。

表 4-18　　城镇、居住区室外消防用水量

人数 （万人）	同一时间内的火灾次数 （次）	一次灭火用水量 （L/s）	人数 （万人）	同一时间内的火灾次数 （次）	一次灭火用水量 （L/s）
≤1.0	1	10	≤40.0	2	65
≤2.5	1	15	≤50.0	3	75
≤5.0	2	25	≤60.0	3	85
≤10.0	2	35	≤70.0	3	90
≤20.0	2	45	≤80.0	3	95
≤30.0	2	55	≤100.0	3	100

注　城镇室外消防用水量包括居住区、工厂、仓库（包括堆场、贮罐）和民用建筑的室外消防用水量。当工厂、仓库、民用建筑的室外消防用水量超过本表规定时，仍应确保其室外消防用水量。

城市与居住区的消防水量，可作为城市和居住区室外给水管网设计时管网校核的依据。

（2）建筑室外消防用水量。建筑物的室外消防用水量应根据建筑物的性质、高度、面积、体积等因素确定，单、低层建筑和工业建筑不应小于表 4-19 的规定；高层民用建筑不应小于表 4-20 的规定。

表 4-19　　建筑物的室外消火栓用水量　　单位：L/s

耐火等级	建筑物类别		建筑物体积（m³）≤1500	1501～3000	3001～5000	5001～20000	20001～50000	>50000
一、二级	厂房	甲、乙类	10	15	20	25	30	35
		丙类	10	15	20	25	30	40
		丁、戊类	10	10	10	15	15	20
	仓库	甲、乙类	15	15	25	25	—	—
		丙类	15	15	25	25	35	45
		丁、戊类	10	10	10	15	15	20
	民用建筑		10	15	15	20	25	30
三级	厂房（仓库）	乙、丙类	15	20	30	40	45	—
		丁、戊类	10	10	15	20	25	35
	民用建筑		10	15	20	25	30	—
四级	丁、戊类厂房（仓库）		10	15	20	25	—	—
	民用建筑		10	15	20	25	—	—

注　1. 室外消火栓用水量应按消防用水量最大的一座建筑物计算。成组布置的建筑物应按消防用水量较大的相邻两座计算。

2. 国家级文物保护单位的重点砖木或木结构的建筑物，其室外消火栓用水量应按三级耐火等级民用建筑的消防用水量确定。

3. 铁路车站、码头和机场的中转仓库其室外消火栓用水量可按丙类仓库确定。

表 4-20　　高层民用建筑室内外消火栓用水量　　单位：L/s

建筑物名称	建筑高度(m)	消火栓消防用水量(L/s)		每根立管最小流量(L/s)	每支水枪最小流量(L/s)
		室外	室内		
普通住宅	≤50	15	10	10	5
	>50	15	20	10	5
高级住宅、医院、教学楼、普通旅馆、办公楼、科研楼、档案楼、图书馆、省级以下的邮政楼 每层建筑面积不大于 $1000m^2$ 的百货楼、展览楼 每层建筑面积不大于 $800m^2$ 的电信楼、财政金融楼、市级和县级的广播楼、电视楼 地、市级电力调度楼、防洪指挥调度楼	≤50	20	20	10	5
	>50	20	30	15	5
高级旅馆 重要的办公楼、科研楼、档案楼、图书馆、每层建筑面积 $>1000m^2$ 的百货楼、展览楼、综合楼，每层面积超过 $800m^2$ 的电信楼、财贸金融楼 中央和省级的广播楼、电视楼 大区级和省级电力调度楼、防洪指挥楼	≤50	30	30	15	5
	>50	30	40	15	5
厂　房	24～50	如表 4-19 所示	25	15	5
	>50		30	15	5
仓　库	24～50		30	15	5
	>50		40	15	5

在计算建筑室外消防用水量时，如果城市或居住区给水管网设计流量中的消防用水量小于建筑室外用水量时，应考虑将不足部分和建筑室内消防用水量一齐贮存于消防水池内。

3. 室外消防水压

室外消防管网按消防水压的情况，可分为：高压管网、临时高压管网和低压管网。

（1）室外高压消防管网：管网内经常保持足够高的水压，灭火时不需使用消防车或其他移动式水泵加压，而直接由消火栓接出水带水枪灭火。

室外高压消防管网的水压可按下式计算确定

$$H=H_z+h_1+h_2 \tag{4-15}$$

式中　H——管网最不利处消火栓的压力，kPa；

H_z——消火栓与建筑物最高处的标高差所要求的静压，kPa；

h_1——6 条直径 65mm 麻质水带的水头损失之和，kPa；

h_2——充实水柱不小于 100kPa 时、流量不小于 5L/s 时，口径 19mm 水枪所需的水压，kPa。

（2）室外临时高压消防管网：消防管网内，平时水压不高，在泵站内设置高压消防泵，当发生火灾时，消防泵启动后，管网内压力达到高压管网的要求。

（3）室外低压消防管网：管网内平时水压较低，灭火时水枪所需要的压力，由消防车或移动式消防泵供给。（低压管网的水压当生活、生产、消防用水达到最大时，最不利点消火栓处的压力不低于100 kPa。）

三、消防管道和消火栓的布置

1. 室外消防给水管道的布置

室外消防给水管道是指从市政给水干管接往居住小区、工厂和公共建筑物室外的消防给水管道。

室外消防管网按其用途分为：生活用水与消防用水合并的给水管网；生产用水与消防用水合并的给水管网；生产用水、生活用水与消防用水合并的给水管网；独立的消防给水管网。设计时应根据具体情况正确的选择室外消防管网的形式。

室外消防管网也可按管道的布置形式分为：枝状管网和环状管网。消防管网一般宜采用环状管网，只有在管网建设初期或室外消防水量少于15L/s时，可采用枝状管网。但高层建筑的室外消防给水管道应布置为环状。

环状管网的输水干管（指环网中承担输水的主要管道）及向环状管网输水的输水管（指市政管网向小区环网的进水管）均不得少于两条，输水管中一条发生故障后，其余输水管仍应保证供应100％的生活、生产与消防用水。当只能从一条市政给水管引入输入管时，应在该市政给水管上设一阀门。管网上应设置消防分隔阀门。阀门应设在管道的三通、四通处，三通处设两个，四通处设三个，皆应设在下游侧，且两阀门之间的消火栓数目不应超过五个。室外消防管道的管径不应小于100mm。

2. 室外消火栓的布置

室外消火栓有地上式与地下式两种。在我国北方寒冷地区宜采用地下式消火栓；在南方温暖的地区可采用地上式或地下式消火栓；室外地上式消火栓应有一个直径150mm或100mm和两个直径65mm的栓口；室外地下式消火栓应有直径100mm和65mm的栓口两个，并有明显的标志。

室外消火栓的间距不应超过120m，其保护半径不应超过150m。在市政消火栓保护半径150m以内，如消防用水量不超过15L/s时，可不再设置室外消火栓；室外消火栓的数量应按室外消防用水量计算决定，每个消火栓的用水量应按10～15L/s计算。

室外消火栓应沿道路设置，道路宽度超过60m时，宜在道路的两边设置消火栓，并宜靠近十字路口；消火栓距车行道边不应大于2m；距建筑不宜小于5m（一般设在人行道边），但不宜大于40m，在此范围内的市政消火栓可计入室外消火栓的数量；甲、乙、丙类液体贮罐区和液化石油气贮罐区的消火栓，应设在防火堤外。

第五章　建 筑 排 水 工 程

第一节　排水水质指标与排放标准

一、排水水质指标

建筑物内的污水与废水的收集、输送排出及进行局部处理是建筑排水工程讨论和研究的内容。建筑物内排出的污水与废水都不同程度受到了污染，污染物的种类繁多，为了简单方便，常用水质指标来概括表示。常用的水质指标有悬浮物、有机物、pH 值、色度和有毒物质等。

1. 悬浮物

悬浮物常用 SS 来表示，是指不溶于水的颗粒物，其粒径在 1μm 以上，可以用普通滤纸将它与水分离。悬浮物在水中会使水变得浑浊不清。悬浮物在排水工程中用每升水中含多少毫克悬浮物表示，写成 mg/L。在给水工程中用浊度来表示，浊度的度量单位是度，它是一种光学性质的度量单位，其最初的规定是，在 1L 水中均匀地混入 1mg 硅藻土，它所表现出的浊度为 1 度。

2. 有机物

水中有机物的来源有：①于生活污水和工业废水中的有机物质；②自然界动、植物的残骸进入水体产生的。在排水工程中所遇到的水中有机物主要是生活污染和工业污染物。首先有机物在水中的害处是它是细菌和微生物的养料，有机物在水中为各种细菌和微生物的繁殖提供了良好的条件，从卫生上看这是很不安全的；其次，有些有机物本身就是有毒的，因此水中有机物含量是污水和废水的一个重要水质指标。

有机物是一个总称，其种类及组成极其繁多复杂，用直接测定各种有机物方法来表示有机物多少是困难的，常用氧化有机物所消耗的氧的数量——耗氧量来间接表示有机物的数量。有两类耗氧量：生化耗氧量和化学耗氧量。

（1）生化耗氧量（或称生化需氧量），BOD。用生物方法将有机物在好氧的条件下分解成稳定的物质所耗的氧量，称生化耗氧量。记作 BOD，用 mg/L 表示。

BOD 的测定其全过程需要在恒温下 20 多天，为了缩短测定时间同时又不致有很大误差，一般用 5 天的 BOD 值，写作 BOD_5。

（2）化学耗氧量，COD。用化学氧化剂（重铬酸钾或高锰酸钾）在规定的条件下将有机物氧化成稳定的物质，所耗的氧量称化学耗氧量，记作 COD，单位用 mg/L 表示。

用重铬酸钾作氧化剂时对有机物氧化得较为彻底，而用高锰酸钾作氧化剂时对有机物的氧化能力不如重铬酸钾。因此，同样一种水两种方法测定的结果不相同，为了区别常在结果上标明测定方法。

(3) 色度。色度是表示水显示的颜色深淡。天然水的色度主要是水中植物性物质及泥沙或矿物造成的，多呈浅黄色、浅褐色。常用氯铂化钾（K_2PtCl_6）、氯化钴（CoCl）配成的标准液用比色法进行测定含 1mg/L 铂和 0.5mg/L 钴所呈现的色度称 1 度。

对其他颜色，用上述方法已不很适应，对水的色度的描述常用稀释倍数来表示，即将带色的水用无色的蒸馏水稀释，直到刚好看不出颜色，记录此时稀释的倍数，用以表示水中颜色的深浅。

水的色度有碍于感观，同时有些色度是由有毒有害物质造成，更应引起重视。

3. 水的 pH 值

pH 值反映水的酸碱程度，纯净的水 pH＝7.0，受酸污染的水 pH 值低于 6.0，受碱性物质污染的水其 pH 值大于 8.5，太高的 pH 值和太低的 pH 值对水环境都是有害的。天然水的 pH 值多在 7～8.5 范围内。

4. 有毒物质

有毒物是针对具体的物质用其浓度来表示的。属于有毒有害物质的种类已有几十种，并且还在不断增加。

二、污水排放标准

建筑排水的出路有两条，一是排入水体，即江、河、湖、海中；二是排入城镇排水管道中。对排入城镇下水道和水体的污水和废水都有一定的排放标准应当遵守。

1. 排入城镇下水道的水质标准

(1) 严禁排入腐蚀下水道设施的污水。

(2) 严禁倾倒垃圾、积雪、粪便、工业废渣和排放易于堵塞下水道的物质。

(3) 不得向城镇下水道排放剧毒物质（氰化钠、氰化钾等）、易燃易爆物质（汽油、煤油、重油、润滑油、煤焦油、苯系物、醚类及其他有机溶剂等）和有害气体。

(4) 含有病原体的污水必须经过严格消毒处理方能排入城镇下水道。

(5) 放射性污水还必须按《电离辐射防护与辐射源安全基本标准》(GB18871—2002) 执行。

(6) 排入城镇下水道的水质标准如表 5-1 所示。水质超过标准的污水不得用稀释的方法降低其浓度。

表 5-1　污水排入城市下水道水质标准

单位：mg/L（除水温、pH 值及易沉固体）

序号	项目名称	最高允许浓度	序号	项目名称	最高允许浓度
1	pH 值	6～9	7	氰化物	0.5
2	悬浮物	400	8	硫化物	1
3	易沉固体	10ml/L 15min	9	挥发性酚	1
4	油脂	100	10	温度	35℃
5	矿物油脂	20	11	生化需氧量(5d20℃)	100 (300)
6	苯系物	2.5	12	化学耗氧量(重铬酸钾法)	150 (500)

续表

序号	项 目 名 称	最高允许浓度	序号	项目名称	最高允许浓度
13	溶解性固体	2000	22	镍及其无机化合物	2
14	有机磷	0.5	23	锰及其无机化合物	2
15	苯胺	3	24	铁及其无机化合物	10
16	氟化物	15	25	锑及其无机化合物	1
17	汞及其无机化合物	0.05	26	六价铬无机化合物	0.5
18	镉及其无机化合物	0.1	27	三价铬无机化合物	3
19	铅及其无机化合物	1	28	硼及其无机化合物	1
20	铜及其无机化合物	1	29	硒及其无机化合物	2
21	锌及其无机化合物	5	30	砷及其无机化合物	0.5

注　1. 括号内数字适用于有城市污水处理厂的下水道系统。

2. 汞、镉、六价铬、钾、铅及其无机化合物，以车间或处理设备排水口抽检浓度为准。其他控制项目，以单位排水口的抽检浓度为准。

2. 直接排入地面水体的排放标准

(1) 地面水体分类。依据地面水域和保护目标将地面水体分为5类：

Ⅰ类：源头水、国家自然保护区。

Ⅱ类：集中式生活饮用水水源地一级保护区、珍贵鱼类保护区、鱼虾产卵场等水域。

Ⅲ类：集中式生活饮用水源地二级保护区，一般鱼类保护区及游泳区。

Ⅳ类：一般工业用水区及人体非直接接触的娱乐用水区。

Ⅴ类：农业用水区及一般景观水域。

(2) 排放标准及分级。按地面水域的使用功能要求对排入的污水分别执行一、二、三级排放标准，排放标准如表5-2、表5-3所示。表5-2为第一类污染物，它们会在环境或动植物体内蓄积，对人体健康产生长远不良影响的物质。污水中含第一类污染物时，不分行业和排放方式，也不分受纳水体的功能类别，一律在车间或车间处理设施排放口采样，其最高允许排放浓度须满足表5-2的要求。

表5-2　　第一类污染物最高允许排放浓度　　单位：mg/L

污染物	最高允许排放浓度	污染物	最高允许排放浓度
1. 总汞	0.05①	6. 总砷	0.5
2. 烷基汞	不得检出	7. 总铅	10
3. 总镉	0.1	8. 总镍	10
4. 总铬	1.5	9. 苯并(a)芘②	0.00003
5. 六价铬	0.5		

① 烧碱行业（新建、扩建、改建企业）采用0.005mg/L。

② 试行标准，二级、三级标准区暂不考核。

表 5-3 第二类污染物最高允许排放浓度 单位：mg/L

污染物 \ 标准值 \ 规模	一级标准		二级标准		三级标准
	新扩改	现有	新扩改	现有	
1. pH 值	6～9	6～9	6～9	6～9①	6～9
2. 色度（稀释倍数）	50	80	80	100	—
3. 悬浮物	70	100	200	250②	400
4. 生化需氧量（BOD_5）	30	60	60	80	300③
5. 化学需氧量（COD_{Cr}）	100	150	150	200	500③
6. 石油类	10	15	10	20	30
7. 动植物油	20	30	20	40	100
8. 挥发酚	0.5	1.0	0.5	1.0	2.0
9. 氰化物	0.5	0.5	0.5	0.5	1.0
10. 硫化物	1.0	1.0	1.0	2.0	2.0
11. 氨氮	15	25	25	40	—
12. 氟化物	10	15	10	15	20
	—	—	20④	30④	—
13. 磷酸盐（以 P 计）⑤	0.5	1.0	1.0	2.0	—
14. 甲醛	1.0	2.0	2.0	3.0	—
15. 苯胺类	1.0	2.0	2.0	3.0	5.0
16. 硝基苯类	2.0	3.0	3.0	5.0	5.0
17. 阴离子合成洗涤剂（LAS）	5.0	10	10	15	20
18. 铜	0.5	0.5	1.0	1.0	2.0
19. 锌	2.0	2.0	4.0	5.0	5.0
20. 锰	2.0	5.0	2.0⑥	5.0⑥	5.0

① 现有火电厂和黏胶纤维工业，二级标准 pH 值放宽到 9.5。

② 磷肥工业悬浮物放宽至 300mg/L。

③ 对排入带有二级污水处理厂的城镇下水道的造纸、皮革、食品、洗毛、酿造、发酵、生物制药、肉类加工、纤维板等工业废水，BOD_5 可放宽至 600mg/L；COD 可放宽至 1000mg/L，具体限度还可以与市政部门协商。

④ 低氟地区（系指水体含氟量小于 0.5mg/L）允许排放浓度。

⑤ 排入蓄水性河流和封闭性水域的控制指标。

⑥ 合成脂肪酸工业新扩改为 5mg/L，现有企业为 7.5mg/L。

第二类污染物其长远影响小于第一类污染物，其排放浓度的测定可以在排污单位的排出口取样。

（1）对特殊保护的水域（地面水Ⅰ、Ⅱ类水体）不准新建排污口。

（2）对重点保护的水域（地面水Ⅲ类水域），要求排入的污水达到一级排放标准。

（3）对一般保护水域（地面水Ⅳ、Ⅴ类水域）要求排入的污水达二级标准。

（4）排入城镇下水道、并进入城镇污水厂进行生物处理的污水，要求达到三级排放标准。

（5）排入未设二级污水处理厂的城镇下水道的污水，应根据城镇污水最终进入的水体的类别执行相关的标准。

第二节　建筑排水系统的分类与组成

一、建筑排水系统的分类

建筑内部排水系统是将人们在日常生活或生产中使用过的水及时收集、顺畅输送并排出建筑物的系统。根据排水的来源和水受污染情况不同，一般可分为 3 类。

1. 生活排水系统

生活排水系统排除民用住宅建筑、公共建筑以及工业企业生活间的生活污、废水。

生活污水是人们日常生活用水后排出的水，生活污水包括粪便污水，厨房排水、洗涤和沐浴排水。

生活污水无毒，由于包含了粪便污水，因此含有大量悬浮物和有机物。其 BOD_5 为 300mg/L 左右，SS 为 250mg/L，容易滋生细菌，卫生条件差。

如果按水质将生活污水稍加区分，可将其分为生活废水和粪便污水两类。生活废水是指人们日常洗涤、沐浴等排出的水，相对来说受污染的程度较轻，其 BOD 为 100～150mg/L，SS 为 100～150mg/L。粪便污水是厕所冲洗排水，含有更高浓度的有机物和悬浮物。其 BOD 为 1000mg/L，悬浮物为 800～1500mg/L。

2. 工业废水排水系统

一般称受污染严重的工业废水为生产污水，受污染严重的生产污水必须经过相关的处理后才能排出厂外；生产废水是受污染较轻的水，如工业冷却水，可回收利用；一般工业废水排水系统可分为两类：生产污水排水系统、生产废水排水系统。

3. 雨水排水系统

排除屋面雨水、雪水的系统。雨水和雪水都比较清洁，可以直接排入水体或城市雨水系统。

建筑内部排水体制可分为分流制与合流制两种。分流制即针对各种污水分别设单独的管道系统输送和排放的排水制度；合流制即在同一排水管道系统中可以输送和排放两种或两种以上污水的排水制度。对于居住建筑和公共建筑采用“合流”与“分流”是指粪便污水与生活废水的合流与分流；对工业建筑来说，“合流”与“分流”是指生产污水和生产废水的合流与分流。

建筑内部是采用“合流”还是“分流”的排水体制，应根据污废水性质、污染程度、水量的大小，并结合室外排水体制和污水处理设施的完善程度，以及有利于综合利用与处理的要求等情况确定。

二、建筑排水系统的组成

建筑排水系统的基本要求是迅速通畅地排除建筑内部的污、废水，保证管道系统在气压波动下不致使水封破坏，能有效防止排水管道中的有毒有害气体进入室内。建筑排水系统，如图 5-1 所示，主要由下列部分组成。

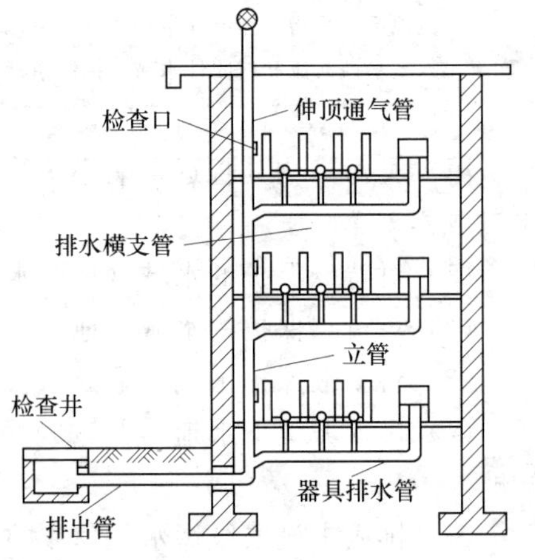

图 5-1　建筑排水系统图

（一）污水和废水收集器具

污水、废水收集器具是排水系统的起点，它往往是用水器具，包括卫生器具、生产设备上的受水器等。如脸盆是卫生器具，同时也是排水系统的污水、废水收集器。

（二）水封装置

水封装置是设置在污水、废水收集器具的排水口下方处，或器具本身构造设置有水封装置。其作用是来阻挡排水管道中的臭气和其他有害、易燃气体及虫类进入室内造成危害。安设在器具排水口下方的水封装置是管式存水弯，一般有P型和S型，如图5-2所示。水封高度与管内气压变化、水量损失、水中杂质的含量和比重有关。不能太大，也不能太小。若水封高度太大，污水中固体杂质容易沉积，因此，国内外一般将水封高度定为50～100mm。水封底部应设清通口，以利于清通。

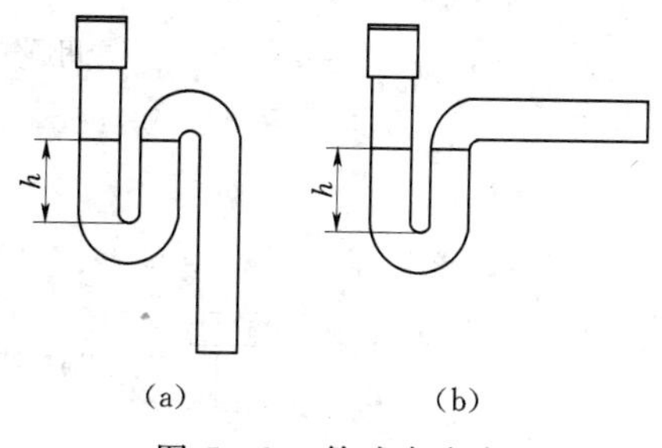

图5-2　管式存水弯

(a) S型存水弯；(b) P型存水弯

（三）排水管道

排水管道可分为以下几种：

(1) 器具排水管：连接卫生器具与后续管道排水横支管的短管。

(2) 排水横支管：汇集各器具排水管的来水，并作水平方向输送至排水立管的管道。排水管应有一定坡度。

(3) 排水立管：收集各排水横管、支管的来水，并作垂直方向将水排泄至排出管。

(4) 排出管：收集排水立管的污、废水，并从水平方向排至室外污水检查井的管段。

（四）通气管

建筑内部排水管内是水汽两相流，管内水依靠重力作用流向室外。设置排气管目的是能向排水管内补充空气，使水流畅通，减少排水管内的气压变化幅度，防止卫生器具水封被破坏，并能将管内臭气排到大气中。

一般楼层不高、卫生器具不多的建筑物，可仅设置伸顶通气管，为防止异物落入立管，通气管顶端应装设网罩或伞形通气帽。

对于层数较多或卫生器具较多的建筑物，必须设置专用通气管。常见的通气方式如图5-3所示。

1. 器具通气管

专门为卫生器具设置的通气管，适用于对卫生标准和控制噪声要求较高的排水系统。

2. 环形通气管

适用于连接四个及四个以上卫生器具且横支管的长度大于12m的排水横支管；连接六个及六个以上大便器的污水横支管；设有卫生器具通气管。设置环形通气管的同时应设置通气立管，通气立管与排水立管可用同边设置（称主立管），也可分开设置（称副通气管）。

3. 专用通气管

专用通气立管应每隔两层设结合通气与排水立管连接。

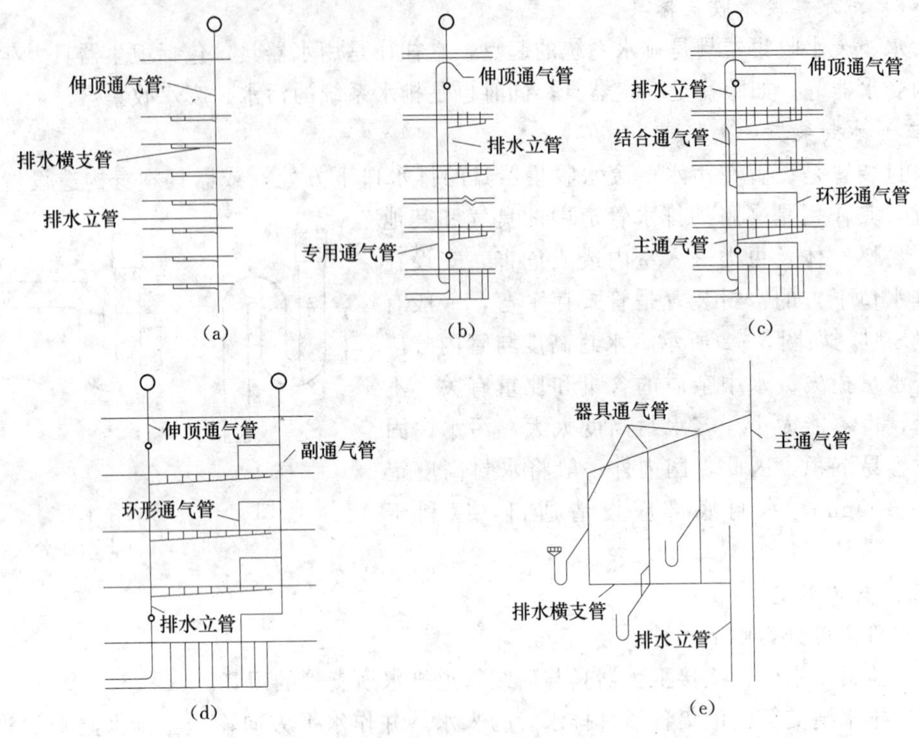

图 5-3 通气管系统

(a) 仅有伸顶通气管的系统；(b) 有专用通气管的系统；(c) 有环形通气管的系统

(d) 设有副通气管的系统；(e) 设有器具通气管的系统

4. 结合通气管

主通气管宜每隔六～八层设结合通气管与排水立管相连。

通气管管径一般应比相应排水管管径小 1～2 级，其最小管径如表 5-4 所示，当通气立管长度大于 50m 时，通气管管径应与排水立管相同。伸顶通气管管径宜与排水立管相同，但在最冷月平均气温低于－2℃的地区，且在没有采暖的房间内，从顶棚以下 0.15～0.2m 起，其管径应较立管管径大 50mm，以免管中结冰霜而缩小或阻塞管道断面。

表 5-4　　通气管最小管径　　单位：mm

通气管名称	排水管管径						
	32	40	50	75	100	125	150
器具通气管	32	32	32	—	50	50	—
环形通气管	—	—	32	40	50	50	—
通气立管	—	—	40	50	75	100	100

(五) 清通部件

为了疏通排水管道，在室内排水系统中，一般均需设置如下三种清通部件，如图 5-4 所示。

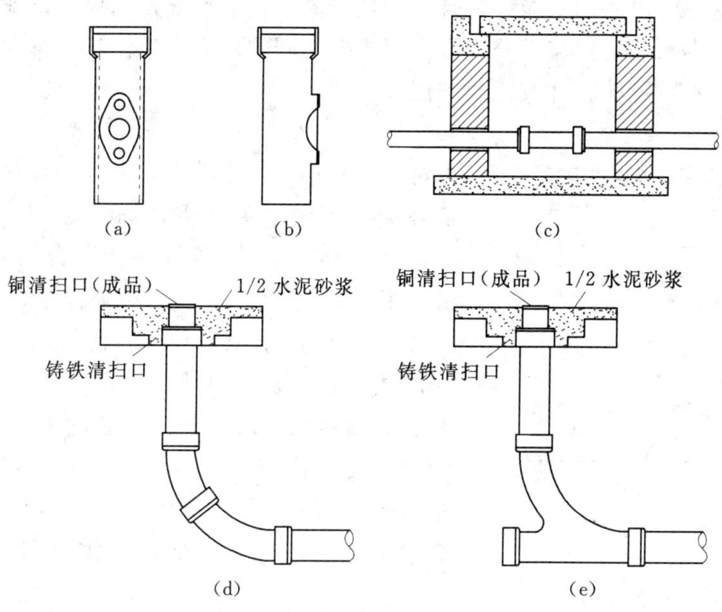

图 5-4　清通部件

(a) 检查口正立面；(b) 检查口剖面；(c) 检查井

(d) 横管起端的清扫口；(e) 横管中端的清扫口

1. 检查口

检查口为可以双向清通的管道维修口。检查口设在排水立管以及较长的水平管段上，它是管道上有一个孔口，平时用压盖和螺栓盖紧的，发生管道堵塞时可以打开，进行检查或清理。

2. 清扫口

清扫口仅可作单向清通。在连接两个及两个以上的大便器或三个及三个以上卫生器具的污水横管中，应在横管的起端设置清扫口，也可采用螺栓盖板的弯头，带堵头的三通配件作清扫口。

3. 检查井

检查井一般是设在埋地排水管道的转弯、变径、坡度改变的两条及两条以上管道交汇处。生活污水排水管道，在建筑物内不宜设检查井。对于不散发有害气体或大量蒸汽的工业废水排水管道，可在建筑物内设检查井。

（六）地漏的设置

每个卫生间均应设置一个 50mm 规格的地漏，其位置在易溅水的器具附近地面的最低处。食堂、厨房和公共浴室等排水宜设置网框式地漏。要求地面坡度坡向地漏，地漏篦子面应低于地面标高 5～10mm。

（七）提升设备

建筑物的地下室、人防建筑工程等地下建筑物内的污水、废水不能以重力流排入室外检查井时，应利用集水池、污水泵设施把污、废水集流，提升后排放。

如果地下室很大，使用功能多，且已采用分流制排水系统，则提升设施也应采用相应的设施，将污、废水分别集流，分别提升后排向不同的地方，生活污水排向化粪池，生活废水排向室外排水系统检查井或回收利用。

1. 集水池

集水池的有效容积，应按地下室内污水量大小、污水泵启闭方式和现场场地条件等因素确定。污水量大并采用自动启闭（不大于 6 次/h），可按略大于污水泵中最大一台水泵 5min 出水量作为其有效容积。对于污水量很小，集水池有效容积可取不大于 6h 的平均小时污水量，但应考虑所取小时数污水不发生腐化。集水池总容积应为有效容积、附加容积、保护高度容积之和。附加容积为集水池内设置格栅，水泵设置、水位控制器等安装、检修所需容积。保护高度（h_b）容积为有效容积最高水位以上 0.3～0.5m 高所需容积，如图 5-5 所示，集水池的有效水深 h_y。

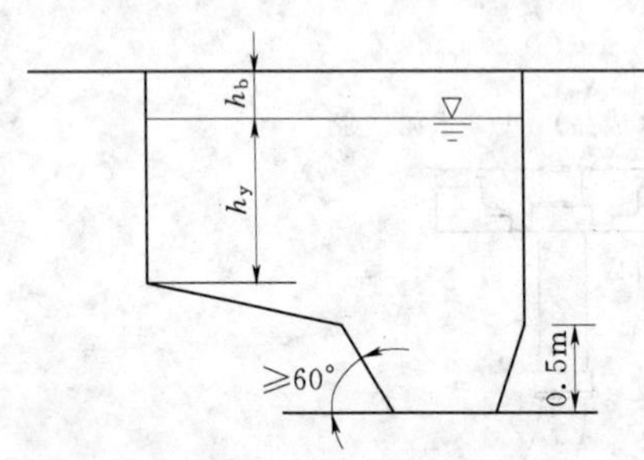

图 5-5　集水池的有效水深

2. 污水泵及污水泵房

污水泵优先选用潜水泵或液下污水泵，水泵应尽量设计成自灌式。

污水泵选型采用的出水量，按污水设计秒流量值确定；当有排水量调节时，可按生活排水最大小时流量选定。污水泵扬程为污水提升高度，水泵管路水头损失、流出水头（一般选 2～3m）之和。

污水泵、阀门、管道等应选择耐腐蚀、大流量、不易堵塞的设备器材。

公共建筑内应以每生活污水集中水池为单元设置一台备用泵。地下室、设备机房、车库等清洗地面的排水，如有两台以上排水泵时，则可不设置备用泵。多台水泵应可并联运行，优先采用自动控制装置。当集水池不能设事故排出管时，水泵应设有备用动力供应。如能关闭污水进水管时，可不设置备用动力供应。

建筑物地下室泵房不应布置在需要安静的房间之下或相邻间。水泵和泵房应有隔振防噪声设施。

（八）污水局部处理设备

当个别建筑内排出的污水不允许直接排入室外排水管道时（如呈强酸性、强碱性及含过量汽油、油脂或大量杂质的污水），则要设置污水局部处理设备，使污水水质得到初步改善后再排入室外排水管道，此外，当设有室外排水管网或有室外排水管网但没有污水处理厂时，室内污水也需经过局部处理后才能排入附近水体、渗入地下或排入室外排水管网。根据污水性质的不同，可以采用不同的污水局部处理设备，如沉淀池、隔油池、化粪池、中和池及其他含毒污水等局部处理设备。在此，仅着重介绍一下隔油池与化粪池。

1. 隔油池

职工食堂、营业餐厅、肉类或食品加工车间排出的水中含有油脂（主要为动物油、植物油等），一般称植物油和大部分矿物油为"油"，而将动物油称"脂"或"脂肪"。各种油和脂比水轻，密度为 0.9～0.92g/mL。除汽油和煤油等矿物油外，不同油脂的固化温度各不相同，在15～38℃之间。这些油脂易凝固在排水管壁上，堵塞管道，沉集于排水沟里，污染环境。有些污水，如汽车洗车水、维修车间排出水等，含有汽油、煤油、柴油、机油等。在排水管道中挥发后遇火会引起火灾。因此，这些含油的水在排入城市管网前应先除油。油脂的比重都比水小，应使用隔油池除去水中的油脂。

污水流量按设计秒流量计算，含食用油污水在池内流速不得大于0.005m/s。

使用保养要求，应按设计清沉渣周期（一般为6～7天）定期清理。如果使用期间清沉渣时间超过定期清理时间，则会产生堵塞现象。维护管理重点是应定期清除。

2. 化粪池

化粪池的主要作用是使粪便沉淀并发酵腐化，污水在上部停留一定时间后排走，沉淀在池底的粪便污泥经消化后定期清掏。尽管化粪池处理污水的程度很不完善，所排出的污水仍具有恶臭，目前对于我国还没有设置污水处理厂的城区，化粪池的使用还是比较广泛的。

化粪池可采用砖、石或钢筋混凝土等材料砌筑，其中最常用的是砖砌化粪池。

化粪池的形式有圆形的和矩形的两种，通常多采用矩形化粪池。为了改善处理条件，较大的化粪池往往用带孔的间壁分为2～3隔间，如图5-6所示。

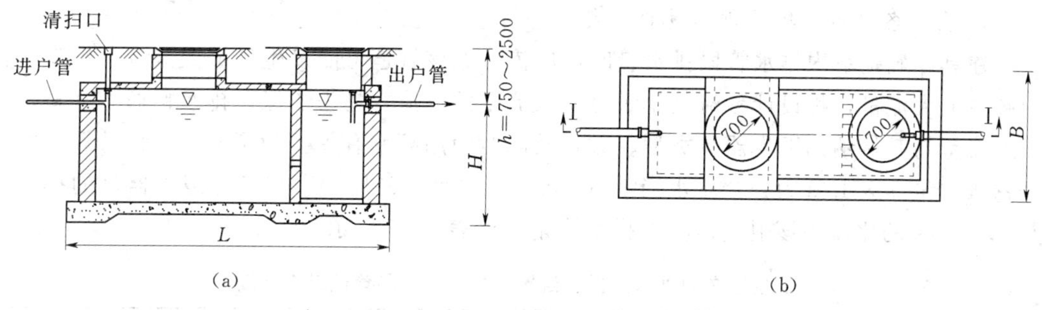

图5-6　化粪池

(a) Ⅰ—Ⅰ平面；(b) 平面

化粪池多设置在居住小区内建筑物背面靠近卫生间的地方，因在清理淘粪时不卫生、有臭气，不宜设在人们经常停留活动之处。化粪池池壁距建筑物外墙不宜小于5m，如受条件限制时，可酌情减少，但不得影响建筑物基础。化粪池距离地下水取水构筑物不得小于30m。池壁、池底应防止渗漏。

第三节　建筑排水系统的特点与排水量的确定

一、建筑内部排水流动特点

建筑内部排水管道是非满流，污水中含有固体杂物，所以建筑排水系统中是水、气、固三种介质的复杂运动。其中，固体物较少，可以简化为水——气两相流。建筑内部排水与室外排水相比，其主要特点是：

1. 水量气压变化幅度大

与室外排水相比，建筑内部排水管网接纳的排水量少，且不均匀，排水历时短，高峰流量时可能充满整个管道断面，而大部分时间管道内可能没有水。管内水面和气压不稳定，水汽容易掺和。

2. 流速变化剧烈

建筑外部排水管绝大多数为水平管网，有少量跌水，但深度不大。沿水流方向，管内水流速度递增，但变化很小，水汽不易掺和，管内气压稳定。建筑内部横管与立管交替连接，当水流由横向管进入立管时，流速急骤增大，水汽混合；当水流由立管进入横管时，流速急骤减小，水气分离。

3. 事故危害大

室外排水不畅时，有毒有害气体进入大气或污废水溢出路面，影响环境卫生。因其发生在室外，对人体直接危害小。建筑内部排水不畅，污水外溢到室内地面，或管内气压波动，有毒有害气体进入房间，将直接危害人体健康，影响室内环境卫生，其危害性大。

二、排水量的确定

生活排水量与当地的生活习惯、气候条件、供水条件以及卫生器具的完善程度等因素有关。

1. 室内各排水管段的排水量的确定

在具体确定室内排水管段排水量时，应该注意该管道可能发生的最大流量，也就是管内瞬时最大流量，称设计秒流量。满足最大流量的排泄，是为了保证排水畅通。某管段的设计流量与其接纳的卫生器具类型、数量及同时使用频率有关。为了便于累计计算，以洗涤盆排水量 0.33L/s 为一个排水当量（1 排水当量＝0.33L/s）。将其他卫生器具的排水量与 0.33L/s 的比作为该卫生器具的排水当量，如表 5－5 所示。

表 5－5　　卫生器具的排水流量、当量、排水管径和管道最小坡度

序号	卫生器具名称	水流量（L/s）	当量	排水管径（mm）	管道最小坡度
1	洗涤盆、污水盆（池）	0.33	1.0	50	0.025
2	餐厅、厨房洗菜盆（池）				
	单格洗涤盆（池）	0.67	2.0	50	0.025
	双格洗涤盆（池）	1.00	3.0	50	0.025
3	盥洗槽（每个水嘴）	0.33	1.00	50～75	
4	洗手盆	0.10	0.30	32～50	0.020
5	洗脸盆	0.25	0.75	32～50	0.020
6	浴盆	1.00	3.00	50	0.020
7	淋浴器	0.15	0.45	50	0.020
8	大便器				
	高水箱	1.50	4.50	100	0.012
	低水箱				
	冲落式	1.50	4.50	100	
	虹吸式、喷泉虹吸式	2.00	6.00	100	
	自闭冲洗式	1.50	4.50	100	0.012
9	医用倒便器	1.50	4.50	100	

续表

序号	卫生器具名称	水流量（L/s）	当量	排水管径（mm）	管道最小坡度
10	小便器				
	自闭式冲洗阀	0.10	0.30	40～50	0.020
	感应式冲洗阀	0.10	0.30	40～50	0.020
11	大便槽				
	不大于 4 个蹲位	2.50	7.50	100	
	大于 4 个蹲位	3.00	9.00	150	
12	小便槽（每 m 长）				
	自动冲洗阀	0.17	0.50		
13	化验盆（无塞）	0.20	0.60	40～50	0.025
14	净身盆	0.10	0.30	40～50	0.02
15	饮水器	0.05	0.15	25～50	0.01～0.02
16	家用洗衣机	0.50	1.50	50	

注 家用洗衣机排水软管，直径为 30mm，有上排水的家用洗衣机排水软管内径为 19mm。

2. 排水管段内的设计流量

（1）住宅、集体宿舍、旅馆、医院、疗养院、幼儿园、办公楼、商场、会展中心、中小学教学楼等建筑生活排水管道设计秒流量计算公式。即

$$q_p = 0.12\alpha\sqrt{N_p} + q_{max} \tag{5-1}$$

式中 q_p——计算管段排水设计秒流量，L/s；

N_p——计算管段的卫生器具排水当量数；

α——根据建筑物用途而定的系数，按表 5－6 确定；

q_{max}——计算管段上最大一个卫生器具的排水流量，L/s。

表 5－6　根据建筑用途而定的系数 α 值

建筑物名称	住宅、宾馆、医院、疗养院、幼儿园、养老院的卫生间	集体宿舍、旅馆和其他公共建筑的公共洗涤间和厕所间
α 值	1.5	2.0～2.5

按式（5－1）计算排水管的起始端时，如果连接的卫生器具较少，可能会出现计算所得流量值大于该管段上全部卫生器具排水量的累加值的情况，这样的情况时应按该管段上全部卫生器具排水量的累加值作为设计秒流量值。

（2）工业企业生活间、公共浴室、洗衣房、职工食堂或营业餐厅厨房、实验室、影剧院、体育场、候车（机、船）等建筑的生活管道排水设计秒流量计算公式。即

$$q_p = \sum q_e N_0 b \tag{5-2}$$

式中 q_p——计算管段排水设计秒流量，L/s；

q_e——同类型的一个卫生器具排水流量，L/s；

N_0——同类型卫生器具数；

b——卫生器具的同时排水百分数（同给水），冲洗水箱大便器的同时排水百分数，

可按12%计算。

对于接有大便器的排水管道起端，如卫生器具的数量较少，因大便器的同时排水百分数较小，使用式（5－2）计算设计秒流量时，可能会出现计算的设计秒流量值小于一个大便器的排水流量，此时应按一个大便器的排水流量作为该管段的设计秒流量计算。

3. 排水管网水力计算

水力计算的目的在于合理、经济地确定管径、管道坡度以及确定设置通气系统的形式以使排水管系统正常地工作。包括横管的水力计算、立管的水力计算和通气管道的计算。

（1）排水横管水力计算：

1）充满度和管道坡度。排水管道内的水流是重力流，水流流动的动力来自管道坡降造成的重力分量，管道的坡降直接影响管内水流速度和输送悬浮物的能力。因此，管内应保持一定的坡度（标准坡度、最小坡度）。管道的充满度是指管道中水深与管径之比的比值。

居住小区生活排水管道的最小管径、最小设计坡度和最大设计充满度按表5－7确定。

表5－7　居住小区室外生活排水管道最小管径、最小设计坡度和最大设计充满度

管别	管　材	最小管径（mm）	最小设计坡度	最大设计充满度
接户管	埋地塑料管	160	0.005	0.5
	混凝土管	150	0.007	
支管	埋地塑料管	160	0.005	
	混凝土管	200	0.004	0.55
干管	埋地塑料管	200	0.004	
	混凝土管	300	0.003	

注　接户管管径不得小于建筑物排水管管径。

2）自净流速。管内流速对水中杂质的输送能力有直接的关系，为防止污水中的杂质沉积，管内应保持的最低流速称为“自净流速”。排水管道的自净流速如表5－8所示。同时，为了防止管道的冲刷磨损，排水管道对最大流速也作了限制，如表5－9所示。

表5－8　排水管道的自净流速

污水废水类别	生　活　污　水			雨水管及合流管道	明渠
	$d<150$mm	$d=150$mm	$d=220$mm		
自净流速（m/s）	0.60	0.65	0.70	0.75	0.4

表5－9　排水管道的最大流速值　单位：m/s

污水类别 / 管道材料	生　活　污　水	含有杂质的工业废水及雨水
金属管	7.0	10.0
陶瓷管	5.0	7.0
混凝土及石棉水泥管	4.0	7.0

3）横管水力计算方法。对于横干管和连接多个卫生用水器具的横支管，应逐段计算各管段的排水设计秒流量，通过水力计算来确定各管段的管径和坡度。建筑内部横向管道按明渠均匀流公式计算

$$q_p=\overline{\omega}\nu \tag{5-3}$$

$$\nu=\frac{1}{n}R^{\frac{3}{2}}I^{\frac{1}{2}} \tag{5-4}$$

式中　q_p——排水设计秒流量，m^3/s；

$\overline{\omega}$——流水断面面积，m^2；

ν——流速，m/s；

R——水力半径，m；

I——水力坡度，采用排水管坡度；

n——排水管壁粗糙系数，如表 5-10 所示。

表 5-10　　管壁粗糙系数

管道材料	石棉水泥管、钢管	陶土管、铸铁管	混凝土管	塑料管
n 值	0.012	0.013	0.014	0.009

为了简化计算，常将式（5-3）和式（5-4）作为计算表，如表 5-11 所示，其中列出了各种排水管管径在不同的坡度和充满度下的排水能力和相应的流速。当已知管道内设计秒流量时，可以确定管径、坡度和充满度，由表 5-11 中可查得此时的排水能力和流速。根据排水中所含杂物性质，还规定了一些管道的最小管径：大便器排水管最小管径不得小于 100mm；公共食堂厨房的污水排水管的管径应比计算大一级，且不得小于 100mm，支管排水管最小管径不得小于 75mm；医院污物洗涤盆（池）和污水盆（池）排水管最小管径不得小于 75mm；小便槽或三个及三个以上的小便器排水管最小管径不得小于 75mm；浴池的泄水管管径宜采用 100mm。如果排水能力能够满足设计流量的要求和上述规定，则所设管径和坡度、充满度为合理。否则，再重新设定，直到满足要求为止。

（2）排水立管管径的确定。生活排水立管的最大排水能力，应按表 5-12、表 5-13 确定。排水立管管径不得小于 50mm，也不应小于任何一根接入的横支管管径，多层住宅厨房间的立管管径不小于 75mm。

表 5-12　　设有通气系统的排水立管最大排水能力

排水立管管径 (mm)	排水能力 (L/s)	
	仅设伸顶通气管	有专用通气立管或主通气立管
50	1.0	—
75	2.5	5
100	4.5	9
150	10.0	25

表 5-11　　室内排水管的水力计算表（n=0.013）

坡度（m/m）	生产污水						生活污水											
	H/D=0.8						H/D=0.5						H/D=0.6					
	D=200		D=250		D=300		D=50		D=75		D=100		D=125		D=150		D=200	
	q	ν	q	ν	q	ν	q	ν	q	ν	q	ν	q	ν	q	ν	q	ν
0.003					52.50	0.87												
0.0035			35.00	0.83	56.70	0.94												
0.004	20.60	0.77	37.40	0.89	60.60	1.01												
0.005	23.00	0.86	41.80	1.00	67.90	1.11											15.35	0.80
0.006	25.20	0.94	46.00	1.09	74.40	1.24											16.90	0.88
0.007	27.20	1.02	49.50	1.18	80.40	1.33									8.46	0.78	18.20	0.95
0.008	29.00	1.09	53.00	1.26	85.80	1.42									9.04	0.83	19.40	1.01
0.009	30.80	1.15	56.00	1.33	91.00	1.51									9.56	0.89	20.60	1.07
0.01	32.60	1.22	59.20	1.41	96.00	1.59							4.97	0.81	10.10	0.94	21.70	1.13
0.012	35.60	1.33	64.70	1.54	105.00	1.71					2.90	0.72	5.44	0.89	11.10	1.02	23.80	1.24
0.015	40.00	1.49	72.50	1.72	118.00	1.95			1.48	0.67	3.23	0.81	6.08	0.99	12.40	1.14	26.60	1.39
0.02	46.00	1.72	83.60	1.99	135.80	2.25			1.70	0.77	3.72	0.93	7.02	1.15	14.30	1.32	30.70	1.60
0.025	51.40	1.92	93.50	2.22	151.00	2.51	0.65	0.66	1.90	0.86	4.17	1.05	7.85	1.28	16.00	1.47	35.30	1.79
0.03	56.50	2.11	102.50	2.44	166.00	2.76	0.71	0.72	2.08	0.94	4.55	1.14	8.60	1.39	17.50	1.62	37.70	1.96
0.035	61.00	2.28	111.00	2.64	180.00	2.98	0.77	0.78	2.26	1.02	4.94	1.24	9.29	1.51	18.90	1.75	40.60	2.12
0.04	65.00	2.44	118.00	2.82	192.00	3.18	0.81	0.83	2.40	1.09	5.26	1.32	9.93	1.62	20.20	1.87	43.50	2.27
0.045	69.00	2.58	126.00	3.00	204.00	3.38	0.87	0.89	2.56	1.16	5.60	1.40	10.52	1.71	21.50	1.98	46.10	2.40
0.05	72.60	2.72	132.00	3.15	214.00	3.55	0.91	0.93	2.60	1.23	5.88	1.48	11.10	1.89	22.60	2.09	48.50	2.53
0.06	79.60	2.98	145.00	3.45	235.00	3.90	1.00	1.02	2.94	1.33	6.45	1.62	12.14	1.98	24.80	2.29	53.20	2.77
0.07	86.00	3.22	156.00	3.73	254.00	4.20	1.08	1.10	3.18	1.42	6.97	1.75	13.15	2.14	26.80	2.47	57.50	3.00
0.08	93.40	3.47	165.50	3.94	274.00	4.40	1.18	1.16	3.35	1.52	7.50	1.87	14.05	2.28	30.44	2.73	65.40	3.32

表 5-13　不通气的生活排水立管最大排水能力

立管工作高度(m)	排水能力(L/s) 立管管径(mm) 50	75	100	125	150
≤2	1.0	1.70	3.80	5.00	7.00
3	0.64	1.35	2.40	3.40	5.00
4	0.50	0.92	1.76	2.70	3.50
5	0.40	0.70	1.36	1.90	2.80
6	0.40	0.50	1.00	1.50	2.20
7	0.40	0.50	0.76	1.20	2.00
≥8	0.40	0.50	0.64	1.00	1.40

注　1. 排水立管工作高度，按最高排水横支管和立管连接处距排出管中心线的距离计算。

2. 如排水立管工作高度在表中是列出的两个高度值之间时，可用内插法求得排水立管的最大排水能力数值。

3. 排水立管管径为100mm的塑料管外径为110mm，排水管管径为150mm塑料管外径为160mm。

第四节　室内排水管道的布置与敷设

一、管道布置原则

1. 排水管道布置原则

排水管道布置应满足使用要求，且经济美观，维修方便。应力求简短，拐弯最少，有利于排水，避免堵塞，不出现“跑冒滴漏”，并使管道不易受到破坏，还要使建设投资和日常管理维护费用最低，另外还要考虑布置美观、方便使用和维修等。排水管道的布置一般应满足以下要求：

（1）自卫生器具至排出管的距离应最短，管道转弯应最少。

（2）排水立管应设置在最脏、杂质最多及排水量最大的排水点处。

（3）排水管道不得布置在遇水会引起爆炸、燃烧或损坏的原料、产品和设备的地方。

（4）排水管不穿越卧室、客厅，不穿行在食品或贵重物品储藏室、变电室、配电室，不穿越烟道，不穿行在生活饮用水池、炉灶上方。

（5）排水管道不宜穿越容易引起自身损坏的地方：如建筑沉降缝、伸缩缝、烟道、风道重载地段和重型设备基础下方、冰冻地段。

（6）排水塑料管应避免布置地热源附近，如不能避免，并导致管道表面受热温度大于60℃时，应采取隔热措施。塑料排水立管与家用灶具边净距不得小于0.4m。

（7）排水管道外表面如可能结露，应根据建筑物性质和使用要求，采取防结露措施。

（8）排水管道宜地下埋设或在地面上、楼板下明设，如建筑有要求时，可在管槽、管道井、管窿、管沟或吊顶内暗设，但应便于安装和检修。在气温较高，全年不结冻的地

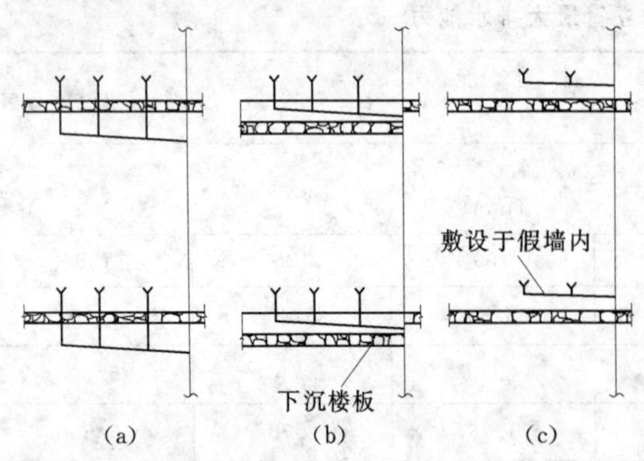

图 5-7　卫生间排水方式
(a) 隔层排水；(b)、(c) 同层排水

区，可沿建筑物外墙敷设。

2. 住宅同层排水的设置

随着社会的发展和人们生活水平的提高，人们对住宅的要求也越来越高，新规范规定住宅卫生间的卫生器具排水管不宜穿越楼板进入他户。这一规定适应了我国近年来对住宅商品化的发展趋势和人们法律意识的提高，由于住宅是私人空间，所以有拒绝他人进入的权利。传统做法指卫生器具排水管穿越楼板，排水横管在下层住户卫生间与立管连接的排水方式（隔层排水），如图 5-7（a）所示。同层排水是指卫生间内卫生器具排水管不穿越楼板且排水横管在本层内与排水立管连接的排水方式，如图 5-7（b）、(c）所示。为此，住宅排水管道同层布置设计成为一个研究课题，即要求卫生器具排水管不穿楼层，又要满足重力流排水和排水通畅的要求。同层排水方式要求采用后排水式的卫生洁具，在本层将污废水排至立管。

同层排水关键问题是地漏设置。对于住宅卫生间、厨房内一般不经常从地面排水，即使有少量溅水完全可以用抹布一抹了之。一些不经常从地面排水的地方设置了地漏，由于没有地面排水，造成水封得不到补充而导致水封丧失，有毒有害气体串入室内。为了避免水患，应从给水安全方面考虑：首先，卫生器具都应有溢流口；其次，给水管道附件（管道配件阀门、卫生设备软管等）均应符合现行的行业标准的要求，避免爆管、脱节而造成水患。同层排水如需设置地漏，拟将卫生间的整体或局部楼板降低 300mm，管道在填层中敷设。此类做法关键在于面层的防水要做好，否则楼板降低部分变成一个污水池，破坏了建筑和环境卫生。故同层排水必须由建筑、结构、给排水、设计、施工密切配合，才能做到完善。

二、室内排水管道的布置与敷设

卫生器具的设置位置、高度、数量及选型，应根据使用要求、建筑标准、有关的设计规定并本着节约用水原则等因素确定。

器具排水管是连接卫生器具和排水横支管的管段。在器具排水管应设有一个水封装置，若有的卫生器具中本身有水封装置，则可不另设。器具排水管与排水横管垂直连接，应采用 90°斜三通。

有些排水设备不宜直接与下水道相连接。如医疗灭菌消毒设备的排水，饮用水贮水箱的排水管和溢流管排水、空调设备的冷凝或冷却水排水、食品冷藏库房地面的排水等，要求与排水管承接口有一定的空隙，如图 5-8、表 5-14 所示。

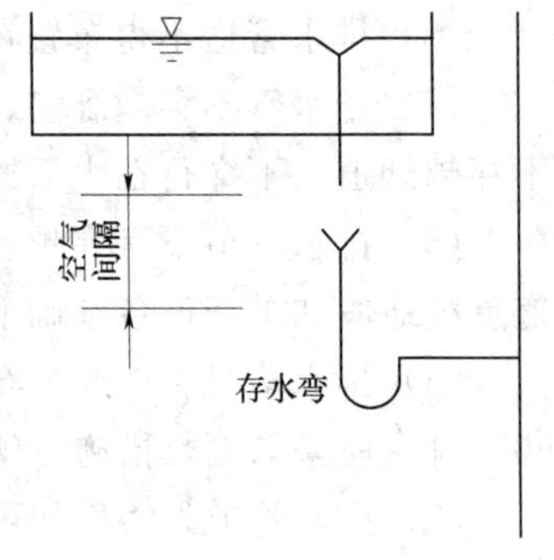

图 5-8　间接排水

排水横支管一般沿墙布设，注意管道不得穿越建筑大梁，也不挡窗户。横支管是重力流，要求管道有一定坡度通向立管。

排水立管一般设在墙角处或沿墙、沿柱垂直布置，宜采用靠近排水量最大的排水点，如采用分流制排水系统的住宅建筑的卫生间，污水立管应设在大便器附近，而废水立管则应设在浴盆附近。

表 5-14　间接排水口最小空气间隙

单位：mm

间接排水管径	排水口最小空气间隙
≤25	50
32～50	100
>50	150

排水横管与立管连接，宜采用 45°三通或顺水三通，排水立管与排水出管的连接，或采用两个 45°弯头或弯曲半径不小于 4 倍管径的 90°弯头。以保证水流顺畅。

最低排水横支管，应与立管管底有一定的高差，以免立管中的水流形成的正压破坏该横支管上所有连接的水封。在立管仅设置伸顶通气管时，最低排水横支管与立管管底的垂直距离如表 5-15 所示。排水横支管连接在排水管或横干管上时，连接点距立管底部下游水平距离不宜小于 3.0m，当靠近排水立管底部的排水支管的连接不能满足上述要求时，排水支管应单独排至室外检查井或采取有效的防反压措施。

表 5-15　最低横支管与立管连接处至立管管底的垂直距离

立管连接卫生器具的层数	垂直距离（m）
≤4	0.45
5～6	0.75
7～12	1.2
13～19	3.0
≥20	6.0

排出管在穿越基础时，应预留孔洞，其大小为：排出管直径 d 为 50mm、75mm、100mm 时，孔洞尺寸为 300mm×300mm；管径 d 大于 100mm 时，孔洞高为（d+300)mm，宽为（d+200)mm。

三、高层建筑排水系统

1. 高层建筑排水系统的特点

随着经济的发展和科技的进步，人们对高层建筑的需求也越来越多。所谓高层建筑，建筑防火规范中将 10 层与 10 层以上的居住建筑及高度超过 24m 的公共建筑列入高层建筑的范围，因此建筑、结构、建筑设备等专业就以此作为高层建筑的起始高度。

高层建筑的特点是：楼层数多，建筑物总高度大，每栋建筑的建筑面积大，使用功能多，在建筑内工作、生活的人数多，由于用房远离地面，要求提供有比一般低层建筑更完善的工作和生活保障设施，创造卫生、舒适和安全的人造环境。因此，高层建筑中设备多、标准高、管线多，且建筑、结构、设备在布置中的矛盾也多，设计时必须密切配合，协调工作。为使众多的管道整齐有序敷设，建筑和结构设计布置除满足正常使用空间要求之外，还必须根据结构、设备需要合理安排建筑设备、管道布置所需空间。

高层建筑排水设施的特点是其服务人数多、使用频繁、负荷大，特别是排水管道，每一条立管负担的排水量大、流速高。因此，要求排水设施必须可靠、安全，并尽可能少占空间。如采用强度高、耐久性好的金属管道或塑料管道，相配的弯头等配件等。另外，高层建筑中噪声的危害也应引起足够重视，具体应做到在设计上要考虑噪声的预防，在施工上要保证工程质量，在运行中要加强维修管理，尽可能使噪声减到最低程度，为建筑物创造良好的环境。

2. 高层建筑排水系统的类型

高层建筑排水系统从排水体制来划分，可以分为合流制排水系统与分流制排水系统。根据我国环保事业的发展和排水工程技术的发展要求，高层建筑宜采用分流制排水系统。即生活污水经化粪池处理后再排入市政排水管道，而生活废水单独排放。缺水区也可将生活废水收集后经中水系统处理后，再用作厕所冲洗水和浇洒用水。

高层建筑排水系统从通风方式来划分，可以分为：

（1）伸顶通气管的排水系统，这种通风方式在高层建筑中一般不用。

（2）设专用通气管的排水系统。

（3）设器具通气管的排水系统。

（4）特殊单立管排水系统，这种排水系统，仅须设置伸顶通气管即可改善排水能力。

（5）不透气的生活排水系统，高层建筑低层单独设置的排水系统，地下室采用抽升排水系统。

高层建筑的排水立管，沿途接纳的排水器具，这些排水设备同时排水的概率大。这样，立管中的水流量大，容器形成的柱塞流，造成立管的下部气压急剧变化，从而破坏卫生器具的水封，这是高层建筑中排水系统应着重注意的问题。

建筑内部由于排水系统设置通气管系，使系统的功能得到了进一步完善，同时也出现了因耗用管材的增加而投资增大的不利一面。因而，到了 20 世纪 60 年代，出现了取消专用通气管系的单立管式新型排水系统，这是排水系统通气技术的突出进展。下面介绍近年来国内外采用较多的几种新型排水系统：

（1）苏维托单立管排水系统。1959 年瑞士伯尔尼市职业学校卫生工程教师苏玛研究了高层建筑排水系统的基本要求，首先提出了一种用气、水混合器和排气器构成的单立管排水系统，称其为苏维托系统。它具有自身通气的作用，这样，就把排水立管和通气立管的功能结合在一起了。

苏维托系统是一种采用气、水混合或分离的配件来代替一般零件的单立管排水系统，它包括两个基本配件，即：一是混合器；二是跑气器。混合器设在楼层排水横支管与立管相连接的地方，跑气器设在立管的底部，如图 5－9 所示。

1）混合器（气水混合器）。苏维托系统中的混合器是由长约 80cm 的连接配件，装设在立管与每层楼横支管的连接处。横支管接入口有 3 个方向，混合器内部有个特殊构造——乙字弯、隔板和隔板上部约 1cm 高的孔隙。混合器的作用是：它能限制立管内的水流及气流的速度，并使从支管流来的污水有效地同立管中的空气混合。

当立管上部下落的水流经过乙字弯时，由于水流受到阻碍而使流速减小，动能转化为压能，因此乙字弯起着减速的作用。同时，水流在此处形成紊流状态，加速与周围空气相混合，在下降的过程中，通过挡板上的孔隙抽吸横支管和混合器内的空气，变成密度小的气水混合物（气水比为 3：1～10：1）。因此，在继续下落时流速减慢，从而避免造成过大的抽吸力。

由横支管进入立管的水流，由于受到隔板的阻挡而呈竖直方向流入，不致隔断立管中的补给气流而造成负压。

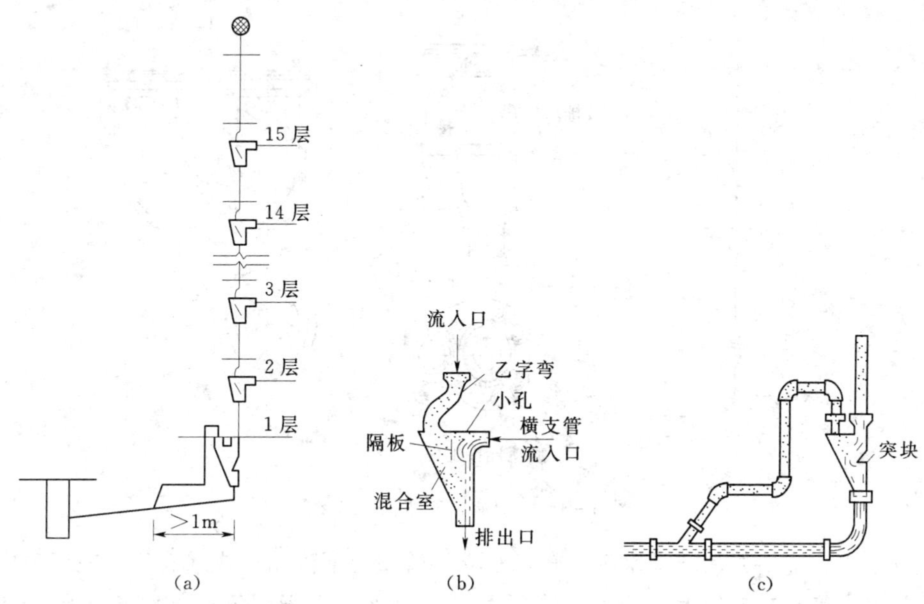

图 5-9 苏维托立管系统图

(a) 苏维托立管排水系统；(b) 混合器；(c) 跑气器

挡板的设置，可使横支管出流水仅可能在混合器内右半部形成水塞，由于挡板顶部10～15mm的孔隙及时地向立管补气，水塞在下降一个挡板高度（不小于200mm）后即行破坏，呈膜状水流沿立管壁向下流动。

2）跑气器（气水分离器）。苏维托系统中的跑气器通常装设在立管底部，它是由具有突块的扩大箱体及跑气管组成的一种配件。跑气器的作用是，沿立管流下的气、水混合物遇到内部的突块溅散，从而把气体（可达总体积的70%以上）从污水中分离出来，由此减少了污水的体积，降低了流速，并使立管和横干管的泄流能力平衡，气流不致在转弯处被阻。另外，将释放出来的气体用1根跑气管引到干管的下游（或返向上接至立管中），这就达到了防止立管底部产生过大正压力的目的。

苏维托系统的主要优点是：

1）减少立管内的压力波动，降低正负压绝对值，保证排水系统工况良好。根据国外10层建筑的试验资料，当采用苏维托系统时，立管中的负压最大值不超过40mm；而普通排水立管（$d=100$mm），当排水流量约为6.7L/s时，立管中的负压最大值竟达160mm。

2）节约大量管材，降低造价。根据国外对中、高层建筑，尤其是立管较多的单元式住宅、旅馆进行经济分析的结果表明，苏维托系统可节省投资11.35%左右。

3）有利于提高设计质量，加快施工进度以及有利于施工工业化。

（2）旋流排水系统。旋流排水系统也称为“塞克斯蒂阿”系统，是法国建筑科学技术中心于1967年提出的一项新技术，后来广泛应用于10层以上的居住建筑。

旋流排水系统，是由各个将排水横支管与排水立管连接起来的“旋流排水配件”和装设于立管底部的“特殊排水弯头”所组成的，如图5-10所示。

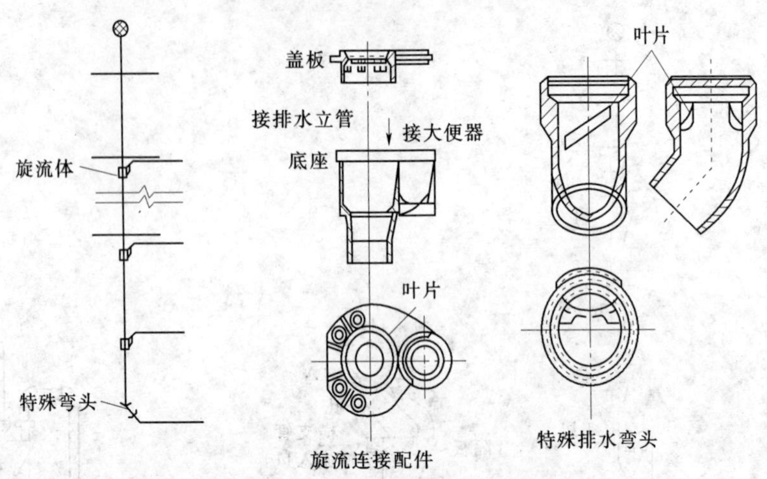

图 5-10 旋流单立管排水系统

旋流排水系统中的水流呈水平旋转，沿立管管壁向下流动形成水膜流。在管道中心形成管心气流，管心气流的大小约占立管断面积的 80%。立管中管心气流与各层横支管及干管中的气流，是连成一体贯通大气的，因而保证系统中压力的稳定。

1）旋流连接配件。旋流连接配件由主体及盖板两部分组成。大便器污水管垂直接入大便器接口，污水通过导旋叶片沿立管断面的切线方向以旋流状态进入立管。除大便器污水管接口外，有 4～6 个生活废水管的接口，并有 12 块导旋叶片。

旋流连接配件的作用原理：横支管出流水经导旋叶片后形成一股旋流，围绕立管中的管心气流下落，水流沿管壁形成膜层，因此保证立管中心的气流贯通全长而不致中途紊乱或受阻。立管中旋转下落的水流，由于下落距离的增加而使旋流减弱，经过下一层的旋流排水配件导旋叶片时，又进一步得到增强，这样就能够保证立管中心气流的贯通。当沿着立管内壁旋转下落的膜状水流途经旋流排水配件处时，被叶片突出的刀部截断而形成缺口，立管与横支管中的气流便能通过缺口而得到贯通，旋流连接配件的扩大部分可使水流速度降低。

2）特殊排水弯头。在立管底部的排水弯头是一个装有特殊叶片的 45°的弯管。该特殊叶片能迫使下落水流溅向弯头后方流下，这样就避免了出户管（横干管）中发生水跃而封闭立管中的气流，以致造成过大的正压。

(3) 芯型排水系统。芯型（CORE）单立管排水系统 20 世纪 70 年代初首先在日本使用。在系统的上部和下部各有一个特殊配件组成。

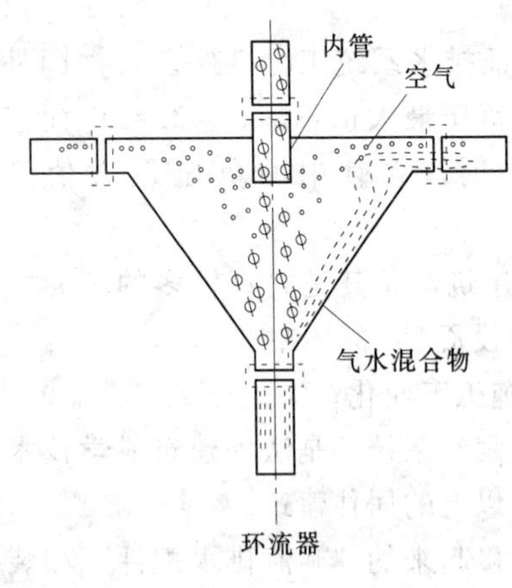

图 5-11 环流器

1）环流器。其外形呈倒圆锥型，平面上有 2～4 个可接入横支管的接入口（不接入横支管时也可作为清通用）的特殊配件，如图 5-11 所示。在立管的向下延伸一段内管，不仅起防止水舌割断的作用，而且可使横支管出流“反弹”而沿管壁面流动，环状配件下端呈 60°斜度的漏斗形状，它具有三个优点：①立管中水流因扩散而减缓流速，并加强形成水气混合；②水流沿漏斗面以水膜状下落，自然形成空气芯进入下段立管；③加强立管与多个支管间的环形管通气。

2）角笛弯头。外形似犀牛角，大口径承接立管，小口径连接横干管，如图 5－12 所示。由于大口径以下有足够的空间，即可对立管下落水流起减速作用，又可将污水中所携带的空气集聚、释放。又由于角笛弯头的小口径方向与横干管断面上部也连通，可减小管中正压强度。这种配件的曲率半径较大，水流能量损失比普通配件小，从而增加了横干管的排水能力。

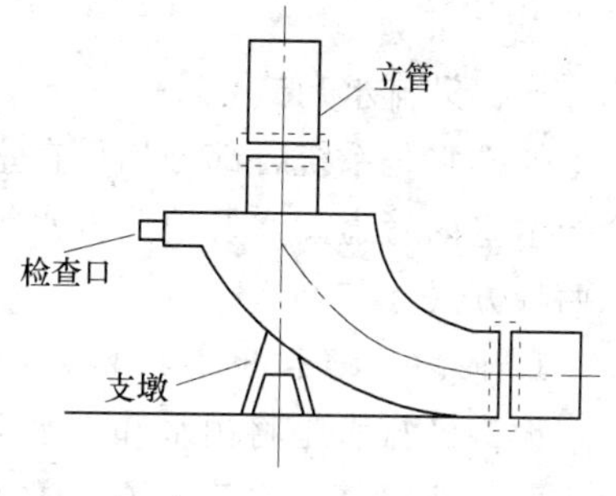

图 5－12　角笛弯头

3. *高层建筑排水系统的管道布置*

高层建筑的使用功能较多，装饰要求较高，管道多且管径大。为了使排水管道的布置简洁，管道走向明确，满足使用和装饰要求，并便于安装和检修，常将排水立管和给水管道设在管道井中。一般管道井应设置在用水房间旁边，以使排水横支管最短。管道井垂直贯穿各层，以使立管段能垂直布设。这就是高层建筑的建筑设计常采用“标准层”的主要原因。标准层即这些楼层内房间的布置在平面轴线上是一致的。这主要指卫生间和厨房，上下楼层都在同一位置，这就便于设置管道井。管道井内应有足够的面积，保证管道安装间距和检修用的空间。为了方便检修，要求管井中在各层楼层标高处设置平台，并且每层有门通向公共走道。

有的立管也可直接设在用水房间内而不设管道井，对装饰要求较高的建筑，可采用外包装的方式将其包装起来，但要在闸门、检查口处设置检修窗或检修门。

高层建筑中，即使其使用要求单一，但由于楼层太多，其结构布置和构件尺寸往往也会因层高不同而有变化，这就使排水管道井受其影响而使管道井平面位置有局部变化。另外，当高层建筑中上下两区的房屋使用功能不一样时，若要求上下用水房间布置在同一位置上，会有困难。管道井不能穿过下层房间。最好的办法是在两区交界处增设一层设备层。立管通过设备层时作水平布置，再进入下面区域的管道井。设备层不仅有排水管道布设，还有给水管道和相关设备布设等。由于排水管道内水流是重力流，宜优先考虑排水管设置位置，并协调其他设备位置布设。设备层的层高可稍微低些，但要具备通风、排水和照明功能。

第五节　建筑雨水排水系统

建筑雨水排水系统的任务是及时排除降落在建筑屋面的雨水、雪水，避免形成屋顶积水对屋面造成威胁，或造成雨水溢流、屋面漏水等水患事故，影响人们正常生活和生产活动。屋面雨水排水系统以最短距离将雨水迅速、及时地排至室外雨水管渠或地面，是雨水排水系统的总原则。屋面雨水的排除方式按雨水管道的位置可分为外排水系统和内排水系统；按屋面雨水排水系统的设计流态又可分为重力流雨水系统、压力流雨水系统。雨水排水系统的选择应根据建筑物的类型，建筑结构形式，屋面面积大小，当地气候条件及生产使用要求等因素确定，经过技术经济比较后选择雨水排水方式，一般情况下，尽量采用外排水系统。

一、外排水方式

外排水是系统各部分均设在室外，建筑物内部没有雨水管道的雨水排放方式，因此不会产生室内管道漏水及地面冒水等现象。按屋面有无天沟，又分为檐沟外排水和天沟外排水两种方式。

1. 檐沟外排水（普通外排水、水落管外排水）

檐沟外排水是将雨水和雪水引入檐口处檐沟，在檐沟内设雨水收集口，将雨水和雪水引入雨水斗，经落水管、连接管等排出，如图 5-13 所示。落水管是垂直泄水的管道，它将檐沟内的雨水和雪水引入地面，落水管的断面可以是矩形或圆形，尺寸为 100mm×80mm，或 ϕ100，可以用镀锌铁皮制作，也可以采用塑料雨水管。在高层建筑中常用给水铸铁管作雨落管，直径选用 DN80～150mm，或根据暴雨强度和汇水面积来确定。一般民用建筑选用 ϕ75～100mm 的落水管，间距为 12～16m。工业建筑管径为 100～150mm，间距为 18～24m。

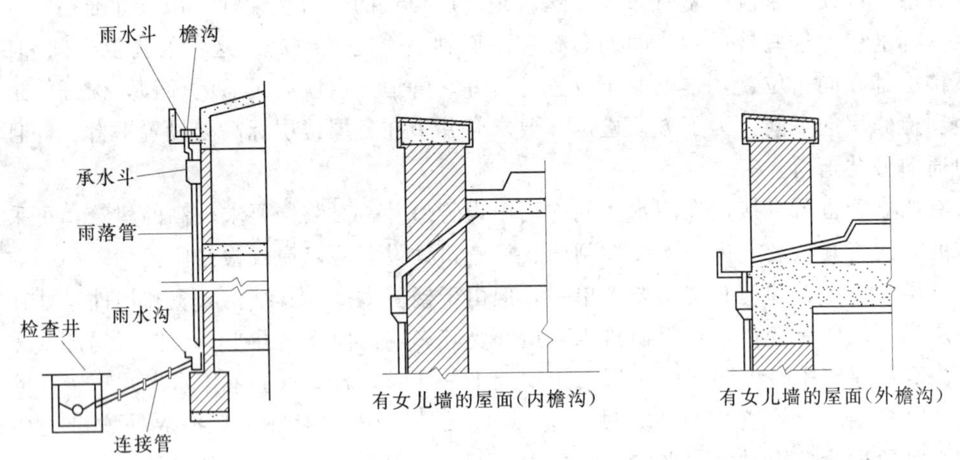

图 5-13　檐沟外排水

雨水系统各部分均设于室外，排水系统简单，不影响室内使用，不会因本排水系统的设置而产生室内水患。适于一般屋面构造简单的建筑屋面排水，如普通住宅、一般公共建筑和小型单跨厂房等。

2. 天沟外排水

由屋面构造上形成的天沟汇集屋面雨水，流向天沟末端进入雨水斗，经立管及排出管排向室外管道系统，如图 5-14 所示。

天沟布置应使其不穿越厂房的伸缩缝或沉降缝，遇到伸缩缝时，应以伸缩缝为界向厂房两端排水。每条天沟的排水长度以不大于 50m 为宜。天沟的断面大小应根据屋面汇水面积和降雨强度的大小通过水力计算确定。一般天沟的断面尺寸为 500～1000mm 宽，水深为 100～300mm，并且安有 200mm 以上的超高。天沟的底坡不宜小于 0.003。为避免

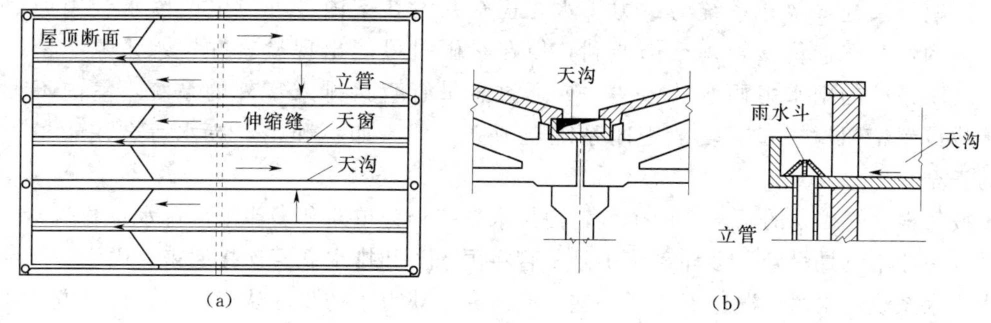

图 5-14　天沟外排水

(a) 长天沟布置示意；(b) 天沟与雨水管连接

天沟内杂物堵塞，雨落管上端的雨水入口处应设雨水斗，并在雨季前对天沟进行清理。天沟在山墙、女儿墙处，或在其末端应设溢流口，以免天沟泛水。

天沟外排水系统优点是：雨水系统各部分均设置于室外，室内不会由于雨水系统的设置而产生水患，结构简单，节省投资。但也有缺点：一是天沟必须有一定的坡度，才可达到天沟排水要求，这需增大垫层厚度，从而增大屋面负荷；另外，天沟防水很重要，一旦天沟漏水，则影响房屋的使用。天沟外排水一般适用于大型屋面排水，特别是多跨的厂房屋面多采用天沟外排水系统排水。

二、内排水方式

在建筑物屋面设置雨水斗，而雨水管道设置在建筑物内部为内排水系统。内排水雨水排水系统常用于屋面跨度和长度大、屋面曲折、屋面有天窗等设置天沟有困难的情况，以及高层建筑、建筑立面要求较高的建筑、大屋顶建筑、寒冷地区的建筑等不宜在室外设置雨水立管的情况。

（一）内排水系统的组成

内排水系统由雨水斗、连接管、悬吊管、立管、排出管、埋地管和检查井组成，如图 5-15 所示。降落到屋面上的雨水，沿屋面流入雨水斗，经连接管、悬吊管流入排水立管，再经排出管流入雨水检查井，或经埋地干管排至室外雨水管道。

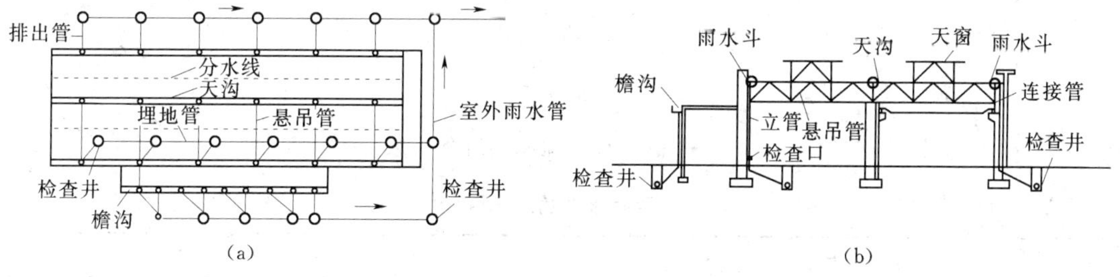

图 5-15　天沟内排水

(a) 平面；(b) 剖面

（二）内排水系统分类

一般根据内排水雨水排水系统是否与大气相通，将内排水系统分为敞开系统和密闭系统。敞开系统：敞开系统为重力排水，检查井设在室内，可与生产废水合用埋地管道或地沟，节省造价，管理维修便利，但在暴雨时可能出现检查井冒水现象。密闭系统：密闭系统的雨水由雨水斗收集，或通过悬吊管直接排入室外的系统，室内不设检查井或设置密闭检查口。一般密闭系统需独立设置，如不和生产废水等合用管道，故较为安全。

按每根立管接纳的雨水斗的个数，内排水系统分为单斗和多斗雨水排水系统两类。单斗系统一般不设悬吊管，多斗系统中悬吊管将雨水斗和排水立管连接起来。因为，对单斗雨水排水系统的水力工况已经作了一些实验研究，获得了初步的认识，设计计算方法和参数比较可靠。对多斗雨水排水系统研究较少，尚未得出定论，设计计算带有一定的盲目性。所以，为了安全起见，在设计中宜采用单斗雨水排水系统。

（三）内排水系统的布置与敷设

1. 雨水斗

雨水斗是一种专用装置，设在屋面雨水由天沟进入雨水管道的入口处。雨水斗有整流格栅装置，格栅的进水孔有效面积是雨水斗下连接管面积的 2～2.5 倍，能迅速地排除屋面雨水。格栅还具有整流作用，避免形成过大的旋涡，稳定斗前水位，减少掺气，并拦隔树叶等杂物。整流格栅可以拆卸，以便清理格栅上的杂物。图 5-16 为雨水斗组合图，目前常采用 65 型和 79 型雨水斗，有 75mm、100mm、150mm 和 200mm 四种规格，其基本性能如表 5-16 所示。

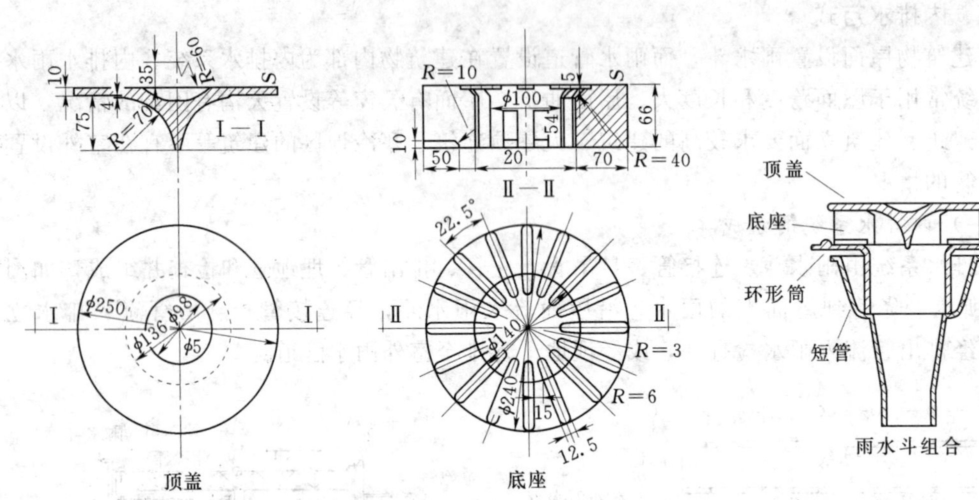

图 5-16 雨水斗组合

表 5-16 常用雨水斗的基本性能

斗型	出水管直径（mm）	进水与出水断面比	水力性能		
			斗前水位	稳定性	掺气量
65 型	100	1.5∶1	浅	稳定，旋涡少	较少
79 型	75、100、150、200	2.0∶1	较浅	稳定，旋涡少	少
平箅	75、100	1.3∶1	较深	不稳定，旋涡打	多

在阳台、花台、供人们活动的屋面及窗井处可采用平箅式雨水斗。内排水系统布置雨水斗时应以伸缩缝、沉降缝和防火墙作为天沟分水线，各自自成排水系统。如果分水线两侧两个雨水斗需连接在同一根立管或悬吊管上时，应采用伸缩接头，并保证密封不漏水。防火墙两侧雨水斗连接时，可不用伸缩接头。

布置雨水斗时，除了按水力计算确定雨水斗的间距和个数外，还应考虑建筑结构特点使立管沿墙柱布置，以固定立管。接入同一立管的雨水斗，其安装高度宜在同一标高层。当两个雨水斗连接在同一根悬吊管上时，应将靠近立管的雨水斗口径减少 1 级。

当采用多斗排水系统时，雨水斗宜对立管作对称布置。一根悬吊管上连接的雨水斗不得多于 4 个，且雨水斗不能设在立管顶端。

2. 连接管

连接管是连接雨水斗和悬吊管的一段竖向短管。连接管一般与雨水斗同径，但不宜小于 100mm。连接管应牢固固定在建筑物的承重结构上，下端用斜三通与悬吊管连接。

3. 悬吊管

悬吊管连接雨水斗和排水立管，是雨水内排水系统中架空布置的横向管道。其管径不小于连接管管径，也不应大于 300mm。悬吊管沿屋架悬吊，坡度不小于 0.005。在悬吊管的端头和长度大于 15m 的悬吊管上设检查口或带法兰盘的三通，位置宜靠近墙柱，以利检修。

连接管与悬吊管，悬吊管与立管间宜采用 45°三通或 90°斜三通连接。悬吊管采用铸铁管，用铁箍吊卡固定在建筑物的桁架或梁上。在管道可能受振动或生产工艺有特殊要求时，可采用钢管，焊接连接。

4. 立管

雨水立管承接悬吊管或雨水斗流来的雨水，1 根立管连接的悬吊管根数不宜多于 2 根，立管管径不得小于悬吊管管径。立管宜沿墙、柱安装，在距地面 1m 处设检查口。立管的管材和接口与悬吊管相同。

5. 排出管

排出管是立管和检查井间的一段有较大坡度的横向管道，其管径不得小于立管管径。排出管与下游埋地管在检查井中宜采用管顶平接，水流转角不得小于 135°。

6. 埋地管

埋地管敷设于室内地下，承接立管的雨水，并将其排至室外雨水管道。埋地管最小管径为 200mm，最大不超过 600mm。埋地管一般采用混凝土管，钢筋混凝土管或陶土管。

7. 附属构筑物

常见的附属构筑物有检查井、检查口井和排气井，用于雨水管道的清扫、检修、排气。

三、屋面排水系统的水力计算

1. 屋面雨水流量

流量应根据一定重现期的降水强度和屋面汇水面积计算。

重现期是指大于或等于某个降雨强度的降雨过程，重复出现的周期，用 P 为多少年来表示。重现期为一年，即 $P=1$ 年，其含义为等于或大于该降雨强度的降雨，一年出现一次。重现期越长，降雨强度越大。一般性建筑物的屋面雨水排水系统应采用 $P=2\sim5$ 年来计算降雨强度。对重要公共建筑应采用 $P=10$ 年。

设计雨量可按下式计算

$$q_y=\frac{q_j\psi F_w}{10000} \tag{5-5}$$

式中　q_y——设计雨水流量，L/s；

q_j——设计降雨强度，L/(s・ha)；

ψ——经流系数，屋面取 0.9；

F_w——汇水面积，m^2。按屋面水平投影面积计算。高出屋面的侧墙应附加其最大受雨面积正投影的一半作为有效汇水面积计算。窗井、贴近高层建筑外墙的地下汽车库出入口坡道和高层建筑裙房屋面的汇水面积应附加其高出部分侧墙面积的1/2。

我国一般取降雨历时 5min 时的降雨强度，以 5min 暴雨强度计算。屋面雨水设计雨水量为

$$q_y=\frac{q_5\psi F_w}{10000} \tag{5-6}$$

式中　q_5——降雨历时为 5min 的降雨强度，L/(s・ha)，可以在设计手册中查到。

其余参数同上。

2. 天沟外排水设计计算

天沟排水量和天沟中流速可按下式计算

$$Q=\overline{\omega}\nu \tag{5-7}$$

$$\nu=\frac{1}{n}R^{\frac{2}{3}}I^{\frac{1}{2}} \tag{5-8}$$

式中　Q——天沟允许排水流量，m^3/s；

$\overline{\omega}$——流水断面面积，m^2；

ν——流速，m/s；

R——水力半径，m；

I——水力坡度，采用天沟坡度，天沟坡度 $I\geqslant0.0003$；

n——天沟粗糙系数，与天沟材料及施工情况有关，如表 5-17 所示。

表 5-17　　各种抹面天沟 *n* 值

天沟壁面材料	n	天沟壁面材料	n
水泥砂浆光滑抹面	0.011	喷浆护面	0.016～0.021
普通水泥砂浆抹面	0.012～0.013	不整齐表面	0.020
无抹面	0.014～0.015	豆砂沥青玛瑺脂	0.025

按式（5-7）、式（5-8）可根据雨水流量确定天沟的过水断面和坡降。也可以根据经验先设定天沟的断面和坡降，再据此核算天沟允许排水流量 Q，当 $Q\geqslant q_y$ 时则表示设定天沟的断面和坡降满足要求，可采用；否则修改断面或坡降。

雨水斗、立管、溢流口的确定：根据屋面雨水流量选用雨水斗和立管。为防止暴雨过

大时天沟泛水而危害建筑物安全，应在女儿墙上或山墙上设置溢流口。

3. 雨水内排水系统的水力计算

雨水内排水系统的计算内容为雨水斗、连接管、悬吊管、立管、排出管、埋地管等的选择、布置和确定管径等。

(1) 雨水斗。雨水斗是控制屋面雨水排水状态的重要设备，应根据建筑物的具体情况和雨水排水特点等来选择雨水斗形式，然后根据所选雨水斗的泄流量来确定雨水斗的个数和设置位置等。

单斗系统中雨水斗、连接管、悬吊管、立管、排出管的口径一般都相同，系统的设计排水流量不应超过表 5-18 中的数值。

多斗系统是指悬吊管上连接一个以上雨水斗的系统。多斗系统各个雨水斗的泄流量不同，距离立管越近的雨水斗泄流量越大。设计时，以最远端的雨水斗为基准，其他各个雨水斗的设计流量依次比上游的雨水斗递增 10%，但到第 5 个斗时，设计不再增加。

表 5-18 单斗系统的最大排水能力

口径 (mm)	排水能力 (L/s)
75	8
100	16
150	32
200	52

(2) 连接管。一般不用计算，采用与雨水斗出水口相同的直径即可。

(3) 悬吊管。悬吊管的泄流量与连接的雨水斗个数、管道坡度、管道长度等有关。单斗系统的悬吊管泄流能力比多斗系统的多 20%。单斗系统的悬吊管管径与雨水斗出水口相同的直径即可，不必计算。

(4) 立管。立管的排水能力很大。为了避免一根立管发生故障时，屋面排水系统出现瘫痪，应在屋面各个汇水范围内，雨水排水立管不宜少于两根。

(5) 排出管。排出管一般不作计算，采用与立管相同的管径，或比立管管径大一号的管径。

(6) 埋地管。埋地管按重力流计算，其充满度控制在 0.5～0.8 范围内。

第六节 建筑中水利用

一、概述

我国是世界上人均占有水资源较少的国家，而且水资源分布极不均匀，人均年占有量仅相当于世界平均值的 1/4。

随着城市建设和社会经济的发展，城市用水量和排水量不断增长，造成水资源日益不足，水质日趋污染，环境恶化。

污水资源化是解决本地区水资源严重不足的有效措施，特别是城市建筑的集中化，为建筑中水回用也提供了充足的水源。因此，中水回用作为城市低水质用水的第二水源，必将大大缓解水资源紧张的局面，产生开源、节流和环境保护的综合效益。

建筑中水回用技术在日本和西方一些国家发展得较早。在 20 世纪前期，由于工业迅速发展和城市人口的骤增，导致了淡水用水量和污水排放量的增多。由此产生了两方面的问题：第一，污水排放量超过了受纳水体的自净能力，例如著名的莱茵河、泰晤士河等历史上曾一度水质恶化；第二，日益增加的淡水需用量使一些国家处于缺水状态。20世纪中、后期采用了各种治理手段研究发展水处理技术，建立了众多的中水应用工程，使以上问题得以改善。

中水回用已经成为世界上不少国家解决水资源不足的战略性对策，在国外已有丰富的经验，满足或部分满足了由于水资源缺乏限制城市和工业发展的需要，收到了良好的经济效益和社会效益。

我国淡水资源很匮乏，排水设施和管理很不完善，但已认识到中水回用的重要性和紧迫性，合理地利用中水资源，不仅可缓解全球性的供水不足，而且改善了生态环境，实现了水资源的可持续发展。近十多年来，城市中水回用的重点，一直集中在占有较大比重的工业废水上，经过多年努力，工业废水回用率已达70%以上，由于社会经济发展和人们环境意识的不断提高，中水回用逐渐扩展到缺水城市的许多行业。

所谓中水，主要是指城市污水或生活污水经处理后达到一定的水质标准、可在一定范围内重复使用的非饮用杂用水，其水质介于上水与下水之间，是水资源有效利用的一种形式。中水主要用于厕所冲洗、绿地、树干浇灌、道路清洁、冲洗、基建施工、喷水池以及可以接受其水质标准的其他用水。中水回用的对象用于以下几个方面：

（1）园林绿化包括绿化用水、河流补水、公园冲洗厕所和公园内道路冲洗用水。

（2）配合城市环境综合治理如中水除尘等用水。

（3）小区用水包括冲厕、绿化、消防等用水。

（4）中水洗车用水。

（5）工业冷却用水。

（6）其他包括水产养殖、火车及轮船冲厕等用水。

二、建筑中水系统的组成

建筑中水是指民用建筑或建筑小区使用后的各种排水（生活污水、盥洗排水等），经适当处理后回用于建筑和建筑小区作为杂用的供水系统。因此，工业建筑的生产废水和工艺排水的回用不属此范围，但工业建筑内的生活污水的回用亦属建筑中水，如纺织厂内所设的公共盥洗间、淋浴间排出的轻度污染的优质杂排水，可作为中水水源，处理后可作为厕所冲洗用水和其他杂用，其有关技术规定可按规范执行。

各类民用建筑是指不同使用性质的建筑，如旅馆、公寓、科研楼、办公楼、住宅、教学楼等，尤其是大中型的旅馆、宾馆、公寓等公共建筑，具有优质杂排水水量大，需要杂用水水量亦大，水量易平衡，处理工艺简易，投资少等特点，最适合建设中水工程；建筑小区是指新（改、扩）建的校园、机关办公区、商住区、居住小区等，用水量较大，环境用水量也大，易于形成规模效益，易于设计不同型式中水系统，实现污水、废水资源化和小区生态环境的建设。

建筑中水系统由中水水源系统、中水处理设施、中水管道系统3大部分组成。

（1）中水水源系统。中水水源系统指确定为中水水源的建筑物原排水的收集系统。它分为污、废水合流系统和污、废水分流系统。一般情况下，为简化处理，推荐采用污、废水分流系统。

（2）中水处理设施。中水处理设施包括预处理设施和主要处理设施。预处理设施有化粪池、格栅和调节池等。主要处理设施有沉淀池、气浮池、生物接触氧化池、生物转盘等。当中水水质要求高于杂用水时，应根据需要增加深度处理，即中水再经过后处理设施处理，如过滤、消毒等。

（3）中水管道系统。中水管道系统包括中水水源集水系统与中水供水系统。中水水源集水系统是指建筑内部排水系统排放的污废水进入中水处理站，同时设有超越管线，以便出现事故时，可直接排放；中水供水系统指原水经中水处理设施处理后成为中水，首先流入中水贮水池，再经水泵提升后与建筑内部的中水供水系统连接。中水供水系统应单独设立，包括配水管网、中水贮水池、中水高位水箱、中水泵站或中水气压给水设备。建筑物内部的中水供水管网系统类型、供水方式、系统组成、管道敷设及水力计算与给水系统基本相同，只是在供水范围、水质、使用等方面有些限定和特殊要求。

小区中水系统的组成与建筑中水系统的组成基本相同。但是，由于小区的给排水管道系统规模较大、水质复杂，因此，中水系统中污、废水分流回用和合流回用两种系统形式均可能存在，同时管道系统更复杂，各种污水处理设施、调节增压设备也较建筑中水系统多。

三、建筑中水水源与水质标准

1. 建筑中水水源

建筑物的排水以及其他一切可以利用的水源，如空调循环冷却水系统排污水、游泳池排污水、采暖系统排水等，均可作为建筑中水的水源。

选用中水水源是中水工程设计中的一个首要问题。应根据规范规定的中水回用的水质和实际需要的水量以及原排水的水质、水量、排水状况选定中水水源，并应充分考虑水量的平衡。

为了简化中水处理流程，节约工程造价，降低运转费用，建筑物中水水源应尽可能选用污染浓度低、水量稳定的优质杂排水、杂排水，可选择的种类和选取顺序为：

（1）卫生间、公共浴室的盆浴和淋浴等的排水。

（2）盥洗排水。

（3）空调循环冷却系统排污水。

（4）冷凝水。

（5）游泳池排污水。

（6）洗衣排水。

（7）厨房排水。

（8）冲厕排水。

综合医院污水作为中水水源时，必须经过消毒处理，产出的中水仅可用于独立的不与人直接接触的系统。传染病医院、结核病医院污水和放射性废水，不得作为中水水源。建筑屋面雨水可作为中水水源或其补充。

选作为中水水源而未经处理的水，称为中水原水，中水原水量的确定可按下式计算

$$Q_Y = \sum \alpha\beta Qb \tag{5-9}$$

式中　Q_Y——中水原水量，m^3/d；

α——最高日给水量折算成平均日给水量的折减系数，一般取0.67～0.91；

β——建筑物按给水量计算排水量的折减系数，一般取0.8～0.9；

Q——建筑物最高日生活给水量，按《建筑给水排水设计规范》（GB50015—2003）中的用水定额计算确定，m^3/d；

b——建筑物用水分项给水百分率。各类建筑物的分项给水百分率应以实测资料为准，在无实测资料时，可参照表5-19选取。

表5-19　各类建筑物生活用水量及百分率

项目	住宅		宾馆、饭店		办公楼、教学楼		公共浴室		餐饮业、营业餐厅	
	水量（L/人·d）	%	水量（L/人·d）	%	水量（L/人·d）	%	水量（L/人·次）	%	水量（L/人·次）	%
冲厕	32～40	21.3～21	40～70	10～14	15～20	60～66	2～5	2～5	2	6.7～5
厨房	30～36	20～19	50～70	12.5～14	—	—	—	—	28～38	93.3～95
沐浴	44～60	29.3～32	200	50～40	—	—	98～95	98～95	—	—
盥洗	10～12	6.7～6.0	50～70	12.5～14	10	40～34	—	—	—	—
洗衣	34～42	22.7～22	60～90	15～18	—	—	—	—	—	—
总计	150～190	100	400～500	100	25～30	100	100	100	30～40	100

注　沐浴包括盆浴和淋浴。

为了保证中水处理设备安全稳定运转，并考虑处理过程中的自耗水因素，设计中水水源应有10%～15%的安全系数。

生活污水的分项水质相差很大。在不同的地区，人们的生活习惯不同，污水中的污染物成分也不尽相同，相差较大，但人均排出的污染浓度比较稳定。建筑物排水的污染浓度与用水量有关，用水量越大，其污染浓度越低，反之则越高。

中水原水水质应以实测资料为准，在无实测资料时，各类建筑物各种排水的污染浓度可参照表5-20确定。

表5-20　各类建筑物各种排水污染浓度表　单位：mg/L

类别	住宅			宾馆、饭店			办公楼、教学楼			公共浴室			餐饮业、营业餐厅		
	BOD_5	COD_{cr}	SS	BOD_5	COD_{cr}	SS	BOD_5	COD_{cr}	SS	BOD_5	COD_{cr}	SS	BOD_5	COD_{cr}	SS
冲厕	300～450	800～1100	350～450	250～300	700～1000	300～400	260～340	350～450	260～340	260～340	350～450	260～340	260～340	350～450	260～340
厨房	500～650	900～1200	220～280	400～550	800～1100	180～220	—	—	—	—	—	—	500～600	900～1100	250～280
沐浴	50～60	120～135	40～60	40～50	100～110	30～50	—	—	—	45～55	110～120	35～55	—	—	—
盥洗	60～70	90～120	100～150	50～60	80～100	80～100	90～110	100～140	90～110	—	—	—	—	—	—
洗衣	220～250	310～390	60～70	180～220	270～330	50～60	—	—	—	—	—	—	—	—	—
综合	230～300	455～600	155～180	140～170	295～380	95～120	195～260	260～340	195～260	50～65	115～135	40～65	490～590	890～1075	255～285

2. 水质标准

中水水质标准，主要由中水的用途决定，其标准的高低直接影响处理工艺的选择及工程投资，需充分考虑确定。对用于生活杂用的中水（不与人体接触的用水），从安全可靠、处理技术、经济效果及使用者接受程度等方面，应达到以下基本要求：

（1）卫生上安全可靠，无有害物质，其主要衡量指标有大肠菌指数、细菌总数、余氯量、悬浮物量、生化需氧量及化学需氧量。

（2）外观上无使人不快的感觉，其主要衡量指标有浊度、色度、臭气、表面活性剂和油脂等。

（3）不引起管道、设备等严重腐蚀、结垢和不造成维修管理困难，其主要衡量指标有pH值、硬度、蒸发残留物及溶解物等。

中水用作建筑杂用水和城市杂用水，如冲厕、道路清扫、消防、城市绿化、车辆冲洗、建筑施工等杂用，其水质应符合国家标准《城市污水再生利用 城市杂用水水质》（GB/T18920—2002）的规定。如表5-21所示。

表5-21 城市杂用水水质标准

序号	指标 \ 项目	冲厕	道路清扫、消防	城市绿化	车辆冲洗	建筑施工
1	pH	6.0～9.0				
2	色（度）≤	30				
3	嗅	无不快感				
4	浊度（NTU）≤	5	10	10	5	20
5	溶解性总固体（mg/L）≤	1500	1500	1000	1000	—
6	五日生化需氧量 BOD_5（mg/L）≤	10	15	20	10	15
7	氨氮（mg/L）≤	10	10	20	10	20
8	阴离子表面活性剂（mg/L）≤	1.0	1.0	1.0	0.5	1.0
9	铁（mg/L）≤	0.3	—	—	0.3	—
10	锰（mg/L）≤	0.1	—	—	0.1	—
11	溶解氧（mg/L）≤	1.0				
12	总余氯（mg/L）	接触30min后≥1.0，管网末端≥0.2				
13	总大肠菌群（个/L）≤	3				

注 混凝土拌和用水还应符合JGJ63的有关规定。

中水用于景观环境用水，其水质应符合国家标准《城市污水再生利用 景观环境用水水质》（GB/T18921—2002）的规定。如表5-22所示。

表5-22 景观环境用水的再生水水质指标 单位：mg/L

序号	项目	观赏性景观环境用水			娱乐性景观环境用水		
		河道类	湖泊类	水景类	河道类	湖泊类	水景类
1	基本要求	无漂浮物，无令人不愉快的嗅和味					
2	pH值（无量纲）	6～9					
3	五日生化需氧量（BOD_5）≤	10	6		6		
4	悬浮物（SS）	20	10		—*		

续表

序号	项　　目	观赏性景观环境用水			娱乐性景观环境用水		
		河道类	湖泊类	水景类	河道类	湖泊类	水景类
5	浊度（NTU）≤	—*			5.0		
6	溶解氧≥	1.5			2.0		
7	总磷（以P计）≤	1.0	0.5		1.0	0.5	
8	总氮≤	15					
9	氨氮（以N计）≤	5					
10	类大肠菌群（个/L）≤	10000		2000	500		不得检出
11	余氯**≥	0.05					
12	色度（度）≤	30					
13	石油类≤	1.0					
14	阴离子表面活性剂≤	0.5					

注　1. 对于需要通过管道输送再生水的非现场回用情况采用加氯消毒方式；而对于现场回用情况下不限制消毒方式。

2. 若使用未经过除磷脱氮的再生水作为景观环境用水，鼓励使用本标准的各方在回用地点积极探索通过人工培养具有观赏价值水生植物的方法，使景观水的氮磷满足表中的要求，使再生水中的水生植物有经济合理的出路。

*　对此项无要求。

**　氯接触时间不应低于30min的余氯。对于非加氯方式无此项要求。

当中水同时满足多种用途时，其水质应按最高水质标准确定。

四、中水处理

1. 中水处理工艺流程的选择

中水处理工艺流程主要是根据中水原水的水量、水质和要求的中水水量、水质与当地的自然环境条件适应情况，经过技术经济比较确定。

中水处理工艺按组成段可分为预处理、主处理及后处理部分。预处理包括格栅、调节池；主处理包括混凝、沉淀、气浮、活性污泥曝气、生物膜法处理、二次沉淀、过滤、生物活性炭以及土地处理等主要处理工艺单元；后处理为膜滤、活性炭、消毒等深度处理单元。亦可将其处理工艺方法分为以物理化学处理方法为主的物化工艺，以生物化学处理为主的生化处理工艺，生化处理与物化处理相结合的处理工艺以及土地处理（如有天然或人工土地生物处理和人工土壤毛管渗滤法等）四类。常见的处理工艺流程如表5-23所示。

表5-23为国内常用中水处理工艺流程概括表述，大部分流程是以生物处理为中心的流程，而生物处理中又以接触氧化法为最多，这是因为接触氧化生物膜法具有容易维护管理的优点，适用于小型水处理。流程表中的序号2、3、5、6皆为含有生化处理的流程，序号2、3多以杂排水为原排水；序号5、6为生化处理和物化处理相结合的流程，多以含有粪便的污水为原水。以物化法处理为主的处理流程较少，而且多应用于原水水质较好的场合，如流程表中序号1、2具有流程简单、占地少、设备密闭性好、无臭味、易管理的优点。

表 5-23　常用中水处理工艺流程

序　号	处 理 工 艺 流 程
1	格栅→调节池→混凝气浮（沉淀）→化学氧化→消毒
2	格栅→调节池→一级生化处理→过滤→消毒
3	格栅→调节池→一级生化处理→沉淀→二级生化处理→沉淀→过滤→消毒
4	格栅→调节池→絮凝沉淀（气浮）→过滤→活性炭→消毒
5	格栅→调节池→一级生化处理→混凝沉淀→过滤→活性炭→消毒
6	格栅→调节池→一级生化处理→二级生化处理→混凝沉淀→过滤→消毒
7	格栅→调节池→絮凝沉淀→膜处理→消毒
8	格栅→调节池→生化处理→膜处理→消毒

2. 中水处理主要设备

从以上中水处理工艺流程看，中水处理设备主要有：格栅（格网）、调节池、沉淀（气浮）池、接触氧化池、生物转盘、絮凝池、滤池、消毒设备、活性炭吸附设备等。这些设备大多有定型产品，可根据工艺流程的需要选用。

五、中水管道系统

中水管道系统分中水原水集水系统和中水供水系统。

1. 中水原水集水系统

中水原水集水系统根据体制不同分为合流制和分流制集水系统。

（1）合流制集水系统。合流制集水系统是将生活污水与生活废水用一套系统排出，其系统设计与建筑室内排水系统设计基本相同，室内支管、立管等管道布置与敷设要求也与建筑室内排水系统基本相同。

（2）分流制集水系统。分流制集水系统是将生活污水与生活废水用两套系统分别排出和收集。

分流管道布置是否合理顺畅与卫生间的位置、卫生器具的布置直接相关。布置分流管道时应注意做到：

1）便器与洗浴设置最好分设或分侧布置，以便用单独支管、立管排出。

2）多层建筑洗浴设备宜上下对应布置，以便接出单独立管。

3）高层公共建筑的排水管宜采用污水、废水、通气三管组合管系。

4）明装污、废水立管宜在不同墙角布设以利美观，污、废水支管不宜交叉，以免横支管标高降低过大。

5）室内外原水集水管及附属构筑物均应防渗、防漏，井盖应作“中”字标志。

6）中水原水系统应设分流、溢流设施和超越管，其标高应能满足重力排放要求。

2. 中水供水系统

中水供水系统的管网系统类型、系统组成、供水方式、管道布置与敷设及水力计算与建筑室内给水系统基本相同，只是在供给范围、水质、使用等方面有限定和特殊要求。

（1）对中水管道和设备的要求：

1）中水供水系统必须独立设置。

2）中水管道应具有耐腐蚀性，采用塑料管、衬塑复合钢管和玻璃钢管比较适宜。

3）不能采用耐腐蚀性的管道和设备，应做好防腐蚀处理，使其表面光滑，易于清垢。

4）中水供水系统应根据使用要求安装计量装置。

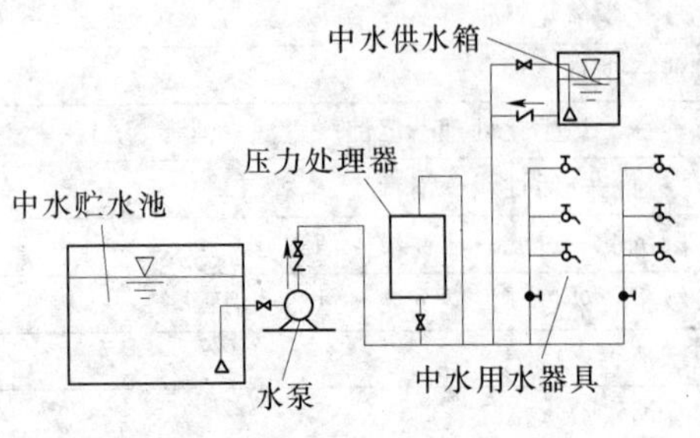

图 5-17　余压供水系统

5）中水管道不得装设取水龙头，便器冲洗宜采用密闭型设备和器具。绿化、浇洒、汽车冲洗宜采用壁式或地下式的给水栓。

6）中水管道、设备及受水器具应按规定着浅绿色，以免引起误用。

（2）中水供水系统形式。

常用的中水供水系统有余压供水系统、水泵水箱供水系统、气压供水系统 3 种形式，如图 5-17～图 5-19 所示。

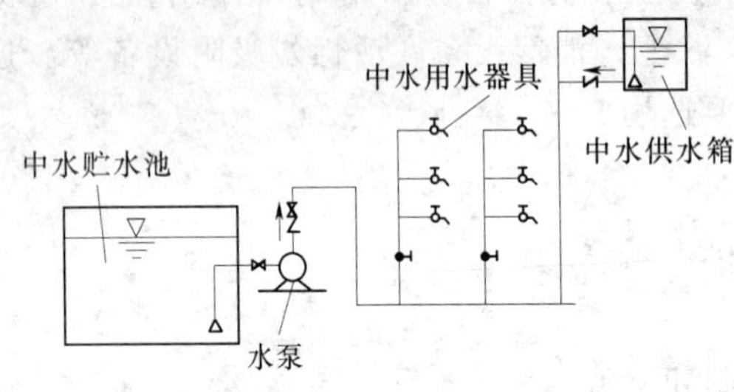

图 5-18　水泵水箱供水系统

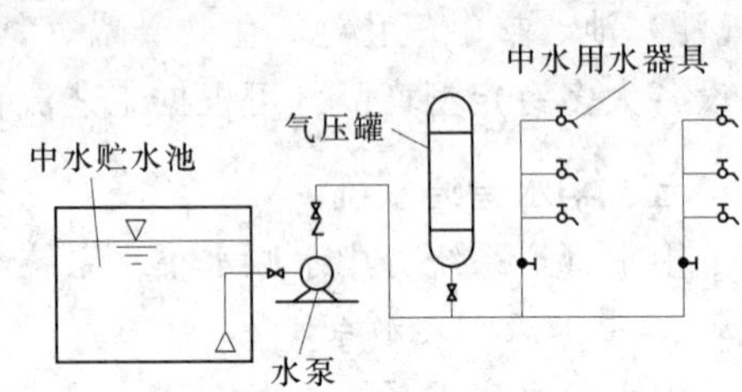

图 5-19　气压供水系统

六、水量平衡

水量平衡计算是中水设计的重要步骤，它是合理用水的需要，也是中水系统合理运行的需要。建筑中水的原水取于建筑排水，中水用于建筑杂用，上水补其不足，要使其互相协调，必须对各种水量进行计算和调整。要使集水、处理、供水集于一体的中水系统协调地运行，也需要各种水量间保持合理的关系。水量平衡就是将设计的建筑或建筑群的给水量、污水、废水排水量、中水原水量、贮存调节量、处理量、处理设备耗水量、中水调节贮存量、中水用量、自来水补给量等进行计算和协调，使其达到平衡，并把计算和协调的结果用图线和数字表示出来，即水量平衡图。水量平衡图虽无定式，但从中应能明显看出设计范围内各种水量的来龙去脉，水量多少及其相互关系，水的合理分配及综合利用情况，是系统工程设计及量化管理所必须做的工作和必备的资料。实践表明，中水工程不能坚持有效运行的一个重要原因，就是水量不平衡，因此，应充分重视这一项工作。

在中水系统中应设调节池（箱）。调节池（箱）的调节容积应按中水原水量及处理量的逐时变化曲线求算。在缺乏上述资料时，其调节容积可按下列方法计算：

（1）连续运行时，调节池（箱）的调节容积可按日处理水量的 35%～50%计算。

（2）间歇运行时，调节池（箱）的调节容积可按处理工艺运行周期计算。处理设施后应设中水贮存池（箱）。中水贮存池（箱）的调节容积应按处理量及中水用量的逐时变化曲线求算。在缺乏上述资料时，其调节容积可按下列方法计算：

（1）连续运行时，中水贮存池（箱）的调节容积可按中水系统日用水量的 25%～

35%计算。

（2）间歇运行时，中水贮存池（箱）的调节容积可按处理设备运行周期计算。

（3）当中水供水系统设置供水箱采用水泵一水箱联合供水时，其供水箱的调节容积不得小于中水系统最大小时用水量的50%。

中水贮存池或中水供水箱上应设自来水补水管，其管径按中水最大时供水量计算确定，自来水补水管上应安装水表。

七、工程实例

1. 工程概述

广州某小区规划总建筑面积为69.53万m^2，其中住宅建筑面积为23.54万m^2、办公面积为6.56万m^2、体育会所面积为1万m^2，设计居住户数为4017户，停车位共3910个。该小区以居民洗浴、盥洗、洗衣用水作为中水水源建立中水站，回用水作为小区内浇洒道路、绿化、水景、冲公厕、洗车等用水，其中室外景观水体水面面积为4800m^2，水体体积约为3100m^3。

2. 原水水质与设计水量

（1）中水站设计水量。居民用水量标准以200L/(人·d)计，根据洗浴、盥洗及洗衣用水量占总给水量的比例及损失水量比例、观赏性景观水体停留时间（取5d）及蒸发损失进行水量平衡计算的结果如表5-24所示，确定中水处理水量为850m^3/d。

表5-24　　　　水量平衡计算

中水用水量Q'						处理水量Q_1	可集中原水量Q				溢流量Q_2
绿化	浇洒道路	水景	洗车	冲公厕	小计		淋浴	洗衣	盥洗	小计	
56.0	32.6	540.0	23.4	100.0	752.0	854.0	347.7	278.1	262.7	888.5	34.5

（2）中水站设计进、出水水质。从2003年3～6月实测的中水站进水水质来看，原水水质稳定、污染程度较低。出水水质要满足《城市污水再生利用景观环境用水水质》（GB/T18921—2002）中观赏性景观用水水景类标准。

3. 处理工艺

根据原水水质和出水水质标准，采用如下处理工艺，如图5-20所示。

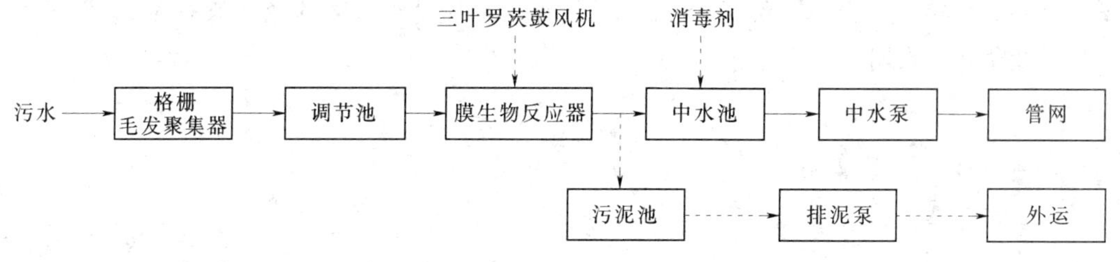

图5-20　工艺流程

（1）格栅和毛发聚集器。洗浴、盥洗及洗衣污水中较大的悬浮物或漂浮物较少，但毛发较多。为防止堵塞膜生物反应器，选用一台栅条间距为8mm的机械格栅（安装倾角为

60°)，同时采用毛发聚集器截留毛发，防止毛发进入水泵或膜生物反应器内。

(2) 调节池与中水池，设计 HRT 为 6h，容积为 $220m^3$。

(3) 膜生物反应器。采用一体式膜生物反应器，外压式 PP 中空纤维膜，平均孔径为 0.2μm，25℃时膜通量为 150L/(m^2·h)，该反应器以恒流过滤方式运行，设计负荷 1.5kgBOD_5/(m^3·d)。

(4) 消毒系统。采用二氧化氯作为消毒剂，有效氯投量根据出水水质而定（取 4～7mg/L)，接触时间大于 30min 用计量泵投加。

4. 运行情况

(1) 处理效果。进、出水水质与处理效率如表 5－25 所示，出水各项指标均达到 GB/T18921—2002 中观赏性景观用水水景类的标准。

表 5－25　　进、出水水质与处理效果

项目	COD (mg/L)	BOD_5 (mg/L)	SS (mg/L)	NH_3—N (mg/L)	浊度 (NTU)	色度 (倍)
原水水质	192～340	110～170	140～220	140～220	90～160	110～220
中水水质	10～40	2～4	0～1	3～5	1～3	2～3
出水标准	—	≤6	≤10	≤5	≤5	≤30

(2) 工艺特点。①工艺流程简单、造价低。膜组件能够有效地分离悬浮固体，最大限度地将活性污泥截留在生物反应器内；该工艺无需设置二沉池，系统占地面积小；污泥负荷比（F/M）低，污泥产率远低于传统的活性污泥法，剩余污泥的处置费用低（和传统的活性污泥法相比节省投资 30%)；②处理效果好。MBR 污泥停留时间长，微生物浓度高，有利于硝化及亚硝化菌等世代时间较长的微生物富集、有利于生长速度较慢的厌氧微生物的成长，比传统活性污泥法的脱氮除磷能力强。

(3) 运行中出现的问题：①长时间运行后出现丝状菌膨胀现象，发生丝状菌膨胀会恶化污泥沉降性能，导致跨膜压差迅速上升，可采取投加高浓度乙醇脱除污泥中的水分，同时投加尿素补充氮源、加入硫酸亚铁提高活性污泥密度两种措施解决；②膜堵塞，膜堵塞会导致膜通量下降，其主要原因是有机物及生物污染膜组件，采用在线反洗程序，保证清洗后的膜通量恢复到初始状态的 90%以上。

该项目实际处理优质杂排水 $820m^3$/天，运行费用为 0.98 元/m^3，投产后节省自来水 $27.1\times10^4 m^3$/年，按当地水价 2.48 元/ m^3计算，工程投资带来的经济效益为 40.65 万元/年，项目投资回收期为 3.5 年。

第二篇　暖通空调工程

第六章　供　暖　工　程

第一节　供暖工程概述

人们的生产和生活离不开能量。在能源消耗总量中，用来保障建筑卫生和舒适条件的供暖、空调等建筑设备所消耗的能量占有较大的比例。据统计，在美国和日本约占1/4～1/3左右。随着社会的发展，人类对居住条件的要求不断提高，建筑能耗占全国能耗总量的比例也会不断增长。

热能的利用主要有两种形式：一种是动力应用，即在热力发电厂中利用燃料燃烧产生的热能来发电，为各项工作提供动能；另一种是直接把热能用于生产或生活，这种应用的热能属于低品位热能（一般温度低于350℃）。把生产、输配和应用中、低品位热能的工程技术，称为供热工程。

集中供热系统是由热源、热力管网和热用户三大部分组成的。这三个组成部分分别完成热能的生产、传输和消耗。集中供热已经成为现代化城镇公共事业的重要组成部分。

一、集中供热系统的热用户

供热系统中利用热能的终端用户，称为热用户，主要有采暖热用户、通风与空调热用户、热水热用户，以及生产工艺热用户等。一个集中供热系统，可以包括以上所有的热用户，也可能仅包括一种或几种热用户。一般采暖用户和生产热用户，是集中供热系统的用能大户。仅有采暖热用户的集中供热系统，也称为集中供暖系统。

不同热用户的热负荷，按其性质可以分成两类：

1. 季节性热负荷

如供暖、通风、空气调节用户热负荷，其特点是它的大小与气候条件密切相关，室外温度决定热负荷的大小，因而在一年中有很大的变化。

2. 常年性热负荷

这类热负荷与气候条件关系不大，如热水供应热负荷和生产工艺用热负荷。生产工艺热负荷取决于生产状况，热水供应热负荷与居民生活习惯有关。这类热负荷一般在全天中有较大变化。

集中供热系统的热负荷大小是供热规划和设计的重要依据。

二、集中供热系统的热源

供热系统的热源，是指提供热能的装置或天然能源。目前，应用最广泛的热源是区域锅炉房和热电厂。此外，也可以利用核能、地热能、太阳能，以及工业余热等，作为集中供热系统的热源。

在供热锅炉中，燃料在炉膛内燃烧产生热能，从而生产出热水或蒸汽（称为热媒）。依靠热媒的流动把热量从热源输送到热用户，热媒在用户散热设备内散热后返回锅炉重新加热。

热电厂是指同时生产电能和热能的工厂，这种生产模式也称为"热电联供"。在热电厂中，燃料在动力锅炉内燃烧，生成高温高压的水蒸气（高品位热能），水蒸气进入汽轮机膨胀带动发电机发电。

三、集中供热系统的热力管网

集中供热系统的热力输配管网也称为热网，负责将热媒从热源输送到热用户。根据供热管道的不同，可以分成单管制管网系统、双管制管网系统和多管制管网系统。热水供热系统一般采用双管制，而蒸汽供热系统根据热用户情况可以采用单管制或多管制管网系统。

（一）热网的布置形式

热网的平面布置形式，主要有枝状和环状两种。

1. 枝状管网

对于小型热水供热系统或蒸汽供热系统，多采用枝状管网。

图 6-1 是一个典型的一个枝状供热管网。热网供水从锅炉房出发，分别经历主干线、支干线和用户支线，到达热用户，回水从热用户出口经历上述路线返回热源。枝状供热管网布置简单，基建投资少，运行管理方便，是目前应用最普遍的一种管网形式。

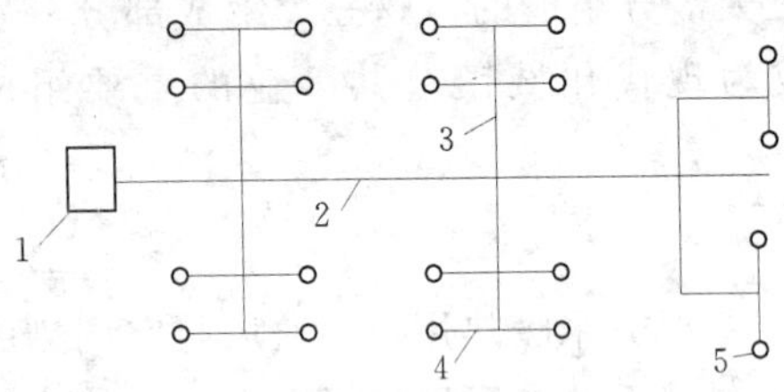

图 6-1 枝状供热管网

1—锅炉房；2—主干线；3—支干线；4—用户支线；5—热用户引入口

在较大型的集中供热系统中，一般需要在用户支线 4 末端设置换热站（或称热力站），由热力站负责向后端用户供热。一个热力站可以承担一个小区或几个街区的热用户供热。通常把热源与换热站之间的管网称为一级管网，把换热站后面的热水网路称为二级管网。

换热站可以实现对热源送来的热媒进行转换（蒸汽—热水）、调节、计量以及热量分配等。通过换热站的换热器，把一级管网和二级管网隔离开，形成两个独立的水力系统。这样一级管网的热媒并不直接进入热用户的散热设备，这种系统称为间接连接式集中供热系统。

间接连接供热系统虽然增加了设备投资，但是这种连接使得热源的补水量下降。此外，一级热网的压力工况和流量不受用户影响，便于大型供热系统的运行调节。

2. 环状管网

枝状管网主干线的管径，随着距离热源越远而逐渐减小，给热用户提供的资用压降也逐步降低。对于一个较大型的枝状管网系统，容易出现"近热远冷"的现象。这种现象称为水平失调。此外，枝状管网的供热可靠性比较差。当主干线某处出现故障时，故障点后端的用户都将停止供热。

随着集中供热系统供热范围的不断增大，近年来环状管网逐渐受到重视。图 6-2 是由一个热电厂和一个供热锅炉房组成的多热源环状供热管网。热网的主干线呈环状，枝干线从环状管网中分出，再到各个热力站。一般在供热高负荷期两个热源同时运行，而在低负荷期仅利用热电厂供热。

环状管网供热系统的最大优点是提高了供热可靠性。当输配主干线某处出现故障时，可以通过环状管网另一个方向提供热量。但是多热源的环状管网在设计和运行管理上比较复杂。

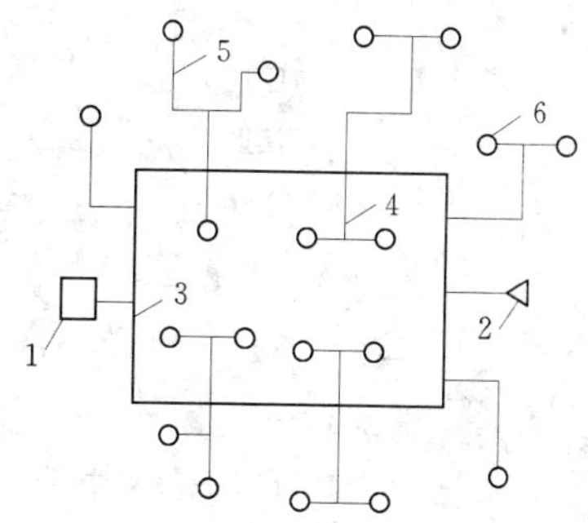

图 6-2 多热源环状管网

1—锅炉房；2—热电厂；3—输配干线；4—支干线；5—用户支线；6—热力站

（二）热网的敷设方式

室外供热管网是集中供热系统施工中的最繁重部分，热网的敷设方式包括地上敷设和地下敷设两类。选择合理的敷设方式，对于节省投资、保障热网的运行与维修等，具有重要意义。

1. 地上敷设

地上敷设是供热管道敷设在地面上或支架上的方式。根据支架高度的不同，又分为低支架敷设、中支架敷设、高支架敷设三种。为了避免风雪的侵蚀，低支架敷设中地面距离管道外保温层的净高度应大于 0.3m，通常是沿着厂区的围墙或平行于公路或铁路架设管道。在人行频繁的非机动车通行地段，需要采用中支架敷设，管道外保温层距离地面的净高度为 2～4m。在管道跨越公路或铁路的路段，应该采用高支架敷设，管道外保温层距离地面的净高度在 4m 以上。

2. 地下敷设

地下敷设可以分为地沟敷设和无沟直埋敷设。根据地沟内人行通道的设置情况，分为通行地沟、半通行地沟和不通行地沟三种。通行地沟是检修人员可以在地沟内直立通行的地沟，采用单侧布管或双侧布管。地沟高度不低于 1.8m，人行通道宽度不小于 0.6m。通行地沟检修方便，但是造价高。半通行地沟高度为 1.2～1.4m，人行通道宽度不小于 0.5m，操作人员可以进行管道检查和小型修理工作，但是更换管道等大型工作需要地面开挖才能进行。不通行地沟仅需要保障管道安装需要的空间，造价低，是城镇供热管道经常采用的地沟敷设形式。

供热管道直接埋设于土壤中的敷设方式，称为直埋敷设。供热管道一般采用整体式预制保温管结构，由管道、保温层和保护层外壳三者紧密结合在一起构成。保温层多采用硬质聚氨酯泡沫塑料，保护层外壳多采用高密度聚乙烯硬质塑料管。直埋敷设不影响市容和交通，而又具有便于施工和节省投资费用等优点，成为目前城镇和小区广泛采用的一种管道敷设方式。

四、典型供热系统形式

1. 区域锅炉房集中供热系统

图 6-3 为一个典型的区域蒸汽锅炉房集中供热系统。蒸汽锅炉 1 产生水蒸汽，经过供汽干管 2 输送到各个热用户。该系统热用户包括采暖热用户（a)、通风热用户（b)、热水热用户（c）和生产热用设备（d)。

这是一个没有设置换热站的直接连接式集中供热系统。水蒸气直接进入用热设备，在

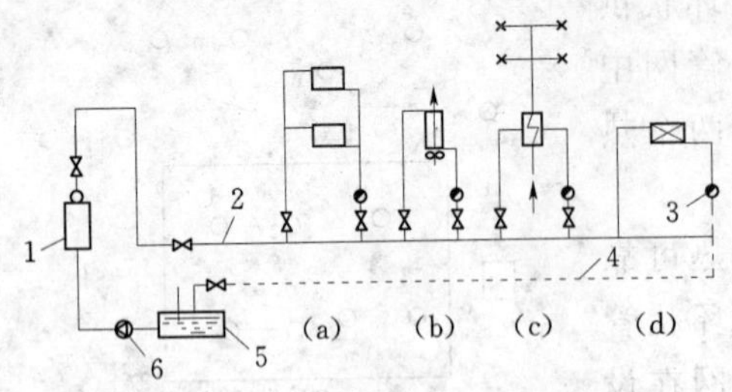

图 6-3　蒸汽锅炉房集中供热系统
1—锅炉房；2—蒸汽干管；3—疏水器；4—凝水干管；5—凝结水箱；6—给水泵

各个用热设备内放热变成凝结水，释放汽化潜热，然后经过疏水器 3 和凝水干管 4 进入凝结水箱，再经过锅炉给水泵 6 将给水打入锅炉。疏水器的主要作用是阻止蒸汽逸漏但能让冷凝水通过，即“阻汽排水”，同时排除系统中积留的不凝气体，在热水供热系统中不需设置疏水器。

2. 热电厂集中供热系统

图 6-4 为带有抽气的背压式汽轮机热力系统。该系统包括两个主循环环路，一个是汽轮机装置发电热力循环：锅炉 1 产生的高温高压水蒸气进入汽轮机 2 膨胀加速，使得汽轮机高速旋转，带动发电机 3 进行发电，做功后的低压蒸汽（乏汽）进入主加热器 5 向供热回水放热，变成凝结水进入回热器 4，通过锅炉给水泵重新进入锅炉加热。

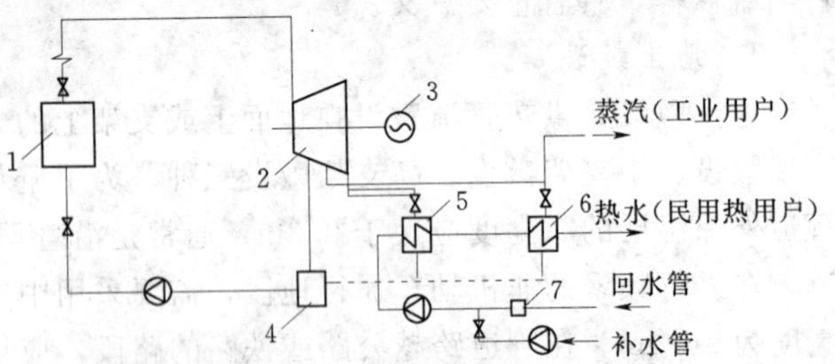

图 6-4　热电厂供热系统示意图
1—锅炉；2—汽轮机；3—发电机；4—回热器；5—主加热器；6—高峰加热器；7—除污器

该系统的另一个循环就是供热循环：供热系统的低温外网回水经过除污器 7 后进入主加热器 5 被加热，吸收乏汽放出的热量温度升高，重新进入外网供水管。在供热高峰期，主加热器 5 提供的热量不能满足外网回水加热要求时，可以启动高峰加热器 6 提供更多的热量。

发电热力循环和供热循环依靠加热器进行热量交换。

该系统还可以从汽轮机中间抽出较高压力的蒸汽，直接供应生产热用户。

3. 热泵供暖系统

图 6-5 是一个水源热泵供热系统。该系统由三个循环组成：地下水循环、热泵循环、供热系统循环。热泵循环装置主要由压缩机 1、冷凝器 2、节流阀 3 以及蒸发器 4 组成。热泵循环工质在以上四个主要设备内循环流动，循环工质的作用是把热量从蒸发器输送到冷凝器。

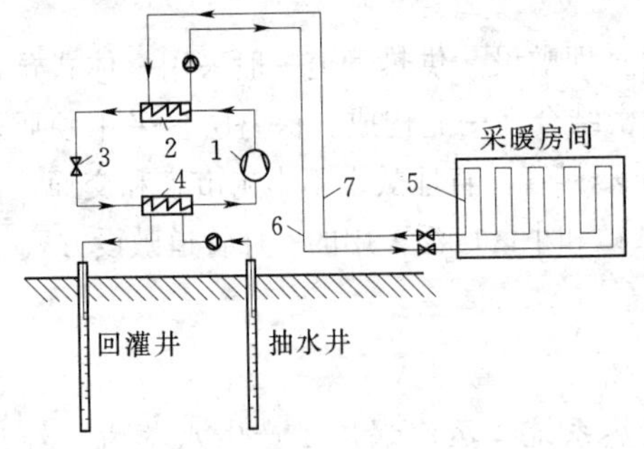

图 6-5　水源热泵供热系统示意图
1—压缩机；2—冷凝器；3—节流阀；4—蒸发器；5—地面加热盘管；6—供水管；7—回水管

地下水通过水泵进入蒸发器放出热量，降温后从回灌井返回地下，保证不造成地下水的流失。热泵循环工质在蒸发器内吸收热量后，经压缩机升温升压后进入冷凝器，把热量释放给采暖循环热水。放热后的热泵循环工质经过节流阀后实现降温降压，使之温度降到低于地下水的温度，重新进入蒸发器吸收地下水的热量。

从冷凝器中出来的采暖循环热水被输送到用户的散热设备，散热降温后通过回水管重新进入热泵装置的冷凝器，继续从热泵循环工质中吸收热量。这种供暖系统通过消耗少量的电能，实现了利用地下水热能进行采暖，因而经济性能好，一般供热系数可以达到3.0以上。

第二节 供暖系统的分类与组成

供暖就是采用人工方法向室内提供需要的热量，使室温保持一定的工程技术。我国北方地区冬季室外温度较低，室内不断向室外传热。为了保持一定的室内温度就必须向房间补充热量，才能创造适宜的生活和工作条件。供暖系统是北方建筑必备的建筑设备系统之一。

一、供暖系统的分类

供暖的方式、形式等有很多种，可以按照以下方法对供暖系统进行分类：

1. 按照供暖范围划分

(1) 局部供暖系统。热媒制备、热媒输送和热媒利用三个主要组成部分在构造上都在一起的供暖系统，称为局部供暖系统，如烟气供暖（火炉、火墙、火炕等）、电热供暖和燃气供暖等。电热供暖包括电暖气、电热膜采暖、电热缆采暖等，燃气供暖主要是燃气辐射供暖等。虽然燃气和电能是由远处输送到室内的，但是热能的转化和利用都是在散热设备上实现的，因而属于局部供暖。

(2) 集中供暖系统。由热源集中产生高温热媒，通过输送管道同时向多栋建筑供应热能的供暖系统，称为集中供暖系统。相对于局部供暖（分散供暖）而言，集中供暖优势主要表现在：①提高能源利用率、节约能源。区域锅炉房的大型供热锅炉的热效率可达80%～90%，而分散的小型锅炉的热效率只有50%～60%；②有条件安装高烟囱和烟气净化装置，便于消除烟尘，减轻大气污染；③减少司炉人员，减少燃料、灰渣的运输量和散落量，降低运行费用；④易于实现科学管理，提高供热质量。

集中供热是城市能源建设的一项基础设施，是城市现代化的一个重要标志，也是国家能源合理分配和利用的一项重要措施。

2. 按照热媒不同划分

热媒是承载热源提供的热能并把热能输送到散热设备的流体，供暖系统常见的热媒有热水、水蒸气、热空气以及燃气等。

(1) 热水供暖系统温度较高的热水通过热网从热源输送到采暖用户散热设备，放出热量后温度下降，在循环水泵的作用下返回锅炉。一般认为，供水温度高于100℃的供暖系统，称为高温水供暖系统；供水温度低于65℃的供暖系统，称为低温水供暖系统；供水温度在两者之间时，称为中温水供暖。

由于水的比热容大，载热能力强，而且没有污染，所以热水是一种常用的采暖热媒。一般在一级管网中采用高温水，而在二级管网中采用中温水或低温水。散热器供暖系统常见的设计供回水温度通常为95/70℃。低温水一般是用于地板辐射采暖系统。

（2）蒸汽供暖系统。蒸汽供暖系统是以水蒸气作为热媒的供暖系统。水蒸气从热源输送到用户散热设备后，水蒸气放热变成液态水，液态水通过凝结水管返回热源。供汽表压力高于70kPa时，称为高压蒸汽供暖；供汽表压力低于70kPa时，称为低压蒸汽供暖；当蒸汽压力低于当地大气压时，称为真空蒸汽供暖。民用建筑一般采用低压蒸汽供暖，生产工艺热用户往往需要较高的蒸汽压力。

蒸汽供暖系统与热水供暖系统相比，热媒在散热设备内的散热方式是不同的：在热水供暖系统中，热媒依靠温度的降低来散热；而在蒸汽供暖系统中，热媒通过相变来放热，释放的是水蒸气的汽化潜热。在相同散热量的条件下，蒸汽系统的热媒流量比热水系统的流量小很多。

（3）热风供暖系统。以热空气作为采暖系统的热媒，通过散热设备直接送入房间来进行采暖的系统，称为热风供暖系统。包括暖风机采暖系统、热风炉采暖系统等。这种供暖方式对流散热比例基本达到100%，具有热惰性小、升温快等特点。适用于各种工业厂房、公共建筑、蔬菜大棚等采暖。

热风供暖系统还可以根据需要，设置成与通风和空调结合的采暖系统形式，这种方式特别适合需要通风的生产厂房。热风供暖系统既可以采用集中送风的方式，也可以采用暖风机加热室内再循环空气的方式向房间供暖。热风供暖系统无漏水及管路冻裂等灾害隐患。

（4）燃气辐射供暖系统。对于一些具有高大空间的建筑，如果采用传统的散热器采暖，不仅所需要的散热器数量多，而且由于室内竖向温度梯度大，增加了房屋上部的无效热损失，采暖效果也不好。近年来，燃气辐射供暖方式在高大空间建筑上的应用逐步得到重视和推广。

燃气辐射供暖系统以天然气、液化石油气等为燃料，空气和燃料在燃烧器内混合燃烧生成高温的燃气，高温燃气进入辐射管产生高温热辐射面（表面温度可达400～700℃）。辐射管发出的热辐射以电磁波的方式将热量传递给人体、地面、墙壁或物体上。

燃气辐射供暖房间的室内竖向空气温度梯度小，热损失下降。另外，室内空气对流减弱，还可以减少尘土飞扬，卫生效果好。此外，系统启停迅速，调节和控制方便。

二、热水供暖系统

热水供暖系统是民用建筑采用的主要采暖形式，可按下述方法分类：

（1）按照水循环动力的不同，可以分成自然循环系统和机械循环系统。自然循环系统不设循环水泵，依靠供、回水的密度不同所产生的压差使水循环流动，也称为重力循环系统。机械循环系统依靠水泵的推动使水在系统内循环流动，常用于大型的供热系统中。

（2）按照系统管道设置方式不同，分为垂直式系统和水平式系统。

（3）按照每组散热器立管根数不同，分为单管系统和双管系统。

（4）按照通过各立管的循环管路的长度是否相等，分为同程式系统和异程式系统。

（一）机械循环垂直式热水供暖系统

机械循环热水供暖系统依靠水泵作用使热水在系统中强制循环，供暖范围加大，系统布置形式比较灵活。主要有以下几种形式：

1. 上供下回式热水供暖系统

上供下回是指供水干管设置在系统的上部，回水干管设在系统的下部。图 6-6 为机械循环上供下回式热水供暖系统。图左侧为双管系统，图右侧为单管系统。双管系统具有独立的供水立管和回水立管，因而进入每组散热器的供水温度相同；单管系统仅有一根立管，热水顺序地依次流经各组散热器，水温逐步下降。单管系统形式简单、施工方便、造价低，是一般建筑广泛采用的形式。

单管系统还可以分为单管顺流式系统和单管跨越式系统。图 6-6 立管Ⅲ是单管顺流式系统，其主要缺点是不能进行局部调节，散热器支管上不得安装调节阀门。立管Ⅳ是单管跨越式系统，立管的一部分水进入散热器，另一部分水通过跨越管直接进入下层散热器。单管跨越式系统允许在散热器支管上安装调节阀门，具有了调解能力，但由于热水只有一部分进入散热器，使所需的散热器面积增大。单管跨越式系统一般用于房间温度要求比较严格的建筑上。

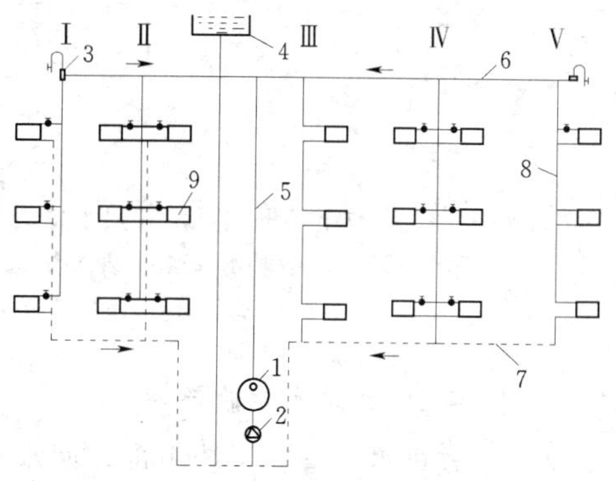

图 6-6　机械循环上供下回式热水供暖系统
1—锅炉；2—循环水泵；3—集气罐；4—膨胀水箱；5—总立管；6—供水干管；7—回水干管；8—立管；9—散热器

膨胀水箱的作用是容纳热水供暖系统加热的膨胀水量。此外，还可以起到定压的作用，即维持连接点（定压点）处压力的恒定。在重力循环系统中，膨胀水箱还起到排气的作用。在大型供暖系统中，往往采用补水泵定压取代膨胀水箱。为了分离出系统中的不凝气体（主要是空气），供水干管需要按照水流方向设置上升的坡度（$i \geqslant 0.002$），一般采用 0.003，使空气汇集在系统最高点处的集气装置内，定期排出。回水干管需要设置沿水流方向向下的坡度，使水能够顺利排出。

上供下回式系统管道布置合理，供暖效果好，是最常用的一种布置形式。

2. 下供下回式热水供暖系统

这种系统的供水干管和回水干管都设在系统的下部。一般供、回水干管可以设置在地沟内或者地下室内，常用于建筑顶棚下难以布置供水干管的场合。系统形式如图 6-7 所示。

下供下回式系统主要的缺点是系统内的空气排出困难。一般排出空气的方法主要有两种：一种是设置空气管集中利用集气装置排气，如图 6-7 所示总立管的右侧三个立管；另一种是通过顶层散热器上设置放气阀分散排气，如图 6-7 所示总立管的左侧立管。

3. 中供式热水供暖系统

供水干管设在系统中部，下部系统为上供下回式，上部系统可以采用下供下回式，如图 6-8（a）所示，也可以采用上供下回式，如图 6-8（b）所示。供水干管一般敷设在中间楼层的顶棚下。

中供式系统可以避免上供下回式系统由于楼层过多、容易出现垂直失调的现象。一般用于建筑顶层梁底标高过低使供水干管无法布置的情况，也可以用于加建楼层的原有建筑上，或者用于上部建筑面积少于下部的“品”字型建筑中。

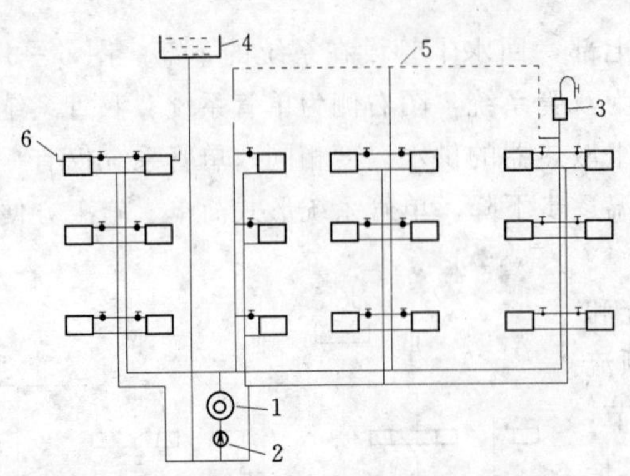

图 6-7　机械循环下供下回式热水供暖系统
1—锅炉；2—循环水泵；3—集气罐；
4—膨胀水箱；5—空气管；6—冷风阀

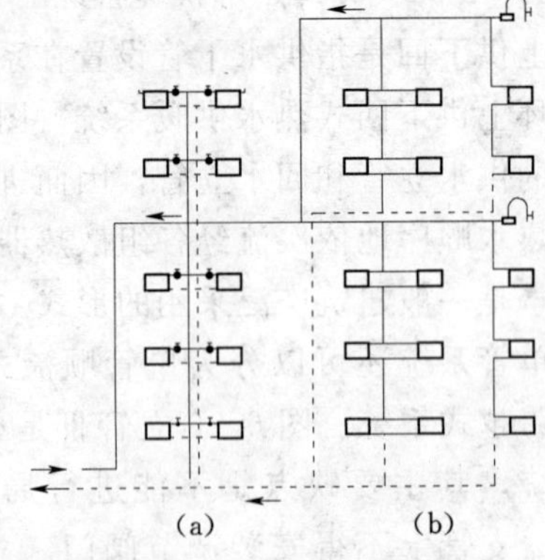

图 6-8　机械循环中供式
热水供暖系统

4. 下供上回式热水供暖系统

这种形式供水干管在系统下部，回水干管在上部，也称为“倒流式”系统，如图6-9所示。水在立管内自下而上流动，与空气的流动方一致，因而排气方便，系统不容易产生“气塞”。这种系统在高温水供热系统中比较有利。高温水供暖系统中为了防止高温水汽化，供水管必须保持一定的压力。在倒流式系统中，由于供水干管设在底层静压较大，可以降低膨胀水箱的安装高度。

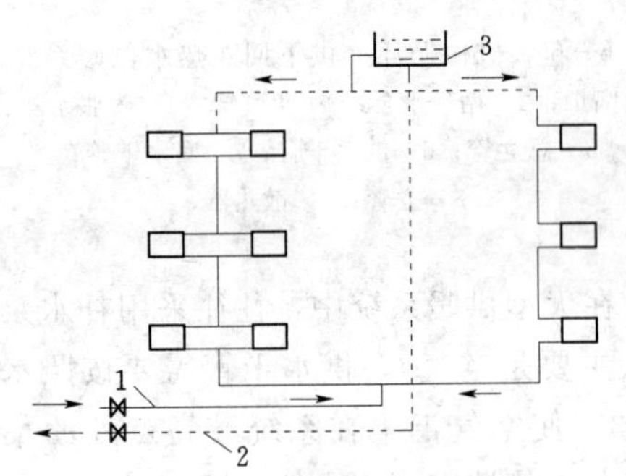

图 6-9　机械循环下供上回式热水供暖系统
1—供水管；2—回水管；3—膨胀水箱

在倒流式系统中，散热器的传热系数低于上供下回式系统。因而在相同的供暖要求下，倒流式系统所需要的散热器面积要大于上供下回式系统，这是这种系统的主要缺点。一般在建筑底层房间散热量远高于上层房间时，可以考虑采用倒流式系统。

（二）机械循环水平式热水供暖系统

水平式系统也可以分为顺流式，如图 6-10 所示和跨越式，如图 6-11 所示两类。顺

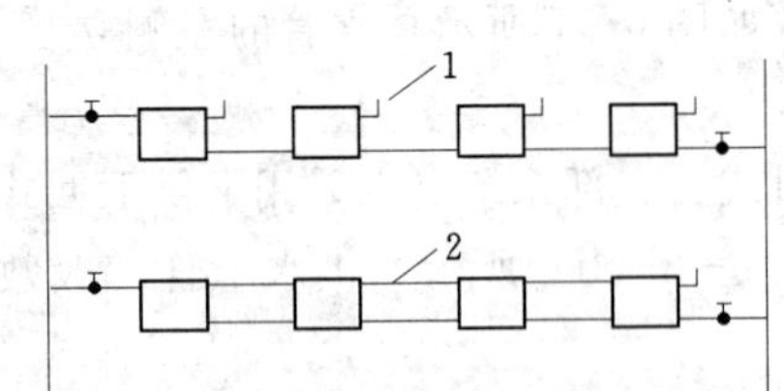

图 6-10　机械循环水平顺流式热水供暖系统
1—排气阀；2—空气管

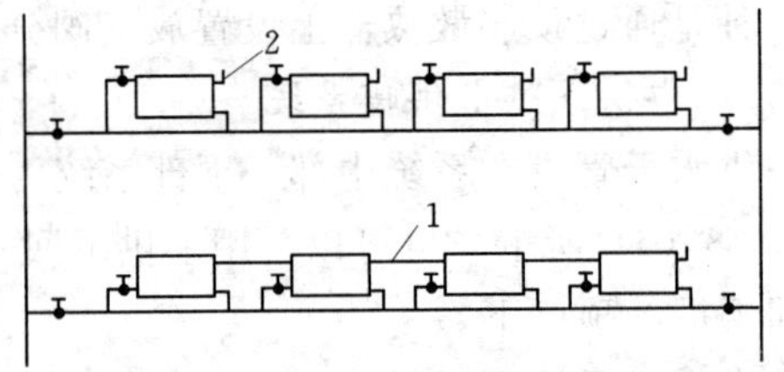

图 6-11　机械循环水平跨越式热水供暖系统
1—排气阀；2—空气管

流式系统中热水先后流经各组散热器，水温由近及远逐渐降低，不能对散热器进行个体调节。顺流式系统串联散热器组数不宜过多，以避免水平失调现象。水平跨越式系统可以安装调解阀，对散热器进行调节。

水平式系统排气比较复杂一些，对于较小系统可以在散热器上设置冷风阀的分散排气方式；对于大型系统宜设空气管集中排气。

与垂直式系统相比，水平式供暖系统管路简单，无穿过楼板的立管，施工方便。因此，水平式系统也是应用比较广泛的一种形式，尤其在大空间公共建筑上应用较多。

（三）低温热水地板辐射供暖系统

如图 6-12 所示，从换热站输送来的不高于 60℃ 的热水经过滤器 6 后进入用户分水器 1，分别送到各房间的散热盘管 3（散热盘管敷设在地板下）。热水在盘管内散热后进入集水器 2，然后回到外网。一般每组分、集水器可以连接不多于 8 个环路。这种采暖系统对于地板表面温度有要求，经常有人停留的地面温度不得高于 28℃，所以必须采用低温水供热，一般供水温度 40～60℃。

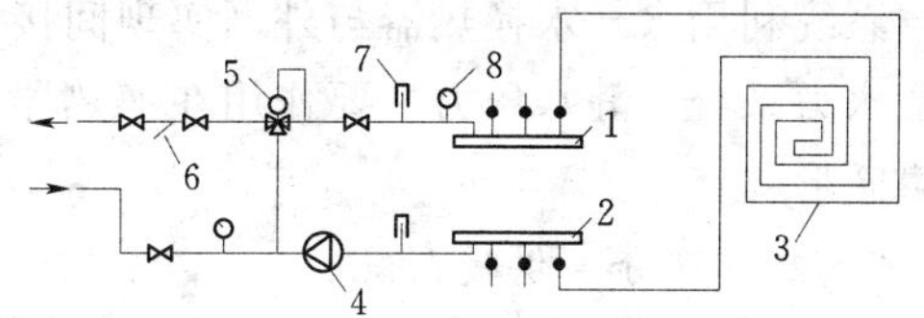

图 6-12　低温热水地板辐射供暖系统图

1—分水器；2—集水器；3—散热盘管；4—水泵；5—三通调解阀；6—过滤器；7—温度计；8—压力表

实践表明，低温热水地板辐射采暖具有以下优点。

1. 舒适卫生

在地板辐射采暖房间中，室温由下而上逐渐递减，改变了散热器采暖室温下低上高的温度分布，所以给人以脚暖头凉的舒适感受。相对于散热器采暖而言，室内空气速度场均匀，灰尘流动小，减少了空气中有害病菌的蔓延，室内环境更加卫生清洁。

2. 高效节能

地板辐射采暖系统的节能性体现在以下方面：①可充分利用工业余热水、太阳能、地热等各种低温热源；②热量集中在人体受益的高度内，室内设计温度可以比对流采暖方式低 2～3℃；③各热用户的分水器安装有控制阀门，方便用户随时调解室温。

3. 减少楼层噪音

我国建筑楼板一般选用预制板或现浇板，其隔音效果较差。由于地板采暖增加了绝热层，不仅具有保暖作用，也起到了隔音效果。因此，可以减少上层对下层的噪声干扰。

4. 不占使用面积

采用地板辐射供暖，室内没有散热片及其支管，增加了室内使用面积，便于装修和家具布置。

地板辐射采暖不足之处，主要有初投资高、建筑层高增加导致土建费用增加以及系统的可维修性差等方面。在分户热计量收费时，还需要考虑上下层房间的户间传热问题。

由于地板辐射采暖系统具有明显的优势，在国内外得到广泛应用。目前，欧美发达国家超过 50% 的新建建筑中都采用了地板辐射采暖系统。

（四）高层建筑热水供暖系统

随着城市的发展，高层建筑逐渐兴起。通常把 10 层及 10 层以上的居住建筑和高度超过 24m 的公共建筑称为高层建筑。由于高层建筑热水供暖系统的底层散热器承受的静水压力较大，因此必须根据散热器的承压能力选择合适的系统形式及其与外网的连接方式。高层建筑室内供暖系统与外网的连接，一直是供热设计中的难点之一。此外，在确定高层建筑采暖系统形式时，还应该考虑系统可能出现的上下层冷热不均问题，即“垂直失调”问题。

高层建筑的热水供暖系统形式，主要有以下几种：

1. 隔绝式分层供暖系统

为了防止高层建筑热水采暖系统水压全部作用在底层散热器上，常见的做法是把供热系统在垂直方向上分成两个独立的水力系统，如图6－13所示。下层系统与外网直接相连，上层系统利用水－水换热器与外网实现间接连接。这种形式的供暖系统，上层形成一个独立的水力系统，静水压力主要作用在换热器上。这种系统工作稳定，是目前常用的一种高层供暖形式。

2. 双水箱分层供暖系统

隔绝式分层供暖系统工作稳定、运行可靠。但是当外网供水温度较低时，换热器出口热水温度更低，可能不满足供暖要求。这时可考虑采用双水箱系统，如图 6－14 所示。

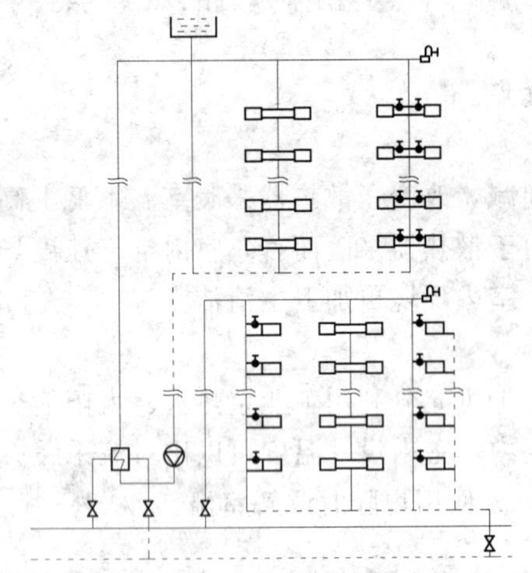

图 6－13 高层建筑隔绝式分层供暖系统

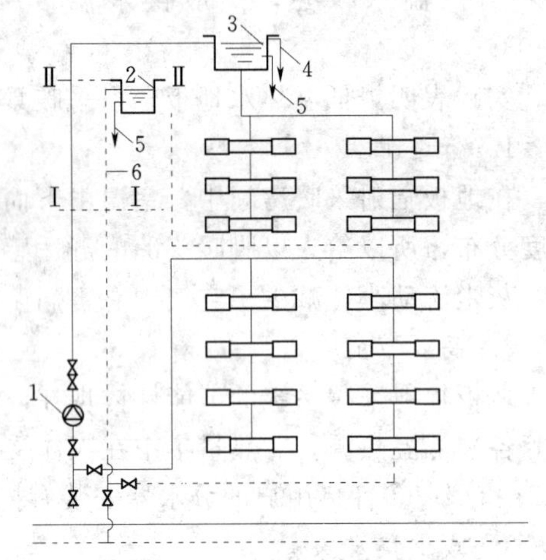

图 6－14 高层建筑双水箱分层供暖系统

1—加压水泵；2—回水箱；3—供水箱；4—溢流管；5—信号管；6—回水箱溢流管

上层系统利用供水箱和回水箱的水位高差进行水循环流动。当外网供水压力不足以把热水送到顶层的供水箱时，需要在用户入口处设置加压水泵。下层系统与外网直接连接。

在图 6－14 双水箱系统中，回水箱溢流管 6 内的流动状态具有这样的特点：在Ⅰ—Ⅰ截面以下为满管流状态，水位高度取决于热网回水干管的压力，Ⅰ—Ⅰ截面以上为非满管流状态。因而双水箱系统实际也是一种分层式供暖系统，利用非满管流的溢流管 6 与热网回水管的压力相隔绝。

双水箱供暖系统实际上是利用两个水箱取代了热交换器，起到隔绝上下层压力作用，简化了引入口设备，降低了工程造价。但是由于采用开式水箱，易使空气进入造成系统腐蚀。

3. 无水箱直连供暖系统

高层建筑如何与热网连接是一个比较棘手的问题。近年来，许多高层建筑采用了无水箱直连分层供暖系统。这种方式利用膜流运动理论，采用类似于流体非满管流的减压方式。如图 6－15 所示，室外管网的供水加压送至高层，从高层散热器流出的回水首先进入“断流器”，使水流高速旋转，人为促成其膜流形成，从而达到减压断流。然后流体进入“阻旋器”恢复有压流状态并分离出空气。通过有压流⟶无压流⟶有压流这样一个逆变的过程，使得高压流体平稳过渡到低压流体。

这样，回水管中断流器和阻旋器之间为膜态流动，从而使得上层与下层形成两个水力区。无论系统运行还是静止，均保证了两个分区系统的隔绝。在供水管上还设有加压泵前的止回阀隔断，确保供水管在水泵停止运行时，水不能经泵倒流回低区。

这种连接方式首次将膜流运动理论应用于供暖系统，取消了两个水箱，安装方便、运行可靠、系统造价降低。但是系统中的断流器易产生噪声，需设置在管道井或辅助房间内。

4. 单、双管混合式供暖系统

这种单、双管混合式系统只是解决了“垂直失调”问题，并没有解决底层散热器静水压力过大的问题。一般用在底层散热器承压能力比较强，或者楼层数不是很多的建筑中。

为解决高层建筑采暖系统的“垂直失调”问题，可以采用双线式系统或者单、双管混合系统。单、双管混合系统形式如图 6－16 所示。沿建筑高度方向把散热器分成若干组，每组内采用双管系统，而组与组之间采用单管连接。这种混合系统既能象双管系统那样进行散热器个别调节，同时又避免了单独采用双管系统而导致的由于楼层过多出现的严重垂直失调问题。

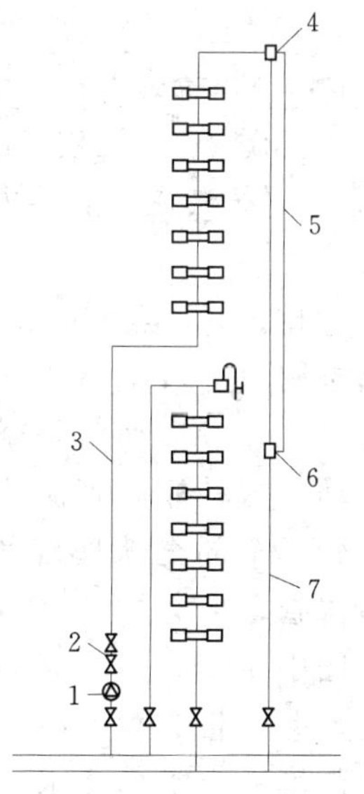

图 6－15 高层建筑无水箱直连供暖系统

1—加压水泵；2—止回阀；3—供水管；4—断流器；5—连通管；6—阻旋器；7—回水管

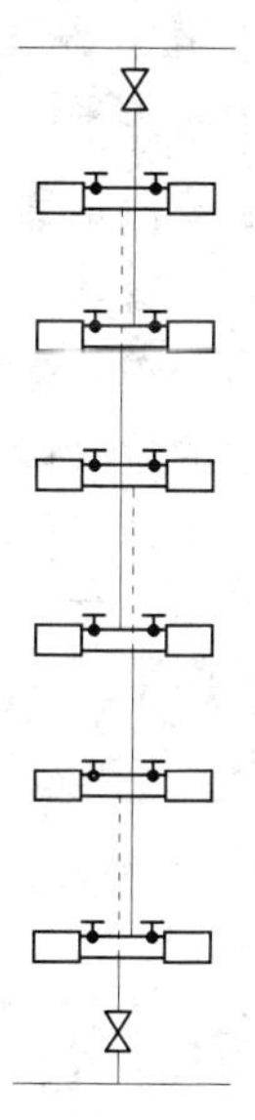

图 6－16　单、双管混合式供暖系统

三、蒸汽供暖系统

以水蒸气作为热媒的供暖系统，称为蒸汽供暖系统。

相对于热水供暖系统，蒸汽供暖系统具有以下优点：

(1) 蒸汽供暖系统中，输送到热用户的热媒为水蒸气，热媒在散热设备内放热后变成凝结水返回锅炉。也就是热媒依靠相变来吸收和释放热量，载热能力大、热媒流量小。

(2) 水蒸气的密度小，不会产生很大的水静压力，因而更适用于高层建筑供暖。

(3) 蒸汽供暖系统中，散热器表面温度比较高，所需散热器面积少。

(4) 蒸汽供暖系统适用面广，能满足多种热用户的要求。

蒸汽供暖系统的主要缺点：

(1) 蒸汽和凝水在输送过程中，由于散热、节流等的影响，热媒在管内产生局部相变，导致热媒参数有较大变化，使系统容易出现“跑、冒、滴、漏”问题，管理难度大、经济性下降。

(2) 水蒸气不适于远距离输送，供热半径受到限制。

(3) 由于蒸汽供暖系统中散热器表面温度比较高，容易使落在散热器表面的有机灰尘产生异味，卫生条件差。此外，高温散热器表面还会使室内产生较强的空气热对流，引起扬尘。

一般而言，对于以生产热用户为主的集中供热系统，宜采用水蒸气作为热媒；对于民用集中供暖系统，通常采用热水作为热媒。

按照供汽压力的不同，蒸汽供暖可以分为高压蒸汽供暖、低压蒸汽供暖和真空蒸汽供暖三类。按照回水动力的不同，蒸汽供暖系统可以分为重力回水和机械回水两类。民用建筑多采用低压蒸汽供暖系统，真空蒸汽供暖系统比较复杂，在我国很少被采用。

1. 重力回水低压蒸汽供暖系统

重力回水低压蒸汽供暖系统，如图 6-17 所示，该系统为上供下回双管式。在系统运行时，锅炉产生的蒸汽依靠自身压力克服流动阻力，沿供汽管道进入散热器内，并将系统内的空气驱入到凝水管，在凝水管末端 B 点处排出。蒸汽在散热器内凝结放热，凝结水依靠重力作用返回锅炉重新加热。

为了使系统中的空气能够从凝水管的末端顺利排出，B 点前的凝水管就不能充满水。也就是用户出口至 B 点的凝水管中，上半部分是空气，下半部分是凝结水，凝水依靠重力流动。这种非满管流的凝水管，称为干式凝水管。全部充满凝结水的凝水管，称为湿式凝水管。

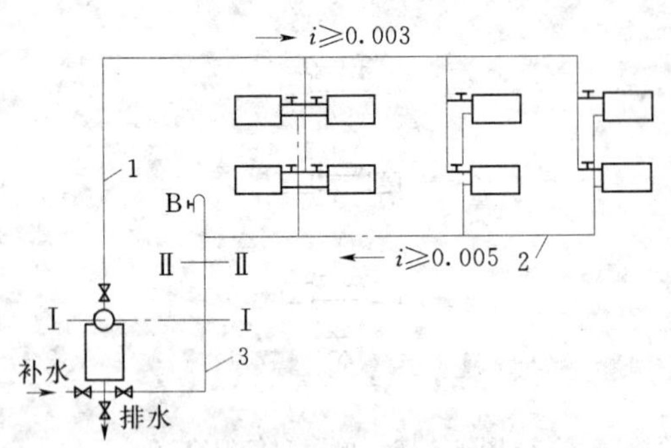

图 6-17　重力回水低压蒸汽供暖系统
1—供汽管；2—凝水管；3—总凝水立管

图中Ⅰ—Ⅰ平面为锅炉运行前系统充水高度，Ⅱ—Ⅱ平面为锅炉运行后总凝水立管充水高度。为了保证水平凝结水回水管为干式凝水管，其必须敷设在Ⅱ—Ⅱ平面以上。

重力回水低压蒸汽供暖系统型式简单，运行时不消耗电能，宜在小型系统中采用。

2. 机械回水低压蒸汽供暖系统

在供热半径比较大的蒸汽供暖系统中，需要比较高的压力才能将蒸汽输送到最远散热器。若采用重力回水方式，总凝水立管水面高度Ⅱ—Ⅱ就可能达到用户底层散热器的高度，这时凝水回水管就变成了湿式凝水管，导致空气在底层散热器处聚集，无法排出而影响散热。在这种情况下，就需要采用机械回水供暖方式。

图 6－18 为机械回水低压蒸气供暖系统示意图。系统凝结水依然靠重力作用流进凝水箱，然后利用凝水泵将凝水送入锅炉重新加热。为了使系统内的空气可经凝水干管流入凝水箱，再通过凝水箱上的空气管排往大气，凝水干管同样应按干式凝水管设计。

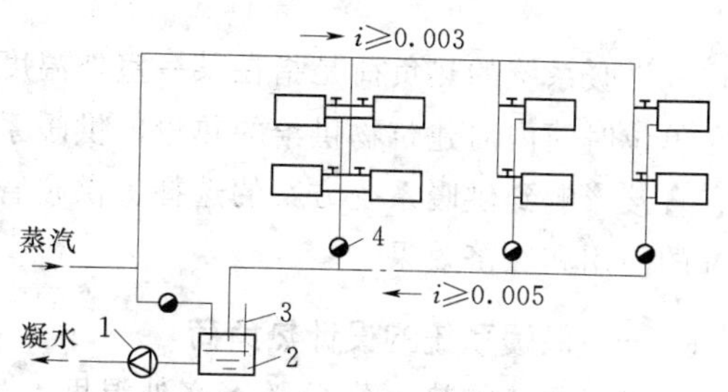

图 6－18　机械回水低压蒸汽供暖系统

1—凝水泵；2—凝水箱；3—空气管；4—疏水器

在实际运行中，为了避免供汽压力过高时水蒸气窜入凝水管，可在每根立管下端安装疏水器。疏水器不仅能“阻汽排水”，而且还能排除系统中积留的空气和其他不凝气体。

机械回水系统的最主要优点是扩大了供热范围，因而应用最为普通。

四、异程式系统与同程式系统

异程式系统是指连接每个立管的供水干管水流方向与回水干管水流方向不一致，其特点是通过各个立管的循环环路的总长度不相等。如图 6－19 所示，靠近热源的Ⅰ立管循环环路比较短，而远离热源的Ⅲ立管的循环环路比较长。这样的系统由于远近环路不等，水力平衡比较困难。如果设计或调节不当，往往容易出现水平方向上的冷热不均现象，即水平失调。

同程式系统是指连接每个立管的供水干管水流方向与回水干管水流方向一致，其特点是通过各个立管的循环环路的总长度相等。如果如图 6－19 所示的异程式系统中增设一条总回水干管，则通过各个立管的循环环路就相同了，系统就变为同程式系统，如图 6－20 所示。

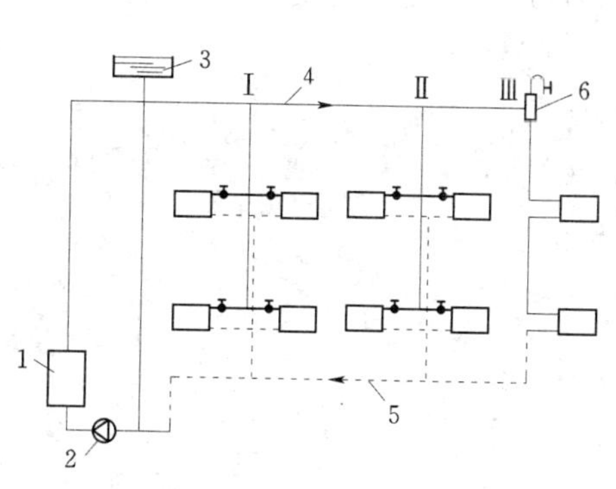

图 6－19　异程式供暖系统

1—锅炉；2—循环水泵；3—膨胀水箱；4—供水干管；5—回水干管；6—集气罐

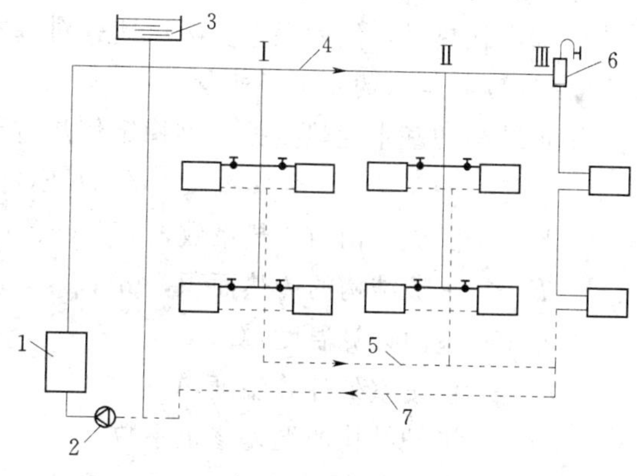

图 6－20　同程式供暖系统

1—锅炉；2—循环水泵；3—膨胀水箱；4—供水干管；5—回水干管；6—集气罐；7—总回水干管

虽然同程式系统一般要比异程式系统管材消耗多，但是由于各个循环环路长度相等，因而各环路压力损失易于平衡，可以避免水平失调。因而，在大型供暖系统中，常采用同程式系统。

第三节　供暖系统的设计热负荷

供暖系统的热负荷是指在某一室外温度 t_w下，为了达到要求的室内温度 t_n，供暖系统在单位时间内向建筑物供给的热量。供暖系统的设计热负荷是供暖设计中最基本的数据，它直接影响到供暖系统方案的选择、供暖管道管径和散热器等设备的确定，关系到供暖系统的使用和经济效果。

一、供暖系统的设计热负荷

供暖系统的热负荷 Q 随着室外温度 t_w变化。供暖系统的设计热负荷，是指在设计室外温度 t'_w下，为了达到要求的室内温度 t_n，供暖系统在单位时间内向建筑物供给的热量 Q'。一般根据设计热负荷，进行散热设备选择、供暖管道计算等。供暖系统设计的第一步，就是计算设计热负荷。

供暖系统的设计热负荷 Q'，一般包括三个部分

$$Q'=Q'_1+Q'_2+Q'_3 \tag{6-1}$$

式中　Q'_1——为建筑围护结构耗热量，W；

Q'_2——为加热由门、窗缝隙渗入的冷空气所消耗的热量，称为冷风渗透耗热量，W；

Q'_3——为加热由外门开启侵入的冷空气所消耗的热量，称为冷风侵入耗热量，W。

对于生产厂房等，供暖设计热负荷一般还包括通风耗热量，加热冷物料耗热量等项。

二、围护结构耗热量 Q'_1 的计算

围护结构耗热量是指室内热空气通过围护结构向外界传递的热量，该耗热量受室内外空气温度、流速的影响。工程上为了方便计算，通常先给定室内外风速等条件，计算围护结构的基本耗热量，然后根据实际风速等对基本耗热量进行修正，得到实际耗热量。

（一）围护结构的基本耗热量

围护结构的基本耗热量按一维稳定传热过程计算

$$q'=KF(t_n-t'_w)a \tag{6-2}$$

式中　K——围护结构的传热系数，W/（m^2·℃）；

F——围护结构的传热面积，m^2；

t_n——室内计算温度，℃；

t'_w——供暖室外计算温度，℃；

a——围护结构的温差修正系数。

房间的围护结构包括外墙、门窗、楼板、屋面以及地面等。

1. 室内计算温度 t_n

室内计算温度 t_n是指距离地面 2m 以内人的活动区域的平均空气温度。室内空气计算

温度应该根据人体的生理热平衡的要求，或者生产工艺要求确定。

对于民用建筑的主要房间，一般采用 16～20℃；对于生产厂房，应根据劳动作业强度确定厂房的室内计算温度；对于生产环境温度有特殊要求的生产工艺系统，应由工艺设计人员提出室内计算温度。位于严寒地区或寒冷地区公共建筑和生产厂房，在非工作时间内应保证 5°C 室内温度。

2．供暖室外计算温度 t'_w

供暖室外计算温度的合理确定，对于保证供暖效果、确定系统造价具有关键性的影响。我国采暖规范中是按照“不保证天数”的方法确定不同城市地区的供暖室外计算温度 t'_w。规范规定：“供暖室外计算温度，应采用历年平均不保证 5 天的日平均温度”。例如，北京供暖室外计算温度为－9℃，哈尔滨的供暖室外计算温度为－26℃。不同地区的供暖室外计算温度可以查手册获得。

3．温差修正系数 a

在应用式（6－2）计算围护结构传热量时，计算温差采用室内、外环境的空气温差。但是有些房间部分围护体并不是直接与外界大气接触，计算这类房间围护结构的传热量时，室外温度仍然采用设计室外温度 t'_w，然后利用温差修正系数 a 对计算结果进行修正。

对于与外界大气直接接触的建筑围护结构，在式（6－2）计算中温差修正系数 a 取 1，对于不与外界大气直接接触的建筑围护结构，温差修正系数 a 可以查相关手册取值。

整个建筑的基本耗热量，等于建筑各个外围护结构基本耗热量之和，即

$$Q'_{1,j}=\sum KF(t_n-t'_w)a \tag{6-3}$$

（二）围护结构基本耗热量的修正

对围护结构基本耗热量的修正，需要考虑朝向修正、风力修正和高度修正等。修正耗热量均以基本耗热量乘以相应的修正系数的方法进行。

1．朝向修正耗热量

朝向修正耗热量是考虑建筑物受太阳热辐射影响，对垂直的外围护结构耗热量的修正。修正方法是按围护结构的不同朝向，采用不同的修正率。

规定按下列数值，选用朝向修正率 x_{ch}：

北、东北、西北：$x_{ch}=0\sim10\%$；

东南、西南：$x_{ch}=-10\%\sim-15\%$；

东、西：$x_{ch}-\ -5\%$；

南：$x_{ch}=-15\%\sim-30\%$。

选用修正率时，应考虑建筑物的日照率及其被遮挡情况。

2．风力附加耗热量

风力附加耗热量是考虑室外风速变化对围护结构基本耗热量的修正。在计算围护结构基本耗热量时，外表面换热系数是对应风速为 4m/s 的计算值。对于室外平均风速达于 4m/s 的建筑，如处于不避风的高地、河边、海岸、旷野上的建筑物以及城镇内特别突出的建筑物，需要考虑风力修正。风力附加耗热量，应根据室外风速大小，对垂直的外围结构附加 5%～10%耗热量。我国大部分北方地区冬季风速为 2～3m/s，一般不考虑风力附加。

3. 高度附加耗热量

高度附加耗热量是考虑房屋高度对围护结构耗热量的影响而附加的耗热量。在房间垂直方向上，空气温度存在梯度，房间顶部的空气温度高于人的活动区域的空气温度，导致围护结构基本耗热量的增加。因而规定，当房间高度大于4m时，每高出1m应附加2%，但总的附加率不大于15%。应注意，高度附加需要附加于房间围护结构耗热量总和上。

综上所述，围护结构的总耗热量Q'_1用下式表示

$$Q'_1=(1+x_g)\sum aFK(t_n-t'_w)(1+x_{ch}+x_f) \tag{6-4}$$

式中 x_g——高度附加率，%；

x_{ch}——朝向修正率，%；

x_f——风力附加率，%。

三、冷风渗透耗热量Q'_2的计算

在风力和热压造成的室内、外压差作用下，室外的冷空气通过门窗等缝隙渗入室内，加热这部分冷空气所消耗的热量称为冷风渗透耗热量。影响冷风渗透耗热量的因素很多，如门窗构造、朝向、室外风向和风速、室内外空气温差、建筑物高低等。对于多层建筑，主要考虑风压的作用；对于高层建筑，则应考虑风压和热压的综合作用影响。

1. 缝隙法计算多层建筑的冷风渗透耗热量

对多层建筑，通过门窗缝隙进入室内的冷空气量V为

$$V=Lln \quad (m^3/h) \tag{6-5}$$

式中 L——每米门、窗缝隙渗入室内的冷空气量，按照当地室外平均风速选用，$m^3/(h\cdot m)$；

l——门、窗缝隙的计算长度，m；

n——渗透空气朝向修正系数，与地区和朝向有关。

根据冷空气量，就可以得到加热这些冷空气消耗的热量为

$$Q'_2=0.278V\rho_w c_p(t_n-t'_w)(W) \tag{6-6}$$

式中 V——经门、窗渗入室内的冷空气量，m^3/h；

ρ_w——室外空气密度，kg/m^3；

c_p——冷空气的定压比热，kJ/（kg·℃）。

2. 换气次数法计算冷风渗透耗热量

在冬季，室外冷空气通过门窗缝隙进入室内，一方面加热这部分空气需要消耗热量；另一方面这些冷空气也是民用建筑室内新鲜空气的主要来源。

在民用建筑采暖设计中，也可以采用换气次数法概算房间的冷风渗透耗热量，计算公式为

$$Q'_2=0.278n_k V_n\rho_w c_p(t_n-t'_w) \tag{6-7}$$

式中 V_n——采暖房间的内部体积，m^3；

n_k——房间的换气次数，次/h，根据门窗设置情况确定。

其他符号意义同式（6-6）。

3. 百分数法计算冷风渗透耗热量

对于房屋较高的工业建筑，热压作用导致的冷风渗透耗热量增大。工业建筑的冷风渗

透耗热量，可按照围护结构总耗热量的百分数进行估算，即

$$Q'_2 = MQ'_1 \tag{6-8}$$

式中 M——冷风渗透耗热量占围护结构总耗热量的百分数，%，与建筑高度和玻璃窗层数有关；

Q'_1——围护结构总耗热量，W。

四、冷风侵入耗热量 Q'_3 的计算

冬季在热压和风压作用下，冷空气由开启的外门侵入室内，把这部分冷空气加热到室内温度所需要的热量称为冷风侵入耗热量。

冷风侵入耗热量计算的关键是确定冷空气侵入量。而冷空气量与外门的面积以及开启频率有关，一般很难确定。在采暖工程实际设计中，冷风侵入耗热量采用以下简便方法计算

$$Q'_3 = NQ'_{1,j,m} \tag{6-9}$$

式中 N——考虑冷风侵入的外门附加率，%，与外门布置情况有关；

$Q'_{1,j,m}$——外门基本耗热量，W。

五、供暖系统设计热负荷的概算

在进行集中供热系统热源建设时，供暖系统的热负荷经常采用指标法进行估算。

1. 体积热指标法

根据体积热指标法，建筑的供暖设计热负荷按下式计算

$$Q' = q_v V_w (t_n - t'_w) \tag{6-10}$$

式中 V_w——建筑物的外围体积，m^3；

t_n——供暖室内计算温度，℃；

t'_w——供暖室外计算温度，℃；

q_v——供暖体积热指标，W/（m^3·℃）。

供暖体积热指标的大小，主要与建筑物的围护结构及外形有关。一般具有高大空间的公共建筑，其供暖体积热指标要高于普通住宅建筑。各类建筑物的供暖体积热指标，可以通过对许多建筑物进行理论计算实测数据进行统计得出，在应用时查取相关手册。

2. 面积热指标法

依据面积热指标法，建筑的供暖设计热负荷按下式计算

$$Q' = q_f F \tag{6-11}$$

式中 F——建筑物的建筑面积，m^2；

q_f——供暖面积热指标，W/m^2。

可以看出，供暖面积热指标的取值，不仅应考虑建筑类型的影响，还要考虑不同地区对供暖面积热指标的影响。这一点与供暖体积热指标取值是不同的。

建筑采暖面积热指标，不仅可以用来估算采暖系统的设计热负荷，还可以用作供热系统能耗控制和节能评价的一项重要指标。

第四节 供暖系统的管路布置

供暖系统的管路布置，影响到建筑供暖的效果以及系统造价等。应该根据建筑物的具

体条件、与外网的连接方式等因素选择合适的布管方案。布置管道时，应力求系统管道走向合理，节省管材，不影响房间美观，便于调节和排除空气，且应保证各并联环路的阻力损失近似相等。

本节主要介绍散热器热水采暖系统的室内管路布置原则和要求。

一、引入口的位置

引入口是连接热用户室内采暖系统与外网的用户热力点，一般设置在建筑物热负荷对称分配的位置，以缩短室内采暖系统的作用半径。它通常设置在用户的地沟入口或地下室内，有些引入口设置在建筑物底层的专用房间内。通过引入口向该用户或相邻几个热用户分配热能。

在引入口的供、回水总管上应装设必要的设备、仪表及控制装置。通常在供、回水总管上应设置温度计、压力表、除污器以及热计量仪表等。

二、环路划分

在布置较大型的室内热水供暖系统时，首先应合理地分成若干分支环路，并尽量使各分支环路的压力损失易于平衡。图 6-21（a）为无分支环路的同程式供暖系统，图 6-21（b）为具有两个分支环路的同程式供暖系统。无分支环路的供暖系统管路比较长，压力损失大；具有分支环路的供暖系统可以避免管路过长的问题，但应保证各并联分支的阻力损失平衡，避免流量分配不均。

在各个分支环路上，应设置关闭和调节阀门。

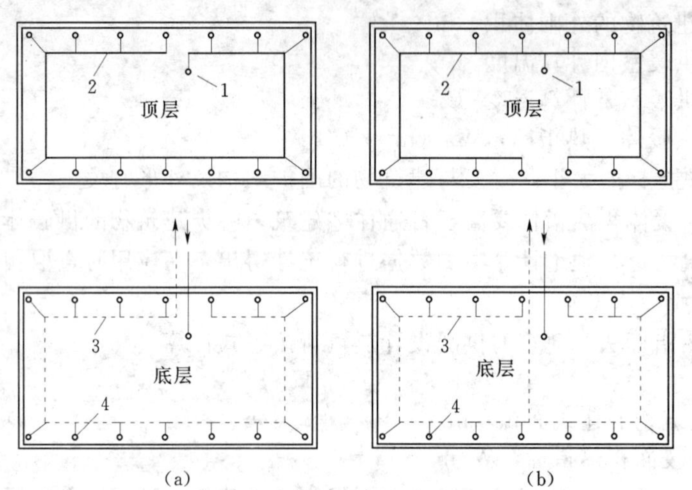

图 6-21 供暖系统环路划分

（a）无分支环路的同程式系统；（b）两个分支环路的同程式系统

1—供水总立管；2—供水干管；3—回水干管；4—立管

三、室内供热管线的布置

1. 总立管的位置

在上供下回式热水供暖系统中，外网热水从室内总立管输送给各个分支环路的水平供水干管。总立管比较粗，一般应设在辅助房间内，不影响人们的生产和生活。

2. 供水干管的布置

在上供下回式系统中，供水干管多设置在顶层的顶棚下。对于美观要求较高的民用建筑或大梁底面标高过低妨碍供水干管敷设时，可以将干管布置在顶棚内。为了排除空气，机械循环供水干管应该保证不小于0.002的坡度，并在最高处设置集气罐等排气装置。

在下供式热水供暖系统中，供水干管一般设置在地下室或地沟内。

3. 回水干管的布置

在下部回水的供暖系统中，回水干管可以敷设在地面上，也可以敷设在地下室顶棚下、半通行地沟或不通行地沟内。地沟内的回水干管应该进行保温。地沟上每隔一定距离应设置活动盖板，以便于检修。回水干管地面敷设需要过门时，可以采用门下地沟通过或门上绕行通过的方式。地面敷设回水干管过门方式，如图6-22所示。最低点处应该设置泄水阀。

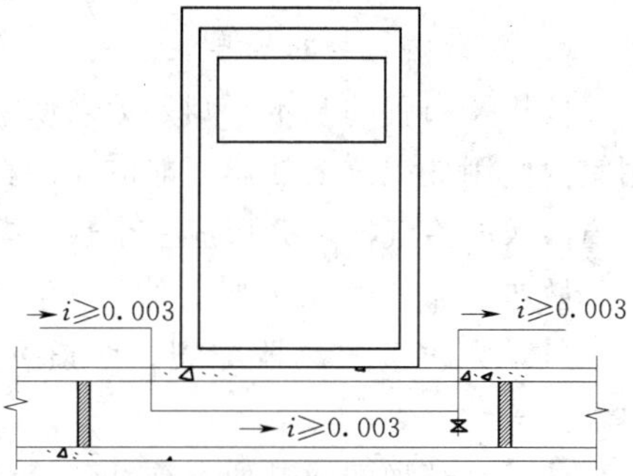

回水干管应设置沿流动方向向下的坡度。如果因条件限制，机械循环系统的水平干管允许无坡度敷设，但是管内的热水流速不得小于0.25m/s。

图6-22 地面敷设回水管地沟过门

4. 供、回水立管的布置

供、回水立管应尽量布置在房间的墙角处，这样可以避免该处结露、结霜；或者把立管设置在两外窗之间的墙面处，以便于向两侧连接散热器。每根立管的上下端应该安装截断阀门，以便于系统检修时放水。在双管采暖系统中，供水管应位于面向的右侧，回水管布置在左侧。

楼梯间的立管需要单独设置，其他房间的散热器不能与其连接，以避免由于该立管冻结而影响其他房间采暖。管道穿过楼板或隔墙时，应在楼板或隔墙内预埋套管。

5. 散热器支管的布置

为了排除散热器上部的空气和有利于排净散热器内的水，散热器的供、回水支管应该按水流方向设置向下的坡度。由于散热器支管比较短，要求坡度 i 不得小于0.01。

室内热水供暖管路的敷设有明装和暗装两种方式。一般民用建筑和工业厂房宜采用明装，在装饰要求较高的建筑中采用暗装敷设。

四、散热器的布置

（一）散热器与立管的连接方式

散热器与立管的连接形式有同侧连接和异侧连接。同侧连接又有上进下出、下进上出两种形式；异侧连接也有上进下出、下进上出以及下进下出等形式。图6-23（a）为散热器与立管采用同侧上进下出连接方式，图6-23（b）为散热器与立管异侧下进上出连接方式。当散热器与立管的连接方式不同时，由于散热器表面温度场变化的影响，散热器的传热系数 K 是不同的。

实验表明，散热器采用上进下出连接方式时，散热器的传热系数最高；而采用下进上

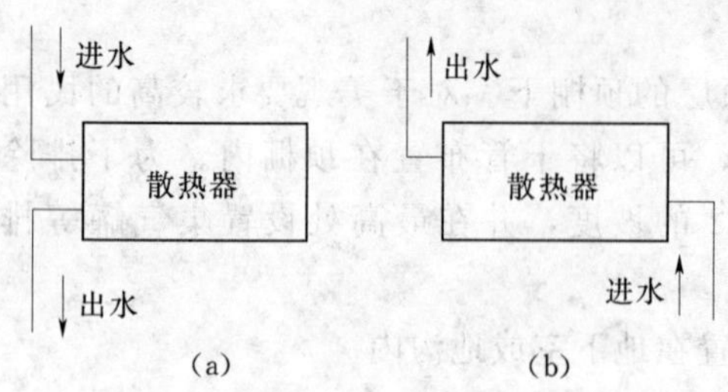

图 6-23 散热器与立管的连接方式
(a) 同侧上进下出连接；(b) 异侧下进上出连接

出连接方式的散热器传热系数性能下降。例如，对于 M—132 型散热器，在相同的散热量条件下，采用同侧下进上出连接方式要比采用同侧上进下出连接方式所需要的散热器面积多出近 40%。

因而散热器与立管采用上进下出连接方式最有利。当每组散热器片数较多时，为了防止同侧连接时热水在散热器内“短路”，应考虑采用异侧连接方式。

（二）散热器的布置要求

散热器布置的基本原则是力求使室温均匀，并能迅速地加热室外渗入的冷空气，少占用室内使用面积。散热器一般应安装在外墙的窗台下，这样上升的热空气能够直接加热玻璃窗渗入的冷气流，并形成一个热风幕，能够避免窗面冷辐射对人体的影响。

散热器布置时，还要注意以下事项：

(1) 为防止散热器冻裂，两道外门之间以及紧靠开启频繁的外门处，不宜设置散热器。

(2) 在楼梯间或其他有冻结危险的场所，散热器应有独立的立管供热，且不得装设调节阀。

(3) 同一房间的两组散热器可以串联连接；辅助用室的散热器可与邻室散热器串联连接。

(4) 在楼梯间布置散热器时，考虑到热空气上升的特点，散热器应该尽量布置在底层，或者按照“下多上少”的比例布置楼梯间散热器。

(5) 从节能的角度出发，散热器一般应明装。隐蔽安装时散热器的散热量约减少 20%～30%。当房间装修要求较高时可以采用暗装。托儿所等特殊场合应暗装或加防护罩，防止烫伤。

为保证散热器的散热效果，安装时散热器底部距离地面高度通常采用 150mm，不得小于 60mm；散热器顶部距离窗台板距离不得小于 50mm；后侧与墙面净距离不得小于 25mm。

铸铁散热器的组装片数，不宜超过下列数值：

细柱型（四柱）——25 片；粗柱型（二柱）——20 片；长翼型——7 片。

第五节 供暖系统的散热设备

散热设备是供暖系统的末端设备，把热媒携带的能量向房间传递，保持供暖房间的温度。

不同的供暖系统所采用的散热设备也不同，常见的热水供暖系统中，散热设备主要以对流和辐射方式向房间散热（以对流散热为主），所用散热设备为散热器；在低温热水地板辐射采暖系统中，散热设备主要是埋设地板内的盘管；在高温燃气辐射采暖系统中，散热设备采用辐射板或辐射管；在热风采暖系统中，散热设备主要是暖风机、空气加热室等。

一、散热器类型与特点

散热器的传热过程分为三个阶段：即热媒流过散热器内壁面时，通过热对流方式把热量传递给散热器内壁面，内壁面通过导热方式把热量传递给外表面，散热器外表面通过热对流和热辐射方式把热量传递给采暖房间。为提高散热器的散热能力，就需要加强上述三个传热环节。

根据散热器的材质不同，散热器可以分成钢制散热器、铸铁散热器以及非金属散热器等。根据结构形式不同，散热器分为管型、柱型、板型、翼型等。

（一）铸铁散热器

铸铁散热器长期以来得到广泛应用。它具有结构简单，防腐性好，使用寿命长及热稳定性好等优点；但其金属耗量大，金属热强度低于钢制散热器。

铸铁散热器主要有以下几种结构。

1. 圆翼型散热器

圆翼型散热器结构如图 6－24 所示，铸铁圆管外侧带有许多环形肋片，用以增大散热表面积。其规格有 D50（内径 50mm）、D75（内径 75mm）等，管子长度分为 750mm 和 1000mm 两种。两端配置法兰，可以将数根散热器并联或串联在一起使用。

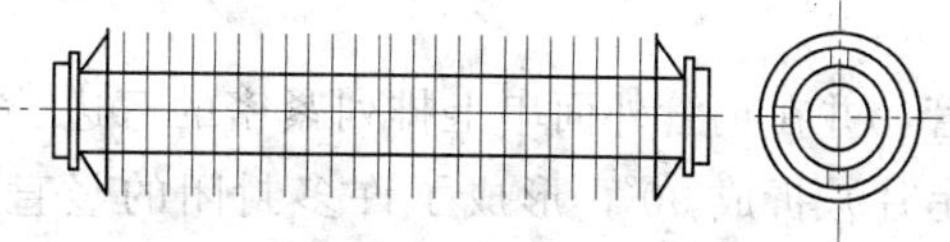

图 6－24 圆翼型铸铁散热器

2. 长翼型散热器

长翼型散热器的外表面具有很多竖向肋片，其内部为一扁盒状空间，如图 6－25 所示。散热器长度有 200mm（俗称“小 60”）和 280mm（俗称“大 60”）两种，高度都是 600mm。

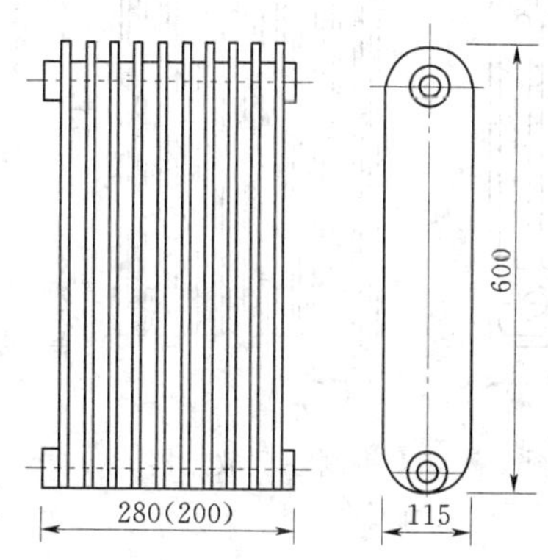

图 6－25 长翼型铸铁散热器

翼型散热器制造工艺简单、造价低，组装方便，在我国早期建筑采暖设计中应用较多。但翼型散热器金属热强度和传热系数低、金属耗量大，而且这种铸铁散热器外形不美观、灰尘不易清扫，单体散热量较大，不易组成所需面积，因而目前在新建住宅中很少选用这种散热器。

3. 铸铁柱型散热器

柱型散热器是呈单片的柱状连通体，每片有几个中空的立柱相互连接，立柱上下端互相连通，外表面光滑。根据所需要的散热量，利用对丝将一定数量的单片散热器组合起来。

我国目前常用的柱型散热器主要有二柱、四柱两种类型。根据国内标准，散热器每片长度 L 有 60mm、80mm 两种。柱型散热器有带脚和不带脚两种片型，用于落地安装或挂墙安装。图6－26（a)为 M—132 型散热器（二柱型），散热器宽度 132mm，图 6－26（b）

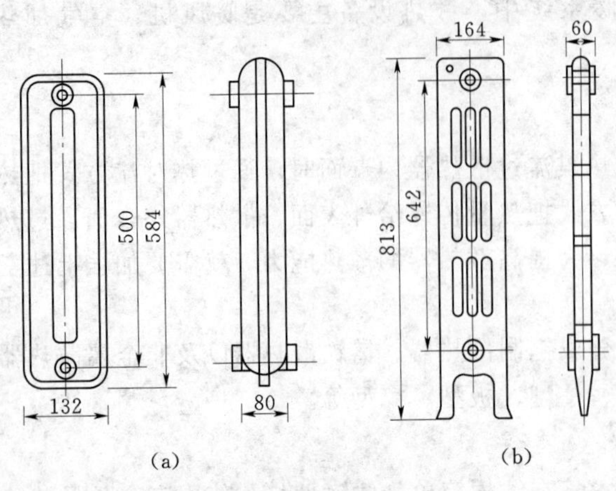

图 6-26　铸铁柱型散热器

(a) 二柱 M—132 型散热器；(b) 四柱 813 带脚散热器

为四柱 813 带脚散热器。

与翼型铸铁散热器相比，柱型铸铁散热器外表光滑，金属热强度及传热系数高，外形美观，易清除积灰，容易组成所需的面积，因而得到广泛应用。

（二）钢制散热器

钢制散热器种类与规格较多。相对于铸铁散热器来讲，钢制散热器具有传热性能好，金属耗量低、承压能力高、表面光滑、外表美观的特点；钢制散热器的主要缺点是容易腐蚀。

钢制散热器主要有以下几种型式。

1. 闭式钢串片对流散热器

这种散热器由联箱连通两个平行钢管，并在钢管外面串上排列紧密的弯边长方形薄钢板而成，如图 6-27 所示。薄钢板（钢串片）折成 90°，形成了许多封闭的竖直空气通道，加速了空气在散热器表面的流动速度，从而增强了散热器对流放热能力。

2. 钢制柱型散热器

钢制柱型散热器与铸铁柱型散热器构造相似，每片也有几个中空的立柱，如图 6-28 所示。这种散热器采用薄钢板冲压延伸形成片状半柱型，将两片半柱型经过压力滚焊复合成单片，单片之间焊接成整体散热器。规格有 600mm×120mm、600mm×130mm、600mm×140mm、640mm×120mm 等。

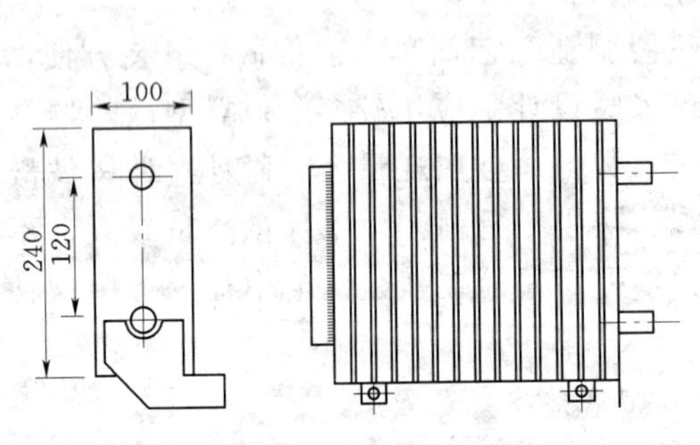

图 6-27　闭式钢串片对流散热器

（尺寸单位：mm）

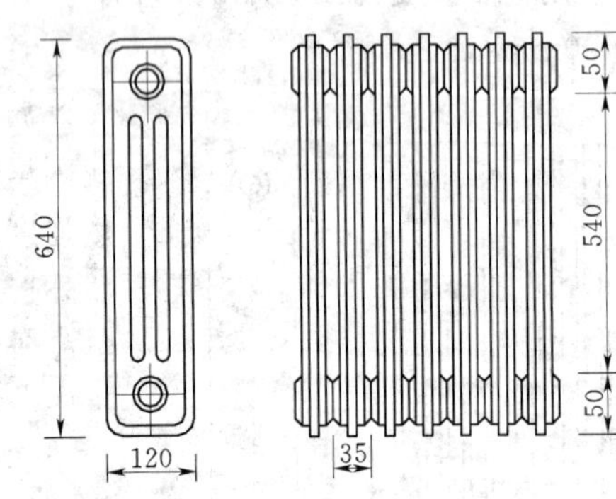

图 6-28　钢制柱型散热器

（尺寸单位：mm）

由于钢制柱型散热器表面光滑整洁，易于清除灰尘，具有装饰性强、承压能力高等特点，许多新型产品不断出现，在住宅建筑和公共建筑中得到了广泛应用。

3. 板型散热器

板型散热器由面板、背板以及进、出水接管等部分组成。面板和背板多用 1.2mm 或

1.5mm 的冷轧钢板冲压成型，在面板上直接压出呈圆弧形或梯形的水道，水平联箱压制在背板上，面板和背板经复合滚焊形成整体，如图 6-29 所示。背板有带对流片和不带对流片两种板型。

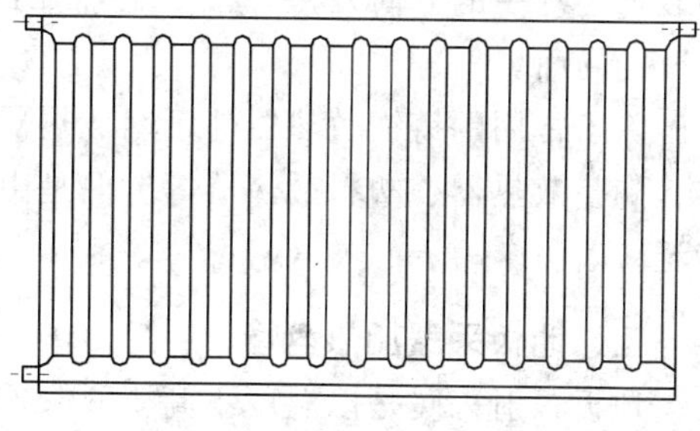

图 6-29　钢制板型散热器

常用的板型散热器高度为 600mm，长度有 600mm、800mm、1000mm、1200mm、1600mm、1800mm 等。

4. 扁管型散热器

这种散热器是采用 52mm×11mm×1.5mm（高×宽×厚）的水通路钢制扁管叠加焊接在一起，两端断面分别焊上联箱而成，如图 6-30 所示。高度有 416（8 根），520（10 根），624mm（12 根）三种规格，长度有 600mm、800mm、1200mm、1400mm、1600mm、1800mm、2000mm 八种规格。

扁管型散热器的板型有单板、双板等结构型式，板面可以带对流片或不带对流片。不带对流片的扁管型散热器两面均为光板，板面温度高，有较大的辐射热强度。背板带对流片的扁管型散热器在对流片内形成对流空气柱，散热器的散热能力增大。

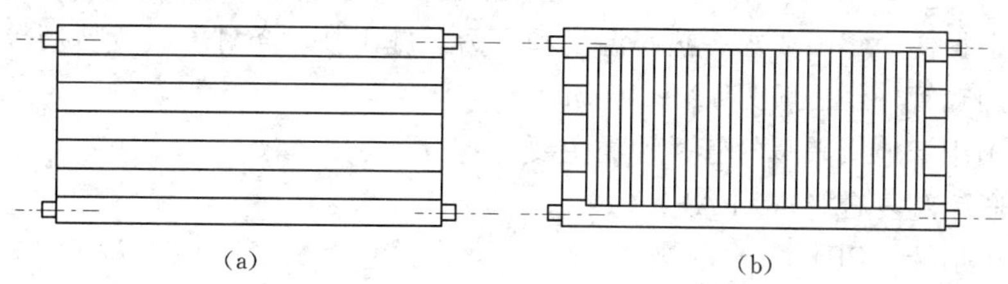

图 6-30　钢制扁管型散热器

(a) 面板；(b) 背板（带对流片）

（三）铸铁散热器与钢制散热器的对比

钢制散热器与铸铁散热器相比，具有以下　些特点：

(1) 金属耗量少。在相同传热条件下传递相同的热量，钢制散热器钢材耗量比铸铁少。一般钢制散热器的金属热强度为 0.8～1.0W/（kg·℃），而铸铁散热器仅为 0.3W/（kg·℃）左右。

(2) 耐压强度高。铸铁散热器的承压能力为 P_b=0.4～0.5MPa，钢制板型散热器的承压能力可以达到 0.8MPa。从承压能力来看，钢制散热器更适合于高层建筑采暖系统。

(3) 钢制散热器外表光滑，外形美观。板型散热器还可以喷刷图案，起到装饰作用。

(4) 通常钢制散热器的水容量少、蓄热能力低、热稳定性差。

(5) 钢制散热器的最主要缺点是容易被腐蚀，使用寿命短。因而，对蒸汽供暖系统，或者具有腐蚀气体的生产厂房及相对湿度较大的房间，不易设置钢制散热器。

(6) 钢制散热器制造工艺比较复杂，价格比铸铁散热器高。

由于铸铁散热器经久耐用，一直是国内外应用最广泛的散热器。但是随着生活水平的日益提高，人们对居住环境要求也越来越高，使得采暖散热器从单一的实用性，向实用性和装饰性统一的方向发展。散热器产品的应用逐步出现“以钢为主，以铁为辅，钢铁并存”的局面。

除了常用的铸铁散热器与钢制散热器外，也有采用其他材质的散热器。如铝合金散热器、陶瓷散热器、塑料散热器等。但是由于价格、传热性能的影响，这些散热器应用并不广泛。

二、地板采暖加热盘管

地板辐射采暖是以温度不高于 60℃的热水，在埋置于地板下的盘管系统内循环流动，加热整个地板，通过地面均匀地向室内辐射散热的一种供暖方式，如图 6-31 所示。价格便宜、地面下埋管无接口、使用寿命长等优点的塑料管材的出现，极大地促进了地板辐射采暖技术的推广和应用。

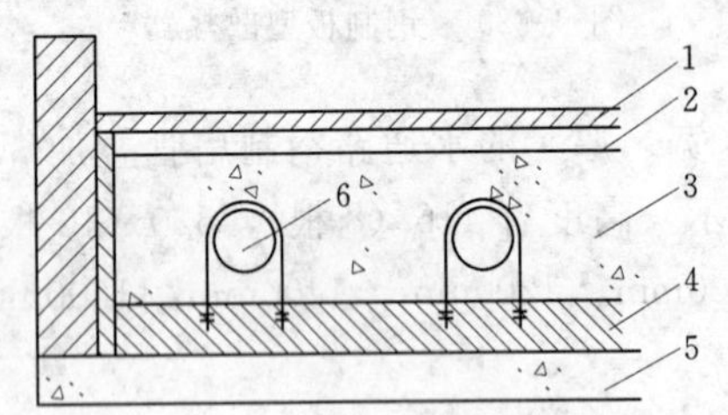

图 6-31　地板辐射采暖结构图
1—地面层；2—找平层；3—豆石混凝土；4—复合保温层；5—地面结构层；6—散热盘管

（一）加热盘管材料

地板采暖盘管是一种敷设于地面填充层内的管材，一旦完成施工就不便于维修。因而在管材选用和施工中应特别注意其运行的耐久性和可靠性。一般应根据使用年限要求、热媒温度和压力、施工技术条件、投资费用等因素选择合适的盘管。加热管外经一般为 12～20mm。

目前我国用于地板采暖的管材种类主要有：

(1) 交联铝塑复合管（XPAP）。

(2) 聚丁烯管（PB）。

(3) 耐热聚乙烯管（PE—RT）。

(4) 交联聚乙烯管（PE—X）。

(5) 无规共聚聚丙烯管（PP—R）。

不同材质的管材在耐高温性、抗冲击性、可焊性、柔韧性等方面的性能有所差别。铝塑复合管以铝管为中间层，内外均为交联聚乙烯塑料。其抗外压强度高，但在地暖施工中弯曲时容易焊缝脱开，推广应用受到一定限制。交联聚乙烯 PE—X 管是目前地板辐射采暖系统中应用最多的品种。无规共聚聚丙烯 PP—R 管由于柔韧性较差，在地板辐射采暖系统中应用较少。PE—RT 拥有良好的质量稳定性和抗冲击性，管材废料可以回收，并且可以热熔连接，在地板辐射采暖系统中具有一定的竞争力。PB 管在塑料中性能相对是最好的，但是价格比较贵。

（二）埋管平面布置形式

地板辐射采暖的埋管布置方式，一般有回字型、S 形、L 形、U 形等，如图 6-32 所示。不同排管方式温度场有差别，排管间距根据散热量要求确定。一般在外墙附近地面，排管间距可根据经验适当加密。在潮湿房间（卫生间、厨房等）敷设地面采暖系统时，加热管覆盖层上应做防水层。

地板低温辐射采暖传热具有双向性，因而盘管下方需要进行保温。

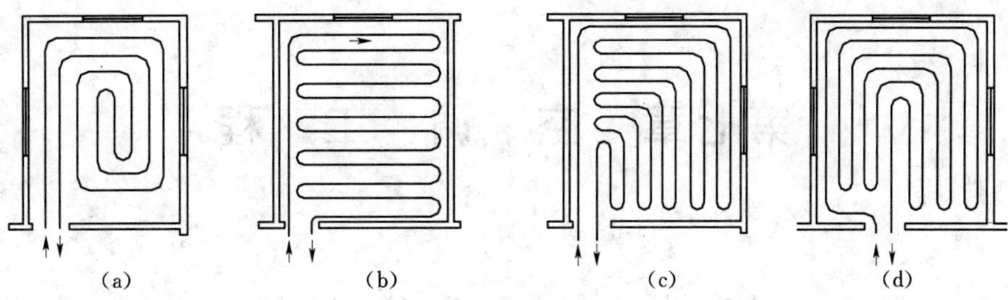

图 6-32　地板辐射采暖埋管布置形式

(a) 回字形；(b) S形；(c) L形；(d) U形

第七章　空　调　工　程

第一节　空 调 系 统 概 述

一、空气调节的任务与作用

空气调节可以通过加热或冷却、加湿或去湿的方法达到控制空气温度和湿度的目的，还可以通过过滤或其他方法来达到洁净空气的目的。这种使室内空气温度、相对湿度、空气流速、空气洁净度等参数保持在一定范围内的技术称空气调节（简称空调）。

随着国民经济的快速发展，人民生活水平的不断提高，人民对生活环境和舒适度要求越来越高，空调系统及相关设备已成为人们日常生活的一部分，其中建筑空调成为创造室内舒适环境、保证生产工艺，提高工作效率和发展生产力的重要保证。不同类型的建筑物，根据其性质、用途对空气环境提出各种不同的要求。因此，空气调节可分为舒适性空气调节和工艺性空气调节。

一般把为生产或科学实验过程服务的空调称为"工艺性空调"，而把为保证人体舒适的空调称为"舒适性空调"。工艺性空调往往同时需要满足工作人员的舒适性要求，因而二者又是关联的、统一的。

舒适性空气调节是根据不同用途而确定能满足人们舒适要求的空气诸参数的空气调节（如电影院、剧场、商店、体育场、办公楼、旅馆、住宅等）；舒适性空调目前已普遍应用于公共与民用建筑中，对空气的要求除了要保证一定的温湿度外，还要保证足够的新鲜空气，适当的空气成分以及一定洁净度、一定范围的空气流速。

工艺性空气调节则根据工艺生产的不同而确定诸参数的空气调节（包括恒温恒湿空气调节和净化空气调节）。对于现代化生产来说，工艺性空调更是必不可少的。工艺性空调一般来说对温湿度、洁净度的要求比舒适性空调高，而对新鲜空气量没有特殊的要求。例如：精密机械加工业与精密仪器制造业要求空气温度的变化范围不超过±0.1～0.5℃，相对湿度变化范围不超过±5%；在电子工业中，不仅要保证一定的温湿度，还要保证空气的洁净度；纺织工业对空气湿度环境的要求较高；药品工业、食品工业以及医院的病房、手术室则不仅要求一定的空气温湿度，还需要控制空气清洁度与含菌数。

根据我国的情况，《采暖通风与空气调节设计规范》（GB50019—2003）中规定，舒适性空调室内计算参数如下：

夏季：温度　　　　应采用22～28℃；
　　　相对湿度　　应采用40%～65%；
　　　风速　　　　不应大于0.3m/s。

冬季：温度　　　　应采用18～24℃；

　　　相对湿度　　应采用30%～60%；

　　　风速　　　　不应大于0.2m/s。

(1) 气流流速：气流流速过大会引起吹风感，气流流速过小会有闷气、呼吸不畅感。气流流速的大小还直接影响到人体皮肤与外界环境的对流换热效果，流速加快对流换热速度也加快，气流流速减慢对流换热速度也减慢。

(2) 温度：人体与周围环境之间存在着热量传递，它与人体的表面温度、环境温度、空气流动速度、人的衣着厚度、劳动强度及姿势等因素有关。

(3) 湿度：人体在气温较高时需要更多的水分蒸发，相对湿度的设计极限应该从人体生理需求和承受能力来确定。

对于工业建筑中室内空气参数是由生产工艺过程的特殊要求决定的，所以，工艺性空调的室内计算参数应根据工艺需要并考虑必要的卫生条件确定。

综上所述，空气调节系统的任务就是对空气进行加热、冷却、加湿、干燥和过滤等处理，然后将经过处理的空气输送到各个房间，以保持房间内空气温度、湿度、洁净度和气流速度稳定在一定的范围内，以满足各类房间对空气环境的不同要求。

二、空调系统的应用现状与发展趋势

近几年，我国国民经济一直保持较快速度稳定发展。经济活动的增长、活动方式的提升，促使生产、生活、办公、商业、服务、娱乐等各种环境条件的改善，对空调产品提出了新要求和不断增长的需求，而建筑业的增长为空调行业的发展提供主要的动力和市场。建筑是空调的基础环境，现代建筑的概念就是基础结构与环境管理系统的结合，而空调系统是建筑环境系统的主要部分，是与人的舒适性关系最为密切的系统。目前，智能建筑已成为我国城市建筑的主流趋势，智能化的真实意义是对建筑环境（水、风、电、气）的优化调节，因此对空调设备提出了新的、更高的（网络化、智能化）要求。

建筑结构的变化、生活素质的提高也都将产生对空调产品的巨大需求，特别是对中央空调和家用中央空调将产生较大的需求。目前，空调在我国建筑物中普及率的不断提高，我国已经成为继美国、日本之后世界第三大空调市场，占全世界空调市场利用率的12%。2001年家庭空调普及率北京为90%，广州为100%，上海100%，也就是说，在南方的大城市房间空调的普及率基本达到100%，相比大城市中央空调的发展，中小城市以及农村的发展相对滞后，但发展空间广阔，很可能在很短时间里达到或接近大城市普及率。

我国是一个幅员辽阔的国家，地理、气候条件极为复杂，拥有多种多样的气候类型。而且经济发展不平衡，经济水平地区差异很大。同时，人们收入水平不一样，住宅形式千差万别，生活习惯也不尽相同，这就表现出对空调产品需求的多样性和多层次。例如，针对小面积用户和北方严寒环境，开发生产的小型燃气中央空调，一机三用，制冷、采暖、热水，尤其制热效果显著。

空调的快速普及带来了新的能耗问题。据重庆、上海的统计，中央空调的用电量占全市总用电量的23%和31.1%，中央空调的高能耗问题给城市的供配电带来了沉重的压力。

空调在营造舒适环境的同时，也在消耗大量的能源，其发展方向影响到国民经济的发展、能源应用和环境保护等方面的内容，这就要求我国的空调产品必须注重节能性。空调系统对环境污染的问题也应引起重视，如在许多城市出现的“热岛”效应，因此空调必须具有环保的特点，尽可能地减小对环境的影响。同时应考虑环境污染对空调系统本身性能的影响，

伴随着科技的进步，节能、环保、健康、智能控制已成为空调发展的大趋势。

（1）节能成为空调器技术进步的重要标志。空调系统的节能措施主要有水力系统的平衡技术、水泵和风机的变频技术、变水量和变风量技术、热回收技术以及为提高水系统、通风系统的保温水平、减少热损失、采用自动控制技术、蓄冰蓄能空调技术等等。例如，近年大力推动的蓄冷空调，即夏季利用夜间谷电制冰蓄冷，供白天尖峰负荷时用。还有地源热泵空调系统、太阳能空调系统等。

（2）环保。采用环保制冷剂、加强水循环利用、降低噪声污染等。

（3）健康。例如，目前采用的负离子灭菌除尘技术，是利用负离子发生器，通过电离作用，产生适量负离子与氧气结合形成携氧负离子，活化氧气，从而提高室内空气质量，促进人体健康；另一项新技术是使用光触媒技术，它能迅速分解室内由家具、建材、香烟、积物挥发出来的臭味、异味，抑制细菌、病毒的繁殖。

（4）智能控制。采用数字化、电子化技术、模糊逻辑技术、传感器技术、变频技术控制空调器的制冷热系统，使其智能化，更加节省能源和获得更低的静音。

第二节 空调系统的分类与组成

随着空调技术的发展和新型空调设备的不断推出，空调系统的种类也在日益增多。我国地域辽阔，地理气候条件差异很大，不同地区对空调系统的使用要求也不尽相同，空调系统的多样性，可以满足不同地域不同层次的要求。也可使设计人员根据空调对象的性质、建筑物的用途、室内设计参数要求、运行能耗以及冷热源和建筑设计等方面的条件合理选用。

空气调节系统主要由以下几部分组成：冷热源部分、空气处理部分、空气输送及分配部分、冷热媒输送和自动控制部分等。在工程中由于空调场所的用途、性质、热湿负荷等方面的要求不同，空调系统有许多分类方式。按不同的分类方法可以分成10多种类型。各种类型的不同组合又可派生出更多的组合类型。在设计选用不同的空调系统时，应对各种空调系统进行认真的分析比较（如能耗、初投资、设备性能、运行费用、噪声等）。空气调节系统按4种分类方法进行分类可分为12种室内空调系统，如表7－1所示。

空气调节的目的是要求随着室外气象条件和室内余热量和余湿量不断变化而使室内空气的温度、相对湿度稳定在一定的范围内。采用的措施是调节送入室内的空气温度和空气湿度或送风量。这就要求对空气进行适当的处理（如加热、冷却、加湿、减湿和过滤等）和输送分配。

表 7-1　　室内空调系统的种类

分类	空调系统	系　统　特　征	系　统　应　用
按空气处理设备的设置情况分类	集中系统	集中进行空气的处理、输送和分配	单风管系统、双风管系统、变风量系统
	半集中系统	除了有集中的中央空调器外，在各自空调房间内还分别有处理空气的“末端装置”	末端再热式系统、风机盘管机系统、诱导器系统
	分散系统	每个房间的空气处理分别由各自的整体式空调器承担	单元式空调器系统、窗式空调器系统、分体式空调器系统、半导体空调器系统
按负担室内空调负荷所用的介质分类	全空气系统	全部由处理过的空气负担室内空调负荷	一次回风系统；一、二次回风式系统
	空气—水系统	由处理过的空气和水共同负担室内空调负荷	再热系统和诱导器系统并用； 全新风系统和风机盘管机组系统并用
	全水系统	全部由水负担室内空调负荷，一般不单独使用	风机盘管机组系统
	冷剂系统	制冷系统蒸发器直接放室内吸收余热余湿	单元式空调系统、窗式空调器系统 分体式空调器系统
按集中系统处理的空气来源分类	封闭式系统	全部为再循环空气，无新风	再循环空气系统
	直流式系统	全部用新风，不使用回风	全新风系统
	混合式系统	部分新风，部分回风	一次回风系统；一、二次回风式系统
按风管中空气流速分类	低速系统	考虑节能与消声要求的矩形风管系统，风管截面较大	民用建筑主风管风速低于 10m/s 工业建筑主风管风速低于 15m/s
	高速系统	考虑缩小管径的圆形风管系统，耗能多，噪声大	民用建筑主风管风速高于 12m/s 工业建筑主风管风速高于 15m/s

一、按承担空调负荷的介质进行分类

无论何种空调系统，均需要有一种或多种流体作为载体或介质带走作为空调负荷的室内产热、产湿或有害物，以达到控制室内环境的目的。若按处理空调负荷的介质对空调系统进行分类，则可分为全空气系统、全水系统、空气—水系统与制冷剂系统。如图 7-1、图 7-2 所示。

1. 全空气空调系统

全空气空调系统是指完全由处理过的空气作为承载空调负荷的介质的系统。如图 7-2 (a) 所示。由于空气的比热容较小，需要用较多的通风量才能达到消除余热余湿的目的，因此这种系统要求风道断面较大和风速较高，从而会占据较多的建筑空间。属于全空气系统的有定风量或变风量的单风道或双风道集中式空调系统和全空气诱导空调系统等。它是应用最早、最普遍、最广泛的空气调节方式。

2. 全水空调系统

全水空调系统是指完全由处理过的水作为承载空调负荷的介质的系统。如图 7-2 (b) 所示。由于水的比热远大于空气的比热，在相同的负荷条件下所需的水量较少，

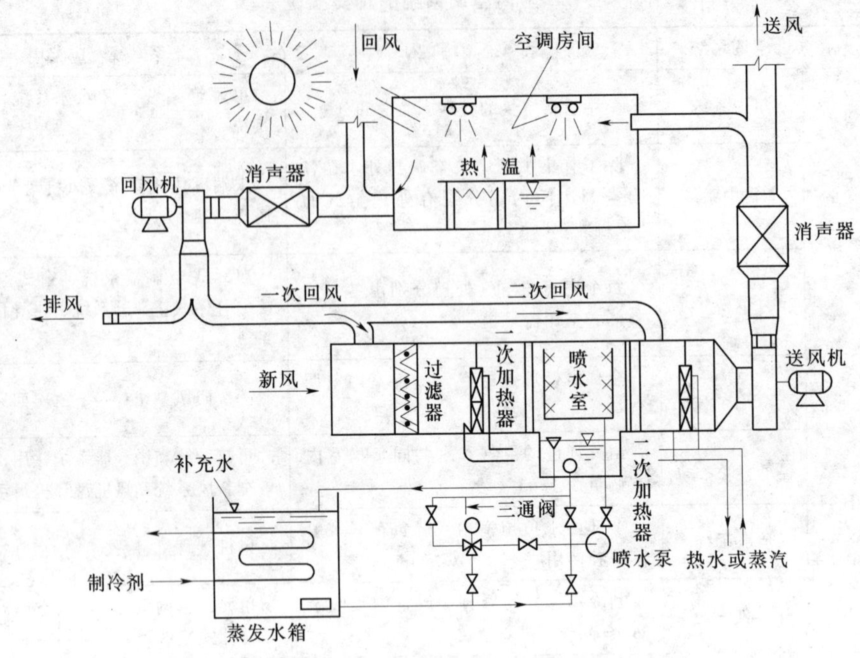

图 7-1 空调系统简图

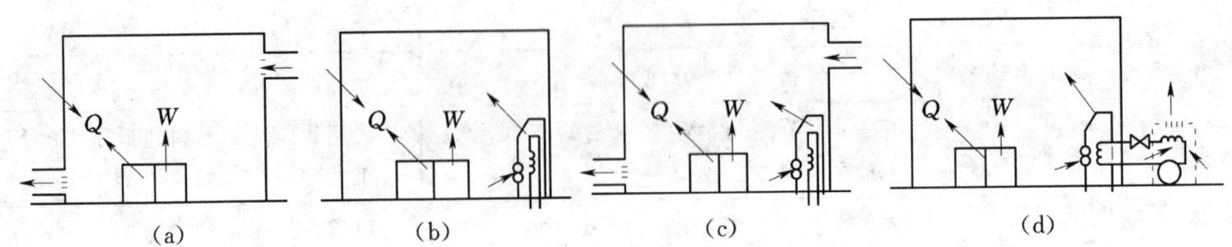

图 7-2 按承担空调负荷的介质分类示意图

(a) 全空气空调系统；(b) 全水空调系统；(c) 空气—水系统；(d) 制冷剂系统

因此管道所占建筑空间较小。然而全水空调系统往往只能达到消除余热、余湿的目的，但不解决房间的通风换气问题，因此通常不单独采用这种方法。属于全水空调系统类型的有风机盘管系统、辐射板系统。

3. 空气—水系统

空气—水系统是由全空气空调系统的基础上发展而来的，是指由处理过的空气和水来共同负担空调负荷。如图 7-2（c）所示。例如，新风机组与风机盘管机组并用的系统，集中处理新风送到房间，或由处理过的新风负担部分室内负荷，再由设置在各房间的风机盘管承担其余的室内负荷。这种系统有效地解决了全空气系统占用建筑空间多和全水系统不能通风换气的问题，保证了室内的新风换气要求。在对舒适性空调和空调精度要求不高的场合广泛地使用这种系统。

4. 制冷剂系统（又称直接蒸发机组系统）

制冷剂系统是指由制冷剂直接作为承载空调负荷的介质，将制冷系统的蒸发器直接放在室内吸收余热余湿的空调系统，如图 7-2（d）所示。分散安装的局部空调器内部带有制冷机，制冷机通过直接蒸发器与房间空气进行热湿交换，达到冷却除湿的目的，所以属于制冷剂系统。例如单元式空调系统、窗式空调器、分体式空调器。目前，小管道内制冷剂的输送距离可达 50～100m，再配合良好的新风和排风系统，使得制冷剂系统在小型空调系统和旧房加装的空调系统中广泛地被采用。这种系统的优点在于能量利用率高、占用建筑空间少、布置灵活，可根据不同房间的空调要求自动选择制冷或供热。由于制冷剂不宜长距离输送，因此不宜作为集中式空调系统来使用。

二、按其空气处理设备的集中程度分类

按其空气处理设备的集中程度来分，可以分成集中式、局部式和半集中式三种。

（一）集中式空调系统

集中式空气调节系统的特点是空气处理设备（空调器）和风机、水泵集中设置在一个空调机房里，处理后的空气通过送风管道、送风口送入空调房间来维持房间所需要的温度和湿度，室内空气再通过回风口、回风管道，根据需要可再循环，部分排至室外。空气处理需要的冷源、热源可以集中在冷冻机房或锅炉房内，如图 7－3 所示。这种空调系统往往只能送出同一参数的空气，难于满足不同的要求，另外由于是集中式供热、供冷，适宜用于满负荷运行的大型场所。

集中式空调系统是一种出现最早、迄今仍然广泛应用的最基本的系统形式。集中式空调系统是典型的全空气系统，它广泛应用于舒适性或工艺性的各类空调工程中，例如：会堂、宾馆、商场以及对空气环境有特殊要求（恒温、恒湿、洁净）的工业厂房。

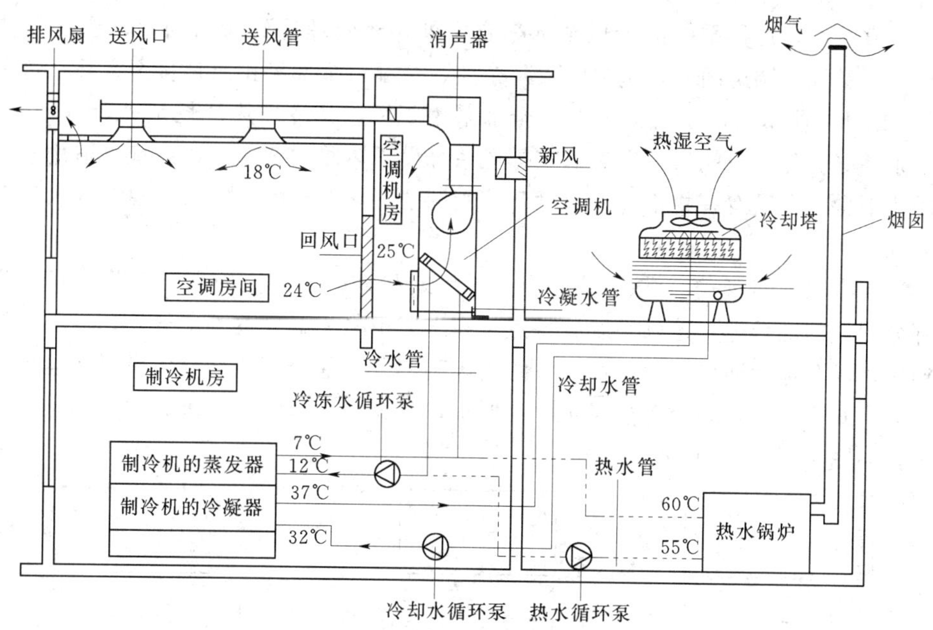

图 7－3　集中式空调系统示意图

从图 7－3 中可以看到，过滤器、喷水室、加热器等空气处理设备是集中在一起的。

1. 集中式空调系统的组成

（1）空气处理设备。空气处理设备的作用是使室内空气达到预定的温度、湿度和洁净

度。空气处理设备主要包括：过滤器、预热器、喷水室、再热器、冷却塔及冷却水泵等。其中，制冷系统是空调系统的核心，构成基本的制冷系统主要有四大部件：压缩机、蒸发器、冷凝器、膨胀阀。

(2) 空气输送设备。空气输送设备主要包括：送风机、回风机、风道系统以及装在风道上的风道调节阀、防火阀、消声器，风机减振器等配件。它们的作用是将经过处理的空气按照预定的要求输送到各个空调房间，并从空调房间内抽回或排出一定量的室内空气。

(3) 空气分配装置。空气分配装置主要包括设在空调房间的各种送风口（例如百叶风口、散流口）和回风口。它们的作用是合理组织室内气流，以保证工作区内有均匀的温度、湿度、气流速度和洁净度。

除了以上三个主要部分外，还要有为空气处理服务的热源（例如锅炉或热交换站）和热媒管道系统，冷源（空调制冷装置）和冷媒管道系统以及自动控制和自动检测系统等。

2. 集中式空调系统按照所处理的空气来源的不同划分

(1) 封闭式。该系统是指空气处理设备所处理的空气全部为空调房间的再循环空气（即回风）而无室外新鲜空气（新风）补充。封闭式系统的新风量为 0，其冷、热消耗能量最小，运行费最低，但卫生条件最差。如图 7－4 (a) 所示。封闭式系统仅用于密闭空间且无需或无法补充新风的个别场合，如暂时隔绝通风情况下的地下庇护所等战备工程及很少有人进出的仓库等。

(2) 直流式。这种系统的新风全部来自室外，经处理达到所需的温、湿度和洁净度后，由风机送入空调房间。在室内吸收了余热、余湿后全部经排风口排至室外，这种系统如图 7－4 (b) 所示。由于直流式系统全部采用新风，其冷、热消耗量大，运转费用高，但卫生条件好。为了节能，可以考虑在排风系统设置热回收装置。该系统仅适用于空调房间的排风中含有大量有害物不允许再循环使用的情况，如放射性实验室及散发大量有害物的车间等。

(3) 混合式（回风式）。该系统综合了封闭式和直流式系统的利弊，其空气来源为新风和部分回风的混合体。这种系统的特点是在送风中除一部分室外空气外，还利用一部分室内回风，故又称为回风系统。回风系统由于利用了一部分回风，设备投资和运行费用比直流式大为减少。这种系统既能满足卫生要求，又经济合理，绝大多数的空调系统都采用混合式，如图 7－4 (c) 所示。

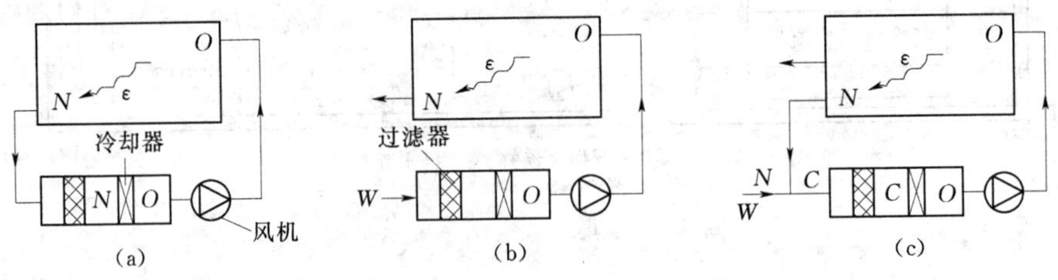

图 7－4　按处理空气的来源不同分类

(a) 封闭式；(b) 直流式；(c) 混合式

N—室内空气；W—室外空气；C—混合空气；O—冷却器后空气状态

回风式系统还可分为一次回风系统和二次回风系统。一次回风系统是指新风和回风在空气处理设备之前混合。如图 7-5（a）所示。二次回风系统是指部分回风与新风先在空气处理设备前混合，经处理后再次与另一部分回风混合。如图 7-5（b）所示。两者相比较，一次回风式的空气处理流程较为简单，操作管理方便，对于允许直接用机器露点送风的场合都可以采用；二次回风系统通常用于室内温度场要求均匀、送风温差小，风量较大而又未采用再热器的空调系统中，如恒温恒湿的钢液生产车间等。

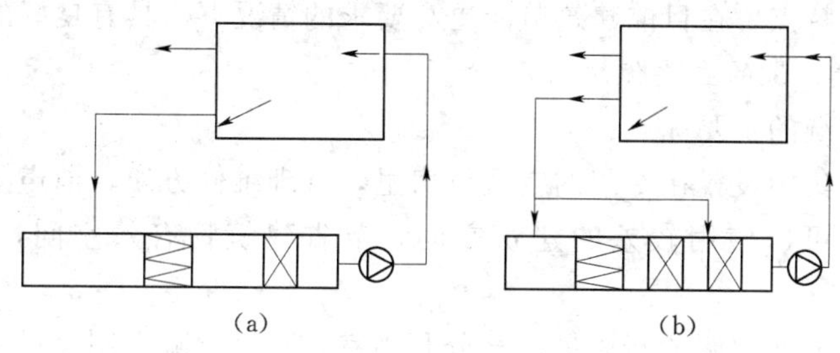

图 7-5 一、二次回风系统示意图

（a）一次回风系统；（b）二次回风系统

（4）单风道及双风道空调系统。单风道空调系统是指经集中的空气处理后，由一根风道供给各类空调房间同样参数的空气，如图 7-6（a）所示。单风道是全空气系统中最基本、最常用的方式，广泛用于办公楼、会堂、影剧院以及旅馆的餐厅、门厅和医院建筑的公共用房等场所。因为，这些场所，人群进出频繁，负荷变化较大，空气易于污染，且建筑空间体积较大，所以用全空气单风道系统是合适的。

双风道系统是在空气一水系统发展之前，为了缩小风道界面尺寸而出现的一种全空气高速空调系统，如图 7-6（b）所示。双风道是由集中空气处理设备接出两根平行的风道，一根热风管和一根冷风管，每到应用点时将两者通过混合后向房间送出所需的空气。双风道系统的特点是可以在同一系统中同时实现用户需要的加热或冷却，每个空调房间可以各自单独调节送风温度，且冷、热风道集中布置，便于管理和维护，但是，该系统的初次投资较大，运行费用高，占用空间大。适用于风量大、空调用户要求的空气参数不一致、热湿负荷变化较大的场合。

（5）定风量与变风量空调系统定风量空调系统是指送风量常年固定不变。该系统的送

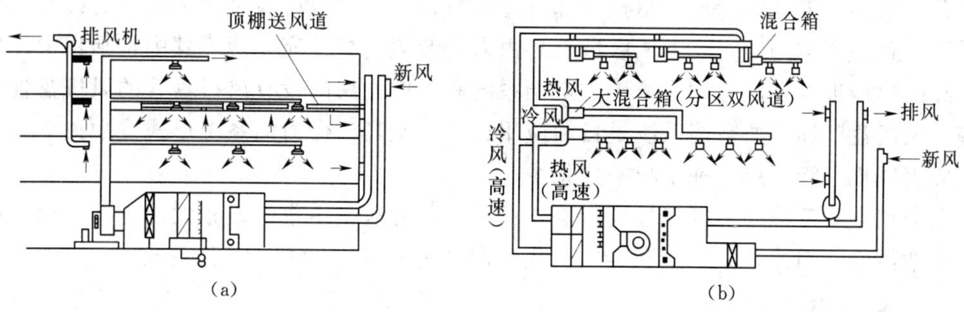

图 7-6 单风道及双风道空调系统示意图

（a）单风道空调系统；（b）双风道空调系统

风量是按空调房间的最大热、湿负荷进行设计计算的，而实际上空调房间的热、湿负荷不可能经常处于最大工况。当室内负荷变化时，依靠调节空气的再热量来控制室内的温度，造成能耗浪费。

变风量系统是通过特殊的送风装置，依靠调节送风量（送风参数不变）的方法来控制室内的温度。这种送风装置通常设置在房间的送风口处，它可以根据室温自动调节房间的送风量，并相应的调节了送风机的总风量。由于变风量系统具有成本低，运行费用经济，风机功率能耗低的特点，在目前建筑节能更高要求的情况下，具有良好的使用性。

3. 集中式空调系统的主要优缺点

集中式空调系统的主要优点：

(1) 空调设备集中设置在专门的空调机房里，管理维修方便，消声防振也比较容易。

(2) 空调机房可以使用较差的建筑空间，节省建筑物有效空间，如地下室、屋顶间等。

(3) 可根据季节变化调节新风量，充分利用室外新风，减少制冷机运行时间，节约运行费用。

(4) 使用寿命长，初投资和运行费用比较小。

(5) 服务面大、处理空气多、便于集中管理。

集中式空调系统的主要缺点：

(1) 用空气作为传送冷、热负荷的介质，需要的风量大，风道截面尺寸大，并且机房面积大，层高较高，占用建筑空间较多。风管布置复杂，施工安装工程量大、工期长。

(2) 一个系统只能处理出一种送风状态的空气，当各个房间的热、湿负荷的变化规律差别较大时，不便于运行调节，系统的灵活性差。

(3) 对于房间热湿负荷变化不一致或运行时间不一致的建筑物，系统运行不经济。

(4) 风管系统各支路和风口的风量不易平衡，各房间由风管连接，不易防火。

综合分析集中式空调系统的特点，可知，集中式空调系统在民用建筑，特别是高层民用建筑的应用中受到限制。当空调系统的服务面积大，各房间热湿负荷的变化规律相近，房间使用时间也较一致的场合，采用集中式空调系统较合适。

（二）半集中式空调系统

半集中式空调系统的特点是除了设有集中的空调机房外，还设有分散在各个房间的二次设备（又称为末端装置）来承担一部分冷热负荷。空调机房经过集中处理的部分或全部风量，送到各个空调房间或空调区域后再由末端装置进行补充处理，其中包括集中处理新风，经诱导器进入室内的称为诱导式空调系统和各空调房间设有风机盘管的风机盘管空调系统。风机盘管加新风空调系统是目前应用最广、最具生命力的系统形式。中央空调系统广泛应用风机盘管系统这种半集中式系统。

在半集中式系统中，空气处理所需要的冷、热源也是由集中设置的冷冻站、锅炉房或热交换站供给。因此，集中式和半集中式空调系统又统称为中央空调系统。

1. 诱导式空调系统

诱导式空调系统是指诱导器加新风的混合式系统，一般由一次空气处理室、诱导器（送风末端装置）、风道、风机所组成。用诱导器替代了一般的送风口，实行就地回风。诱导器作为二次处理设备安装在空调房间内或邻近处，空气处理机房的输出空气作为一次风经风道送入诱导器的静压箱，再由诱导器喷嘴高速喷向室内空间，同时由于射流群所造成的卷吸作用吸入部分室内空气作为“回风”，经冷、热排管冷却或加热处理后与一次风混合送入空调房间。

若在诱导器内不装设冷、热排管（亦称二次盘管）的诱导式空调系统属于全空气系统。该系统中诱导器的作用只是在于通过诱导室内空气达到增加送风量和减少送风温差的目的。

若在诱导器内装设冷、热排管的诱导式空调系统则属于空气—水系统。该系统中空调房间的一部分冷负荷由一次风负担；另一部分则由冷、热排管中的冷、热水负担。

诱导器的外形有立式和卧式两种，立式诱导器放置在窗台下或墙角处地板上，卧式诱导器挂吊在天花板下。

诱导式空调系统的优点是：该系统中通风管道一般采用高速送风，故管道断面小，占用建筑空间小；在空气—水诱导系统中由于二次盘管负担了一部分室内负荷，故一次风系统较小；由于在集中式空气处理系统中不用回风，故可避免空调房间互相干扰和污染的可能；使用寿命长。

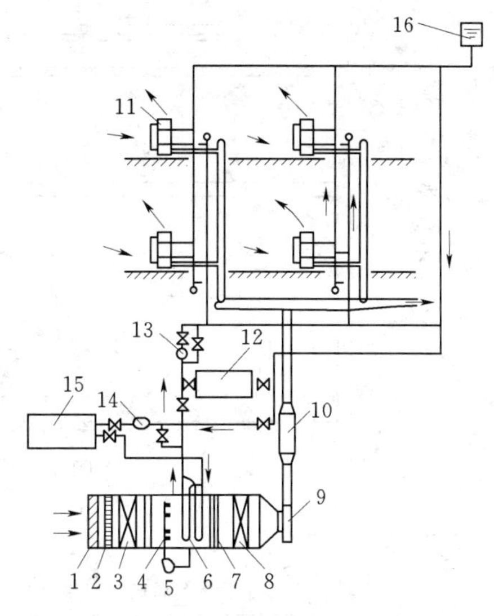

图 7-7　诱导式空调系统示意图

1—新风调节阀；2—过滤器；3—预热器；4—喷嘴排管；5—循环水泵；6—冷却排管；7—挡水板；8—再热器；9—通风机；10—消声器；11—诱导器；12—水热交换器；13—二次冷热水循环泵；14—冷水循环泵；15—蒸发器；16—膨胀水箱

诱导式空调系统的缺点是：各个房间的冷、热量不易单独调节；高速送风时室内有噪音；二次送风难以净化，诱导器容易积灰，清理不便；设备及管路较复杂，故初次投资和维修管理工作量都较大。

2. 风机盘管空调系统

集中式空气调节系统由于有风道截面积大、占用建筑面积和空间较多以及系统的灵活性较差等缺点，因此，在应用上也受到一定的限制。特别是高层旅馆、办公楼等建筑，根据其房间的用途和使用者的要求，往往需要选用比较灵活的空调系统，风机盘管空调系统是为了克服集中式空调系统的不足而发展起来的一种半集中式空调系统。具有占用建筑空间少，运行调节方便的特点，近年来得到广泛应用。

风机盘管机组是空调系统的一种末端装置，由风机、盘管（换热器）以及电动机、空气过滤器、室温调节装置和箱体等所组成。空调系统工作时盘管内根据需要流动热水或冷水，风机把室内空气吸进机组，经过过滤后再经盘管冷却或加热后送回室内，如此循环以达到调节室内温度和湿度的目的。房间所需要的新鲜空气通常是将室外空气经新风处理机组集中处理后由管道送入室内。机组一般设有三档（高、中、低档）变速装置，可调整风量大小，以达到调节冷、热量和噪声的目的。由于风机盘管所用的冷媒、热媒也是集中供给的，采用水做输送冷热量的介质，所以它属于空气——水系统。

风机盘管机组一般分为立式和卧式两种，在安装方式上又有明装和暗装之分，国内生产的风机盘管机组有 FP—5，F—79，FPG—2 以及 K 型等多种型号。立式机组可靠墙放置在地板上或搁在窗台下面；卧式机组可悬挂在天花板下或暗装在天棚内。图 7－8 所示为卧式风机盘管。

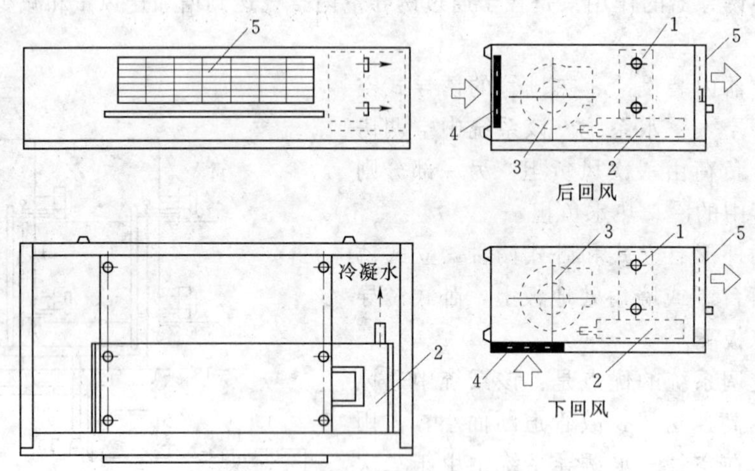

图 7－8　卧式风机盘管图

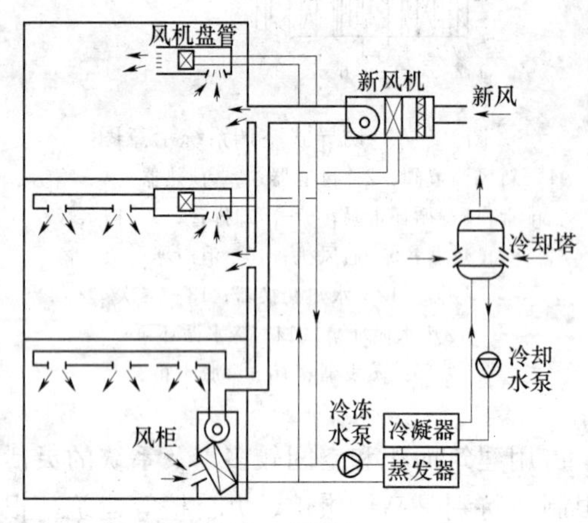

图 7－9　风机盘管加新风系统示意图

风机盘管空调系统的冷、热媒分别有冷源和热源集中供给，即为水系统。而解决房间空气质量即靠新风系统，因此，风机盘管空调系统是由风机盘管机组、水系统和新风系统三部分组成。为了收集排放夏季湿工况运行时产生的凝结水，还需要设置凝结水管路系统。风机盘管机组有时独立地负担全部内负荷，此时属于全水系统空调；当风机盘管配有新风系统同时运行时，则属于空气——水空调系统，如图 7－9 所示。

风机盘管空调系统主要由下列部件组成：冷水机组、锅炉换热器、水泵及其管路系统、风机盘管机组。

1）冷水机组：冷水机组用来供给风机盘管需要的低温水，室内空气通过空调器的注满低温水的换热器时，使室内空气降温冷却。

2）锅炉：锅炉用于供给风机盘管制热时所需要的热水，热水的温度通常为 60℃左右。

3）水泵和管路系统：水泵的作用是使冷水（热水）在制冷（热）系统中不断循环。管路系统有双管、三管和四管系统，目前我国较广泛使用的是双管系统。双管系统采用两根水管，一根回水管，一根供水管。夏季送冷水，冬季送热水。

（1）风机盘管的水系统：

风机盘管的水系统分为双管系统、三管系统和四管系统三种。

1）双管系统。这种系统冬季供热水、夏季供冷水都在同一管路中进行。特点是系统简单、初投资节省。

2）三管系统。这种系统每个风机盘管机组在全年内都可以使用热水和冷水。它由一根供热水管、一根供冷水管和一根公共回水管组成，由温度调节器自动控制每个机组水阀门的转换，使机组接通热水或冷水，做到有的盘管供热水而有的盘管供冷水，比较严格地保持各个房间的温度。

3）四管制系统。这种系统热水和冷水由两根供水管分别输送，回水管也是分开设置。因此，这种系统与三管制一样可以在全年使用冷水和热水，对空调房间的温度实现灵活性调节，同时又克服了三管制存在的回水管混合问题，但系统复杂，管道占空间较多，初投资多。

（2）风机盘管空调系统的新风系统。风机盘管空调系统新鲜空气的补给方式：可通过房间的缝隙自然渗入和排出；从机组背面墙洞引入新风和从缝隙自然排出；由内部空间在空调系统供新风和单独设排风系统；或采用单独新风系统和排风系统的方式。

对于旧建筑增设风机盘管空调系统，如布置新风道有困难，则可取上述前两种方式。新建的建筑大部分都采用单独新风系统。这种系统设置单独的空气处理机组，可随室外气象参数变化进行调节，保证室内参数，特别是房间的湿度。这种方式房间的新风量全年都可以得到保证，但投资大一些，占用空间也较多。

（3）风机盘管空调系统的室温控制。风机盘管空调系统的室温控制分为风量控制和水量控制两种方法。机组有变速装置可调节风量，以达到调节冷、热量和噪声的目的。风量控制方法采用三档（高、中、低），用手动转换开关或自动改变风机电机转速来增加或减少送风量的方法。风机盘管除了采用风量调节外，还可以在盘管回水管上安装电动二通（或三通）阀，通过室温控制器调节阀门开度，用改变进入盘管的水量（或水温）调节房间的温湿度。水量控制的方法比风量控制方法所需的费用高得多，一般用于室温控制要求较高的场合。

（4）风机盘管空调系统的特点。

1）与集中式空调系统相比，仅需要新风空调机房，机房占地面积小，层高较低。风机盘管布置在空调房间内占据空间有限。

2）仅需新风系统，风管截面积较小，容易布置。

3）盘管既可通冷水，又可通热水，冬夏兼用，但盘管易结垢，影响传热效果。

4）运行灵活，可自行调节各房间负荷，节能效果好，但不能实现全年多工况节能运行调节。

5）易于安装，施工时间较短，使用寿命长。

6）风机盘管分散布置，风管、水管、凝水管等管线布置较复杂，水系统易漏水，维护管理较繁琐。

7）难于满足温度、湿度、清洁度的严格要求。

8）风机盘管都采用低噪声风机，对有噪声要求的区域，应避免风速较高产生的噪音。

风机盘管空调系统具有布置和安装方便、占用建筑空间小、单独调节性能好、无集中式空调的送风、回风风管以及各房间的空气互不串通等优点，目前已成为国内外高层建筑的主要空调方式之一。对于需要增设空调的一些小面积、多房间的旧有建筑，采用这种方式也是可行的。

（三）分散式（局部式）空调系统

分散式（局部式）空调系统是在一个较大的建筑中，只有少数房间需要空调，或需要空调的房间在比较分散的情况下采用；旧建筑改建加装空调设备等采用局部式空调系统比较经济、合理。

局部式空调系统是将空调机组安装在需要空调的房间或相邻房间就地处理空气。空调机组是将冷源、热源、空气处理、风机和自动控制等设备组装在一起的定型产品，由工厂定型生产，现场整机安装。局部式空调系统不需要空调机房，风管很短或不用风管，而且安装简单，使用方便、灵活，施工安装工作量小；但它的初投资比集中式空调要高。如将机组设置在空调房间，则无新风送入；如果将外墙开孔吸入空气，则破坏了建筑外立面，既不美观也带来噪声、灰尘等一些问题。

空调机组，是将一个空调系统连同相应的制冷和制热系统中的全部设备或部分设备配套组装，形成整体，而由工厂定型生产的一种空调设备。将空调和制冷系统中全部设备都组装在同一箱体内的，称为整体式空调机组；而将空调器和压缩制冷机组分作两个组成部分的，称为分体空调机组。

空调机组的种类很多，大致可以按以下方法分类：

(1) 按容量大小：分为窗式空调、分体挂壁式、立柜式空调器和屋顶式空调器。

(2) 按制冷设备冷凝器的冷却方式：又可分为水冷式和风冷式。水冷式空调器一般用于容量较大的机组，采用水冷机组，要具备水源和冷却塔如图 7-10 所示。风冷式空调器对于容量较小的风冷式空调机组（如窗式，如图 7-11 所示），其冷凝器设置在机组的室外部分，用室外空气冷却；对于容量较大的风冷式空调机组，需要在室外设置独立的风冷冷凝器（分体式）。

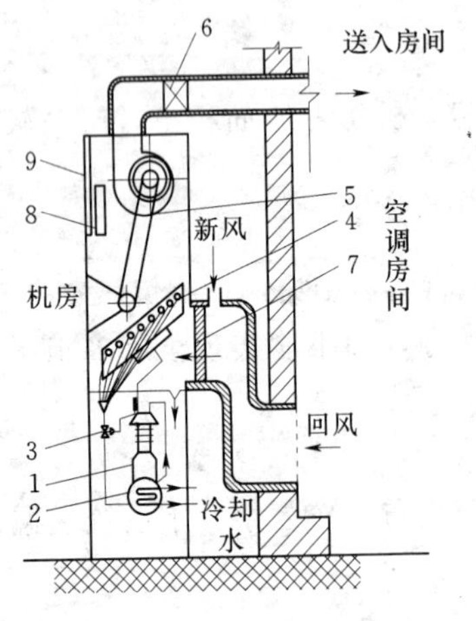

图 7-10　水冷式空调机组

1—压缩机；2—冷凝器；3—膨胀阀；4—蒸发器；5—风机；6—电加热器；7—空气过滤器；8—电加湿器；9—自动控制屏

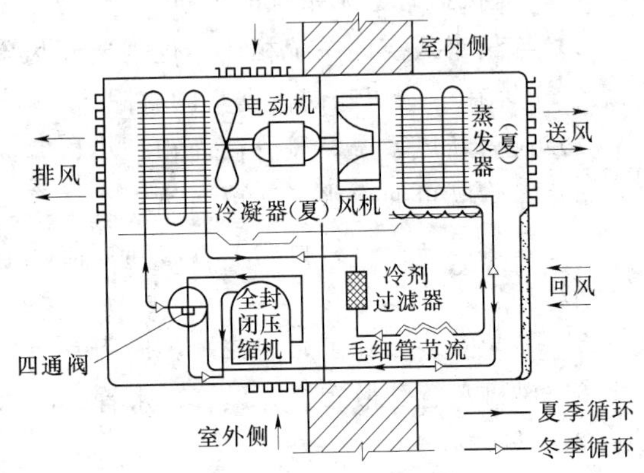

图 7-11　风冷式（窗式、热泵式）空调机组

(3) 按用途不同：可分为恒温恒湿机组，如图 7-12 所示、热泵式空调机组，如图 7-13所示、冷风降温设备等。

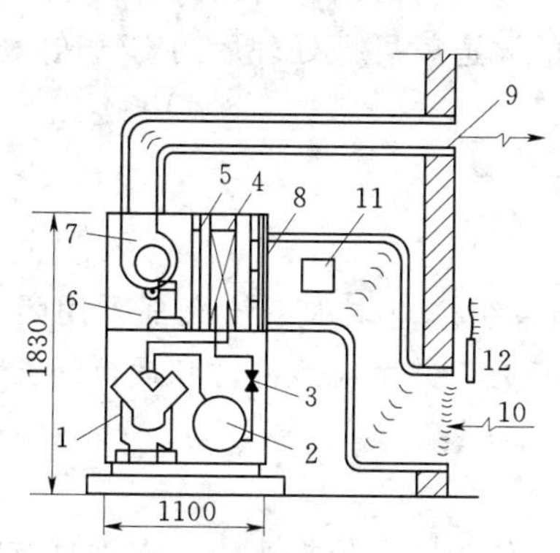

图 7-12 恒温恒湿空调机组图

1—压缩机；2—冷凝器；3—膨胀阀；4—冷却器；5—电加热器；6—电加湿器；7—通风机；8—空气过滤器；9—送风口；10—回风口；11—新风入口；12—电接点温度计

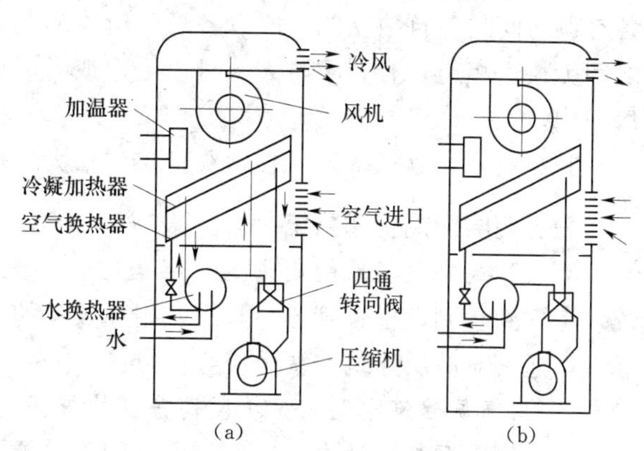

图 7-13 热泵式空调机组图

(a) 制冷循环；(b) 供热循环

1. 屋顶空调机组。

屋顶空调机组是一种单元整体机组，其制冷、送风、加热、加湿或减湿、空气过滤、电器、电气控制等组装在机组箱体之中，因为机组设置在屋顶上，所以机组在结构上考虑了防雨措施。为了便于管理，机组均带有电器控制系统。屋顶空调机组不占房间内的有效面积，因此，在有条件的地方使用可达到较好的经济效果。

2. 变冷剂量空调机组

变冷剂量（VRV）空调机组，这种机组属于冷剂系统，采用变频技术，一台室外机组可以配置多台不同规格、不同容量的室内机组。由于该机组采用了电子膨胀阀和变频压缩机，室内负荷的变化可以通过冷剂连续调节和控制系统所需的冷量和热量，各区域能独立加以精确容量控制，根据室外气象条件和房间使用要求，从低负荷至满负荷运转，与此同时，只需向需要空调的房间供冷、供热，而对不需要空气调节的房间，系统则可完全停止运转。这样能使系统运转更趋灵活性和节能性。

3. 恒温恒湿机组

这种机组适用于全年要求恒温、恒湿的房间，它能控制房间的基准温度在 20～25℃之间，波动范围不超过±1℃，控制相对湿度在 50%～70%，波动范围±10%。如图 7-12 所示。

4. 冷风降温设备

冷风降温设备，也称冷风机，用于夏季降温去湿，其组成与恒温恒湿机组相似，只是没有加热及自动控制设备。目前，国产的冷风机组多为直接用冷冻机的蒸发器来冷却空气。冷风机有整体式及分体式两类，多用于一般空调房间。

5. 局部空调系统的特点

主要优点有：安装方便。它是整机安装的，接通电源即可投入运行；灵活性大，由于各空调房间是各自独立的，所以各房间所需的温、湿度，运行时间等可以自行调整；房间之间无风道相通，有利于防火。可以不用或只用很短的风道就可把处理后的空气送入空调房间内。

其缺点是：故障率高、日常维护工作量大、噪声大。

三、高层建筑空调系统

高层建筑一般多采用集中式、半集中式中央空调系统。空调水系统大都采用闭式系统，考虑到空调设备、管道、阀门及附属设备的承压能力，并考虑经济性和运行的安全可靠性，通常对高层建筑空调系统竖向分区。

（一）高层建筑空调水系统竖向分区的依据

在空调水系统设计中，应以设备和附件的承压能力作为主要依据来决定在垂直方向是否需要分区或分几个区。在实际工程中，常按国内外主机、阀门及附属设备承压能力为1.0MPa并考虑系统阻力为300kPa左右以确定高层建筑空调系统分区界限。

国产冷水机组的蒸发器和冷凝器侧工作压力一般为1.0MPa（国外离心式冷水机组的普通型为1.0MPa，加强型为1.7 MPa，特加强型为2.0 MPa）。风机盘管的承压能力一般有1.0MPa和1.7 MPa两种，使用机械轴封的水泵壳体的承压能力在1.0MPa以上。

管材公称压力为：低压管道不大于2.5MPa，中压管道为4.0～6.4MPa；阀门公称压力为：低压阀门为1.6MPa，中压阀门为2.5～6.4MPa。

对于冷水机组接在水泵吸入端的空调水系统，水系统高度在100m以内可不进行竖向分区，但是选用水泵的承压能力要在1.3 MPa以上；对于冷水机组接在水泵出口端的空调水系统，水系统高于70m时，应进行竖向分区。对于高于200m的系统，一般应考虑分为高、中、低三个区的水系统。

（二）常用的竖向分区方式

1. 高、低区合用冷、热设备

低区采用冷水机组直接供冷，同时在设备层设置板式换热器，作为高、低区水压的分界设备，使静水压力分段承受。

值得注意的是，高区水系统采用经热交换后的二次水，其水温将比一次水水温要高1.5～2.0℃。这样，末端空气处理设备的供冷能力也会下降。因此，在同样标准层负荷情况下，必然要求高区的空气处理设备变大或增多，而对于风机盘管的型号每增大一个规格，其造价便相应提高10%～30%。

2. 冷水机组分区独立设置

根据冷水机组的设置的位置不同，又可分为四种布置方式：

1）冷水机组均设置在地下室，但高区和低区水系统分为独立的两个系统。这种方式，便于管理与维护，不用设专门的设备层。低区可选用普通型冷水机和水泵等，高区应选用加强型设备。

2）冷水机组均设置在技术设备层或避难层内，其系统可全部选用普通型设备，保持几种管理与维护的优点，但是对技术设备层在结构、层高、消声隔振等方面的要求较多。

3）中、低区冷水机组设置在地下室，高区冷水机组设置在中间技术设备层内。此方式需要专门的设备层，而又分两处布置冷冻站，管理维修不方便，实际工程较少采用。

4）中高区采用风冷冷水机组，设置在屋顶上，以水系统为辅；低区以水系统为主。此系统不用设专门的设备层，可以节省投资和节省建筑面积。

3. 竖向分三个区的系统

一般来说，建筑物高度大于 200m 时，应考虑高、中、低三个水系统。要注意的是，当低区设置冷水机组，中区采用中间换热器供冷时，高区应独立设置水系统而不应把中区空调用水再当作高区热交换的一次水，经两次换热后的冷水出水温度会达到 10～11℃，对高区的末端设备供冷影响太大。

空调系统的热水系统同冷水系统一样，必要时进行竖向分区，设置独立的分区热水系统，为冬季空调供暖使用。

4. 在实际工程应用时应注意的问题

实际工程中高层建筑空调系统分区一般多按垂直高度 70～80m 计算，这主要是基于普通风机盘管 1.0MPa 耐压能力的考虑。由于我国现行《高层民用建筑设计防火规范》(JB50045—95) 将建筑高度 100m 作为划分普通高层建筑与超高层建筑的界限，因此实际工程中接近 100m 的建筑较多，如按分区设计势必造成系统复杂、造价增加。此时，要适当提高下部高压区设备、管道及附件的承压能力而系统不分区，即采用一泵到顶的做法是合理的，这种做法运行管理方便，设备备用性也好。

单纯住宅功能的高层建筑一般不设中间设备层，可采用以下方式：①上区冷热源放在塔楼屋顶层，下区放在地下室；②两个区的冷热源设备均放在地下室，其中上区冷热源及循环泵为耐高压设备，其余设备及附件均为普通耐压。

当有中间设备层，如超高层住宅或部分住宅、部分写字间或客房的综合性高层建筑，可采用：①冷热源设备设于中间设备层，上下区分别供；②冷热源设备设于低层或地下室。设备层设板式换热器供上区。

当系统必须分区而超压层数不多时，可将顶层数层采用独立空调系统如风冷热泵、VRV 系统等，保证其余楼层在允许压力范围之内。

按照系统尽可能简捷的思路，兼顾设备和管材及施工水平等因素。一般不超出 120m 的高层最好别分区。

国内对于高层和超高层建筑空调水系统基本上都是按高度作垂直分区处理，设置板式换热器或者冷水机组，实现水力隔离。采用板式换热器一方面加大了造价；另一方面也增大了冷量和可供利用的温度损失。若按高度分区设置冷水机组，则机房分散，管理不便，加之系统各自独立，冷水机组不能互为备用，能耗费用增大。例如，美国某设计单位在上海 88 层 420m 高的金茂大厦空调水系统的初步设计中是考虑设置一个统一的水系统。全部冷水机组均集中设于地下层内，全楼不作垂直分区。为此，所有冷水机组、空调器、阀门管件均按高静压承载能力作特殊订货。在实施中，中方有关专家提出了修改方案，按高度和负荷性质，分别组成三个独立的系统，即高区系统、中区系统和低区系统。这种作法可降低中区和低区系统所有设备和管件的承载能力，但无疑这也使系统失去了不少功能，如3个系统不能统一步调供冷，不能互为备用；在低负荷时，三个系统的冷水机组都要在低负荷下运行；另外，管理维修不便，因为各系统中的设备、阀门及管件的额定承压能力不同，不能互换使用。总之，一个方案的优劣并不是绝对的，需要多方面综合考虑。

四、空调系统的平面分区

对于像诸如商场、餐饮、办公楼等大面积空间的空调设计都遵循一个基本前提——平面分区。所谓平面分区主要有两层含义：①根据负荷状态下的不同进行分区。譬如，在某些场合，考虑到太阳辐射热负荷随朝向和时间有很大变化，故按朝向可分成东区、西区、南区、北区，以利于分别单独控制；但应用更多的是按冬季室内负荷性质不同而进行分区，分成内区和周边区；②在同一区（譬如内区或周边区）内，为了考虑节能运行，又人为地把一大块面积的空间假想地按150～250m²划分成一个个小区。每1个小区内由1台代表该区温度的温度传感器来控制该区的温度。对此，部分国家的空调设计规范中还明确地规定了这种分区的最大面积的限值。

1幢大型建筑物标准层平面一般至少得有500～1000m²，其进深少则几米，多则十几米。经验表明，紧邻外墙、外窗的区间，冬季的室内气温明显低于内区，需要较强的供暖才能保持室内所需的温度。但是，远离外墙、外窗的区间，往往没有过高的供暖要求。非但如此，现有的现代化大厦的使用实践经验表明，随着办公设备的迅速进步，室内使用的自动化办公设备的种类和数量愈来愈多，如计算机、复印机、打印机、文件破碎处理机、传真机等，这些办公设备的用电散热成为较大的热负荷；另外，建筑物室内照明的高照度和大功率的照明灯具成为稳定的散热源。所以，就这部分区间而言，冬季应考虑设备及照明的散热，调整热负荷，分区调节，以免室内过热。

五、常用的几种空调系统简介

（一）大型公共建筑的空调系统

大型公共建筑中的空调属于舒适性空调。舒适性空调对室内空气的参数不要求恒定，而是相应于季节的变化有着较大幅度的变化。夏季室温一般以26～28℃为宜，相对湿度不超过65%；冬季室温为18～22℃，相对湿度不低于40%。由于人们在这类建筑中停留的时间不会很长，因此为减轻空气处理设备的负荷，可适当减少新风量，通常按吸烟或不吸烟的情况采用8～20m³/h·人。

舒适性空调由于在温湿度精度方面没有严格要求，故为减少送风量，常采用较大的送风温差Δt，并相应地采用一次回风式系统。

大型公共建筑空调系统的送、回风方式，常采用上送下回、喷口送风或是这两者相结合的形式。送风口应在顶棚上均匀布置，而下部的回风口可以均匀布置，也可以集中布置。对于噪声要求不严格的场所，亦可采用喷口送风的方式，通常是从后部送风，回风口设在同一墙面的下部，这样机房和管道的布置最为紧凑，因而比较经济。

（二）集中式恒温恒湿空调系统

集中式恒温恒湿空调系统，是应用最广的一种工艺性空调。

恒温恒湿，如前所述，是指严格控制室内空气的温度和相对湿度（特别是指空气的温度）恒定在某一定范围内的空调工程。室内温、湿度基数和允许波动范围，取决于生产工艺的实际需要以及考虑必要的卫生条件。有的恒温恒湿室要求常年运行，并维持全年不变的温、湿度基数及其允许波动范围值；也有的可以间歇运行，并且夏季和冬季有不同的温、湿度要求。

恒温恒湿室除对温、湿度有严格要求外，对于空气的洁净度和对设备的消声减振等方面一般也有一定程度的要求。为达到恒温恒湿要求，并提高空调系统的经济性，必须在建筑热工、空气处理、气流组织和运行管理等各方面采取一些必要的综合性措施。在布置空调房间时，应尽量将高精度的恒温恒湿室布置在精度较低的各空调房间之中，也就是将精度较低的恒温恒湿室作为高精度恒温恒湿室的邻室或套间。这样，就能使高精度恒温恒湿室减轻室外气候变化的干扰，减小室内温、湿度的波动范围，从而使控制系统的工作比较稳定，易于保证精度要求。在条件允许时，也可将高精度恒温恒湿室布置在地下室中，这样既能减少空调负荷，也有利于对空调精度的控制。

关于恒温恒湿室的空调送风量，应根据房间的热、湿负荷通过计算来确定。为了保持工作区内均匀、稳定的温、湿度场以及保证自控系统的调节品质，所采用的空调送风量及其送风温差（即夏季室温与送风温度的差值）一般应符合规定。

为节省处理空气所消耗的冷量和热量，空调系统除在不允许重复使用室内空气的场合（例如室内产生有害气体）外，一般都尽量使用回风。回风量的多少通常是根据必需的新风量确定的，新风量应不小于下列两项风量中任何一项的值：

（1）按卫生标准，应保证每人不少于 30～40m^3/h。

（2）补偿局部排风、全面排风和保持室内正压（以防止外界环境空气渗入空调房间）所需风量的总和。

（三）地源热泵空调系统

地源热泵空调系统通过吸收大地（包括土壤、井水、湖泊等）的冷热量，冬季从大地吸收热量，夏季从大地吸收冷量，再由热泵机组向建筑物供冷供热而实现节能，是一种利用可再生能源的高效节能、无污染的既可供暖又可制冷的新型空调系统。地源热泵系统包括三种不同的系统：①大地直接换热式；②以利用土壤作为冷热源的土壤源热泵，也称为地下耦合热泵系统或者称为地下热交换器热泵系统；③以利用地下水为冷热源的地卜水热泵系统；④以利用地表水为冷热源的地表水热泵系统。

地源热泵空调系统实际上是指通过将传统的空调器的冷凝器或蒸发器延伸至地下，使其与浅层岩土或地下水进行热交换，或是通过中间介质（如防冻液）作为热载体，并使中间介质在封闭环路中通过在浅层岩土中循环流动，从而实现利用低温位浅层地能对建筑物内供暖或制冷的一种节能、环保型的新能源利用技术。该技术可以充分发挥浅层地表的储能储热作用，达到环保、节能双重功效，被誉为“21 世纪最有效的空调技术”。

1. 大地直接换热式热泵系统

热泵机组的室外机组直接埋设于地下土壤中，制冷剂直接与土壤进行换热，此种形式热损失最小，热泵效率高，还可以节约 10%左右的介质循环泵用电，节能效果好，但存在室外盘管安装维护困难，土壤腐蚀等问题，仅在小型系统中少量采用。

2. 大地耦合式热泵系统

大地耦合式热泵系统又称埋管式土壤源热泵系统。其以水、盐水或水乙二醇溶液作为介质（冷热量载体），在埋于土壤源内部的换热管道与热泵机组间循环，实现机组与大地土壤之间的热量交换。这种形式多了一次换热过程，传热损失增加，热泵效率比前者降低。但地下换热器形式可以灵活处理，规模不限，安装要求不高，这种形式应用较为普遍，有垂直埋管和水平埋管两种形式。

3. 地下水循环式热泵系统

这种系统由抽水井将地下水抽出，通过板式换热器或直接将水送到热泵机组。经提取热量或释放热量后，由回灌井回灌入地下，由于地下水的温度相对稳定，水的换热性能优于土壤的性能。因此，地下水作冷热源的热泵系统性能比前两种性能都要优良。但是由于地下水状况的复杂性，回灌技术对地下水资源污染等问题，使地下水源热泵系统的应用受到一定限制。

4. 地表水源热泵系统

地表水源热泵系统是利用江河湖泊的水作为机组冷热源，按地表水与机组的换热方式不同，又可分为多种形式，由于地下水的温度一般都好于地表水，该方式热泵循环的效率低于地下水水源热泵系统。但是，地表水一般来说取用排放均较方便。

各种空调系统的比较如表 7-2 所示，各类空调系统适用条件及使用特点如表 7-3 所示，常用空调系统的使用特点比较如表 7-4 所示。

表 7-2　　各种空调系统的比较

项　　目	集中式系统		半集中式系统		分散式系统
	单风管定风量	变风量	风机盘管	诱导器	单元式或房间空调器
初投资	B	C	B	C	A
节能效果与运行费用	A	A	B	C	B
施工安装	C	C	B	B	A
使用寿命	A	A	B	A	C
使用灵活性	C	C	B	B	A
机房面积	C	C	B	B	A
恒温控制	A	B	B	C	B
恒湿控制	A	C	C	C	C
消声	A	A	B	C	C
隔振	A	A	B	A	C
房间清洁度	A	A	C	C	C
风管系统	C	C	B	B	A
维护管理	A	B	B	B	C
防火、防爆、房间串气	C	C	B	A	A

注　表中 A（较好）、B（一般）、C（较差）。

表 7-3　　各类空调系统适用条件及使用特点

系统类型	适用条件	空调装置	
		类别	特点
集中式系统	1. 空调房间面积大或多层、多室，且冷（热）湿负荷变化情况类似； 2. 新风量变化大； 3. 室内温度、湿度、洁净度、噪声、振动等指标要求严格； 4. 全年多工况适应和节能； 5. 可采用天然冷源； 6. 维护、操作、管理方便； 7. 运行费用较低	单风管定风量直流式	房间内产生有害物质，不允许空气再循环使用
		单风管定风量一次回风式	仅作夏季降温或室内相对湿度波动范围要求，且湿负荷变化较大
		单风管定风量一、二次回风式	室内散湿量较小，且不允许选用较大送风温差
		变风量	室温允许波动范围 $t \geqslant 1℃$，湿热负荷变化较大
		冷却器	要求水系统简单，但室内相对湿度要求不严者
		喷水室	1. 采用循环喷水蒸发冷却或天然冷源； 2. 室内相对湿度要求较严或相对湿度要求较大而又有较大发热量者； 3. 喷水室兼作辅助净化措施
半集中式系统	1. 空调房间面积大，但风管不易布置； 2. 多层多室，层高较低，热湿负荷不一致或参数要求不同； 3. 室内温湿度要求 $t \geqslant \pm 1℃$，$\Phi \geqslant \pm 10\%$； 4. 要求各湿空气不要串通； 5. 要求调节风量	风机盘管	1. 空调房间较多，空间较小，且各房间要求单独调节； 2. 建筑物面积较大但主风管敷设困难
		诱导器	多房间层高低，且同时使用，空气不允许互相串通，室内要求防爆
分散式	1. 各房间工作班次和参数要求不同且面积较小； 2. 空调房间布置分散； 3. 工艺变更可能性较大或改建房屋的层高较低，且无集中冷源	冷风降温机组	仅用于夏季降温去湿
		恒温恒湿机组	房间全年要求恒温恒湿

表 7-4　　常用空调系统的使用特点比较

系统类型比较项	集中式空调系统	风机盘管空调系统	单元式空调器
设备布置与机房	1. 空调与制冷设备可以集中布置在机房； 2. 机房面积较大； 3. 有时可以布置在屋顶上或安设在车间柱间平台上	1. 只需要新风空调机房面积； 2. 风机盘管可以安装在空调房间内； 3. 分散布管，敷设各种管线较麻烦	1. 设备成套、紧凑、可以放入房间也可安装在空调机房内； 2. 机房面积小，只需集中式系统的 50%，机房层高较低； 3. 机组分散布置，敷设各种管线较麻烦

续表

系统类型比较项	集中式空调系统	风机盘管空调系统	单元式空调器
风管系统	1. 空调送回风管系统复杂，布置困难； 2. 支风管和风口较多时不易均衡调节风量	1. 放室内时，不接送、回风管； 2. 当和新风系统联合使用时，新风管较小	1. 系统小，风管短，各风口风量的调节容易达到均匀； 2. 直接放室内时，可以没有送风管和回风管； 3. 小型机组余压小，有时难于满足风管布置和必须的新风量
节能与经济性	可以根据室外气象参数的变化和室内负荷变化，实现全年多工况节能运行调节，充分利用室外新风，减少与避免冷热抵消，减少冷冻机运行时间	1. 灵活性大，节能效果好，各房间自行调节需求； 2. 盘管可冬夏兼用，内壁容易结垢，降低传热效率； 3. 无法实现全年多工况节能运行调节	1. 灵活性大，各房间可自行调节需求； 2. 无法实现全年多工况节能运行调节，过渡季不能用全新风，大多用电加热，耗能大
使用寿命	使用寿命长	使用寿命较长	使用寿命较短
安装	设备与风管安装工作量大，周期长	安装投产较快，介于集中式与单元式两者之间	1. 安装投产快； 2. 对旧建筑改造和工业变更的适应性强
维护运行管理	空调与制冷设备集中安设在机房，便于管理和维修	布置分散，维护管理不方便，水系统复杂，易漏水	使用 2～3 年后，冷量将减少；难以快速加热与冷却；管理、清理与维修比较麻烦
温湿度控制	可以严格地控制室内温度和相对湿度	对室内温湿度要求较严时，难于满足	对室内温湿度要求较严格时，较难满足
空气过滤与净化	可采用粗效、中效和高效过滤器，满足室内洁净度的不同要求。采用喷水室时，水易受污染，须常换水	过滤性能差，室内清洁度要求较高时较难满足	过滤性能差，室内清洁度要求较高时较难满足
消声与隔振	可以有效地采取消声和隔振措施	必须采用低噪声通风机，才能保证室内要求	机组安放在空调房间内，因此噪声振动不好处理
风管互相串通	空调房间之间有风管相连，使各房间互相污染。当发生火灾时会通过风管迅速蔓延	各空调房间之间不会互相污染	各空调房间之间不会互相污染、串声。发生火灾时也不会通过风管蔓延

第三节 空 调 负 荷 计 算

空调系统必须根据室外气候条件和室内热湿负荷的变化，经济合理地进行调节。经济合理的运行调节是指：

（1）通过调节，使室内的温度在允许的范围内。

（2）在冬季和夏季，为了减少热量和冷量的消耗，应尽量利用室内循环空气。

（3）在过渡季节，应尽量利用室外空气的自然调节能力，做到尽量不用冷、不用热或尽量少用。

(4) 尽量少用再热，以免发生冷量和热量相互抵消的现象。

(5) 尽可能缩短使用冷冻机的时间。

空调系统的负荷包括冬季的热负荷和夏季的冷负荷。热负荷按供暖系统的热负荷计算，这里主要介绍冷负荷的计算。

一、空气冷负荷

空调冷负荷是空气调节系统设计中的最基本依据，它也是确定空调系统的风量和空调设备装置容量的基本依据，同时也将直接影响空调系统的经济性和建筑节能。

空调冷负荷由三大部分组成。其一是空调房间的冷负荷。包括由于室内外温差引起建筑物围护结构传入室内热量形成的冷负荷；太阳辐射传入热量形成的冷负荷；人体散热、散湿形成的冷负荷；室内灯光照明散热形成的冷负荷和室内其他设备的散热、散湿形成的冷负荷。二是室外新风负荷。为了满足空调房间空气质量的需要，必须向空调房间输送一定量的新鲜空气，而冷却室外新鲜空气所消耗的冷量为新风冷负荷。三是系统冷负荷。它包括空气风管、水管、风机、水泵、水箱等温升引起的附加冷负荷。

从上述冷负荷的组成得知，围护结构传热、太阳辐射散热以及室内新风所形成的冷负荷与建筑物的周围环境、所处的位置、外界的气候条件、太阳辐射强度与时间、建筑物外围护结构材料的选用、外墙上开窗面积的大小和建筑体形系数都有直接的关系，而这些因素都与设计有直接的关系。因此，空调冷负荷是随时间不断变化，且影响负荷变化因素很多。

二、空调冷负荷的估算

空调冷负荷的计算是空调工程技术设计中最基础的计算工作，冷负荷计算的准确性直接影响到工程投资费用、能耗、运行费以及使用效果。在方案和初步设计阶段，由于建筑专业的设计深度有限，对冷负荷计算中的热工计算的基础数据、人体、照明以及其他发热设备等没有完整的资料，不能得到精确的参数。因此，在实际设计工程中为了估算设备容量和投资费用，一般可采用冷负荷估算指标来估算系统的冷负荷，以便确定设备容量及型号。在施工图阶段对冷负荷再作详细的计算。冷负荷估算指标如表 7－5 所示。

表 7－5　　空调冷负荷设计指标

序号	建筑类型或房间名称	冷负荷指标（W/m² 空调面积）
1	旅馆类	
	标准客房	80～100
	酒吧、咖啡	100～180
	西餐厅	160～200
	中餐厅、宴会厅	180～350
	中庭、大堂	120～160
	小会议室（允许少量抽烟）	200～300
	大会议室（不允许抽烟）	180～280
	理发、美容	120～180
	保龄球（投球区）	160～240
	健身房	100～150
	交谊舞厅	200～250
	迪斯科舞厅	250～350
	办公室	90～120

续表

序号	建筑类型或房间名称	冷负荷指标（W/m² 空调面积）
2	商场、百货大楼	底层 250～300，二楼或以上 200～250
3	餐馆	200～350
4	科研、办公室	90～140
5	公寓、住宅	80～90
6	图书馆、阅览室	75～120
7	展览厅、陈列室	130～200
8	会堂、报告厅	150～200
9	影剧院： 舞台（剧院） 观众厅 休息厅（允许吸烟） 化妆室	 250～350 180～350 300～350 90～120
10	体育馆 比赛馆 观众休息厅（允许吸烟） 贵宾室	 120～300 300～350 100～120

三、空调冷负荷的计算

除方案设计或初步设计阶段可使用冷负荷指标进行必要的估算外，应对空气调节区进行逐项逐时的冷负荷计算。

空气调节区的夏季计算得热量，应根据下列各项确定：

（1）通过围护结构传入的热量。

（2）通过外窗进入的太阳辐射热量。

（3）人体散热量。

（4）照明散热量。

（5）设备、器具、管道及其他内部热源的散热量。

（6）食品或物料的散热量。

（7）伴随各种散湿过程产生的潜热量。

空气调节区的夏季冷负荷，应根据各项得热量的种类和性质以及空气调节区的蓄热特性，分别进行计算。

（一）围护结构传热量的计算

（1）计算围护结构传热量时，室外或邻室计算温度，宜按下列情况分别确定：

1）对于外窗，采用室外计算逐时温度，按式（7－1）计算

$$t_{sh}=t_{wp}+\beta\Delta t_r(℃) \tag{7-1}$$

式中　t_{sh}——室外计算逐时温度，℃；

t_{wp}——夏季空气调节室外计算日平均温度，℃，应采用历年平均不保证 5d 的日平均温度；

β——室外温度逐时变化系数，按表 7－6 采用；

Δt_r——夏季室外计算平均日较差，应按下式计算：

$$\Delta t_r=\frac{t_{wg}-t_{wp}}{0.52} \tag{7-2}$$

式中 t_{wg}——夏季空气调节室外计算干球温度,℃，应采用历年平均不保证 50h 干球温度。

表 7-6 室外温度逐时变化系数

时刻	β	时刻	β	时刻	β	时刻	β
1	−0.35	7	−0.28	13	0.48	19	0.14
2	−0.38	8	−0.12	14	0.52	20	0.00
3	−0.42	9	0.03	15	0.51	21	−0.10
4	−0.45	10	0.16	16	0.43	22	−0.17
5	−0.47	11	0.29	17	0.39	23	−0.23
6	−0.41	12	0.40	18	0.28	24	−0.26

2）对于外墙和屋顶，采用室外计算逐时综合温度，应按下式计算

$$t_{zs}=t_{sh}+\frac{\rho J}{\alpha_w} \tag{7-3}$$

式中 t_{zs}——夏季空气调节室外计算逐时综合温度,℃；

t_{sh}——夏季空气调节室外计算逐时温度,℃；

ρ——围护结构外表面对于太阳辐射热的吸收系数；

J——围护结构所在朝向的逐时太阳总辐射照度，W/m^2；

α_w——围护结构外表面换热系数，W/（m^2·℃）。

3）对于室温允许波动范围大于或等于±1.0℃的空气调节区。其非轻型外墙的室外计算温度可采用近似室外计算日平均综合温度，按下式计算

$$t_{zp}=t_{wp}+\frac{\rho J_p}{\alpha_w} \tag{7-4}$$

式中 t_{zp}——夏季空气调节室外计算日平均综合温度,℃；

t_{wp}——夏季空气调节室外计算日平均温度,℃；

J_p——围护结构所在朝向太阳总辐射照度的日平均值，W/m^2；

ρ、α_w——同式（7-3）。

4）对于隔墙、楼板等内围护结构，当邻室为非空气调节区时，采用邻室计算平均温度，按式 7-5 计算

$$t_{1s}=t_{wp}+\Delta t_{1s} \tag{7-5}$$

式中 t_{1s}——邻室计算平均温度,℃；

t_{wp}——夏季空气调节室外计算日平均温度,℃；

Δt_{1s}——邻室计算平均温度与夏季空气调节室外计算日平均温度的差值,℃，宜按表 7-7采用。

表 7-7 温度的差值 单位:℃

邻室散热量（W/m^3）	Δt_{1s}
很少（如办公室、走廊等）	0～2
小于 23	3
23～116	5

(2) 外墙和屋顶传热形成的逐时冷负荷，按下式计算

$$CL=KF(t_{w1}-t_n) \tag{7-6}$$

式中 CL——外墙或屋顶传热形成的逐时冷负荷，W；

K——传热系数，W/（m^2·℃）；

F——传热面积，m^2；

t_{w1}——外墙或屋顶的逐时冷负荷计算温度，℃，根据建筑物的地理位置、朝向和构造、外表面颜色和粗糙程度以及空气调节区的蓄热特性，按式（7－5）计算；

t_n——夏季空气调节区内计算温度，℃。

(3) 对于室温允许波动范围大于或等于±1.0℃的空气调节区，其非轻型外墙传热形成的冷负荷，可近似为

$$CL=KF(t_{zp}-t_n) \tag{7-7}$$

(4) 外窗温差传热形成的逐时冷负荷，按下式计算

$$CL+KF(t_{w1}-t_n) \tag{7-8}$$

式中 CL——外窗温差传热形成的逐时冷负荷，W；

t_{w1}——外窗的逐时冷负荷计算温度，℃，根据建筑物的地理位置和空气调节区的蓄热特性，按式（7－1）和式（7－2）计算确定。

(5) 空气调节区与邻室的夏季温差大于3℃时，宜按下式计算通过隔墙、楼板等内围护结构传热形成的冷负荷

$$CL=KF(t_{1s}-t_n) \tag{7-9}$$

式中 CL——内围护结构传热形成冷负荷，W；

（二）冷负荷计算的其他要求

(1) 舒适性空气调节区，夏季可不计算通过地面传热所形成的冷负荷。工艺性空气调节区，有外墙时，宜计算距外墙2m范围内的地面传热形成的冷负荷。

(2) 透过玻璃窗进入空气调节区的太阳辐射热量，应根据当地的太阳辐射照度、外窗的构造、遮阳设施的类型以及附近高大建筑或遮挡物的影响等因素，通过计算确定。由太阳辐射热量形成的冷负荷，应考虑外窗遮阳设施的种类、室内空气分布特点以及空气调节区的蓄热特性等因素，透过计算确定。

(3) 确定人体、照明和设备等散热形成的冷负荷时，应根据空气调节区蓄热特性和不同使用功能，分别选用适宜的人群集系数、设备功率系数、同时使用系数以及通风保温系数，有条件时采用实测数值。当上述散热形成的冷负荷占空气调节区冷负荷的比率较小时，可不考虑空气调节区蓄热特性的影响。

总之，空气调节系统的夏季冷负荷，应根据所服务空气调节区的同时使用情况、空气调节系统的类型及调节方式，按个空气调节区逐时冷负荷的综合最大值或各空气调节区夏季冷负荷的累计值确定，并应计入各项有关的附加冷负荷。

四、空气调节区的夏季散湿量计算

空气调节区的夏季计算散湿量，应根据下列各项确定：

(1) 人体散湿量。

（2）身体空气带入的湿量。

（3）化学反应过程的散湿量。

（4）各种潮湿表面、液面或液流的散湿量。

（5）食品或其他物料的散湿量。

（6）设备的散湿量。

确定散湿量时，应根据散湿源的种类，分别选用适宜的人员群集系数、同时使用系数以及通风系数。有条件时采用实测数值。

五、空调房间的建筑要求

合理的建筑措施，对于保证空调效果和提高空调系统的经济性具有重要意义。空调房间的布置应考虑空调房间的使用要求、空调系统的技术、节能和经济要求。为了减少能量损失和降低空调系统的造价及建筑节能，空调房间尽量集中布置。室内温、湿度基数、使用班次和消声等要求相近的空调房间，应相邻布置或上下布置，应尽量做成空调房间被非空调房间所包围，但空调房间不宜与高温或高湿房间相毗邻。多房间空调时，宜将其集中在一起，成一区域，在其共用走廊的端头设置门斗和保温门，这样，可减少每个房间内的内门斗和保温门，并可采用走廊回风，节省回风管道。

空调房间不要靠近产生大量灰尘或腐蚀性气体房间，也不要靠近震动和噪声大的场所，无有公害物产生的车间要布置在散发有害气体产生的车间的上风向。

空调房间应尽量避免布置在有两相邻外墙的转角处、有伸缩缝的地方。

空调房间的层高，在满足生产、建筑、气流组织、管道及设备布置和人体舒适度等要求的条件下，尽可能降低高度。对洁净度或美观要求高的空调房间，可设计阁楼或技术夹层。

屋顶受太阳辐射热的作用后，能使屋顶表面温度较室外气温高30～40℃。因此，空调房间应尽量避免设置在顶层。如设置在顶层，则应采取良好的屋顶隔热措施。小于或等于±0.5℃的空调房间在单层建筑物内时，最好设通风屋顶。

各种不同室温允许波动范围的空调房间，其建筑布置如表7－8所示。

表7－8　空调房间外墙与朝向、层次

室内允许温度波动范围（℃）	外墙	朝向	所在层次
≥±1.0	应尽量减少	应尽量朝北	应尽量避免顶层，在顶层时，宜采用通风屋顶等隔热措施
±0.5	不宜有	如有外墙，宜北向	宜底层
±0.1～0.2	不宜有	如有外墙，宜北向，且工作区距外墙不应小于0.8m	宜底层

注　表中规定的“北向”，适用于北纬23°以北的地区。对于北纬23°以南的地区，北向与南向的太阳辐射强度相差不大，也可相应的采取南向。

为避免太阳辐射热的影响，空调房间应尽量避免东、西朝向，外墙宜采用浅色饰面。

外窗的传热量和太阳辐射热占围护结构总传热量的比例很大，对室温波动的影响也是主要因素之一。因此，空调房间的外窗面积应尽量减少，考虑到照明要求，一般不超过房间面积的17%；并应采取密封和遮阳措施。外窗应尽量南、北朝向，避免东、西朝向。东西外窗最好采用外遮阳，内遮阳可采用窗帘或活动百叶窗。外窗最好大部分不能开启，但应保留部分可开启的外窗，以备需开窗换气时使用。外窗的朝向、外窗和内窗的层数参数如表7－9所示。

表7－9　　外窗和外窗朝向层数

室内允许温度波动范围（℃）	外窗、外窗朝向	外窗层数
≥±1	尽量北向，并能部分开启，±1℃时不应有东、西向外窗	双层
±0.5	不宜有，应北向	双层
±0.1～0.2	不应有	—
舒适性空气调节	尽量南、北向，并能部分开启	双层或单层

空调房间的外窗，在空调系统尚未投入运行或停止时，起着通风换气作用，在过渡季节采用开窗换气保持室内的通风要求。为防止室外空气渗透进入空调房间，窗缝应有良好的密封性，双层窗一般用双框。

空调建筑物外围护结构必须尽量严密，经常有人进、出的外门应设门斗或转门，人流多的外门必要时可设空气幕。门缝应严密，当门两侧温差不小于7℃时，门应保温，门的传热系数可稍大于安装门的这面墙的传热系数；内门的两侧当温度不小于7℃时，宜设门斗。

建筑物围护结构传热系数应根据建筑物的用途和空气调节类别，通过技术经济比较确定，但最大传热系数不宜大于表7－10所规定的数值。

表7－10　　围护结构最大传热系数　　单位：W/（m^2·℃）

围护结构名称	工艺性空气调节 室内允许波动温度范围（℃）			舒适性空气调节
	±0.1～0.2	±0.5	≥±1	
屋盖	—	—	0.8	1.0
顶棚	0.5	0.8	0.9	1.2
外墙	—	0.8	1.0	1.5
内墙和楼板	0.7	0.9	1.2	2.0

注　1．表中内墙和楼板的有关数值，仅适用于相邻房间的温差大于3℃。
2．确定围护结构的传热系数时，尚应符合围护结构最小热阻的规定。

第四节　空调房间的送风量和气流组织

在空气调节系统中，利用送风和排风状态的差异带走室内余热和余湿，以维持空调房间所要求的一定参数状态。

一、空调房间风量

空调房间的送风量通常按夏季最大室内冷负荷来确定的。春、秋、冬季冷负荷减少则送风量也可以相应减少。如果房间有局部排风系统时，送风量应不小于局部排风以及为造成房间正压所需的风量。一般房间的送风量可根据房间的换气次数的大小来确定，通常换气次数 $n \geqslant 5$。对于高大房间应按其冷负荷计算求得。

通常，送入空调房间的总送风量包括新风量和回风量。其中，新风量占总风量的比例应根据各房间的需要来确定，它的大小对室内人员的健康影响很大，对室内的冷量、热量影响也很大。因此，在设计时，必须根据空调房间的具体要求、既要保证空调房间空气质量又要本着节约的原则，综合考虑确定新风量。如表 7-11 所示部分民用建筑的新风量。

表 7-11　　部分民用建筑新鲜空气需要量　　单位：m^3/（h·人）

建筑类型	每人需要供给的新鲜空气量		吸烟情况
	适当	最少	
公寓	35	18	有一些
一般办公室	25	18	有一些
个人办公室	50	25	大量
影剧院、博物馆、体育馆、商店	15	9	无
商业中心、百货大楼	12	10	无
饭店	25	18	大量
高级旅游旅馆	50	40	大量
舞厅	33	18	有一些

二、空调房间气流组织

在空气调节系统中，将经过处理的空气通过送风管从送风口送入空调房间内。同时，也将利用过的空气及时从回风口排出或循环使用（经过重新处理后），以满足工艺或卫生所需的温湿度要求。例如，在夏季，送入空气的温度要比室内温低，如果这股冷空气流直接吹到工作区内，由于空气温差大，人体会感到不适，或工艺会受到影响；如果使冷空气流先与室内空气适当混合后，然后吹到工作区，情况就得到改善。而且空调房间内的要求，不仅在空气温度方面，还要从生产工艺或劳动保护考虑，对室内工作区的温湿度的均匀程度和允许波动范围，对工作区内风速大小的均匀程度以及空气净化或消声等方面都有一定的要求。特别是精度要求或净化要求比较高的空气调节，室内的温度场、速度场和净化区域，受室内气流流动和分布的影响很大。所以，空气从送风口进入空调房间后，还有一个气流流动和分布问题，要解决得好，才能满足室内的空气调节要求。这种技术上的考虑和措施，称为气流组织。

空气调节房间内气流组织合理与否与送风口和回风口的位置、形式、大小、送风气流的流态和运动参数、送风气流温度与室内温度的温差、房间建筑结构的布置大小、室内的工艺设备布置等都有关系，而且相互之间的关系比较复杂，气流组织将直接影响着空调系统的使用效果，尤其是在有室温允许波动范围和洁净度要求较高以及高大空间的建筑中，合理的气流组织具有更重要的作用。

（一）送风

国内空调房间常用的气流组织的送风方式，按其特点主要分为以下几种：

1. 侧向送风

侧向送风是空调房间中最常用的一种气流组织方式。如图 7－14 所示。一般以帖附射流形式出现，工作区通常是回流区。送、回风口分别设置在房间同一侧的上部和下部，送风射流到达对面的墙壁处，然后下降回流，使整个工作区处于回流之中。为避免射流中途下落，常采用帖附射流（使送风射流帖附于顶棚表面流动），以增大射流流程。图 7－15 是几种侧向送风布置示意图。

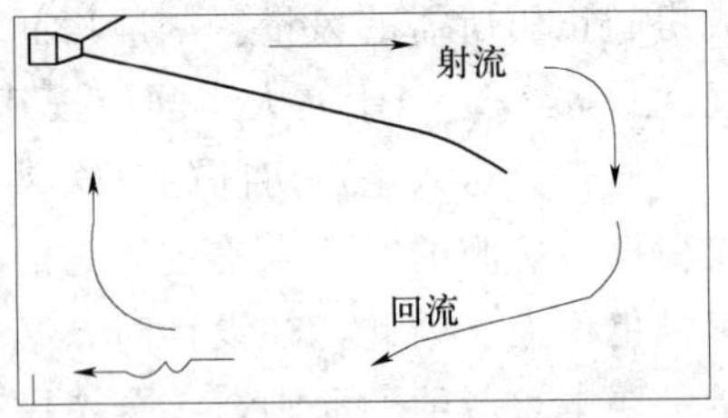

图 7－14　侧送贴附射流流型

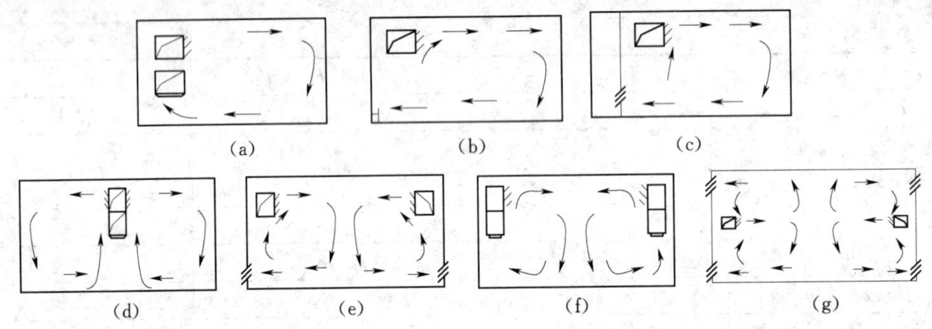

图 7－15　侧向送风的几种方式

(a) 单侧上送上回；(b) 单侧上送下回；(c) 单侧上送走廊回；(d) 双侧外送上回；(e) 双侧内送下回；(f) 双侧内送上回；(g) 中部双侧内送，上下回，上部排风

一般层高的小面积空调房间宜采用单侧送风；当房间长度较大，用单侧送风射程或区域温差不能满足时，可采用双侧送风；当空调房间中部顶棚下安装风管对生产工艺影响不大时，可采用双侧外送的方式。高大厂房上部有一定余热量时宜采用中部双侧内送，上下回风或下回上排风的方式，将上部的热量通过设置在上部的排风口排走，如图 7－15 (g) 所示。侧向送风布置方便、结构简单、适用室温允许波动范围大于或等于±0.5℃的空调房间。这种送风方式的送风射程（房间进深）通常在 3～8m 之间，送风口每隔 2～5m 设置一个。房间高度一般在 3m 以上，送风口应尽量靠近顶棚；当送风口上缘离顶棚较远时，送风口处设置向上倾斜 10°～20°的导流片，以形成帖附射流。

侧向送风风口形式有单层送风口、双层送风口，宜采用百叶风口或条缝型风口，如图 7－16 所示。风口通常用铝合金制成。

2. 散流器送风

散流器是设置在顶棚上的一种送风口，它具有诱导室内空气使之与送风射流迅速混合的特性。散流器送风可以分为平送和下送两种。

(1) 散流器平送。散流器平送方式，一般用于室温允许波动范围有要求，层高较低且

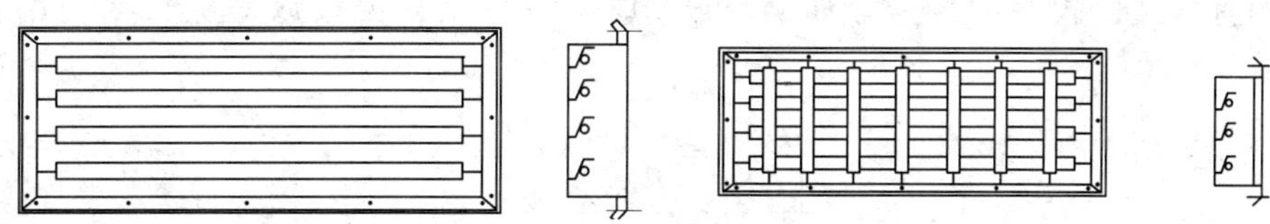

图 7-16 侧向送风口

有技术夹层的房间。送风射流沿着顶棚径向流动形成帖附射流，保证工作区稳定而均匀的温度和风速。应用散流器平送时，风管通常布置在吊顶层内。

散流器的布置，一般按对称位置或梅花形布置，圆形或方形散流器相应送风面积的长宽不宜大于 1∶1.5，散流器中心线和侧墙的距离，一般不小于 1.0m，散流器间距一般为 3～6m。

(2) 散流器下送。散流器下送的气流流型的送风方式使房间的气流分成两段，上段叫混合层，下段是比较稳定的平行流，整个工作区全部处于送风气流之中。图 7-17 是常用的流线型散流器的示意图。这种气流方式需要顶棚密集布置散流器，管道布置较复杂，因此，它主要适用于有高度净化要求的房间。房间高度一般为 3.5～4.0m，散流器布置间距一般不超过 3.0m。

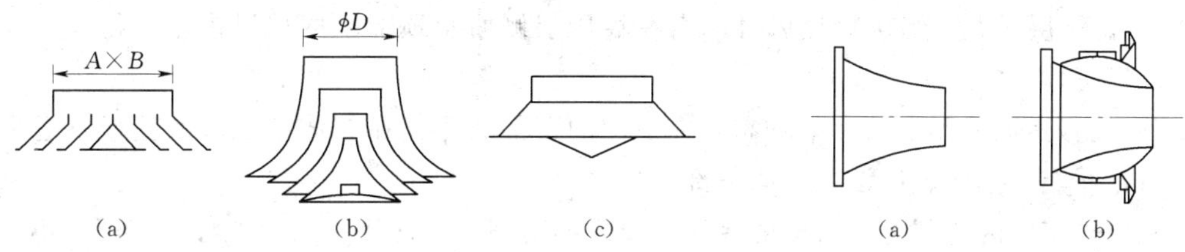

图 7-17 流线型散流器

(a) 平送流型方形散流器；(b) 下送流型圆形（流线型）散流器；(c) 圆盘形散流器

图 7-18 喷口

(a) 固定式喷口；(b) 可调角度喷口

(3) 孔板送风。在室温允许波动范围较小的空调房间中，通常采用孔板送风。孔板送风是将空气送入顶棚上面的稳压层中，在稳压层的作用下，通过顶棚上的大量小孔均匀地进入房间。可以利用顶棚上面的整个空间作为稳压层，也可以利用另外设置的稳压箱。稳压层的净高应不小于 0.2m，孔径一般为 4～6mm，孔距为 40～100mm。

孔板送风可以分为全面孔板和局部孔板送风两种类型：

1) 全面孔板送风。在顶棚上均匀地布置孔板，在孔板下面将形成下送平行流的气流流型，它主要用于有高度净化要求的空调房间。

如果送风速度较小，送风温差也较小时，将在孔板下面形成不稳定流型，这时的流速和区域温差都很小，适用于室温允许波动范围较小和要求气流流速较低的房间。

2) 局部孔板送风。顶棚上有一块或多块有孔眼的或条缝状的送风孔板，如图 7-19 所示，采用局部孔板送风时，在孔板的下部同样可以形成平行流或不稳定流，但在孔板周围则形成回旋气流。

在实际工程中，孔板常用铝板、木丝板、五夹板、石膏板等材料制作，装在室内顶棚上。在相对湿度比较高的场合，如 $\phi>60\%$ 应尽量少用五夹板以避免长期使用受潮而变形。

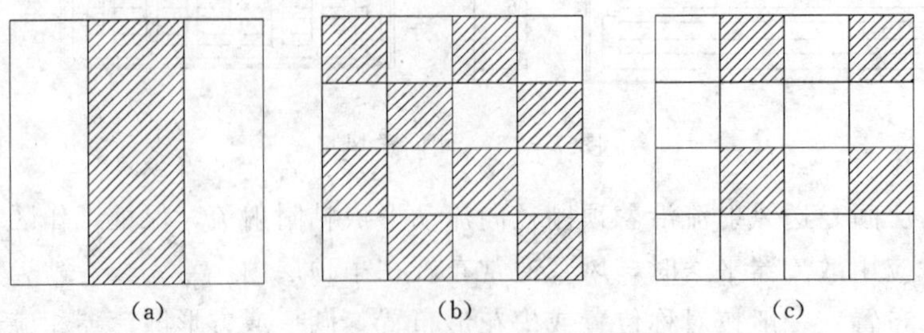

图 7-19　局部孔板布置图

(a) 带形；(b) 梅花形；(c) 棋盘形

设计孔板送风的稳压层时应注意下列问题：

a) 稳压层管道布置。当房间面积不大时，稳压层内不设管道；对区域温差要求高的大面积空调房间，稳压层内气流流经距离又较长时，稳压层内可设管道，一般气流从管道内向顶棚上部送出再压下，向稳压层内送风速度一般采用 3～5m/s。

b) 稳压层高度。孔板上稳压层高度应按计算确定，但净高不应小于 0.2m。

c) 稳压层保温。当送冷热风时，需在稳压层侧面及顶部采取保温措施，稳压层要有良好的气密性。

d) 孔板送风的回风口一般均布置在房间的下部。尤其在有洁净要求的孔板下送平行气流时，一定要把回风口设在房间下部。

除要求工作区全部为平行流的有洁净要求的房间及小面积室温允许波动范围较小的空调房间外，一般宜采用局部孔板送风方式，并可与照明、排风等相结合布置、孔板的形式除在顶棚上开设圆孔外也可设置成格栅式顶棚。

(4) 喷口送风。喷口送风是大型体育馆、礼堂、通用大厅以及高大厂房中常用的一种送风方式。这种送风方式由高速喷口送出射流，带动室内空气进行强烈混合，使室内形成的空气流动量增至送风量的 3～5 倍，射流面积不断扩大，速度逐渐衰减，室内形成大的回旋气流（工作区域一般是回流）。由于这种送风方式具有射程远、系统简单、投资较省。一般能够满足工作区舒适条件。因此，在高大空间以及要求舒适性的空调建筑中，宜采用喷口送风方式如图 7-18 所示。

喷口有圆形和扁形两种型式，为了提高喷口的使用灵活性，亦可做成球形转动的型式，如图 7-18（b）所示。

喷口送风的风速一般取 4～10m/s，喷口直径一般取 0.2～0.8m，喷口角度要按计算确定。当冷射流时，$\alpha=0°\sim15°$；热射流时 $\alpha>75°$。喷口安装高度根据工程具体要求而定。对于高大建筑一般取 6～10m。例如，北京工人体育馆比赛大厅是一座直径为 94m 的圆形建筑，大厅内空调的送风方式是采用直径为 600mm 的圆形喷射风口，送风速度达 8m/s，围绕大厅周围共布置 64 个风口，射流未到赛区即回流，使比赛区处于涡流区内，气流速度可以符合要求。上海体育馆比赛大厅也是圆形建筑，直径为 110m，送风方式用喷射风口和平顶送风相结合，喷射风口也是沿周围布置，共 64 个，直径为 580mm，平送处为静压箱，下有条缝风口向下送风。回风口布置在周围座位台阶的直面上。

（5）条缝型送风。条缝送风属于扁平射流，与喷口送风相比，射程较短，温差和速度衰减较快。它适用于工作区允许风速 0.25～1.5m/s，温度波动范围为±1～2℃的场所。在办公室、会议室采用这种型式的风口，如沿窗户上部布置，可以起屏风的作用，有利于稳定和调节房间内的温湿度参数。如果将条缝型风口与采光带互相配合布置，可使室内显得整洁美观。

在空调房间里，一般将条缝送风口安装在顶棚并与顶棚镶平，气流以水平方向向两侧送出，也可设置在侧墙上。

（6）空气调节区的送风方式及送风口的选型，还应符合下列要求：

1）宜采用百叶风口或条缝型风口等侧送，侧送气流宜贴附；工艺设备对侧送气流有一定阻碍或单位面积送风量较大、人员活动区的风速有要求时，不应采用侧送。

2）当有吊顶可利用时，应根据空气调节区高度与使用场所对气流的要求，分别采用圆形、方形、条缝形散流器或孔板送风。但单位面积送风量较大，且人员活动区内要求风速较小或区域温差要求严格时，应采用孔板送风。

3）空间较大的公共建筑和室温允许波动范围大于或等于±0.1 的高大厂房，宜采用喷口送风、旋流风口送风或地板式送风。

4）变风量空气调节系统的送风末端装置，应保证在风量改变时室内气流分布不受影响，并满足空气调节区的温度、风速的基本要求。

5）选择低温送风口（蓄冷空调系统）时，应使送风口表面温度高于室内露点温度 1～2℃。

6）分层送风时，宜采用双侧送风，当空调区跨度小于 18m 时，亦可采用单侧送风，其回风口宜布置在送风口同侧下方。侧送多股平行射流应互相搭接；采用双侧对送射流时，其射程可按相对喷口中点距离的 90%计算。

此外，空气调节区的换气次数，舒适性空调每小时不宜小于 5 次，但高大空间的换气次数应按其冷负荷通过计算确定；工艺性空调的换气次数，如表 7－12 所示。

表 7－12　工艺性空气调节的换气次数

室温允许波动范围（℃）	每小时换气次数	附　注
±1.0	5	高大空间除外
±0.5	8	—
±0.1～0.2	12	工作时间不送风的除外

（二）回风

1. 回风口的布置

空调房间的气流流型主要取决于送风射流，回风口处的气流速度衰减很快，对气流流型影响很小，对区域温差影响亦小。因此，除了高大空间或面积大而有较高区域内温差要求的空调房间外，一般可在房间一侧集中布置回风口。

对于侧送方式，回风口一般设在送风口同侧下方；采用孔板和散流器送风形式，回风口也应设在下侧。回风口的底边距地面 0.2～0.3m。为防止杂物被吸入，在回风口上应装过滤网。送风口布置间距：办公室为 2.5～3.5m，商场、娱乐场所为 4～6m。回风口应根据具体情况布置，一般布置在：人不经常停留的地方；房间的边和角；并有利于气流的组织。

大型厂房上部有一定余热量时，宜在上部增设排风口或回风口将余热量排除，以减少空调区的热量。

有走廊的多间空调房间，如对消声、洁净度要求不高，室内又不排出有害气体时，可在走廊端头布置回风口集中回风；而各空调房间内，在与走廊邻接的门或内墙下侧，宜设置可调百叶栅口，走廊两端应设密闭性能较好的门。

表 7-13 回风口风速 单位：m/s

回风口位置		回风风速
房间上部		4.0～5.0
房间下部	不靠近操作位置	3.0～4.0
	靠近操作位置	1.5～2.0
	用于走廊回风	1.0～1.5

2. 回风口的风速与型式

(1) 回风口的风速。回风口的风速应根据回风口设置的位置来确定，一般可按表 7-13 选用。回风口的风速可通过设置在回风口或回风支管上的阀门调节。

(2) 常用回风口型式。常用的回风口有单层百叶风口、固定格栅风口，网板风口，箅孔或孔板风口等，也有与相同效果的过滤器组合在一起的网式回风口。

(三) 空调房间送、回风口布置形式

空调房间气流的分布形式取决于空调房间的使用要求、房间的层高及送、回(排)口布置等因素，通常有如下几种。

1. 上送下回

上送下回是一种应用较多的送、回风方式，因为是上送下回，室内气流主要是纵向流动。常用送风口有双层百叶风口、散流器。例如：设置房间顶棚中部的散流器，气流采用双侧外送下回，先向四周扩散后再向下，而由下部两侧回风，如图 7-20 所示。所以工作区内气流主要是纵向的。这种方式适合房间较宽、且工作区要求气流均匀时，送入气流在到达工作区前，有充分机会与室内空气混合与换热，能够形成比较均匀的温度场和速度场。但是在吊顶上面要求有适当的空间布置风管(风管外还需设置保温层)，这样就要求建筑层高相应要增加。

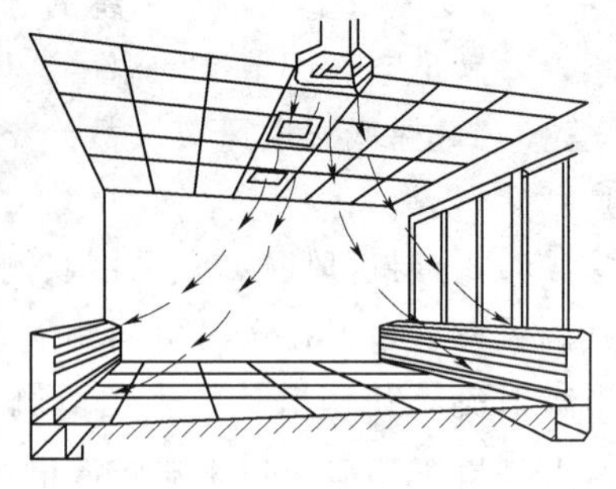

图 7-20 上送下回

2. 上送上回

上送上回风方式比上送下回方式较少使用。只有在房间下部由于工艺设备或放置物品不便布置回风口时选用。送风口可用侧送风口，散流器在吊顶里一侧设送风管，相对的另一侧设回风管，如图 7-21 所示。常利用风管底面开孔作为送、回风口，气流从上部送下，经过工作区后，回流向上进入回风管。如果吊顶上面没有安设管道的空间，也可将送、回风管上下叠置明装在房间内，位置可在房间中部或一侧，如图 7-22 所

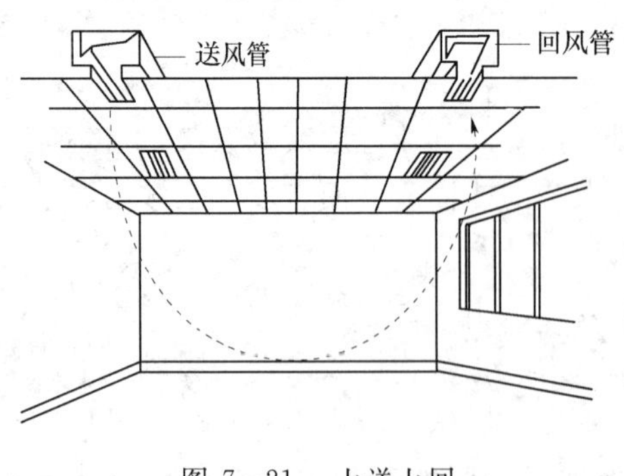

图 7-21 上送上回

示。为了避免对室内装饰装修及净高的影响，尽量在房间的一侧布置管道，采用侧送式上送上回，如图 7-23 所示。

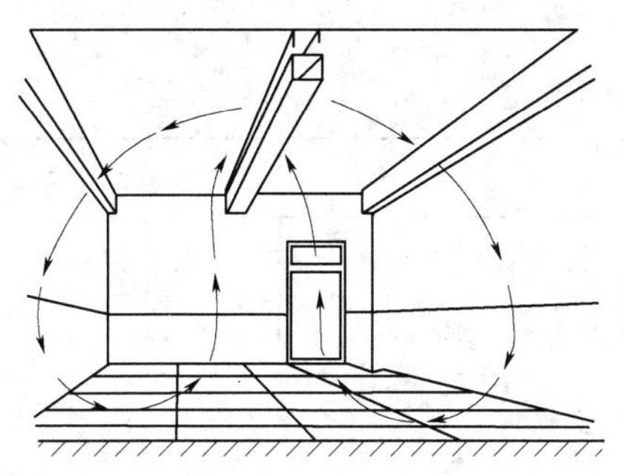

图 7-22　上送上回（风管叠置）气流分布示意图

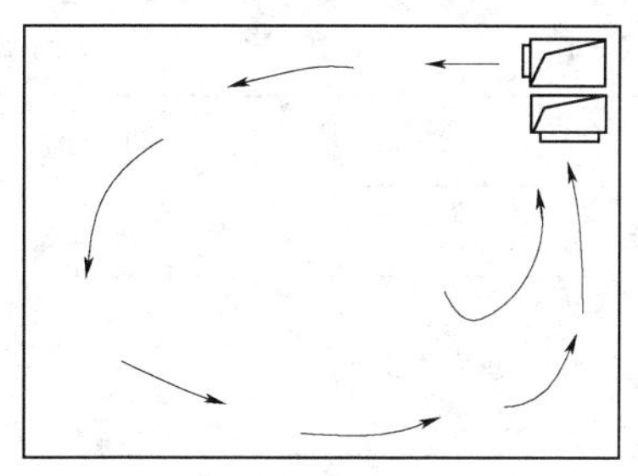

图 7-23　上送上回（侧送）气流分布示意图

当送、回风口靠得太近时，宜选用较小的回风速度，以免形成送风气流的短路现象。

3. 下送上回

下送上回方式又称为“置换通风”。经过处理的空气以较低的风速自地面送风口进入工作区，在重力的作用下，先是下沉，然后慢慢扩散，在地面上方形成薄薄的一层空气层，保证工作区内的空气参数满足人体健康和舒适的要求。同时，室内热源产生的浊热气流由于浮力的作用而上升，并在上升过程中不断卷吸周围的空气，上升到吊顶附近的回风口（或排风口）排走。下送上回方式具有一定的节能效果，同时也改善了工作区的空气质量。近年来，在国内外的大量工程中较多采用。这种回风方式，可采用地板格栅送风，也可以采用侧向送风的下送上回式。如图 7-24 所示。

4. 中送风

在一些高大的建筑物，实际工作区一般在建筑物的下部，在考虑送、回风方式时，不必将整个空间作为控制调节的对象，而采用中送风，一般是双侧上送下回、上排风的形式，如图 7-25 所示。这种方式节能，但气流分布会造成竖向温度分层不均匀，存在着温度分层的现象。

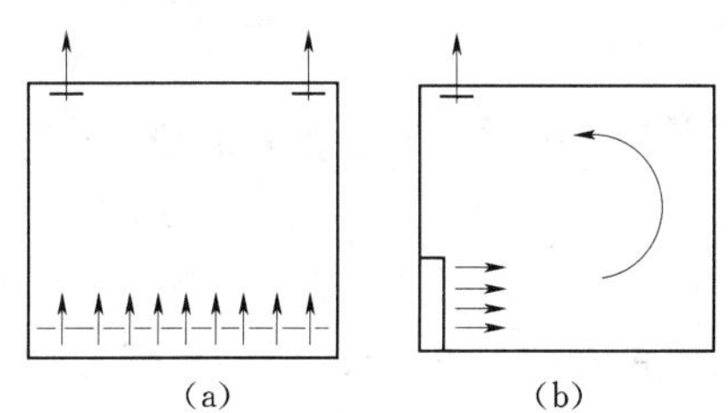

图 7-24　下送上回气流分布示意图

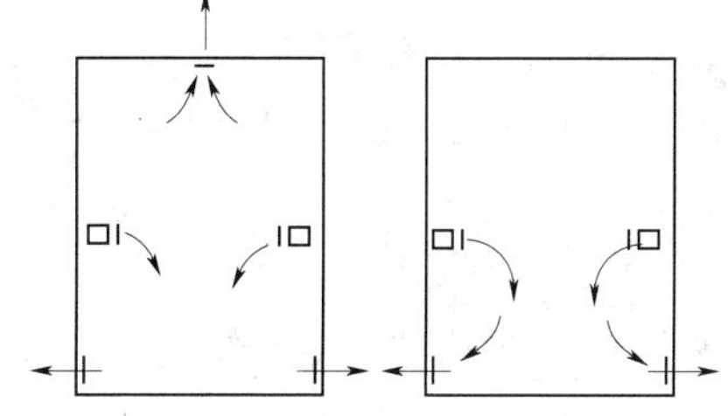

图 7-25　中送风气流分布示意图

此外，对于宾馆、商场的共享大厅及候机楼大厅、售票厅等，都是高大空间，可采用上下分层送风方式。

回风口的布置方式，还应符合下列要求：①回风口不应设在射流区和人员长时间停留的地点；②采用侧送风时，回风口宜设在送风口的同侧下方；③条件允许时，宜采用集中回风或走廊回风，但走廊的横断面风速不宜过大且应保持走廊与非空气调节区之间的密闭性。回风口的吸风速度，宜按表7-14选用。

表7-14　回风口的吸风速度　单位：m/s

回风口的位置		最大吸风速度
房间上部		≤4.0
房间下部	不靠近人经常停留的地点时	≤3.0
	靠近人经常停留的地点时	≤1.5

总之，空气调节区的气流组织，应根据建筑物的用途对空气调节区内温湿度参数、允许风速、噪声标准、空气质量、室内温度梯度及空气分布特性指标的要求，结合建筑物特点、内部装修、工艺（含设备散热因素）或家具布置等进行设计、计算。空调房间的气流组织有很多种，在实际使用时应综合灵活运用。此外，虽然回风口对气流组织影响较小，但对局部地区仍有一些影响，在对净化、温湿度及噪声无特殊要求的情况下，可利用中间走廊回风，以简化回风系统。

第五节　空调管路系统布置

空调系统的供热、供冷管网是输送热媒与冷媒的大动脉，按建筑物冷热负荷的大小，合理地将冷热源制备的冷、热媒分配到各个空气调节区域，以创造出舒适而健康的室内环境。

空调管路系统庞大而复杂，是中央空调系统的重要组成部分。它主要指冷冻水系统、冷却水系统、热媒系统（如蒸汽系统和热水系统）和凝结水系统，统称为水系统；还有输送被处理后的空气的风管系统。这些系统不仅设备投资较大，而且输送冷、热媒耗能也较多，例如水系统的年平均耗电量占空调系统年总耗电量的17.1%。管路系统设计、布置的合理与否会直接影响到空调系统是否正常运行与经济运行问题。

一、空调管路系统的布置

为满足空调系统的技术要求，应合理划分空调管路系统中的环路和选用合适的管路系统形式。

（一）空调管路系统的划分

空调管路系统的环路划分应遵循满足空调系统的要求、节能、运行管理方便、节省管材等原则，按建筑物的不同使用功能、不同的使用时间、不同的负荷特性、不同的平面布置和不同的建筑层数正确划分空调管路系统的环路。其具体划分原则，如表7-15所示。

还需注意的是，管路系统的分区应和空调风系统的划分相结合，同时考虑两者的合理布置。

表 7－15　　空调管路系统的环路划分

序号	依据	划分原则
1	负荷特性	根据建筑不同朝向划分不同的环路
		根据内区与外区负荷的特点不同划分不同的环路
		根据室内热湿比大小，将相同或相近热湿比的房间划分为一个系统
2	使用功能	按房间的功能、用途、性质，将基本相同者划为一个区域或组成一个系统
		按使用时间的不同进行划分，将使用时间相同或相近的区域划分为一个系统或环路
3	平面布置	根据平面位置的不同进行分区设置
4	建筑层数	在高层建筑中，根据设备、管路、附件等的承压能力，水系统竖向分区
		为了使用灵活，可按竖向将若干层组合成一个系统，分别设置管路系统
		高层建筑中，通常在公共部分与标准层之间设置转换层，因此，管路系统也常以转换层竖向分区

（二）空调管路系统的形式

空调管路系统的形式有多种，其主要分类有：

1. 按介质是否与空气接触划分为闭式系统和开式系统

闭式系统中的介质（主要是水）不与空气接触，对管路、设备的腐蚀性小，系统简单，不设回水池，机房占地小，但蓄冷能力差。开式系统中的介质与空气有接触，系统中有水箱，循环水易受污染，水中含氧量高，对管路、设备的腐蚀性强，循环水泵的扬程大，但蓄冷能力大。

用喷水室处理空气的空调系统和设置蓄水池的空调系统一般均是开式系统。空调冷水系统有闭式系统和开式系统之分，而热水系统一般只有闭式循环系统。

2. 按系统中的各并联环路中水的流程划分为同程系统和异程系统

（1）同程系统：各并联环路中水的流程基本相同，即各环路的管路总长基本相等。同程系统的各环路间的流动阻力容易平衡，因此系统的水力稳定性好，流量分配均匀，但管路布置复杂、管路长、初投资较大、高于异程系统。

（2）异程系统：各并联环路中水的流程各不相同，即各环路的管路总长也不相等。异程系统的管路布置简单，节约管路及其占用空间，初投资比同程系统低，但由于流动阻力不易平衡，常导致水流量分配不均。

近年来随着平衡阀技术的不断成熟，在系统中安装动态平衡阀，能满足水力平衡调节的要求，所以应尽量采用异程式，以节约水系统的投资、占地空间及运行能耗。

3. 按系统循环水量的特性划分为定流量系统和变流量系统

整个冷水循环环路可分为冷源侧环路和负荷侧环路两部分。冷源侧环路是指从集水器（回水集管）经过冷水机组至分水器（供水集管），再由分水器经旁通管路（定流量系统可不设旁通管）进入集水器，该环路负责冷水的制备。负荷侧环路是指从分水器经空调末端设备（冷水在那里释放冷量）返回集水器这段管路，该环路负责冷水的输送。其中，冷源侧应保持定流量运行。所以，空调系统是按定流量还是变流量运行均指负荷侧环路而言。

（1）定流量系统：所谓定流量水系统是指系统中的循环水量保持定值，当空调负荷发生变化时，通过改变供、回水温差来适应。这种系统简单，操作方便，但是输水量是按照最大空调负荷来确定的，当低负荷时，水泵仍按设计的流量运行，不节能。该系统一般适用于间歇性使用建筑（例如体育馆、展览馆、影剧院、大会议厅等）的空调系统以及空调面积小，只有一台冷水机组和一台循环水泵的系统。高层民用建筑尽可能少采用这种系统。

(2) 变流量系统：所谓变流量水系统是指系统中供、回水温度保持不变，负荷变化时，可通过改变供水量来调节。变流量系统管路内流量随系统负荷变化而变化，因此，输送能耗也随负荷的减少而降低，水泵容量和电耗也相应减少。该系统相对复杂，要配备一定的自动控制系统。适用于大面积的高层建筑空调全年运行的系统，尤其是有两台或两台以上的冷热源设备或水泵并联的场合。

4. 按系统中的循环水泵设置情况划分为单级泵系统和双级泵系统

单级泵系统：系统中只用一组循环泵，即冷、热源侧和负荷侧合用一组循环泵。单级泵系统的泵与冷水机组采取“一泵对一机”的（定流量）配置方式，系统简单，初投资省，但不能调节水泵流量，不能节省水泵输出量。

双级泵系统：又称为二次泵系统、复式泵系统。系统中冷、热源侧和负荷侧分别设置循环泵，形成泵的串联工作。该系统比单级泵系统复杂，自控程度较高，初投资稍高；可以实现变水量运行工况，降低冷冻水的输送电耗；水系统的总压力相对较低，能适应供水分区不同压降的需要。

通常，凡系统较大、阻力较高、各环路负荷特性（不同时使用或负荷高峰出现的时间不同）相差较大时，或压力损失相差悬殊（阻力相差100kPa以上）时，或环路之间使用功能有重大区时，应采用双级泵系统。

5. 按冷热水管道的设置划分

按冷热水管道的设置方式划分为双管制、三管制、四管制。在本章第二节中已经作过介绍。

（三）空调管路系统设计原则

空调管路系统设计主要原则如下：

(1) 空调管路系统应具备足够的输送能力，例如，在中央空调系统中通过水系统来确保流过每台空调机组或风机盘管空调器的循环水量达到设计流量，以确保机组的正常运行。又如，在蒸汽型吸收式冷水机组中通过蒸汽系统来确保吸收式冷水机组所需要的热能动力。

(2) 合理布置管道：管道的布置要尽可能地选用同程式系统，虽然初投资略有增加，但易于保持环路的水力稳定性；若采用异程系统时，设计中应注意各支管间的压力平衡问题。

(3) 确定系统的管径时，应保证能输送设计流量，并使阻力损失和水流噪声小，以获得经济合理的效果。众所周知，管径大则投资多，但流动阻力小，循环水泵的耗电量就小，使运行费用降低，因此，应当确定一种能使投资和运行费用之和为最低的管径。同时，设计中要杜绝大流量小温差问题，这是管路系统设计的经济原则。

(4) 在设计中，应进行严格的水力计算，以确保各个环路之间符合水力平衡要求，使空调水系统在实际运行中有良好的水力工况和热力工况。

（5）空调管路系统应满足中央空调部分负荷运行的调节要求。

（6）空调管路系统设计中要尽可能多地采用节能技术措施。

（7）管路系统选用的管材、配件要符合有关的规范要求。

（8）管路系统设计中要注意便于维修管理，操作、调节方便。

（9）应注意问题：

1）放气排污。在水系统的顶点要设排气阀或排气管，防止形成气塞；在主立管的最下端（根部）要有排除污物的支管并带阀门；在所有的低点应设泄水管。

2）热胀、冷缩。对于长度超过40m的直管段，必须装伸缩器。在重要设备与重要的控制阀前应装水过滤器。

3）对于并联工作的冷却塔，一定要安装平衡管。

4）注意管网的布局，尽量使系统先天平衡。实在从计算上、设计上都平衡不了的，适当采用平衡阀。

5）要注意计算管道推力。选好固定点，做好固定支架。特别是大管道水温高时更得注意。

6）所有的控制阀门均应装在风机盘管冷冻水的回水管上。

7）注意坡度、坡向、保温防冻。

二、冷冻水系统

冷冻水系统的功能是输配冷量，以满足空调系统末端装置或空调机组的负荷要求。

（一）空调冷冻水系统的组成

空调冷冻水循环系统主要由循环水泵、集水器、分水器、膨胀水箱、除污器及其连接管道所组成。冷冻水泵、集水器、分水器一般与冷水机组同设置在一个机房内，称冷冻水泵房或冷冻站。

1. 冷冻水循环水泵及其作用

冷冻水循环水泵主要是在空调系统中完成冷冻水经空调设备将冷量交换除去，冷冻水吸热升温后，将其送至冷水机组再冷却的动力循环过程。冷冻水的循环动力就是冷冻水循环水泵。

冷冻水循环水泵一般采用离心式水泵，根据循环水量选择多台水泵并联，为了便于运转及调节系统中的负荷变化，可采用每台冷水机组设置独立的循环水泵。水泵宜设减振装置，水泵进出口设金属或橡胶软接头以减少管道振动，水泵应设有备用水泵。

2. 集水器及分水器

当空调系统的冷冻水需供给多支分路系统时，为了便于冷冻水量的分配及调节，需要设置集水器和分水器，分水器与集水器上应安装压力计和温度计，以便观察系统的供回水压力及温度。

3. 膨胀水箱

因冷冻水循环是一密闭系统，而冷冻水供回水的温差尽管较小但仍会造成系统中水的膨胀与收缩，为了保证系统安全正常运行，在空调系统的最高点设置膨胀水箱，其构造、接管与热水采暖系统中的膨胀水箱相同，其有效容积及型号由设计选定。

4. 除污器

为了保证进入冷水机组及进入空调机组的冷冻水，不致因管道内残存的污物、泥沙阻塞管道及盘管，需要在进入机组前安装除污或过滤器。

（二）空调冷冻水系统的形式

空调冷冻水系统的形式有多种，但在实际空调工程中，常见的典型形式如下。

1. 单级泵冷冻水系统

单级泵冷冻水系统包括单级泵定流量双管闭式水系统和单级泵变流量双管闭式水系统。单级泵定流量双管闭式水系统因为耗能较多，在大型空调系统中已很少采用如图 7-26 所示。而单级泵变流量双管闭式水系统是目前我国民用建筑空调工程中应用最广泛的空调水系统。单级泵变流量双管闭式水系统工作原理示意图，如图 7-27 所示。

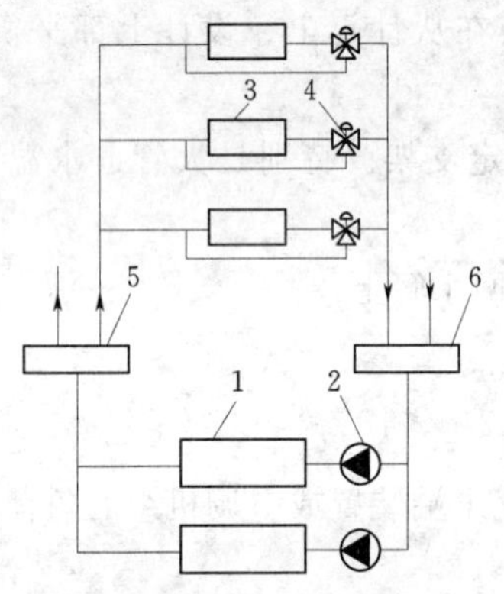

图 7-26　单级泵定流量双管闭式水系统

1—冷水机组；2—循环泵；3—空调机组或风机盘管

4—三通阀；5—分水器；6—集水器

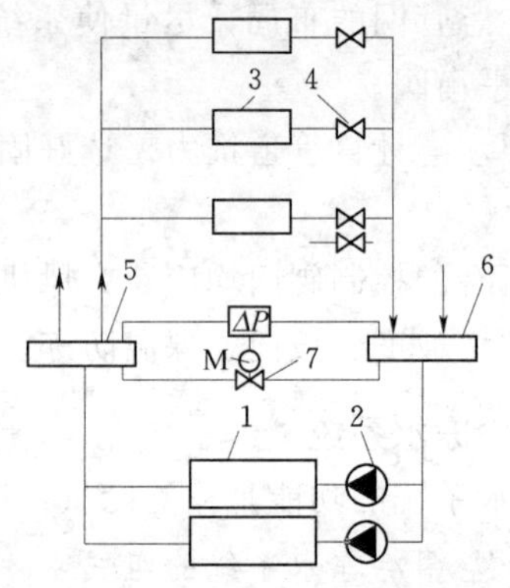

图 7-27　单级泵变流量双管闭式水系统

1—冷水机组；2—循环泵；3—空调机组或风机盘管

4—二通阀；5—分水器；6—集水器；7—旁通调节阀

图 7-27 是末端装置水管上设置二通阀的变流量系统，当负荷下降时，二通阀关小，使末端装置中冷冻水的流量按比例减小，从而使被调节参数保持在设计值范围。在二通阀的调节过程中，系统负荷侧水流量将发生变化，但是如果通过冷水机组的冷冻水量减少，将会导致冷水机组的运行稳定性变差，甚至会出现不安全运行问题。因此，在系统的供、回总管之间安装一条旁通管，管上安装压差控制的旁通调节阀。当用户流量减少时，供、回水总管之间压差增大，通过压差控制器使旁通阀开大，让部分水旁通，以保证流经冷水机组的水流量基本不变。

2. 双级泵冷冻水系统

双级泵冷冻水系统的几种常用形式：

（1）次级泵分区供水。如图 7-28 所示，冷冻水输送环路可以根据各区不同的压力损失设计成独立环路，进行分区供水。这种系统形式适用于大型建筑物（或建筑群）、各空调分区供水作用半径相差悬殊的场合。

（2）次级泵并联运行，向各区集中输送冷冻水，如图 7-29 所示。这种系统适用于大型建筑物中各空调分区负荷变化规律不一，但阻力损失相近的场合。

（3）冷却吊顶水系统加新风空调水系统，如图 7-30 所示。新风机组水系统和冷却吊顶水系统分别为两个回路，每个回路上设置各自的次级泵，以满足新风机组和冷却吊顶对供、回水温度的不同要求。此系统中设置贮水罐，将一次泵环路与二次泵环路分离，同时增大系统中的水容量，使系统运行更加稳定。

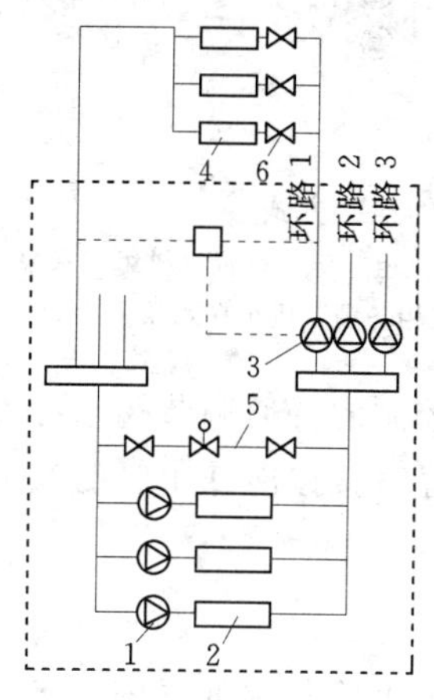

图 7-28 双级泵冷冻水系统（一）
1—一次泵；2—冷水机组；3—二次泵
4—风机盘管；5—旁通管；6—二通调节阀

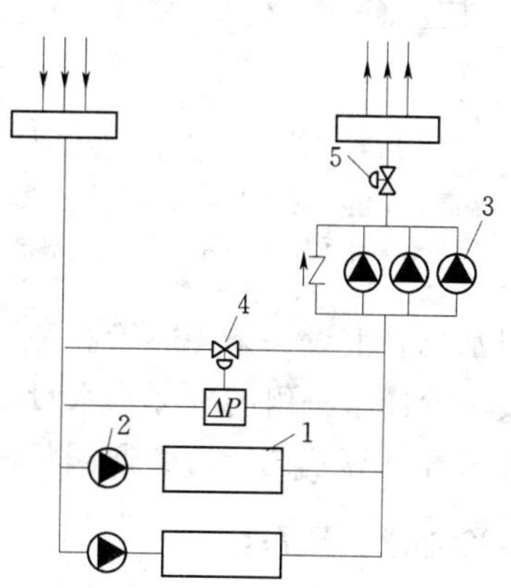

图 7-29 双级泵冷冻水系统（二）
1—冷水机组；2—初级泵；3—次级泵
4—压差调节阀；5—总调节阀

3. 混合式水系统

图 7-31 为混合式水系统原理图。其系统是由单级泵水系统与双级泵水系统组合而成的一种混合式水系统。

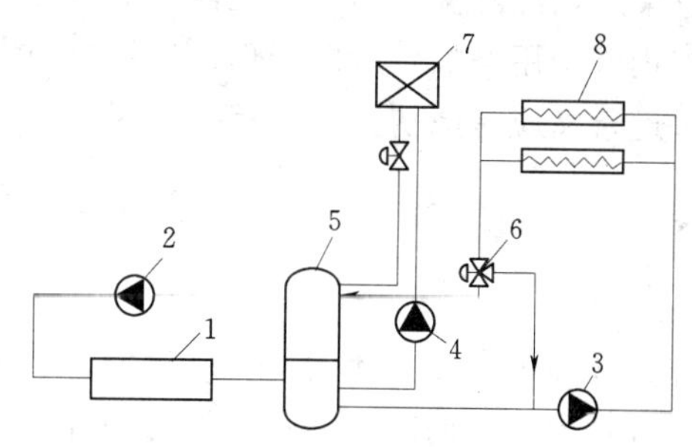

图 7-30 双级泵冷冻水系统（三）
1—冷水机组；2—初级泵；3—冷却吊顶环路的次级泵
4—新风机组环路的次级泵；5—贮水罐；6—三通阀
7—新风机组表冷器；8—冷却吊顶

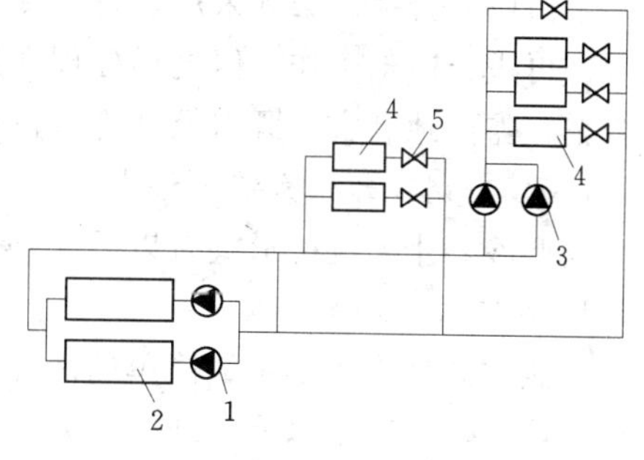

图 7-31 混合式水系统
1—一次泵；2—冷水机组；3—二次泵
4—风机盘管；5—二通调节阀

4. 冷水机组与循环水泵的连接方式

选择冷冻水循环泵与冷水机组的连接方式时，应充分考虑冷水机组的承压能力的大小、控制方式、管路连接的繁简、设备的安全运行及他们之间的互为备用等因素。常见的如图 7-32 所示的几种连接方式。

5. 供回水总管上的旁通管与压差旁通阀的选择

在变水量水系统中，为了保证流经冷水机组中蒸发器的冷冻水量恒定，在多台冷水机

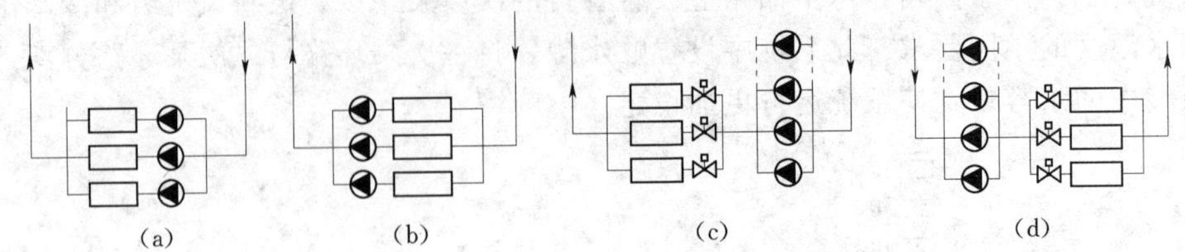

图 7－32　冷水机组与循环水泵的连接方式

(a) 水泵、机组一对一设置（机组在水泵压出侧）；(b) 水泵、机组一对一设置（机组在水泵吸入侧）；(c) 水泵互相备用（机组在水泵压出侧）；(d) 水泵互相备用（机组在水泵吸入侧）

组的供回水总管上设一条旁通管。旁通管上安有压差控制的旁通调节阀。旁通管的最大设计流量按一台冷水机组的冷冻水水量确定，旁通管管径直接按冷冻水管的最大允许流速选择，不应未经计算就选择与旁通阀相同规格的管径。

二、冷却水循环系统

冷却水循环系统是为冷水机组的冷凝器提供一定温度冷却水的系统。其主要由冷却装置、冷却水循环水泵、循环水池（箱）、水处理设备及连接管道组成。除冷却装置设置在室外，其他设置在泵房内。通过冷却水系统可以将空调系统从被调节房间吸取的热量和消耗的功释放到环境中。常用的冷却水系统的水源有：地表水、地下水（深井水或浅井水）、海水、自来水等。

在压缩式冷水机组中的冷凝器，冷凝放热，其热量被冷却水吸收，为了保证机组的制冷量要求，冷却水用量很大，在实际使用中不可能提供大量的水资源，为了不使吸热后的冷却水白白地排掉，必须采用设备将冷却水收集后，经降温，达到冷凝器需要冷却水的温度时，再进行冷却工作。但这样处理会造成初投资费用增加，所以合理地选择冷却水的冷却方案，需因地制宜，既需保证冷水机组正常运行又应考虑初投资及运行费用。

（一）空调冷却水系统的形式

空调冷却水系统的形式有以下几种。

1. 直流式冷却水系统

直流式冷却水系统是最简单的冷却水系统，冷却水经设备使用后直接排掉，不再重复使用。适用于有充足水源的地方，如江、河附近且大型空调冷源用水量大的场合，一般不宜采用自来水作为水源。

2. 混合式冷却水系统

混合式冷却水系统是将经冷凝器使用后的冷却水部分排掉，部分与供水混合后循环使用，用于冷却水温较低且系统较小的场合。

3. 循环式冷却水系统

（1）利用喷水池的冷却水系统。在水池上部将水喷入大气中，增加水与空气的接触面积，利用水蒸发吸热的原理，使少量的水蒸发而把自身冷却下来。此系统结构简单，但占地面积大，一般 1.0m^2 水池面积可冷却水量约 0.3～1.2m^3/h。宜用在气候比较干燥地区的小型空调系统中。

（2）机械通风冷却塔循环系统。冷却水的循环流程为：来自冷却塔的冷却水⟶冷却水箱⟶除污器⟶冷却水泵⟶冷水机组的冷凝器⟶冷却水返回冷却塔。这种系统是目前空调系统中应用最广泛的冷却水系统。下面主要介绍冷却塔循环系统的几种布置形式：

1）单机配套互相独立的冷却水循环系统。冷却塔与冷却水机组一对一配套，彼此构成独立的冷却水系统，该流程运行方便，便于管理，但管路复杂，难以布置。目前，在空调系统中很少采用。

2）共用供、回水管的冷却水循环系统。是冷却塔和冷水机组通常设置相同的台数，共用供、回水干管的冷却水循环系统。冷却系统中设置水箱，水箱可根据情况设置在机房内，也可设置在屋面冷水塔旁边。图 7－32 所示是共用供、回水管的冷却水循环系统的三种形式。图 7－33（c）为无水箱式冷却水系统，冷却塔设在建筑物的屋顶上，空调冷冻站设在建筑物的底层或地下室，水从冷却塔的集水槽出来后，直接进入冷水机组而不设水箱，该系统运行管理方便，可减少循环水泵的扬程，节省运行费用。因此，目前空调系统常采用这种形式。

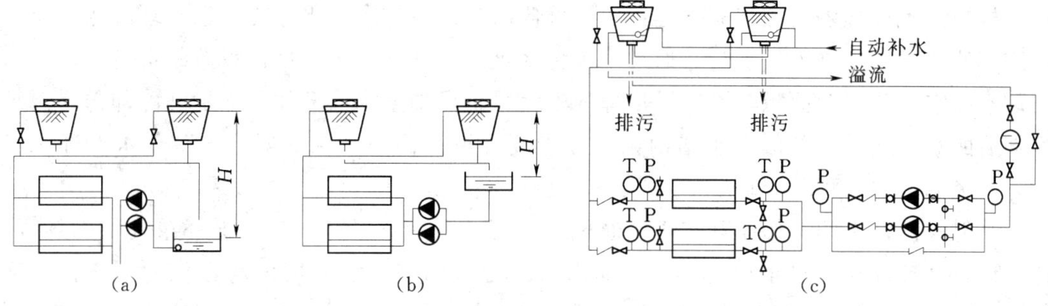

图 7－33　共用供、回水干管的冷却水循环系统

（a）下水箱式冷却水系统；（b）上水箱式冷却水系统；（c）无水箱式冷却水系统

3）冷却塔供冷系统。冷却塔供冷系统是一种节能降耗的系统形式。目前，许多办公楼等建筑物采用风机盘管加新风系统。这些建筑的内区往往要求空调系统全年供冷，而在过度季节，无法利用加大新风量进行供冷。为此，应该利用冷却塔供冷技术，通过水系统来利用自然冷源。当室外空气湿球温度低到某个值以下时，关闭冷水机组，以流经冷却塔的循环冷却水直接或间接向空调系统供冷，通过建筑空调所需要的冷负荷。常见的冷却塔供冷系统形式如下：

冷却塔直接供冷系统，如图 7－34 所示；冷却塔间接供冷系统，如图 7－35 所示。

a. 冷却塔。目前，工程上常见的冷却塔有机械通风式（逆流式和横流式）、喷射式和蒸发式等类型。

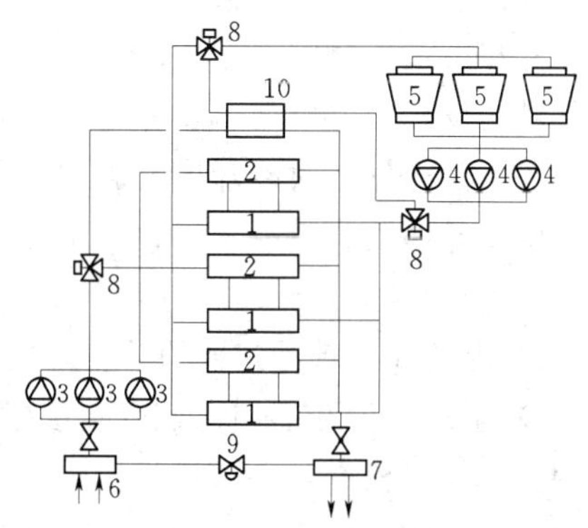

图 7－34　冷却塔直接供冷系统图

1—冷凝器；2—蒸发器；3—冷冻水水泵；4—冷却水水泵；5—冷却塔；6—集水器；7—分水器；8—电动三通阀；9—压差调节阀；10—板式换热器

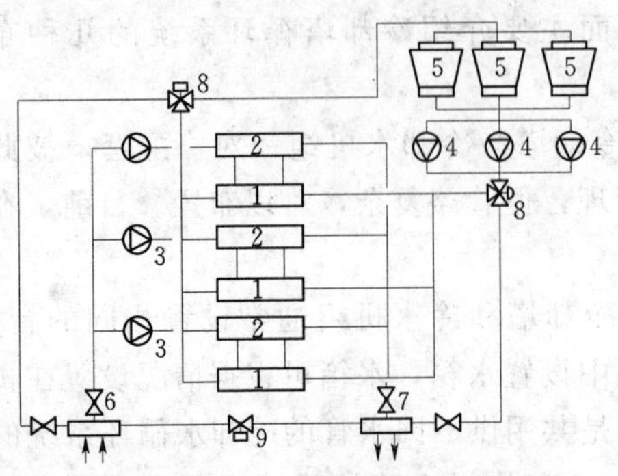

图 7-35　冷却塔间接供冷系统

1—冷凝器；2—蒸发器；3—冷冻水水泵；4—冷却水水泵；5—冷却塔；6—集水器；7—分水器；8—电动三通阀；9—压差调节阀

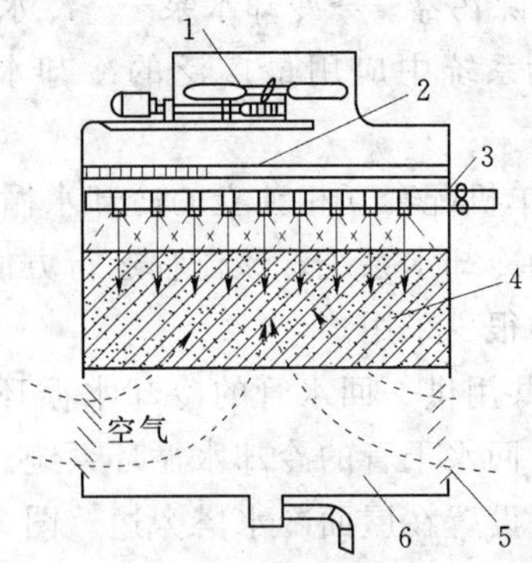

图 7-36　逆流式冷却塔构造示意图

1—风机；2—收水器；3—配水系统；4—填料；5—百叶窗式进风口；6—冷水槽

机械通风冷却塔的冷却原理是：从冷凝器出来的冷却水回水靠冷却水循环泵送至冷却塔底部的进水口，进入喷水管，通过喷头将水喷洒下来，流经在塔内设置的填充层内，以增加水与空气的接触面积。设在塔顶部的轴流风机可加速水的蒸发，以加强冷却效果。被冷却后的水流入塔底部的受水槽内，通过连接管道及循环水泵抽回流入冷却水循环水箱内，再经循环水泵将已冷却后的水送至冷凝器。

喷射式冷却塔的工作原理与机械通风式不同，不用风机而是利用循环泵提供的扬程，让水以较高速度通过喷水口射出，从而引射一定量的空气进入塔内与雾化的水进行热交换，从而使水得到冷却。它的运行噪声低，但设备尺寸偏大，对水泵的扬程要求较高，造价较贵。

蒸发式冷却塔也称闭式冷却塔，类似于蒸发式冷凝器。冷却水系统是全封闭系统，不与大气接触，不易被污染。

冷却塔设置时宜采用相同型号，其台数与冷水机组的台数相同，不设置备用冷却塔。冷却塔的设置位置应通风良好，远离高温或有害气体，避免气流短路以及建筑物高温高湿排气或非洁净气体对冷却塔的影响。同时，也应避免所产生的飘逸水影响周围环境。为防止产生冷却塔失火事故，工程上常见的冷却塔设置位置大体上有以下三种：

a）制冷站设在建筑物的地下室，冷却塔设在通风良好的室外绿化地带或室外地面上。

b）制冷站为单独建造的单层建筑时，冷却塔可设置在制冷站的屋顶上或室外地面上。

c）制冷站设在多层建筑或高层建筑的底层或地下室时，冷却塔设在高层建筑裙房的屋顶上，如果没有条件这样设置时，只好将冷却塔设在高层建筑主（塔）楼的屋顶上，此时要考虑冷水机组冷凝器的承压在允许范围内。

b. 冷却水箱。为了使冷却水循环泵能稳定地运行，启动时水泵吸入口充满水不出现空蚀现象。传统的做法是在冷却水系统中设置水箱，增加系统的水容量。水箱可根据情况设置在机房内，也可以设在屋面冷却塔旁边。在冷却塔不运行时，塔内的填料基本上是干燥的。工作中，冷却塔的填料表面首先润湿，水层保持正常运行时的水层厚度后，然后才流向冷却塔的集水盘，达到多台平衡。

系统中冷却水泵的扬程应为冷却塔与水箱水位的高度差、管路的阻力、冷凝器水侧流动阻力和冷却塔进水口预留压力（一般为3～6mH_2O）之和，再乘以1.05～1.1的安全系数。

三、冷凝水管道

风机盘管机组、整体式空调器、组合式空调机组等运行过程中产生的冷凝水，必须及时予以排走。排放冷凝水管道的设计，应注意以下事项：

（1）沿水流方向，水平管道应保持不小于千分之一的坡度，且不允许有积水部位。

（2）当冷凝水盘位于机组负压区段时，凝水盘的出水口处必须设置水封，水封的高度应比凝水盘处的负压（相当于水柱温度）大50%左右；水封的出口，应与大气相通。

（3）为了防止冷凝水管道表面产生结露，必须进行防结露验算。

1）采用聚氯乙烯塑料管时，一般可以不必进行防结露的保温和隔汽处理。

2）采用镀锌钢管时，一般应进行结露验算，通常应设置保温层。

（4）冷凝水立管的顶部，应设计通向大气的透气管。

（5）设计和布置冷凝水管路时，必须认真考虑定期冲洗的可能性，并应设计安排必要的设施。

（6）冷凝水管的公称直径DN单位：mm，应根据通过冷凝水的流量计算确定。

一般情况下，每1kW冷负荷每1h约产生0.4kg左右冷凝水；在潜热负荷较高的场合，每1kW冷负荷每1h约产生0.8kg冷凝水。

四、热水系统管路

空调热水系统的功能是为全年性空调系统输配热量，以满足末端装置、空调机组的热负荷要求。

《采暖通风与空气调节设计规范》（GB50019—2003），对空气调节冷热水的参数作如下规定：空气调节冷水供水温度5～9℃，一般为7℃；空气调节冷水供回水温差5～10℃，　般为5℃；空气调节热水供水温度40～65℃，一般为60℃；空气调节热水供回水温差4.2～15℃，一般为10℃。

空调热水系统形式同冷冻水系统一样，也分为单级泵与双级泵水系统、定流量与变流量水系统、开式与闭式系统、同程式与异程式等。冷、热水管路形成二管制、三管制和四管制水系统。目前，最常用的是二管制的冷、热水管路系统，冷、热水系统的切换宜采用手动方式在总供、回水管上或集水器、分水器上进行切换，也可以采用电动阀切换。

空调热水系统可以与独立的热源（燃气锅炉、电锅炉等）或集中供热管网直接连接。

五、风管（风道）系统

空气的输送与分配时整个空调系统的重要组成部分。空调房间的送风量、回风量及排风量能否达到设计要求，完全取决于风管系统的布置及风机的配置是否合理。总之，会直接影响空调系统的使用效果和技术经济性能。

1. 风管系统在设计布置时，应注意以下几个方面

（1）科学合理、安全可靠地划分系统；按空调区域的负荷特点和要求，可以将相同或

相近的房间合为一个系统，特殊要求的房间宜设单独系统。

(2) 风道断面形状应与建筑结构配合，并争取做到与建筑空间完美统一；风道规格要按国家标准。

(3) 风道布置要尽可能短，避免复杂的局部管件。弯头、三通等管件要安排得当，与风管的连接要合理，以减少阻力和噪声；同时还要考虑便于风系统的安装、调节、控制与维修。

(4) 新风入口应选在室外空气较洁净的地点，为避免吸入室外地面灰尘，进风口底部距室外地面不宜低于 2m（绿化地带时不宜低于 1m）。当新风入口与排风口同时存在时，应使新风口位于主导风向的上风侧，新风入口宜低于排风口 3m 以上，且水平距离不宜小于 10m。

(5) 当输送有可能在风管内凝结的气体时，风道应有不小于 0.005 的坡度，以利于排除积液，并应在风道或风机的最低点设置水封泄液管。

2. 减少风管系统阻力的措施

(1) 尽量减小风管系统的摩擦阻力主要措施包括：

1) 尽量采用表面光滑的材料制作风管。

2) 在允许范围内尽量降低风管内的风速。

3) 要及时做好风管内的清扫，以减小壁面粗糙度。

(2) 尽量减少风管系统的局部阻力主要措施包括：

1) 尽量减少或避免风道转弯和断面突然变化。

2) 风道弯头曲率半径不要太小，一般应取风管当量直径的 1～4 倍，民用建筑中常采用矩形直角弯头，此时弯头内侧应有导角且弯头中应设导流片。

3) 支风管与主风管相连接时，应避免 90°垂直连接，通常支管应在顺气流方向上制作一定的导流曲线或三角形切割角。

4) 避免合流三通内出现气流引射现象。

5) 风道上各管件布置时尽量相隔一定距离，以减小阻力损失。一般宜使弯头、三通、调节阀、变径管等管件之间保持 5～10 倍管径长度的直管段。

(3) 减少空调系统设备中的阻力主要措施包括：

1) 尽量采用空气阻力小的空气处理设备，例如能用粗效过滤器就不必用中效过滤器。

2) 做好空气处理设备的维护，如定期清洗或更换空气过滤器、表面式换热器及外表面积灰的清除等。

3. 空调风管的保温

在空调系统中，为提高冷、热量的利用率，避免不必要的冷、热损失，保证空调运行参数，应对空调风道进行保温。此外，当空调风道送冷风时，其表面温度可能低于或等于周围空气的露点温度，使表面结露，加速传热，同时对风道造成一定腐蚀，所以应对风管进行保温。

保温材料主要有软木、超细玻璃棉、玻璃纤维保温板、聚苯乙烯泡沫塑料、聚氨酯泡沫塑料、聚氯乙烯泡沫塑料、蛭石板及某些新型高分子材料等。保温材料应尽可能采用保温性能好、价格低廉、易于施工及耐用的材料。

第六节　空　气　处　理

送入空气调节区的空气，除了温度、湿度应满足要求外，一般还应满足品质方面的要求，即应当洁净、无菌、无臭味及有足够的负离子含量。空调房间的空气中若含有悬浮微粒等固态污染物，有害气体等气态污染物以及生化污染物，会对人的正常工作和生活产生不利影响，严重时还会对人的身体健康造成极大危害。在一些生产过程中，还会影响产品的质量、精度、纯度和成品合格率。因此，需采取有效的技术措施，清除或尽量减少空调房间空气中的污染物。

空气调节的含义就是对空调空间的空气参数进行调节，因此对空气进行处理是空调必不可少的过程。对空气的主要处理过程包括热湿处理与净化处理两大类，其中热湿处理是最基本的处理方式。

空调的任务之一是保证被处理的空气有一定的洁净度。因此，在空调系统中，还必须设置各种形式的空气净化处理设备。

空调系统中的空气来源是室外新风或新风与室内回风的混合物。新风中因室外环境有尘埃的污染，而室内空气则因人的生活、工作和工艺发生污染。空气中所含的灰尘除对人体危害外，对空气处理设备也不利（如加热、冷却器等设备的传热效果）。所以，要除去空气中的悬浮尘埃及其他污染物，另一种情况是从生产工艺的空气环境要求，必须采用“净化空调”——即空调是以净化为主要任务。

此外，随着空调的普及使用，健康功能成为人们选购空调时的主要参考因素，健康空调成为全球空调技术发展的主流趋势。人们已经意识到居室和环境卫生的重要性，除了关心空调产品的制冷、制热能力和噪音水平外，开始要求空调能肩负起净化室内空气的重任。触媒、负离子发生器、杀菌除菌、氧吧富氧等一大批健康技术从而被广泛应用于空调上。健康空调经过多次的创新与发展，经历了防霉过滤、超静音运转、多重防御、健康负离子、多元光触媒、双向换新风、除尘等离子、抗菌材料、健康除湿、环绕立体风等健康技术的不断升级，空调的健康特性也被提到了一个前所未有的高度。例如，近年来采用的负离子灭菌除尘技术，通过电离作用，产生适量负离子与氧气结合形成携氧负离子，活化氧气，从而提高室内空气质量，促进人体健康；又例如使用光触媒技术，能迅速分解室内由家具、建材、香烟、积物挥发出来的臭味、异味，抑制细菌、病毒的繁殖。

一、空气净化处理

空气净化处理就是通过空气过滤及净化设备，去除空气中的悬浮微粒，对空气除臭、杀菌、增加负离子，进一步改善空气的品质。

1. 空气中固态污染物的净化处理

对空气中固态污染物的净化处理（除尘）是空气净化处理最基本、也是最广泛的要求，为此采用的技术措施主要是过滤。

空气中悬浮微粒净化的标准通常用空气洁净度来衡量。空气洁净度是洁净空气环境中空气含悬浮微粒量多少的程度。

根据空调房间的用途不同，空气中悬浮微粒的净化要求可分为以下三类：

(1) 一般净化。对空气中的悬浮微粒没有具体要求，送入空气调节区的空气只需设一道粗效过滤器进行一般的净化处理，多用于以温湿度控制为主的舒适性空调房间。

(2) 中等净化。对空气中的悬浮微粒的质量浓度有一定要求，一般采用二级过滤，即设两道过滤器，第一道为粗效过滤器，第二道为中效过滤器。适用于配备有空调系统的大型公共建筑。

(3) 超净净化。对空气中的悬浮微粒的大小和数量均有严格要求，一般采用粗、中、高效（或高中效、亚高效）三种过滤器进行三级过滤。

超净净化的实现需要在洁净室内进行。所谓洁净室是指对空气的洁净度、温度、湿度、静压等参数，根据需要进行控制的密闭性较好的房间。

空气过滤器按过滤灰尘颗粒的直径的大小可分为：

1）粗效过滤器——过滤不小于 5.0μm 的大颗粒灰尘。

2）中效、高中效过滤器——过滤不小于 1.0μm 的中等粒子灰尘。

3）亚高效过滤器——过滤不小于 0.5μm 的小颗粒灰尘。

4）高效过滤器——过滤不小于 0.3μm 的细小颗粒灰尘。

对大多数的空调系统来说，设置粗效过滤器，将大气中大颗粒灰尘过滤掉即可。

2. 空气中气态污染物的净化处理

空调系统经常采用的气态污染物的净化处理方式有如下几种：

(1) 洗涤吸收。洗涤吸收时依靠水溶剂对可溶性气态的溶解作用，吸收并除去空气中的有害气体。如喷水室及湿式过滤器等，都能对空气中的亲水性有害气体起到净化作用。特别是湿式过滤器，对亚硫酸和硫化氢等可溶性气态，具有较高的过滤效果。

(2) 活性炭吸附。活性炭内部的有极细小的非封闭孔隙，大大增加了与空气接触的表面面积，具有很强的吸附能力。活性炭过滤器可用于过滤某些有毒、有臭味的气体。正常条件下，活性炭的吸附量可达本身质量的 15%～20%。当接近和达到吸附饱和时，其吸附能力下降直至失效。对失效的活性炭需要更换或进行再生，再生的方法有水蒸气熏蒸、阳光曝晒等。表 7-16 提供了不同用途时活性炭的使用量及其使用寿命。

表 7-16　活性炭使用量及使用寿命

用途	1000m³/h 风量所需活性炭量/kg	平均使用寿命
居住建筑	10	≥2 年
事业建筑	10～12	1.0～1.5 年
工业建筑	16	0.5～1.0 年

活性炭过滤器的前后均应设置普通过滤器，前置普通过滤器做保护，防止灰尘堵塞活性炭的微孔结构；后置普通过滤器作防护，防止活性炭粉末可能的泄露而污染过滤后的空气。

(3) 光催化剂吸附。光催化剂吸附时经过光敏剂严格处理的活性炭。光催化剂吸附就是利用涂覆了光敏剂的活性炭微孔来吸附（包括物理变化和化学变化）有害气体，能有限吸附空气中的氨、甲醛、苯和硫化氢等有害气体。光催化剂一般可连续使用 0.5～1.0 年，达到饱和后，只需将其放在阳光下曝晒 6～8 h，或者在室外晾晒 8～16h，就可利用大气中的紫外线通过光敏剂将被吸附的有害气体进行催化和分解，成为无毒或无味的气态。也可将光催化剂置于人工紫外线光员源下照射 4～6 h，达到同样的效果，使其功能得到再生，可重复使用 6～7 次。其除臭和除去有害成分的效能大大超过单纯的活性炭。

(4) 化学吸收。利用化学药品与某些有害气体发生化学反应，也可除去某些气态污染物。如利用硫酸二铁、氧化铁等能够吸收空气中的臭气，从而起到除臭的目的。

此外，也可将洁净的空气送入室内，冲淡或更换室内污浊的空气，降低污染物的浓度，达到净化目的。

3. 空气过滤器

空气过滤器的除尘方法主要有过滤分离、离心分离、重心分离、电力分离和洗涤分离五种。在对空气进行过滤时，利用滤料孔隙将大于孔隙尺寸的微粒阻留下来的现象称为过滤作用和筛滤作用。因滤料孔隙往往大于悬浮微粒的粒径，空气过滤器的过滤作用是很有限的。实际上，空气过滤器捕捉悬浮微粒的作用是比较复杂的，不仅有筛滤作用（拦截作用），还有以下四种作用：惯性作用、扩散作用、重力作用和静电作用。在它们的综合作用下微粒通过滤料时，便会吸附或沉附在滤料上。

国家标准《空气过滤器》（GB/T14295—93）将空气过滤器按其过滤效率分为初效（粗效）过滤器、中效过滤器、高中效过滤器、亚高效过滤器和高效过滤器5种。其中，高效过滤器按效率高低和阻力大小又细分为A、B、C、D四类。

根据结构形式的不同，空气过滤器还可分为平板过滤器、褶皱式过滤器、袋式过滤器和卷绕式过滤器；按滤料更换方式的不同，可分为可清洗式过滤器、可更换式过滤器或一次性使用过滤器；按使用的滤料不同可分为滤纸过滤器、纤维（层）过滤器、无纺布过滤器、泡沫材料过滤器等。

（1）初效过滤器。初效过滤器又称粗效过滤器，在空气净化系统中作为对含尘空气的第一级过滤，同时也作为中效过滤器前的预过滤，对后级过滤器起到一定的保护作用。初效过滤器常用滤料有金属丝网、玻璃纤维布、无纺布和粗、中孔聚氨酯泡沫塑料等，结构形式主要为板式和折叠式，如图7－37所示。为了便于安装，初效过滤器大多做成500mm×500mm×50mm的扁平状，并布置成“人”字形排列或倾斜安装，以加大过滤面积，如图7－38所示。

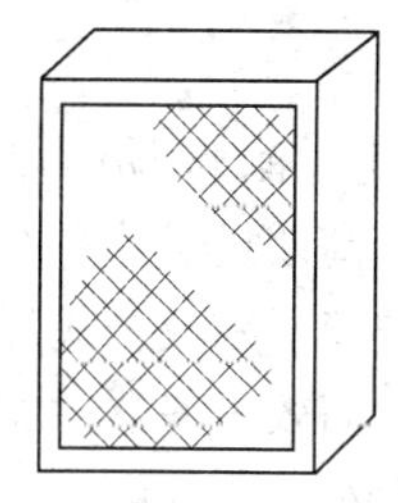
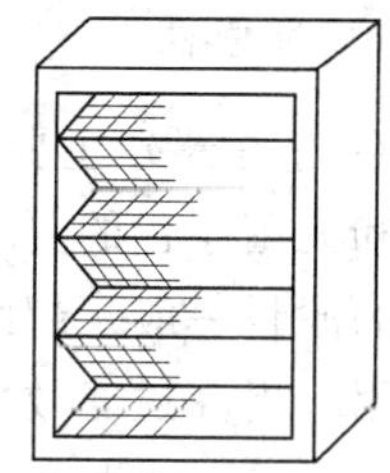
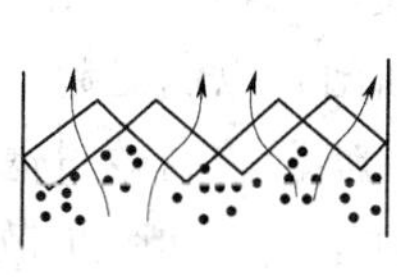
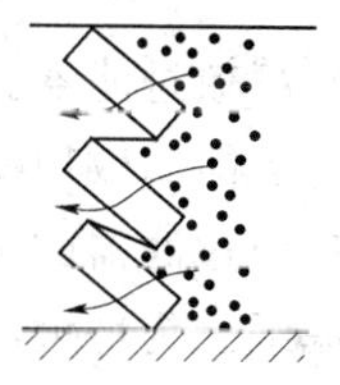

图7－37　金属网式初效过滤器及安装方式

（2）中效过滤器。中效过滤器（包括高、中效过滤器）在净化系统中用作高效过滤器的前级预过滤，对高效过滤器起到保护作用。也可在一些要求较高的空调系统中单独使用，以提高空气的清洁度。中效过滤器使用的滤料主要有玻璃纤维布、无纺布和中细孔聚乙烯泡沫塑料等。几个形式主要是袋式、抽屉式、管式和折叠式等，成

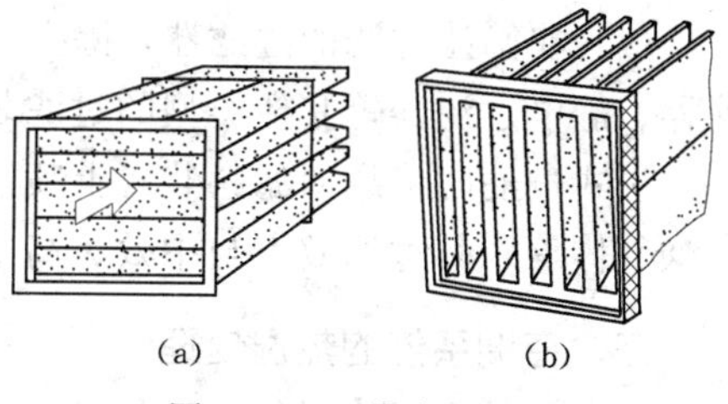

(a)　　(b)

图7－38　袋式过滤器

（a）泡沫塑料；（b）无纺布

组地安装于空调设备内的支架上。无纺布和泡沫塑料使用到一定程度可清洁后再用，玻璃纤维布则需要更换。如图 7-38～图 7-41 所示。

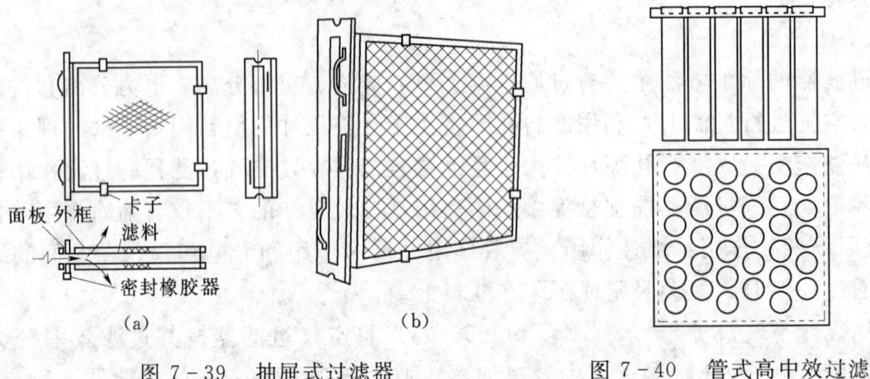

图 7-39 抽屉式过滤器　　图 7-40 管式高中效过滤器

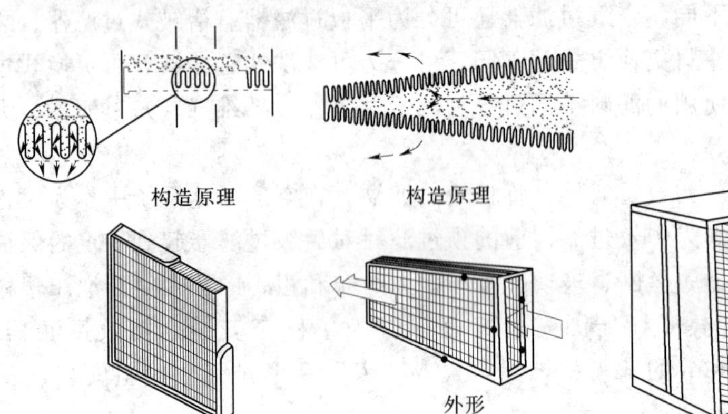

图 7-41 折叠式过滤器

(3) 高效过滤器。高效过滤器（包括亚高效过滤器）主要用于过滤 0.1μm 以下的微粒，同时还能有效地滤除细菌，以满足超净化和无菌净化的要求。高效过滤器在净化系统中作为三级过滤器的末级过滤器。高效过滤器的滤料一般是超细玻璃纤维或合成纤维加工而成的滤纸。为增大滤纸的面积，加强扩散作用，提高过滤效率，高效过滤器的滤纸需经多次折叠，使其过滤面积达迎风面积的 50～60 倍。高效过滤器送风口时净化空调系统的末端净化装置，它由内装高效过滤器的箱体、接管、扩散孔板组成。

(4) 非筛滤过滤的过滤器。除上述空气过滤器外，有时在空调工程中还会使用湿式过滤器、静电过滤器等其他类型的过滤装置，它们与的滤尘作用与筛滤的空气过滤器完全不同。湿式过滤时依靠向滤料装置上喷淋水来除去空气中的尘粒，同时还能除去大气中的亚硫酸气体等，其过滤效率与中效、高中效过滤器相当。

二、空调系统的热湿处理

最简单的空气热湿处理过程可分为四种：加热、冷却、加湿、除湿。所有实际的空气处理过程都是上述各种单一过程的组合，例如：夏季最常用的冷却除湿过程就是降温与除

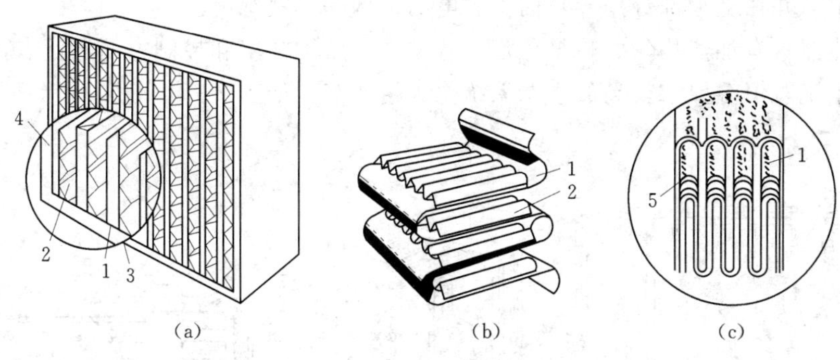

图 7-42　高效过滤器

(a) 高效过滤器外形；(b) 分隔板（片）多折式结构；(c) 无分隔板（片）多折式结构

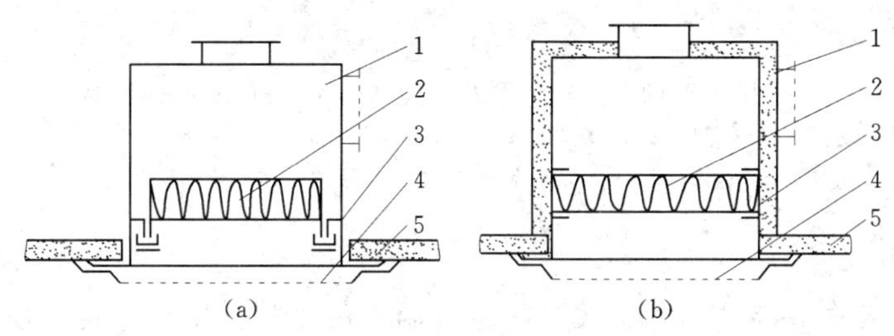

图 7-43　高效过滤器送风口

(a) 非保温型；(b) 保温型

1—箱体；2—高效过滤器；3—密封装置；4—扩散孔板；5—吊顶板

湿过程的组合；在实际空气处理过程中有些过程往往不能单独实现，例如降温有时伴随着除湿或加湿。

1. 空气加热

单纯的加热过程是容易实现的。主要的实现途径是用表面式空气加热器、电加热器加热空气。前者用于集中式空调系统的空气处理设备和半集中式空调系统的末端装置中；后者主要用于各空调房间的送风支管上作为精调设备以及用于空调机组中。

表面式空气加热器以热水或蒸汽作为热源通过金属表面传热的一种加热设备，即被加热的空气与热源不直接接触，而是通过金属表面进行热交换方式。不同型号的加热器，其材料和构造亦不相同，多制成肋片管冷却器，肋片能改善换热效果，增大换热面积，分别有钢管绕钢片和钢管绕铝片。

表面式空气加热器通常设置在空气处理设备内，它可以垂直或水平安装，当蒸汽作为热媒时，空气加热器必须水平安装，为了便于排除凝结水，应具有 0.01 的坡度。

电加热器是由电流通过电阻丝发热来加热空气的设备。它可分为裸体线电加热器和管式电加热器两种。裸体线电加热器的构造简单，热惰性小，加热迅速；但由于电阻丝容易烧断，安全性差，使用时必须有可靠的接地装置，如图 7-44（a）所示。为方便检修，常做成抽屉式，如图 7-44（b）所示。

管式电加热器时由若干根管状电热元件组成的。管状电热元件是将螺旋形的电阻丝装在细钢管里，并在空隙部分用导热而不导电的结构晶氯镁绝缘。

电加热器具有加热均匀、热量稳定、效率高、结构紧凑和控制方便等优点，它用于小型的空调系统对恒温要求较高的空调系统作为精调节，如图 7-44（c）所示。

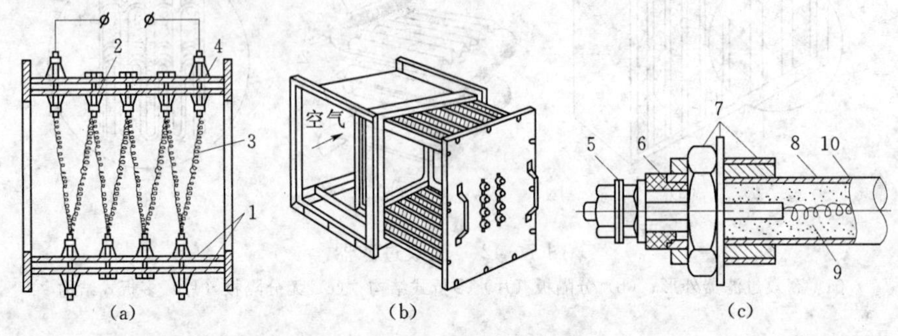

图 7-44　电加热器

(a) 裸线式电加热器；(b) 抽屉式电加热器；(c) 管式电加热器

1—钢板；2—隔热层；3—电阻丝；4—瓷绝缘子；5—接线端子；6—瓷绝缘子；7—紧固装置；8—绝缘材料；9—电阻丝；10—金属套管

2. 空气冷却

采用表面式空气冷却器或用温度低于空气温度的水喷淋空气，均可使空气温度下降。如果表面式空气冷却器的表面温度高于空气的露点温度，或喷淋水的水温等于空气的露点温度，则空气在冷却过程中同时还会被除湿。如果喷淋水温高于空气的露点温度，则空气在被冷却的同时还会加湿。

冷却空气的冷源有天然冷源（深水井等）和人工冷源（制冷设备）两种，常用的是人工冷源。冷却空气的方法有以下几种：

(1) 用水冷式表面冷却器冷却空气，即用冷水与空气间接热交换来冷却空气（原理同表面式空气加热器）。

(2) 用直接蒸发式表面冷却器冷却空气，它相当于制冷系统中的蒸发器，靠制冷剂在蒸发器内蒸发吸热而冷却空气。

(3) 用喷水室冷却空气，即在喷水室中直接向流过的空气喷淋大量的低温水滴，使水滴与空气直接接触，进行热、湿交换。

表面式冷却器结构紧凑，机组占地面积小、水系统简单、操作方便。因而，它使用比较广泛，较多应用于民用建筑的集中空气调节系统中。

喷水式空气处理，耗水量大，水系统较复杂，机组占地面积大，但用此方式处理空气时既能冷却空气又可以对空气加湿处理。因此，当空调房间的生产工艺要求严格控制空气的相对湿度（如化纤厂）或要求空气具有较高的相对湿度（如纺织厂）时，用喷水室处理空气的方式较为理想。

3. 空气加湿

根据热、湿交换理论，在实际工程中常用的集中加湿方法有如下两种：

(1) 利用喷水室喷循环水，是常用的加湿方法。图 7-45（a）、(b) 分别是应用较多的低速、单级卧式和立式喷水室的结构示意图。

(2) 喷蒸汽加湿和水蒸发加湿。喷蒸汽加湿是用普通管(多孔管)或专用的蒸汽加湿器将来自锅炉房的蒸汽喷入空气中;水蒸发加湿是用电加湿器加热水以产生水蒸气,使其在常压下蒸发到空气中。这种方式,主要用于空调机组。但用电加湿耗电量大,运行费用高。因此尽量少用或不用,只有当工艺要求无菌、无水滴,且有一定的湿度要求时,而又不能利用其他加湿措施或其他加湿措施更不经济时,应予以采用。

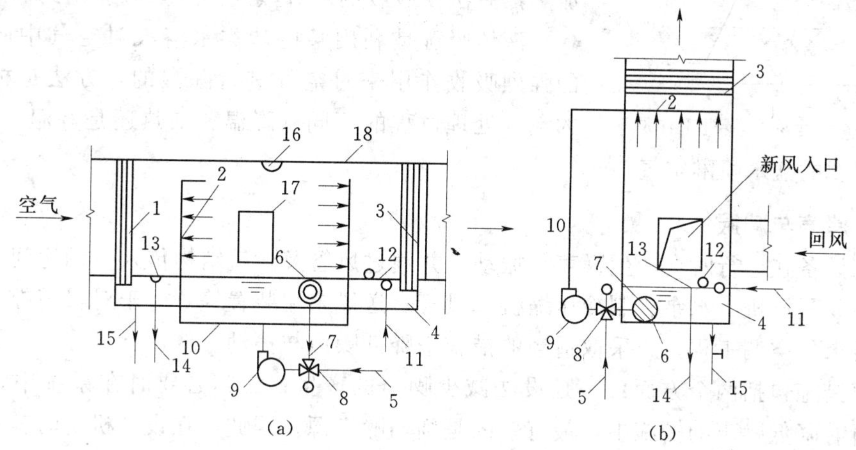

图 7-45 喷水室的构造图

1—前挡水板;2—喷嘴与排管;3—后挡水板;4—底池;5—冷水管;6—滤水器;7—循环水管;8—三通混合阀;9—水泵;10—供水管;11—补水管;12—浮球阀;13—溢水器;14—溢水管;15—泄水管;16—防水灯;17—检查门;18—外壳

(3) 通过直接向空气喷入水雾(高压喷雾、超声波雾化)实现加湿过程。如超声波加湿器、离心式加湿器等,它们可以在空调器内及风管中加湿时,而且在加湿时一般与空气加热器同时使用。

4. 空气减湿

在气候比较潮湿或环境比较潮湿的地方,或某些生产工艺或产品贮存或书画保管等要求空气干燥的场合以及仓库、地下建筑,经常要对空气进行减湿处理。人们生活、学习、工作环境的舒适度要求,也需要湿度调节。

常用的减湿方式有升温减湿、冷却减湿、吸收或吸附除湿三类。

冷却减湿的原理是:当空气温度降低到它的露点温度以下时,空气中的水分被冷凝出来,含湿量从而降低。冷冻除湿机就是根据上述的原理制造的,它的优点是除湿性能稳定、可连续使用、管理方便。设备由制冷系统和风机组成,当潮湿空气通过制冷系统的蒸发器时,由于蒸发器表面温度低于空气露点温度,于是不仅空气降温,而且能出现一部分凝水,这样便达到了空气去湿的目的。已经冷却减湿的空气通过制冷系统的冷凝器时,又被加热升温,从而降低了空气的相对湿度。制冷去湿机的这类很多,有小型立柜式、固定或移动式整体机组。图 7-46 所示为冷冻去湿机工作原理。

吸附除湿时利用固体吸湿剂吸湿。固体吸湿剂有两种类型:一种是具有吸附性能的多

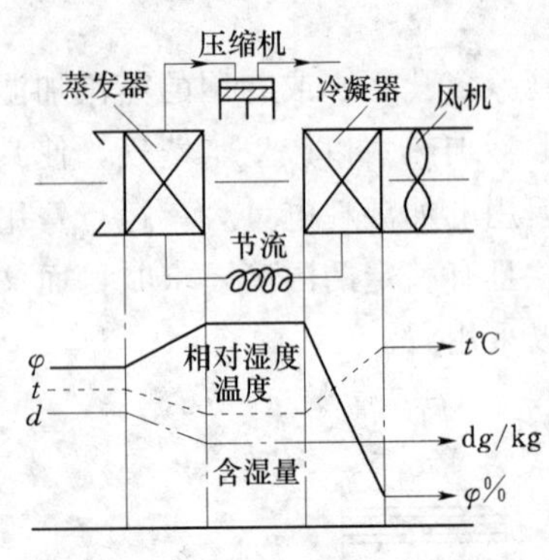

图 7-46　冷冻去湿机工作原理

孔材料，如硅胶、铝胶等，吸湿后，材料的固体形态并不改变；另一种是具有吸收能力的固体处理，如氯化钙等，这种材料吸湿后，由固态逐渐变为液态，最后失去吸湿能力。固体吸湿剂的吸湿能力不是固定不变的，在使用一段时间后失去了吸湿能力时，需进行“再生”处理，即用高温空气将吸附的水分带走（如对硅胶），或用加热蒸煮法使吸收的水分蒸发掉（如对氯化钙）。

液体吸湿是利用某些盐类水溶液对空气中的水蒸气的强烈吸收作用来对空气进行除湿的，方法是根据要求的空气处理过程的不同（降温、加热还是等温），用一定浓度和温度的盐水喷淋空气。

三、消声与减振

空调设备在运行时会产生噪声与振动，并通过风管及建筑结构传入空调房间。噪声与振动源主要是风机、水泵、制冷压缩机、风管、送风末端装置等。对于对噪声控制和防止振动有要求的空调工程，应采取适当的措施来降低噪声与振动。

消声措施包括两个方面：一是设法减少噪声的产生；二是必要时在系统中设置消声器。在所有降低噪声的措施中，最有效的是削弱噪声源。因此，在设计机房时就必须考虑合理安排机房位置，机房墙体采取吸声、隔声措施，选择风机时尽量选择低噪声风机，并控制风道的气流流速。

1. 为减小风机的噪声，可采取的措施

1）选用高效率、低噪声形式的风机，并尽量使其运行工作点接近最高效率点。

2）风机与电动机的传动方式最好采用直接连接，如不可能，则采用联轴器连接或带轮传动。

3）适当降低风管中的空气流速，有一般消声要求的系统，主风管中的流速不宜超过 8m/s，以减少因管中流速过大而产生的噪声；有严格消声要求的系统，不宜超过 5m/s。

4）将风机安装在减振基础上，并且风机的进、出风口与风管之间采用软管连接。

5）在空调机房内和风管中粘贴吸声材料以及将风机设在有局部隔声措施的小室内等。

2. 消声器

消声器是一种既能允许气流通过，又能有效地阻止或减弱声能向外传播的装置。消声器的构造形式很多，按消声原理可分为如下几类：

(1) 阻性消声器。阻性消声器是用多孔松散的吸声材料制成的。当声波传播时，将激发材料孔隙中的分子振动，由于摩擦阻力的作用，使声能转化为热能而消失，起到消减噪声的作用。这种消声器对于高频和中频噪声有一定的消声效果，但对低频噪声的消声性能较差。

(2) 共振性消声器。共振性消声器小孔处的空气柱和共振腔内的空气构成一个弹性振动系统。当外界噪声的振动频率与该弹性振动系统的振动频率相同时，引起小孔处的空气柱强烈共振，空气柱与孔壁发生剧烈摩擦，声能就因克服摩擦阻力而消耗。这种消声器有消除低频的性能，但频率范围很窄。

（3）抗性消声器。当气流通过风管截面积突然改变之处时，将使沿风管传播的声波向声源方向反射回去而起到消声作用，这种消声器对消除低频噪声有一定效果。

（4）宽频带复合式消声器。宽频带复合式消声器是上述几种消声器的综合体，以便集中它们各自的性能特点和弥补单独使用时的不足，如阻、抗复合式消声器和阻、共振式消声器等。这些消声器对于高、中、低频噪声均有较良好的消声性能。

各种消声器的性能和构造尺寸可查阅《全国通用采暖通风标准设计图集》。为减弱风机运行时产生的振动，可将风机固定在型钢支架上或钢筋混凝土板上，下面安装减振器。前者风机本身的振幅较大，机身不够稳定；后者可以克服这个缺点，但施工较为麻烦。减振器是用减振材料制作的，减振材料的品种很多，空调工程中常用的减振材料有橡胶和金属弹簧。

3. 静压箱

静压箱是送风系统减少动压、增加静压、稳定气流和减少气流振动的一种必要的配件，它可使送风效果更加理想。静压箱可用来减少噪声，又可获得均匀的静压出风，减少动压损失。而且还有万能接头的作用。把静压箱很好地应用到通风系统中，可提高通风系统的综合性能。

第八章　热源及冷源

暖通空调系统由冷热源、供冷与供热管网、暖通空调终端用户系统三部分构成。

冷热源是通过管道将各种设备组成制备冷媒或热媒的热力系统。冷热源是暖通空调系统的心脏，为空调系统提供必要的冷量和热量。

供冷与供热管网将冷热源制备的冷、热媒输送到用户端。

暖通空调用户系统则是由管路系统与末端装置组成的冷量或热量分配系统，合理的对冷、热量进行分配，并输出到各个房间。

热源及冷源是暖通空调系统冷、热量的来源，也是整个系统的核心。

第一节　热源及冷源概述

一、热源概述

热源是暖通空调系统热量的来源。热源的主要能量来源于石化燃料，例如：煤、木柴、石油天然气，也可利用电能、太阳能、地热、核能等其他形式的能量。常见的热源主要有：锅炉、自然热源、余热利用。

1. 锅炉

锅炉是目前应用最普遍的热源，主要有三种形式：局部锅炉房、区域锅炉房和热电厂。

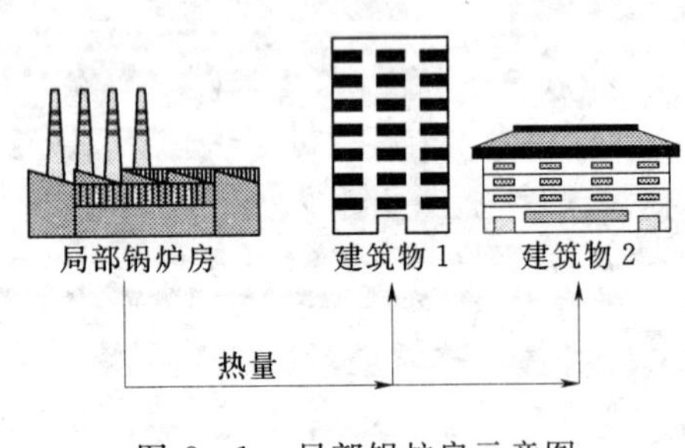

图 8-1　局部锅炉房示意图

(1) 局部锅炉房又可称为分散供热锅炉房，如图 8-1 所示，是向一个或者几个建筑供热的锅炉房。局部锅炉房的特点是多为小型锅炉。小型燃煤锅炉热效率较低（多为 50%～60%以下），燃烧过程中排放的烟尘和有害物质多，不宜采用。目前，我国城市建筑物中的自用热源大多采用燃油或者燃气的小型锅炉。这类锅炉燃烧效率较高（一般在 90%左右），燃烧过程相对清洁。

(2) 区域锅炉房又称为集中供热锅炉房，如图 8-2 所示，是为城市或某些区域提供热量的大型锅炉房。大型集中供热锅炉一般是蒸汽锅炉，其特点是热效率高（70%～80%以上），燃烧排放物较少，利于节能环保。

(3) 热电厂，如图 8-3 所示：锅炉产生的蒸汽既用于发电也用于供热（热电联产）的电厂即为热电厂。热电厂作为热源供热，称为热化。其特点是锅炉容量大，热效率在 90%以上。热电厂相对于集中供热锅炉房更节省燃料，同时排放的有害物质也大大降低。

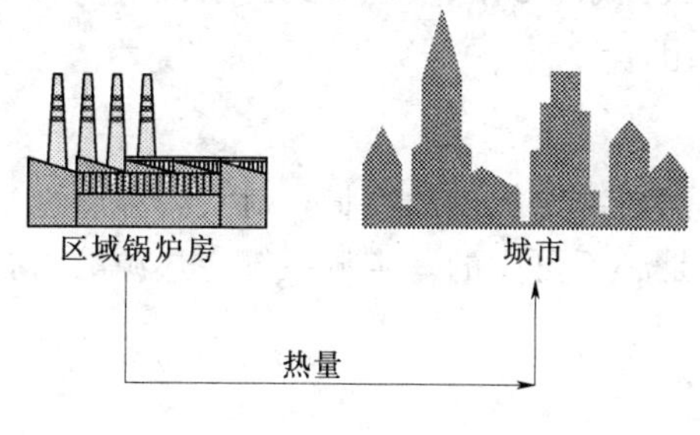

图 8-2 区域锅炉房示意图

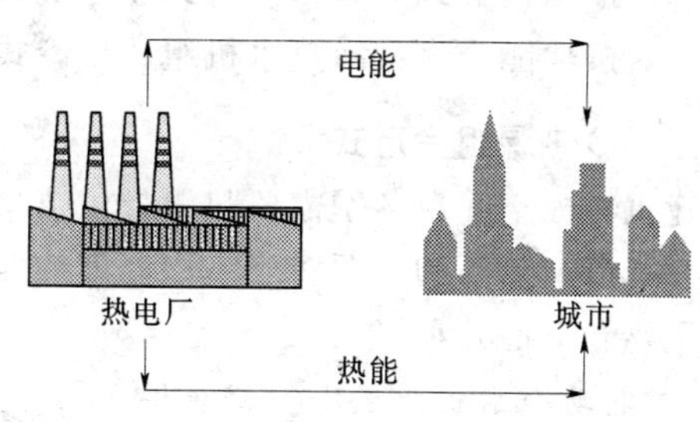

图 8-3 热电联产示意图

2. 自然资源以及余热利用

自然热源主要指太阳能、地热能量的利用，而余热利用是指对废气废水中的剩余热进行回收利用，这一类型热源主要为热泵。热泵技术是近年来在全世界备受关注的新能源技术。人们所熟悉的“泵”是一种可以提高位能的机械设备，例如水泵主要是将水从低位抽到高位。热泵将热量从低温物体转移到高温物体。而“热泵”是一种能从自然界的空气、水或土壤中获取低品位热能，经过电力做功，提供可被人们所用的高品位热能的装置。图 8-4 给出了热泵工作的示意图，本章最后一节中将详细介绍热泵的工作原理。

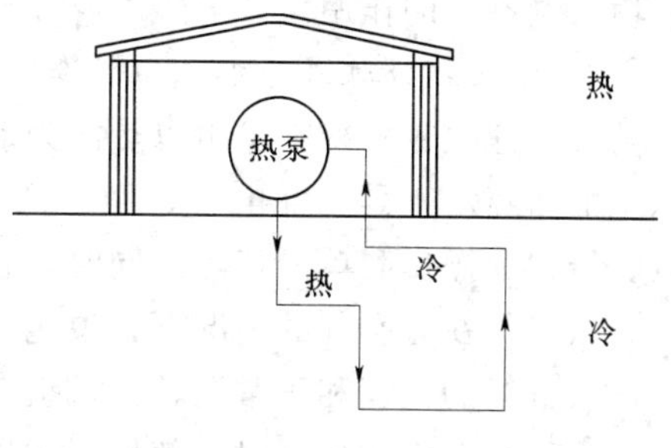

图 8-4 地源热泵示意图

二、冷源概述

冷源是空调系统冷量的来源。冷源主要为天然冷源和人工冷源。

天然冷源主要是指温度低于环境温度的天然物质，例如地道风、深井水、天然冰等。水蓄热和冰蓄热是最常用的两种天然冷源利用形式。天然冷源的特点是节能、造价低。天然冷源的利用，不仅可以节约常规能源，具有节能效益，同时也可以减轻因用能造成的环境污染，具有环保效益。但受各种条件限制，不是任何地方都能应用。

目前空调工程中广泛应用的主要是人工冷源，即使用各种制冷机组，用来制备低温冷水，向空调系统提供冷量。人工制冷按冷机的工作原理可分为压缩式制冷和吸收式制冷。压缩式制冷机包括活塞式、螺杆式和离心式等。吸收式制冷机包括蒸汽热水型、直燃型和蒸汽喷射型等。

人工冷源还可按如下特点进行分类：

（1）按驱动方式分为：电动冷水机组和热驱动的吸收式冷水机组。

吸收式冷水机组按热源方式分为：热水型吸收式冷水机组、蒸汽型冷水机组和直燃式吸收式冷热水机组。

电动冷水机组按压缩机型式分为：活塞式压缩机冷水机组、螺杆式压缩机冷水机组、离心式压缩机冷水机组。

（2）按冷却方式分为：水冷式冷水机组和风冷式冷水机组。

(3) 按结构形式分为：模块式冷水机组、整装式冷水机组和多机头式冷水机组。

(4) 按功能分为：冷热水机组、单冷式制冷机组。

三、冷热源组合方式

建筑物内空间在冬季需要热源提供热量，夏季需要冷源提供的冷量，对室内温度进行调节。所以，热源和冷源对于室内温度的四季调控是必不可少的。空调系统冷热源的组合方式主要有下面几种。

1. 电动冷水机组供冷、锅炉供热

电动冷水机组供冷、锅炉供热是目前应用最广，也是较传统的冷热源组合方式。夏季用电动冷水机组供冷，冬季用锅炉（热水或蒸汽）供暖。这种组合方式优点是电动冷水机组能效比较高，一般冷热源集中布置，方便对设备的运行、维护和管理；其缺点是需要占据一定的建筑面积，并对环境有影响。冷水机组中的氟利昂以及锅炉排放的烟气都对大气环境有着不良的作用。

2. 溴化锂吸收式冷水机组供冷、锅炉供热

溴化锂吸收式冷水机组以热能为动力，以水为制冷剂、以溴化锂为吸收剂，制取0℃以上的冷媒水，具有耗电省、噪音低、运行平稳、能量调节范围广、自动化程度高、安装、维护、操作简单等特点。同时，它还有对环境无污染，对大气臭氧层无损坏的独特优势。缺点是在有空气的情况下，溴化锂溶液对普通碳钢具有强烈的腐蚀性，影响机组的寿命以及机组的性能和正常运转。机组在真空下运行，空气容易漏入，气密性要求高。

这种组合方式冬季时，使用锅炉供暖，夏季锅炉供蒸汽或热水作为溴化锂吸收式冷水机组的动力。提高了锅炉设备利用率，但一次能源的消耗高。双效型机组比电动压缩式冷水机组多消耗约40%～70%的煤，单效型机组比电动压缩机冷水机组约多消耗180%～210%的煤。

3. 电动冷水机组供冷、热电厂供热

电动冷水机组供冷、热电厂供热具有电动冷水机组作为冷源的特点。同时，热电联产供暖能源利用率比分散供暖热效率高，降低了二氧化碳、二氧化硫和粉尘等有害物的排放量，热媒参数稳定，供热质量高。

4. 溴化锂吸收式冷水机组供冷、热电厂供热

溴化锂吸收式冷水机组供冷、热电厂供热被称为热、电、冷三联供系统，具有第二和第三种组合方式的特点。虽然溴化锂吸收式制冷本身与压缩机制冷相比是不节能的，但在发电功率不变的情况下，由于吸收式制冷利用了汽轮机的低压抽气，减少了冷源损失，使制冷、供热功率增加，凝汽发电功率减少，发电煤耗降低。

5. 直燃型溴化锂吸收式冷热水机组

直燃型溴化锂吸收式冷热水机组是直接利用初级能源热量的溴化锂吸收式机组。直燃型溴化锂吸收式冷热水机组简称“直燃机”，是直接燃烧天然气、煤气、柴油等各种燃料，以水/溴化锂作介质的冷热源设备。按燃料分类可分为燃气型、燃油型。按热水制备方式分为：用蒸发器制备热水、用冷凝器（溶液交换器、吸收器）制备热水、另设热水器制备热水；按制冷和供热组合形式分：制冷与采暖专用机、同时制冷与采暖的机组、同时制冷与热水供应的机组等。

直燃机夏季供冷冻水，冬季供热水。一机两用，甚至多用（供冷、供暖和供生活热水）。

直燃机燃烧效率高，对大气环境污染小，可省去热源机房（锅炉房）；制冷量范围广，在20%～100%的负荷内可进行冷量的无级调节。直燃机结构紧凑、体积小，机房占用面积小，安装无特殊要求，使用操作方便。

6. 空气源热泵冷热水机组作中央空调的冷热源

空气源热泵冷热水机组是由制冷压缩机、空气/制冷剂换热器、水/制冷剂换热器、节流机构、四通换向阀等设备与附件及控制系统等组成的可制备冷、热水的设备。

按机组的容量大小分，分为小型机组（制冷量10.6～52.8kW），中、大型机组（制冷量70.3～1406.8kW）。按热输配对象分为空气/水——空气源热泵冷热水机组，空气/空气——空气源热泵冷热水机组。按驱动方式分为燃气直接驱动和电力驱动。

空气源热泵冷热水机组主要优点如下：

（1）用空气作为低位热源，可以无偿就地获取。

（2）空调系统的冷源与热源合二为一；夏季提供7℃冷冻水，冬季提供45～50℃热水，一机两用。

（3）空调水系统中省去冷却水系统，且无需另设锅炉房或热力站。

（4）可将空气源热泵冷水机组布置在室外，如布置在裙房楼顶上、阳台上等，这样可以不占用建筑屋的有效面积。

（5）安装简单，运行管理方便，且不污染使用场所的空气，有利于环保。

7. 天然冷热源

空调冷热源设计中应优先考虑天然冷热源。如太阳能、蒸发冷却技术、冷却塔供冷技术、全新风运行、地下水、夜间自然冷却等。

冷、热源系统是耗能大户，因此限制其在使用过程中有害物质的排放量是空调冷、热源系统设计的一个主要的任务。常用冷、热源组合系统环境行为的排序（影响从大到小）大致如下：

电制冷机加电锅炉系统大于电制冷机加燃油（气）锅炉系统大于空气源热泵系统加燃油（气）锅炉系统大于直燃机系统大于燃气综合能源系统大于天然冷热源。

四、暖通空调系统冷、热源选择原则

冷、热源系统的选择需遵循一个统一、两个选择和三个原则。一个统一，是指能源的终端用户（即空调系统的受众）利益与社会和国家利益之间的协调统一；两个选择是指能源形式的选择和能源利用方式（即设备类型）的选择；所谓三个原则，是指合理利用能源资源的原则、减少对环境影响的原则和技术经济合理可行的原则。

第二节 锅炉房系统的组成

一、锅炉的基本知识

1. 锅炉的定义

锅炉是一种将煤炭、木材、石油、天然气等能源所蕴含的化学能以及工业生产中的余

热或其他热源，转化为一定温度和压力的水或蒸汽的换热设备。即锅炉是一种将其他热能转变成其他工质热能，生产规定参数和品质的工质的设备。

2. 锅炉的分类

按烟气在锅炉中流动的状况可分为：水管锅炉、锅壳锅炉（火管锅炉）、水火管组合式锅炉。

(1) 按锅筒放置的方式分：立式锅炉、卧式锅炉。

(2) 按用途分：生活锅炉、工业锅炉、电站锅炉。

(3) 按介质分：蒸汽锅炉、热水锅炉、汽水两用锅炉、有机热载体锅炉。其中，蒸汽锅炉按压力分：低压锅炉（蒸汽压力低于 0.7MPa)、高压锅炉（蒸汽压力高于 0.7MPa)。热水锅炉按水温进行分类，可分为：低温热水锅炉（水温低于 100℃)、高温热水锅炉（水温高于 100℃)。

(4) 按燃料分：燃煤锅炉、燃油锅炉、燃气锅炉、余热锅炉、电加热锅炉、生物质锅炉。

(5) 按水循环分：自然循环、强制循环、混合循环。

(6) 按燃烧在锅炉内部或外部分：内燃式锅炉、外燃式锅炉。

(7) 按安装方式分：快装锅炉、组装锅炉、散装锅炉。

(8) 按工质在蒸发系统的流动方式可分为自然循环锅炉、强制循环锅炉、直流锅炉等。

3. 锅炉基本参数

(1) 蒸汽或热水参数：蒸汽参数包括锅炉的蒸汽压力和温度，通常是指过热器、再热器出口处的过热蒸汽压力和温度如没有过热器和再热器，即指锅炉出口处的饱和蒸汽压力和温度。给水温度是指省煤器的进水温度，无省煤器时即指锅筒进水温度，单位为 MPa 和℃。

(2) 蒸发量：指蒸汽锅炉每小时连续蒸汽产量。蒸汽锅炉用额定蒸发量（指额定压力、温度和规定的热效率条件下所对应的最大蒸发量）表征其容量大小。蒸发量用符号“D”表示，单位为 t/h。

(3) 热功率（产热量)：是指热水锅炉每小时连续产热量。热水锅炉用额定热功率（指额定压力、温度和规定的热效率条件下所对应的最大产热量）表征其容量的大小。热功率用符号“Q”表示，单位为 MW。

(4) 受热面蒸发率：锅炉受热面是指“锅”与烟气接触的金属表面，也就是烟气与热媒进行热交换的金属表面，用符号“A”表示，单位 m^2。蒸汽锅炉每 m^2 受热面每小时产生的蒸汽量称为受热面蒸发率，用符号“D/A”表示，单位为 $kg/(m^2 \cdot h)$。

(5) 受热面热功率：热水锅炉每平方米受热面面积每小时产生的热量，称为受热面热功率，用符号“Q/A”表示，单位为 MW/m^2 或 $kJ/(m^2 \cdot h)$。

(6) 锅炉热效率：是指锅炉额定负荷运行时，燃料送入的热量中有效热量所占的百分数。即额定负荷下，每小时送进锅炉的燃料全部完全燃烧所放出的热量中，有百分之几用来产生蒸汽或热水，用符号 η 表示。有时为了大概反应某锅炉运行的经济性，常用“煤汽比”或“煤水比”来表示，即每 1kg 煤燃烧后产生多少 kg 蒸汽。

(7) 锅炉金属耗率：是指锅炉单位额定蒸发量所用金属材料的质量，单位为 t・h/t。工业锅炉金属耗率一般为 2～6t・h/t。

(8) 锅炉电耗率：是指生产 1t 蒸汽耗用电的度数，单位为 kW・h/t。

二、锅炉房系统的构成

锅炉房系统主要包括锅炉本体和辅助设备两大部分，如图 8-5 所示。

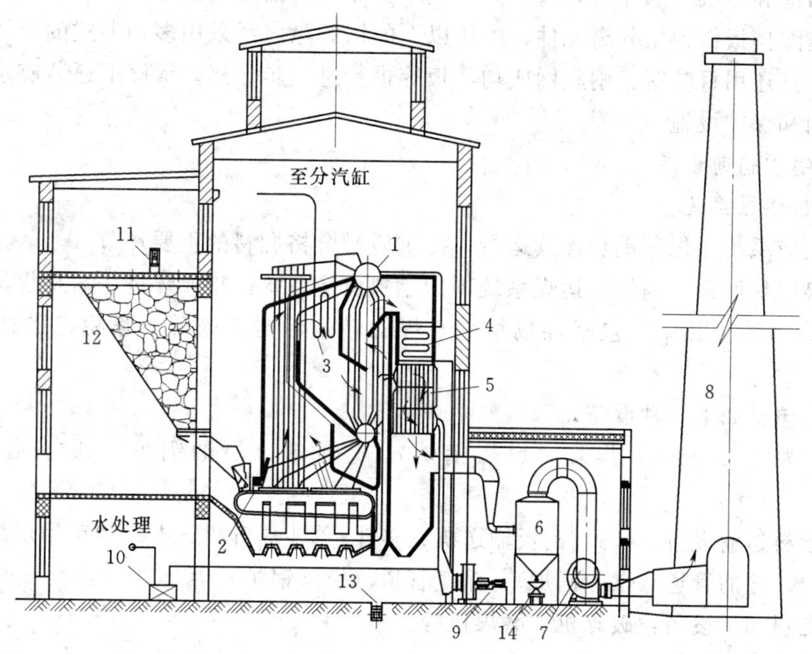

图 8-5 锅炉房设备示意图

1—锅筒；2—链条炉排；3—蒸汽过热器；4—省煤器；5—空气预热器；6—除尘器；7—引风机；8—烟囱；9—送风机；10—给水泵；11—传动带运煤输送机；12—煤仓；13—灰车；14—除灰口

(一) 锅炉本体

锅炉中的炉膛、锅筒、燃烧器、水冷壁过热器、省煤器、空气预热器、构架和炉墙等主要部件构成生产蒸汽的核心部分，称为锅炉本体。锅炉本体包括锅和炉两大部分。锅是指在火上加热的盛水容器，炉是指燃烧燃料的场所。炉膛和锅筒是锅炉本体中两个最主要的部件。

(1) 炉膛又称燃烧室，是供燃料燃烧的空间。将固体燃料放在炉排上，进行火床燃烧的炉膛称为层燃炉，又称火床炉；将液体、气体或磨成粉状的固体燃料，喷入火室燃烧的炉膛称为室燃炉，又称火室炉；空气将煤粒托起使其呈沸腾状态燃烧，并适于燃烧劣质燃料的炉膛称为沸腾炉，又称流化床炉。炉膛的横截面一般为正方形或矩形。燃料在炉膛内燃烧形成火焰和高温烟气，所以炉膛四周的炉墙由耐高温材料和保温材料构成。在炉墙的内表面上常敷设水冷壁管，它既保护炉墙不致烧坏，又能吸收火焰和高温烟气的大量辐射热。

(2) 锅筒是自然循环和多次强制循环锅炉中，接受省煤器来的给水、连接循环回路，并向过热器输送饱和蒸汽的圆筒形容器。锅筒筒体由优质厚钢板制成，是锅炉中最重的部件之一。锅筒的主要功能是贮水，进行汽水分离，在运行中排除锅水中的盐水和泥渣，避免含有高浓度盐分和杂质的锅水随蒸汽进入过热器和汽轮机中。锅筒内部装置包括汽水分离和蒸汽清洗装置、给水分配管、排污和加药设备等。其中，汽水分离装置的作用是将从水冷壁来的饱和蒸汽与水分离开来，并尽量减少蒸汽中携带的细小水滴。中、低压锅炉常用挡板和缝隙挡板作为粗分离元件；中压以上的锅炉除广泛采用多种型式的旋风分离器进行粗分离外，还用百叶窗、钢丝网或均汽板等进行进一步分离。锅筒上还装有水位表、安全阀等监测和保护设施。

(二) 锅炉辅助设备

1. 燃料供应系统

燃料供应系统是保证锅炉连续运行，提供质量合格燃料的重要环节。

对燃煤锅炉而言，锅炉房运煤系统即为燃料供应系统。指原煤进场后从煤场到炉前贮煤斗的运输系统。其中，包括煤场堆放，煤的转运输送、破碎、筛粉、磁选和计量等过程。

该系统包括如下三种设备：

(1) 燃料存储设备：煤场（燃煤锅炉）、贮油罐（燃油锅炉）、贮汽罐（燃气锅炉）等。

(2) 燃料运输设备：带式/刮板输送机、多斗/单斗提升机、电动葫芦吊煤罐、给煤机（燃煤锅炉）、输油管道（燃油锅炉）、输气管道（燃气锅炉）等。

(3) 燃料加工设备：破碎机、磨煤机等。

2. 除灰系统

除灰系统是指炉渣从锅炉炉排、下渣斗和烟灰从除尘装置的灰斗到锅炉房灰渣场之间的灰渣输送系统。其中，包括灰渣浇湿、运输和堆放等过程。除灰、渣设备包括马丁除渣机、叶轮除渣机、刮板除渣机、重型链条除渣机，水力除渣系统、沉灰池、渣场、渣斗等。

3. 锅炉房送风排烟系统

锅炉房送风排烟系统包括送、引风系统和烟气净化系统两个部分。

(1) 送、引风系统：该系统给锅炉送入燃烧所需空气或为磨煤系统送入干燥用热空气，并从炉内引出燃烧后的烟气。送、引风系统设备包括鼓风机（送风机）、引风机、风道、烟道、烟囱等。

(2) 烟气净化系统：该系统主要去除锅炉烟气中的尘粒和有害物质（二氧化硫和氮氧化物等）。烟气净化系统包括除尘、脱硫、脱硝等工序。主要设备包括重力除尘器、惯性除尘器、离心力除尘器、水膜除尘器、静电除尘器、布袋除尘器、脱硫塔等。

4. 锅炉房汽、水系统

锅炉房系统包括蒸汽、热水的供给、排放、凝结水系统和锅炉水处理。

(1) 供给：蒸汽的供给是把合格的蒸汽送往用户或者自用。蒸汽供给设备包括蒸汽管、分气缸等。热水的供给是把经水处理后的合格水质送入锅炉。给水设备包括水泵、水箱、给水管、阀门等。

（2）排放：将锅炉中水的杂质（沉淀和盐分等）排出。排污系统包括排污管、附件、连续/定期排污膨胀器、排污降温池等。锅炉排污水一般具有高温高压的特点，应先进行膨胀降温后排放。

（3）锅炉水处理：不同形式的锅炉对水质的要求也不尽相同，所以应对送入锅炉的水进行处理以达到相应的水质要求。对于热水锅炉需要使用软化水，对于蒸汽锅炉需要使用除氧水。水处理系统包括如下：

1）炉内水处理：炉内加药处理。

2）炉外水处理：

- 净化预处理——凝聚、沉淀（或澄清）、过滤
- 软化——离子交换软化与加药沉淀软化
- 除盐——阴阳离子交换除盐、电渗析除盐等
- 除氧——热力除氧、真空除氧、化学除氧、除二氧化碳等

（4）凝结水系统：将锅炉运行中的凝结水回用或者排放的装置。

5．锅炉房热工监测与控制系统

锅炉房热工监测与控制系统的作用是对锅炉运行过程自动检测、自动控制、自动保护和自动调节。监测设备主要包括温度监测仪表、压力监测仪表、流量测量仪表、物位测量仪表、气体成分分析仪表等。通过自动调节阀和计算机数控系统，可以达到自动对锅炉运行情况进行调节的目的，使锅炉运行更稳定、高效。

（三）锅炉的运行

在水汽系统方面（锅内过程），给水在加热器中加热到一定温度后，经给水管道进入省煤器，进一步加热以后送入锅筒，与锅水混合后沿下降管下行至水冷壁进口集箱。水在水冷壁管内吸收炉膛辐射热形成汽水混合物经上升管到达锅筒中，由汽水分离装置使水、汽分离。分离出来的饱和蒸汽由锅筒上部流往过热器，继续吸热成为450℃的过热蒸汽，然后送往汽轮机或热用户，流程如图8-6所示。

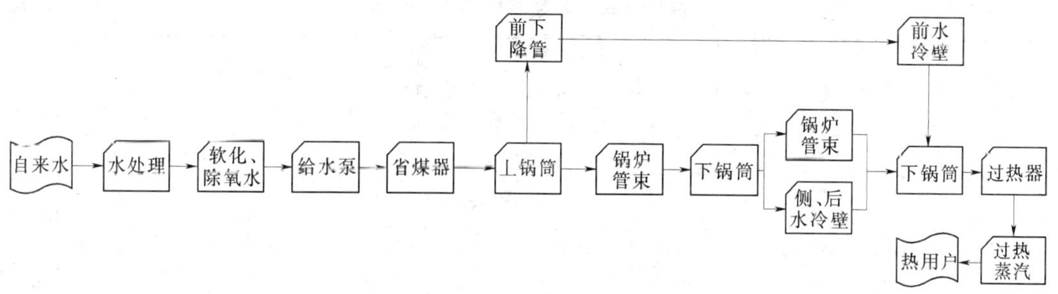

图8-6　锅炉汽水运行流程图

在燃烧和烟风系统方面（炉内过程），送风机将空气送入空气预热器加热到一定温度。煤在磨煤机中被磨成一定细度的煤粉，由来自空气预热器的一部分热空气携带经燃烧器喷入炉膛。燃烧器喷出的煤粉与空气混合物在炉膛中与其余的热空气混合燃烧，放出大量热量。燃烧后的热烟气顺序流经炉膛、凝渣管束、过热器、省煤器和空气预热器后，再经过除尘装置，除去其中的飞灰，最后由引风机送往烟囱排向大气，流程，如图8-7所示。

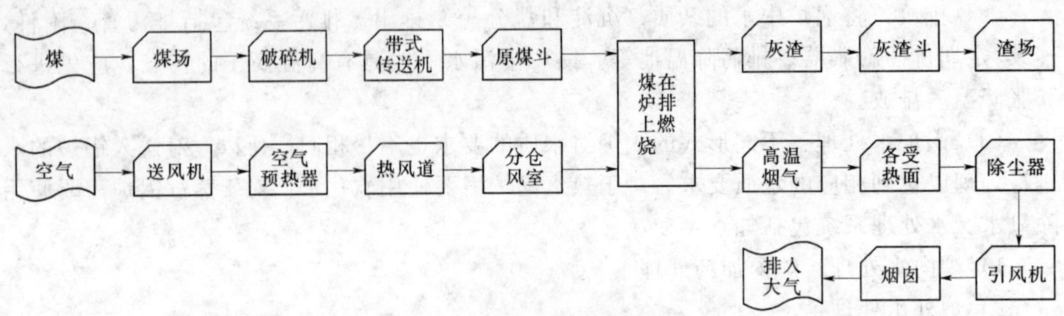

图 8-7 锅炉风、煤系统流程图

（四）锅炉房的总体布置

锅炉房的总体布置包括锅炉房在总平面图上的布置、区域布置、和锅炉房的工艺布置。

1. 锅炉房在总平面图上的布置

锅炉房在工业与居民区里的布置应配合总图专业合理安排，并考虑下列因素：

新建城市居民区和大型公共建筑及工厂区应优先考虑设置区域性供热锅炉房，尽量减少锅炉房数量；锅炉房一般应为独立建筑，它与其他建筑物应考虑防火间距，如表8-1所示；当锅炉房单独设置有困难时，才可考虑与民用建筑相连或设置在地下室，但其设计使用参数必须符合《建筑设计防火规范》、《高层民用建筑设计防火规范》等相关规范；燃气锅炉房不宜设置在地下室、半地下室；锅炉房应靠近主要负荷或负荷较大的地区，以缩短管线长度，减少热损失；蒸汽锅炉房宜位于地势较低的地区，可利用自流或余压系统回水；锅炉房位置要便于燃料和灰渣的运输及存放；锅炉房应位于主导风向的下风侧；锅炉房应有较好的朝向，一般布置为南向或东向；锅炉房位置应注意与周围建筑的相互影响，不应距较强振动或者有特殊洁净要求的建筑过近；新建锅炉房应考虑留有扩建的余地；锅炉房位置应便于给、排水和供电，且要有较好的地质条件。

表 8-1 **锅炉房与其他建筑物的防火间距** 单位：m

其他建筑类别 / 防火间距 / 锅炉房类型及耐火等级			高层建筑（十层以上住宅、24m 以上其他建筑物） 一类 主体建筑	一类 辅助建筑	二类 主体建筑	二类 辅助建筑	一般民用建筑耐火等级 1～2	3	4	工厂建筑耐火等级 1～2	3	4
燃煤锅炉	锅炉房总蒸发量小于 4t/h	1～2 级	20	15	15	13	6	7	9	10	12	14
		3 级	25	20	20	15	7	8	10	12	14	16
	单台蒸发量≤4t/h，锅炉房总蒸发量小于 12t/h	1～2 级	20	15	15	13	≥6	≥7	≥9	10	12	14
	单台蒸发量大于 4t/h，锅炉房总蒸发量大于 12t/h	1～2 级					10	12	14			
燃油、燃气锅炉房		1～2 级	20	15	15	13	≥10	≥12	≥14	10	12	14

注 1. 摘自《实用供热空调设计手册》. 陆耀庆. 中国建筑工业出版社，2005。

2. 锅炉房总蒸发量小于 4t/h 的燃煤锅炉房，采用一、二级耐火等级有困难时，可采用三级耐火等级。

2. 锅炉房区域布置

在锅炉房区域内，各种建筑物、构筑物（烟囱、烟道、排污降温池、运煤廊等）的布置应遵循：工艺流程合理，占地面积小，便于管理，运输方便，符合规范及安全规程要求等原则。例如：锅炉间操作面或辅助间应布置在主要道路边，以便于满足消防车等作业要求；烟囱、烟道、排污降温池一般布置在锅炉房主厂房后面，以减少对道路的污染；煤堆、灰堆宜布置在锅炉房发展端，以便于除渣等。

3. 锅炉房工艺布置

包括锅炉房的组成和布置、锅炉间工艺布置、锅炉辅机的工艺布置和操作平台、烟囱、烟道的布置。锅炉房一般由锅炉间（主厂房）、生产辅助间、生活间以及附属构筑物组成。

主厂房包括风机间、除尘间、仪表控制间、原煤仓间、工作油箱间等。生产辅助间包括水泵及水处理间、除氧间、化验间、检修间等。生活间包括值班室、休息室、更衣室、办公室、浴厕等。附属构筑物包括煤场、干煤棚、破碎机房、输煤栈桥、渣场、烟囱、燃气调压站、油泵房等。

单台蒸汽锅炉额定蒸发量为1～20t/h、热水锅炉额定热功率为0.7～14MW的锅炉房，其辅助间和生活间宜贴近邻锅炉间的一侧；单台蒸汽锅炉额定蒸发量为35～65t/h、热水锅炉额定热功率为29～116MW的锅炉房，其辅助间和生活间宜单独布置。当锅炉房为多层布置时，仪表控制室应布置在锅炉操作层上，且朝向要好。单层布置的锅炉房，出入口不应少于2个；当炉前走道总长度不大于12m，且锅炉间面积不大于200m^2时，其出入口可只设置1个。多层布置的锅炉房，各层出入口不应少于2个，分别设在两侧。楼层上的出入口，应有通向室外地面的安全楼梯。锅炉房通向室外的门应向外开启，锅炉房内的工作间或生活间直通锅炉间的门应开向锅炉间。机修间布置在锅炉房的底层，其门的宽度不应小于1.5m。运煤系统建筑物的内壁表面，应考虑不积存煤灰的措施，其内壁一般应抹灰。烟道和锅炉房的墙壁、基础之间应保持70mm宽的膨胀间隙，间隙的上部和两端应加覆盖。

锅炉房应根据锅炉形式、容量和规模及生产工艺流程的需要布置。生活、生产辅助用房的面积按照相关规范进行选用，且必须围绕锅炉间以一定的规律进行布置；锅炉间层数取决于锅炉容量和本体结构形式；辅助间层数一般做成单层、双层或三层建筑。其他工艺布置要求可参见相关规范进行布置。

4. 锅炉房设计对土建专业的技术要求

锅炉房属于丁类生产的厂房。锅炉房的额定蒸发量大于4t/h时，锅炉间的建筑耐火等级应不低于二级；额定蒸发量小于4t/h时，锅炉房的耐火等级可采用三级耐火等级的建筑。

锅炉房每层至少有两个出入口，分别设在相对的两侧，附近如有通向消防梯的太平门时，可以只设一个出入口。锅炉房内的办公室、生活间等，应以非燃烧体的隔墙与锅炉间隔开。

锅炉房应采用轻质屋面，屋顶自重超过120kg/m^2时，应开启天窗或高侧窗，开窗面积至少应为锅炉间占地面积的10%。

燃气锅炉房一般应有一定的泄压面积，泄压面积与锅炉间厂房体积之比一般采用 $0.05 \sim 0.22 m^2/m^3$。燃气锅炉房宜两面或三面开窗。

在楼层布置锅炉房时，锅炉基础与楼板地面接缝处，应采用能适应沉降的处理措施。

锅炉房楼板地面和屋面的荷载，应根据工艺设备安装和检修的荷载要求确定，提不出详细资料时，可按表 8-2 选用。

表 8-2　　锅炉房常用荷载数

名称	动荷载（kN/m^2）	备　注
锅炉间楼面	6～12	1. 表中未列出的其他荷载，按现行国家标准《建筑结构荷载规范》（GB50009—2001）的规定使用； 2. 表中不包括设备的集中荷载； 3. 运煤层楼面在有皮带机头装置的部分，应由工艺提供荷载或按 $10kN/m^2$ 计算； 4. 锅炉间地面考虑运输通道时，通道部分地沟盖板可按 $20kN/m^2$ 计算
辅助间楼面	4～8	
运煤层楼面	4	
除氧层楼面	4	
锅炉间及辅助间屋面	0.5～1	
锅炉间地面	10	

注　摘自《建筑设备工程》. 高明远，岳秀萍. 中国建筑工业出版社，2006。

每个锅炉房只能建一根烟囱，锅炉（燃轻柴油、煤油除外）烟囱最低允许高度，如表 8-3 所示选用。

表 8-3　　锅炉（燃轻柴油、煤油除外）烟囱最低允许高度

锅炉房装机总容量	MW	<0.7	0.7～<1.4	1.4～<2.8	2.8～<7	7～<14	14～<28
	t/h	<1	1～<2	2～<4	4～<10	10～<20	20～<40
烟囱最低允许高度	m	20	25	30	35	40	45

注　摘自《建筑设备工程》. 高明远，岳秀萍. 中国建筑工业出版社，2006。

第三节　换热站及热力管网

一、换热站

大型集中供热锅炉一般是蒸汽锅炉，而蒸汽是不可以直接供暖的，必须经过换热站，换热站就是用蒸汽加热热水，用热水供暖。换热站是集中供热中供热网络与热用户的链接场所，其作用是根据用户需要将热量转化为相应工况，分配给热用户。

（一）换热站的类型

换热站按供热形式分直供站和间供站。直供站是电厂直接供给热量给用户，特点是温度高、控制难、浪费热能。直供站是最初电厂余热福利供热的产物，后来开始收费，成为热力公司。随着商品经济发展，热商品化，热力公司开始提高供热质量，产生直供站，属于集中供热。

间供站是指：电厂为一次线，小区为二次线，热源（电厂）与热网（一、二次线管网）和热用户（居民楼和单位）连接处为间供站。通过下面的供热流程可以理解间供站的定义。

热源厂——→一级换热站（汽水换热）——→一级热水管网——→二级换热站——→二级热水管网——→热用户

换热站的主要设备包括板式换热器；循环泵；一、二次线除污器；补水泵；水箱；计量表；控制阀门等。

（二）换热器定义及分类

换热器是换热站的核心设备。所谓换热器就是实现热量传递的设备。在石油、化工、轻工、制药、能源等工业生产中，常常需要把低温流体加热或者把高温流体冷却，把液体汽化成蒸汽或者把蒸汽冷凝成液体。这些过程均和热量传递有着密切联系，因而均可以通过换热器来完成。

1. 换热器的工作原理

换热器的工作原理是利用冷介质与热介质之间的温差，通过换热管进行热交换，热交换的决定因素就是换热管的换热面积，换热管的材料，介质的流速以及换热管的布置。

2. 换热器的类型和特点

(1) 板式换热器的构造原理、特点：板式换热器由高效传热波纹板片及框架组成。板片由螺栓夹紧在固定压紧板及活动压紧板之间，在换热器内部就构成了许多流道，板与板之间用橡胶密封。人字形波纹能增加对流体的扰动，使流体在低速下能达到湍流状态，获得高的传热效果。

(2) 螺旋板式换热器的构造原理、特点：螺旋板式换热器是一种高效换热器设备，适用汽—汽、汽—液、液—液传热。按结构形式可分为不可拆式（Ⅰ型）螺旋板式及可拆式（Ⅱ型、Ⅲ型）螺旋板式换热器。

(3) 列管式换热器的构造原理、特点：列管式换热器（又名列管式冷凝器），按材质分为碳钢列管式换热器，不锈钢列管式换热器和碳钢与不锈钢混合列管式换热器三种，按形式分为固定管板式、浮头式、U型管式换热器，按结构分为单管程、双管程和多管程。

(4) 管壳式换热器的构造原理、特点：管壳式换热器是进行热交换操作的通用工艺设备。广泛应用于化工、石油、石油化工、电力、轻工、冶金、原子能、造船、航空、供热等工业部门中。

(5) 容积式换热器的构造原理、特点：自动控温节能型容积式热交换器，它充分利用蒸汽能源、高效、节能，是一种新型热水器。普通热水器一般需要配置水水热交换器来降低蒸汽凝结水温度以便回用。而节能型热交换器凝结水出水温度在45℃左右，或直接回锅炉房重复使用。这样减少了设备投资，节约热交换器机房面积，从而降低基建造价。

(6) 钢衬铜热交换器的构造原理、特点：钢衬铜热交换器比不锈钢热交换器经济，并且技术上有保证。它利用了钢的强度和铜的耐腐蚀性，既保证热交换器能承受一定工作压力，又使热交换器出水质量好。

（三）换热站的布置

(1) 换热站布置宜靠近符合中心，且应注意防止噪声对周围环境的干扰。

(2) 换热站内布置有热交换间、水处理间、控制室、配电室、更衣室、化验室、值班室、卫生间和维修间等。

(3) 小型换热站一般为单体单层砖混或内框结构，大型换热站一般为二层全框或底框架结构。

(4) 大型换热站一般二层布置为管理人员办公室、会议室等。若在二层布置热力设备，应留出设备检修和搬运安装的空间。换热站安装孔或门的大小应保证站内需检修更换的最大设备出入。

(5) 换热站可以设置在大楼的设备层或设置在锅炉房的附属房间，应尽量靠近制冷机房。

(6) 设备间的门应向外开启。

(7) 换热站内地面宜有坡度或采取措施保证管道和设备排出的水引至排水系统。当不能直排入室外管道时，应设置集水坑和排水泵。

(8) 换热站应设置有必要的起重设施和良好的照明与通风。

(9) 换热站宜设置集中检修场地，其面积根据检修设备要求确定，并在周围有宽度不小于 0.7m 的通道。

二、热力管网

热力管网是由热源向热用户输送热量的通道。

(一) 热力管网分类

热力管网按管内介质不同可以分为热水供热管网和蒸汽供热管网。

1. 热水管网

热水供热管网
- 闭式：热网中的循环水只作为热媒供给用户热量，不从热网中出流
- 开式：热网中的循环水不但做为热媒，还要从热网中部分取出，用于生产或供给热用户

我国目前广泛应用的热水供热系统是双管制闭式热水供热系统。

2. 蒸汽管网

按凝结水是否回收分类，蒸汽管网可分为回收或不回收方式。按蒸汽压力参数分类，蒸汽管网可分为单管式或多管式供热。

(二) 管网布置的基本原则

(1) 城市道路上的热力网管道一般应平行于道路中心线，并应尽量敷设在车行道以外的地方，一般情况下同一条管道应只沿街道的一侧敷设。

(2) 穿过厂区的城市热力网管道，应敷设在易于检修和维护的位置。

(3) 通过非建筑区的热力网管道，应沿公路敷设。

(4) 热力网管道选线时，应减量避开图纸松软地区、地震断裂带、滑坡危险地带以及地下水位高等不利地段。

(5) 管径小于等于 300mm 的热量管道，可以穿过建筑物的地下室或从建筑物下专门敷设的通行管沟内穿过。

(6) 热力管道可以和给水管道。10kV 以下的电力电缆、通信电缆、压缩空气管道、压力排水管道和重油管道一起敷设在综合管沟内。但热力管道要高于给水管道和重油管

道，且给水管道要做绝缘层和防水层。

(7) 地上敷设的城市热力管道可以和其他管道敷设在一起，但应便于检修，不可布置在腐蚀性介质管道的下方。

(三) 管道敷设方式

可以分为地上敷设和地下敷设两种方式，具体如表 8-4 所示。其他注意事项参见相关规范手册。

表 8-4　管道敷设方式

序号	敷设方式	适 用 条 件	选用要点
1	地上敷设	1. 多雨地区、地下水位高、采用有效防水措施经济上又不合理时； 2. 湿陷性大孔土或具有较强腐蚀性地段； 3. 地形复杂、标高差较大、土石方工程量大或地下障碍很多且管道种类较多时； 4. $P>2.2$MPa、$t\geqslant 350$℃的蒸汽管道	1. 高支架 $H\geqslant 4$m； 2. 中支架 $H=2\sim 4$m； 3. 低支架 H=0.3～1m
2	地下敷设	1. 在寒冷地区且间断运行，因散热损失量大，难以确保介质参数要求时； 2. 在城区对环境美观要求，不允许地上敷设时； 3. 城市规划不允许地上敷设且不经济时	1. 通行地沟； 2. 半通行地沟； 3. 不通行地沟； 4. 无沟直埋

注　摘自《实用供热空调设计手册》. 陆耀庆. 中国建筑工业出版社，2005。

(四) 热力管道支架的形式

支吊架分类：
- 固定支架：用于管道上不允许有任何位移的部位
- 活动支架：用于承受管道垂直荷载并允许有水平位移
- 导向支架：用于只允许有轴向位移的部位
- 弹簧吊架：用于当管道上具有垂直位移的地方

活动支架又包括：刚性吊架、滑动支架、滚动支架、滚柱支架。

导向支架包括：滑动导向支架、滚珠导向支架、滚柱导向支架。

管道支架荷载及推力的计算可参考相关规范进行，这里不详细介绍。

(五) 采暖系统与管网的连接

民用建筑中，常用的采暖热媒介质是热水，所以主要介绍热水采暖与集中供热热网的链接形式。

采暖系统与集中供热热网相连时如设施比较少，可称为引入口；如设施比较多，可称为热力中心（或热力站）。热水采暖与集中供热热网的链接形式可以分为直接连接、混水链接和间接链接。

1. 直接连接

图 8-8 给出了采暖系统直接连接的引入口。

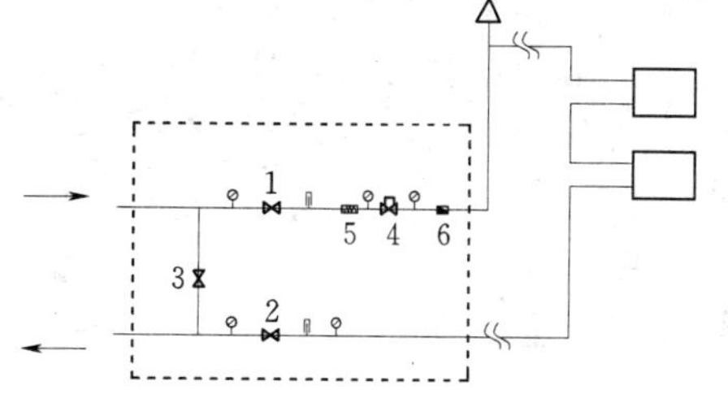

图 8-8　直接连接引入口

1、2—关断阀；3—旁通管上的关断阀；4—调节阀；5—除污器；6—热量计或流量计

该引入口可设在室内或室外。设在室外时应靠近建筑物；设在室内时可在管沟、地上或地下专用小室或一层房间内。

2. 混水连接

(1) 混水器连接。当外网提供的供水温度大于用户所需要的供水温度，且用户入口的资用压力（供回水压差），足以保证混水器正常工作时，可采用如图 8-9（a）所示系统。

(2) 当外网提供的供水温度大于用户所需要的供水温度，外网在用户入口提供的资用压力较小时，则采用如图 8-9（b）所示的系统。

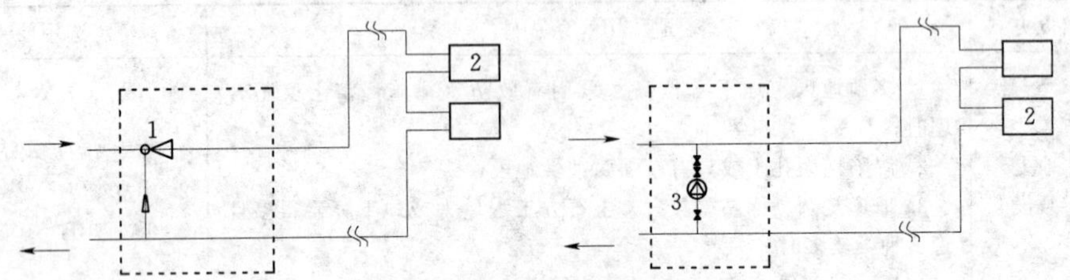

图 8-9　混水链接引入口

(a) 混水器连接；(b) 混水泵连接

1—温水器；2—散热器；3—温水泵

3. 间接连接

当外网提供的压力和（或）温度与用户要求的压力和（或）温度不一致时，可采用图 8-10 所示的间接连接。

常用于大型集中供热热网的热力站及高层建筑的高区采暖系统。

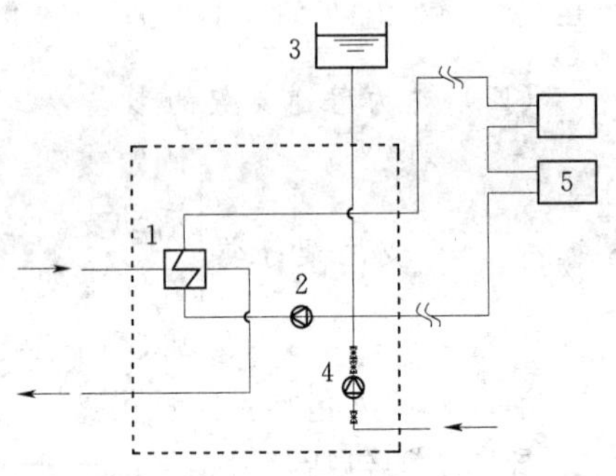

图 8-10　间接连接热力中心

1—换热器；2—循环水泵；3—膨胀水箱；4—补给水泵；5—散热器

4. 设加压泵的直接连接

如果外网提供的温度符合用户要求，压力达不到用户要求，可采用图 8-11 所示的在用户处设加压泵的连接形式。

供水管压力不足时采用如图 8-11（a）所示的系统；回水压力不足时采用如图 8-11（b）所示的系统。

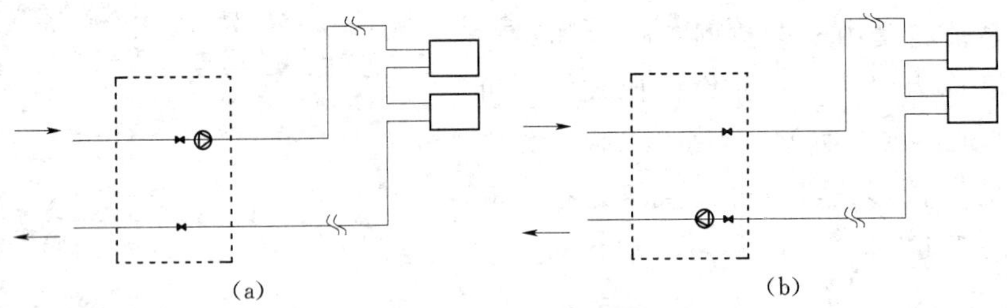

图 8-11　设加压泵的直接连接

(a) 供水加压泵；(b) 回水加压泵

第四节　制 冷 循 环 原 理

（一）制冷基本参数

1. 温度

温度是描述物体冷热程度的度量。根据分子热运动理论，温度是物体微观大量分子热运动的宏观表现，分子热运动的平均动能越大，物体的温度越高。

（1）摄氏温标，记作℃。把标准大气压下纯水结冰时的温度定为 0℃，标准大气压下水沸腾的温度为 100℃。

（2）华氏温标，记作℉。32℉相当于 0℃，212℉相当于 100℃。华氏温标与摄氏温标之间的换算关系为

$$t(℉)=\frac{9}{5}\times\theta+32$$

$$\theta(℃)=\frac{9}{5}\times[t-32]$$

（3）开氏温标，记作 K，又称热力学温标。热力学温标不能低于 0K。0K 约相当于 −273℃，373K约相当于 100℃。根据热力学理论，0K 时物质内分子热运动的速度为 0。开氏温标与摄氏温标之间的换算关系为

$$T(\mathrm{K})=\theta(℃)+273.15$$

2. 湿度

空气中水蒸气的含量是经常变化的，其变动对人们的生活有着重要的影响。空气中水蒸气的含量用湿度来表示。湿度的表示方法有 3 种：

（1）绝对湿度。以单位体积空气中所含水蒸气的质量来计算，其单位是 kg/m^3。

（2）相对湿度。表示空气中的绝对湿度与同温度下的饱和绝对湿度的比值，得数是一个百分比，即

$$\text{相对湿度}(\%)=\frac{\text{空气中水蒸气的含量}}{\text{该温度下空气的饱和水蒸气量}}$$

（3）含湿量。在空调运用中，需要对空气加湿或除湿，因此引入这个参数。它表示每千克干空气所含有的水蒸气量，单位是千克/千克・干空气。

3. 露点

当空气中的水蒸气超过饱和量时，就会析出水。即只要空气的相对湿度达到 100％，如果再降温，就会有水蒸气凝结成水。

把冷却到使空气中的相对湿度达到 100％时的温度，称为该空气的露点温度。在空调器的使用中，伴随着降温过程有水析出即是这个道理。

4. 热量和传热

当两个温度不同的物体相接触时，能量将会从高温物体传向低温物体，最终两物体的温度达到平衡一致。这个能量的转移过程称为传热，转移的能量习惯上称为热量。热量的单位有：焦耳（J），千焦耳（kJ），卡（cal），千卡（kcal）。焦耳与卡之间的换算关系是

$$1\text{ 卡}=4.1868\text{ 焦耳}$$

物体传热的方式有三种：对流、热传导、热辐射。

（1）液体或气体的对流运动而进行的热传递，称为热对流。热对流如果是由于液体或气体自重的比重变化所引起，称为自然对流；如果是由于外加力所引起的，则为强制对流。空调器内安装离心风机和轴流风机，强制空气流动，都是为了强迫换热。

（2）热传导。当两个温度不同的物体相接触或同一物体各部分的温度不相等时，在温度梯度的驱动下形成的传热称为热传导。

（3）热辐射。物体的热量不用借助中间的传热介质，而是转化为辐射能，穿过空间向四周传播，称为热辐射。

5. 比热、显热与潜热

（1）比热，是比热容的简称。单位质量的某种物质，温度降低1℃或升高1℃所吸收或放出的热量，称为这种物质的比热容，单位为kJ/(kg·℃)。

（2）显热。物体在加热或冷却过程中，温度升高或降低而不改变其原有相态所需吸收或放出的热量，称为显热。

（3）潜热。当物体吸热（或放热）仅使物体分子的热位能增加（或减少），即仅是使物体状态发生改变，而其温度不变，那它所吸收的（或放出）的热称为潜热。如制冷剂在吸热沸腾是吸收的热就是潜热。

6. 焓和熵

物质分子无论在何种状态下，都在不停地运动着，所以物质总是含有一定的内能（分子的动能和分子位能之和）的。1kg物质在某一状态时所含的内能及推动功所转换的热量总和，称为此物质在该状态下的热焓，简称为焓，用H表示，单位为kJ/kg。

熵也是物质状态的参数，用S表示，其意义表示为：物质在状态变化过程中所吸收的极微小热量与加入热量前的绝对温度之比，它标志着热量转化为功的程度。熵的物理意义是物质微观热运动时，混乱程度的标志。其单位为kJ/（kg·K)。其数学表达式：$\Delta s=\Delta q/T$，这个公式的意义是指熵增量是在某平衡温度T下的热量变化量。

（二）常用制冷剂及其性质

制冷剂又称制冷工质，它是在制冷系统中不断循环并通过其本身的状态变化以实现制冷的工作物质。制冷剂在蒸发器内吸收被冷却介质（水或空气等）的热量而汽化，在冷凝器中将热量传递给周围空气或水而冷凝。它的性质直接关系到制冷装置的制冷效果、经济性、安全性及运行管理。

制冷剂的种类较多，国际上规定可作制冷剂的物质都以R为缩写字头，后缀以数码表示，如氨用R717表示，水用R718表示，氟利昂12用R12表示。目前，能满足上述条件的制冷剂首推氟利昂系列，例如，目前电冰箱用制冷剂主要为氟利昂12（代号R12），学名二氟二氯甲烷，化名分子式CHF_2Cl_2。目前，空调器用制冷剂主要为氟利昂22（代号R22)，学名二氟一氯甲烷，化名分子式CHF_2Cl。

（1）氟利昂12（CF_2Cl_2），代号R12。氟利昂12是一种无色、无臭、透明、几乎无毒性的制冷剂，但空气中含量超过80%时会引起人的窒息。氟利昂12不会燃烧也不会爆炸，当与明火接触或温度达到400℃以上时，能分解出对人体有害的氟化氢、氯化氢和光气（$CoCl_2$)。R12是应用较广泛的中温制冷剂，适用于中小型制冷系统，如电冰箱、冰柜等。R12能溶解多种有机物，所以不能使用一般的橡皮垫片（圈），通常使用氯丁二烯人造橡胶或丁腈橡胶片或密封圈。

（2）氟利昂22（CHF_2Cl），代号R22。R22不燃烧也不爆炸，其毒性比R12稍大，水的溶解度虽比R12大，但仍可能使制冷系统发生“冰塞”现象。R22能部分地与润滑油互相溶解，其溶解度随着润滑油的种类及温度而改变，故采用R22的制冷系统必须有回油措施。R22在标准大气压力下的对应蒸发温度为－40.8℃，单位容积制冷量与比R12大60％以上。R22被广泛应用于－40～－60℃的双级压缩或空调制冷系统中。

（3）氨，代号R717。氨是目前使用最为广泛的一种中压中温制冷剂。氨的凝固温度为－77.7℃，标准蒸发温度为－33.3℃，在常温下冷凝压力一般为1.1～1.3MPa，即使当夏季冷却水温高达30℃时也绝不可能超过1.5MPa。氨的单位标准容积制冷量大约为520kcal/m^3。

氨有很好的吸水性，即使在低温下水也不会从氨液中析出而冻结，故系统内不会发生“冰塞”现象。氨对钢铁不起腐蚀作用，但氨液中含有水分后，对铜及铜合金有腐蚀作用，且使蒸发温度稍许提高。因此，氨制冷装置中不能使用铜及铜合金材料，并规定氨中含水量不应超过0.2％。

氨的比重和黏度小，放热系数高，价格便宜，易于获得。但是，氨有较强的毒性和可燃性。若以容积计，当空气中氨的含量达到0.5％～0.6％时，人在其中停留半个小时即可中毒，达到11％～13％时即可点燃，达到16％时遇明火就会爆炸。因此，氨制冷机房必须注意通风排气，并需经常排除系统中的空气及其他不凝性气体。

氨作为制冷剂的优点是：易于获得、价格低廉、压力适中、单位制冷量大、放热系数高、几乎不溶解于油、流动阻力小，泄漏时易发现。其缺点是：有刺激性臭味、有毒、可以燃烧和爆炸，对铜及铜合金有腐蚀作用。

（三）制冷原理与制冷系统

1. 制冷系统的组成

单级蒸汽压缩制冷系统，是由制冷压缩机、冷凝器、蒸发器和节流阀四个基本部件组成。它们之间用管道依次连接，形成一个密闭的系统，制冷剂在系统中不断地循环流动，发生状态变化，与外界进行热量交换。

在制冷系统中，蒸发器、冷凝器、压缩机和节流阀是制冷系统中必不可少的四大件，这当中蒸发器是输送冷量的设备。制冷剂在其中吸收被冷却物体的热量实现制冷。

压缩机是制冷系统的心脏，它从吸气管吸入低温低压的制冷剂气体，通过电机运转带动活塞对其进行压缩后，向排气管排出高温高压的制冷剂气体，为制冷循环提供动力，从而实现压缩⟶冷凝⟶膨胀⟶蒸发（吸热）的制冷循环。

冷凝器是放出热量的设备，将蒸发器中吸收的热量连同压缩机功所转化的热量一起传递给冷却介质带走。空调系统中常用的冷凝器有立式管壳式和卧室管壳式两种，均以水为冷却介质。

节流阀对制冷剂起节流降压作用、同时控制和调节流入蒸发器中制冷剂液体的数量，并将系统分为高压侧和低压侧两大部分。

制冷系统中，除上述四大件之外，常常有一些辅助设备，如电磁阀、分配器、干燥器、集热器、易熔塞、压力控制器等部件组成，它们是为了提高运行的经济性，可靠性和安全性而设置的。

2. 制冷原理和过程

液体制冷剂在蒸发器中吸收被冷却的物体热量之后，汽化成低温低压的蒸汽、被压缩机吸入、压缩成高压高温的蒸汽后排入冷凝器、在冷凝器中向冷却介质（水或空气）放热，冷凝为高压液体、经节流阀节流为低压低温的制冷剂、再次进入蒸发器吸热汽化，从而达到循环制冷的目的。这样，制冷剂在系统中经过蒸发、压缩、冷凝、节流四个基本过程完成一个制冷循环。

（1）蒸发过程：节流降压后的制冷剂液体（混有饱和蒸汽）进入蒸发器，从周围介质吸热蒸发成气体，实现制冷。在蒸发过程中，制冷剂的温度和压力保持不变。从蒸发器出来的制冷剂已成为干饱和蒸汽或稍有过热度的过热蒸汽。物质由液态变成气态时要吸热，这就是制冷系统中使用蒸发器吸热制冷的原因。

（2）压缩过程：压缩机是制冷系统的心脏，在压缩机完成对蒸汽的吸入和压缩过程，把从蒸发器出来的低温低压制冷剂蒸汽压缩成高温高压的过热蒸汽。压缩蒸汽时，压缩机要消耗一定的外能，即压缩功。

（3）冷凝过程：从压缩机排出来的高温高压蒸汽进入冷凝器后同冷却剂进行热交换，使过热蒸汽逐渐变成饱和蒸汽，进而变成饱和液体或过冷液体。冷凝过程中制冷剂的压力保持不变。物质由气态变为液态时要放出热量，这就是制冷系统要使用冷凝器散热的道理。冷凝器的散热常采用风冷或水冷的形式。

（4）节流过程：从冷凝器出来的高压制冷剂液体通过减压元件（膨胀阀或毛细管）被节流降压，变为低压液体，然后再进入蒸发器重复上述的蒸发过程。

上述四个过程依次不断循环，从而达到制冷的目的。

其工作过程如图 8-12 所示。

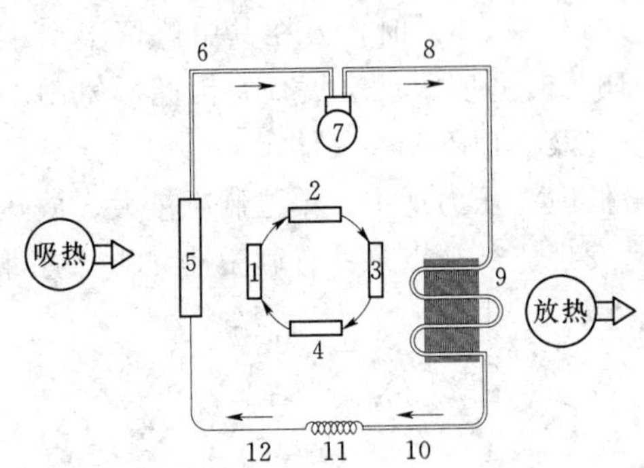

图 8-12 制冷循环工作过程示意图

1—蒸发；2—压缩；3—冷凝；4—节流；5—蒸发器；6—低温低压气体；7—压缩机；8—高温高压气体；9—冷凝器；10—常温高压液体；11—毛细管；12—低温低压液体

表 8-5 中，给出了制冷循环过程中各元件的作用以及制冷剂的对应状态。

表 8-5　制冷循环过程表

循环过程名称		蒸发	压缩	冷凝	节流
所用元件		蒸发器	压缩机	冷凝器	毛细管
作用		利用制冷剂蒸发吸热，产生制冷作用	提高制冷剂气体压力，造成液体条件	将制冷剂冷凝，放出热量，进行液化	降低制冷剂液体压力和温度
制冷剂	状态	液态→气态	气态	气态→液态	液态
	压力	低压	增加	高压	降低
	温度	低温→高温	低温→高温	常温→常温	常温→低温

第五节 制冷机组及制冷机房

（一）制冷机组

制冷机是将具有较低温度的被冷却物体的热量转移给环境介质从而获得冷量的机器。制冷机的主要性能指标有工作温度（对蒸汽压缩式制冷机为蒸发温度和冷凝温度，对气体压缩式制冷机和半导体制冷器为被冷物体的温度和冷却介质的温度），制冷量（制冷机单位时间内从被冷却物体移去的热量）、功率或耗热量、制冷系数（衡量压缩式制冷机经济性的指标，指消耗单位功所能得到的冷量）以及热力系数（衡量吸收式和蒸汽喷射式制冷机经济性的指标，指消耗单位热量所能得到的冷量）等。

1. 制冷机组的工作原理

制冷机的分类在本章第一节中已经简单阐述，表 8-6 给出不同种类制冷机的工作原理及用途。

表 8-6　　制冷机组的工作原理及用途

种类		工作原理及用途	驱动方式
压缩式（图 8-12）	活塞式	通过活塞的往复运动吸入气体和压缩气体，适用于冷冻和中小容量的空调制冷与热泵系统	以电能为动力
	螺杆式	通过转动的两个螺旋形转子相互啮合而吸入气体和压缩气体。利用滑阀调节汽缸的工作容积来调节负荷。转速高，允许压缩比高，排气压力脉冲性小，容积效率高，适用于大、中型空调制冷系统和空气源热泵系统	
	离心式	通过叶轮离心力作用吸入气体和对气体进行压缩，容量大、体积小，可实现多及压缩，以提高效率和改善调节性能。适用于大容量的空调制冷系统	
吸收式（图 8-13）	蒸汽热水式	利用蒸汽或热水作为热源，以沸点不同而相互溶解的两种物质的溶液为工质，其中高沸点组分为吸收剂，低沸点组分为制冷剂。制冷机在低压时沸腾产生蒸汽，使自身得到冷却。吸收剂遇冷吸收大量制冷剂所产生的蒸汽，受热时将蒸汽放出，热量由冷却水带走，形成制冷循环。在有废热和低位热能的场所应用较为经济，适用于中型、较大型容量且冷水温度较高的空调水系统	以热能为动力
	直燃式	利用燃烧重油、煤气或天然气等作为热源。分为冷水和冷温水机组两种。原理与蒸汽热水式相同。由于减少了中间环节的热能损失，效率提高。冷温水机组一机两用，节约机房面积。有条件的场所均可使用	
蒸汽喷射式		以热能作为动力，水作为工质，当蒸汽在喷嘴中高速喷出时，在蒸发器中形成真空，水在其中汽化吸热而实现制冷。适用于需要 10～20℃水温的工艺冷却和空调水的制取。因制冷热效率低，蒸汽和冷却水耗量很大以及运行中噪声大等原因，现已很少应用	

注　摘自《实用供热空调设计手册》．陆耀庆．中国建筑工业出版社，2005。

几种常用的制冷机组的性能对比如表 8-7 所示。

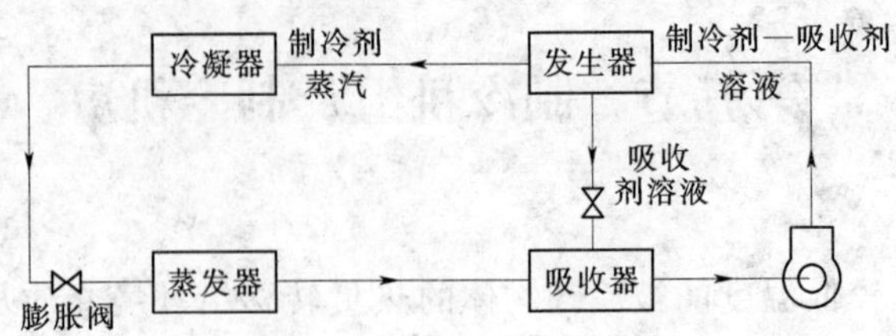

图 8-13　吸收式制冷循环工作过程示意图

表 8-7　　**制　冷　机　组**

种类	制冷剂	单机制冷量(kW)	性能系数(W/W)
活塞式	R22 R134a	52～580	3.57～4.16
螺杆式	R22	352～3870	4.5～5.56
离心式	R123	250～10500	5.00～6.00
	R134a	250～28150	4.76～5.90
	R22	1060～35200	
吸收式	溴化锂	170～3490	

2. 制冷机组的优缺点比较

(1) 活塞式制冷机组的优缺点：

1) 优点：在空调制冷范围内其容器效率较高；系统装置较简单；模块化的机组体积小、重量轻、噪声低、占地少、调节性能好；性能改善效果明显。

2) 缺点：往复运动惯性力大，转速受到限制，振动较大；单机容量不宜过大；单位制冷量重量指标较大；部分负荷下的调节性能差；模块化机组不适合用于变流量运行，价格昂贵。

(2) 离心式制冷机组的优缺点：

1) 优点：COP（性能系数，定义为由低温物体传到高温物体的热量与所需的动力之比）高，理论 COP 可达 6.99；叶轮转速高，压缩机输气量大，单机容量大，结构紧凑、重量轻、占地面积小；振动小、噪声低，蒸发器冷凝器的传热性能好；调节方便、工作可靠。

2) 缺点：由于转速高，对材料加工要求严格；容易漏入空气影响效率；当运行工况偏离设计工况时，效率下降较快；制冷量随转数降低而急剧下降；低负荷下容易发生喘震；R11、R12 对大气臭氧层有破坏作用；小型离心式的总效率低于活塞式。

(3) 螺杆式制冷机组的优缺点：

1) 优点：与活塞式相比结构简单、转速高、运转平稳、振动小、噪声低、机组重量轻；单机制冷量较大、COP 高、容积效率高；运行可靠、易于维修、易损件少；对湿冲程不敏感、无液击危险、调节方便、R22 对大气臭氧破坏程度低，温室效应小。

2) 缺点：单机容量比离心式小；转速比离心式低；要求配件精度高；60%以下负荷

时，调节性能差，COP 急剧下降。

(4) 溴化锂吸收式制冷机组的优缺点：

1) 优点：加工简单，操作方便，制冷量调节范围大，可以实现无级调节；运动部件少，噪声低、振动小；热水式、蒸汽式对能源要求不高；热效率较高；成本低，运行费用少，机房面积小。

2) 缺点：使用寿命比压缩式短、耗气量大。

（二）热泵

热泵是能实现蒸发器与冷凝器功能转换的制冷机，利用同一台热泵可以实现既供热又供冷。热泵是以输出较高温度的热量或同时（交替）输出冷量为目的的装置。

1. 热泵分类

热泵有空气源热泵和水源热泵两类。

空气源热泵通过对外界空气的放热进行制冷，通过吸收外界空气的热量来供热。该机组一般在长江以南地区应用较多。

水源热泵是一种利用自然水源或者是人工再生水源的既可供热又可制冷的高效节能空调系统。水源热泵将水体和地层蓄能分别在冬、夏季作为供暖的热源和空调的冷源。

2. 热泵原理

热泵的工作原理和家用空调、电冰箱等的工作原理基本相同，通过流动媒体在蒸发器、压缩机，冷凝器和膨胀阀等部品中的气相变化（沸腾和凝结）的循环来将低温物体的热量传递到高温物体中，如图 8-14 所示。热泵的性能一般用性能系数（COP）来评价。通常热泵的性能系数为 3～4 左右，也就是说，热泵能够将自身所需能量的 3～4 倍的热能从低温物体传送到高温物体。

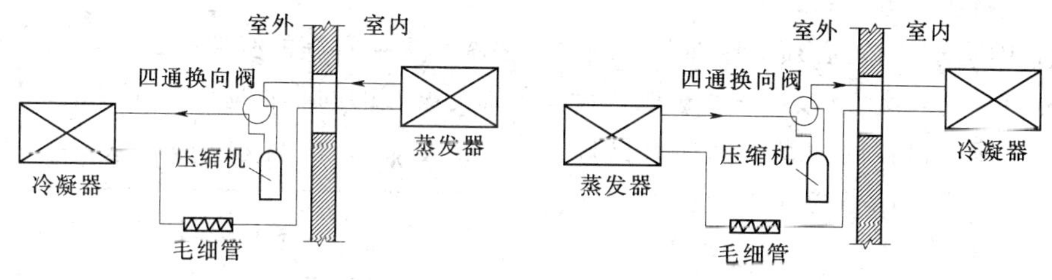

图 8-14　热泵工作原理图

热泵工作过程如下：

(1) 过热液媒在蒸发器内吸收低温物体的热量，蒸发成气媒。

(2) 蒸发器出来的气媒经压缩机的压缩，变为高温高压的气媒。

(3) 高温高压的气媒在冷凝器中将热能释放给高温物体、同时自身变为高压液体。

(4) 高压液媒在膨胀阀中减压，再变为过热液媒，进入蒸发器，循环最初的过程。

（三）制冷机房布置

制冷机房位置应尽可能靠近冷负荷中心，力求缩短输送管道；吸收式和蒸汽喷射制冷机房应尽可能靠近热源；氨制冷机房应考虑到氨制冷剂的易燃易爆特性。

氟利昂制冷机，可布置在民用建筑、生产厂房和辅助建筑物内，也可布置在地下室。

氨制冷机不得布置在民用建筑和工业企业辅助建筑物内，也不允许布置在地下室内。通常应布置在单独的建筑物或隔开的房间内。

溴化锂吸收式制冷机宜布置在建筑物内及地下室。条件允许时，也可露天布置，但制冷装置的电气设备和仪表，应布置在室内。

大中型机房内主机宜与辅助设备及水泵等分间布置，可单设泵房；制冷机放宜与空调机房分开设置。

大中型制冷机房内应设置值班室、控制室、维修间和卫生设施。

压缩机一般情况下不少于两台，布置成对称或有规律的形式。压缩机的压力表、温度计等仪表，均应设置在操作时便于观察的地方，通常使其面向主要操作通道。

表 8-8 设备布置的间距

项 目	间距（m）
主要通道和操作通道宽度	≥1.5
制冷机突出部分与配电盘之间	≥1.5
制冷机突出部分相互间的距离	≥1.0
制冷机与墙面之间的距离	≥0.8
非主要通道	≥0.8
溴化锂吸收式制冷机侧面突出部分之间	≥1.5
溴化锂吸收式制冷机一侧面与墙面	≥1.2

立式冷凝器一般均装在室外，距外墙一般不宜超过5m；卧式冷凝器一般装在室内；蒸发式冷凝器一般布置在制冷站屋顶上。

蒸发器位置应尽可能靠近压缩机，以缩短吸气管，减少压力降。

设备间的净间距要求如表 8-8 所示。

在建筑设计中，应根据需要预留大型设备的进出安装和维修的孔洞，并应配备必要的起吊设施。

氨制冷机房应设置两个相互尽量远离的对外出口，其中至少有一个出口直接对外，大门应设计成由室内向外开。

氨制冷机房的电源开关，应布置在外门附近。发生事故时，应有立即切断电源的可能性，但事故电源不得切断。

布置相应设备时，必须考虑在其一端预留清洗和更换管簇的必要距离。

制冷机房的高度应按表 8-9 选取，设备顶部与梁底的间距不应小于 1.2m。

表 8-9 制冷机房的净空高度

制冷机种类	机房净空（m）
氟利昂制冷机	≥3.6
氨制冷机	≥4.8
溴化锂吸收式制冷机设备顶部距梁底	≥1.2

制冷机房的机器间和设备间应有良好的自然采光，窗孔投光面积与地板面积的比例不少于1∶6

制冷机房应有排水措施。在水泵、冷水机组等四周做排水沟，集中后排出；在地下室常设集水坑，再用潜水泵抽出。

对于制冷机房的防火要求应按现行的《建筑设计防火规范》（GBJ16—87）执行。

制冷机房的地面载荷约为 $4\sim6t/m^2$，且有振动。

冷却塔一般设置在屋顶上，占地面积约为总建筑面积的 0.5%～1%。

冷却塔的基础载荷是：横式冷却塔为 $1t/m^2$；立式冷却塔为 $2\sim3t/m^2$。

制冷机房的建筑形式、结构、柱网、跨度、高度、门窗大小及房间分隔等要求应与设备专业设计人员共同商定。

制冷机房荷载，应根据制冷机具体型号选定，估算为 40～60kN/m^2。

冷水机组的基础应高出机房地面 150～200mm。基础周围和基础上应设排水沟与机房的集水坑或地漏相通。

如果是在大型高层建筑，有塔楼和裙楼，塔楼为筒体和剪力墙时，制冷机房最好在裙楼下，且上一层房间应对消声隔振无严格要求。

第九章　通　风　工　程

第一节　通 风 系 统 概 述

随着我国工业生产的快速发展，工业有害物的散发量日益增加，环境污染问题越来越严重，严重的环境污染和生态破坏给经济社会发展带来了许多影响。

通风是把建筑物内把不符合卫生标准的污浊空气排除至室外，把新鲜的空气或净化符合卫生标准要求的空气送入室内，提供适合生活和生产的空气环境，保证环境空间具有良好的空气品质。因此，通风是改善室内空气环境的一种重要手段。

以消除室内余热、余湿为主要目的，较严格地控制室内温度及湿度的机械通风措施，属于空调工程的任务。以控制室内有害物量不超过卫生标准为目的的通风措施，是通风工程的任务。只要有人活动的任何场所，都必须有通风。

通风包括从室内排除污浊的空气和向室内补充新鲜的空气两个方面。其中，前者称为“排风”，后者称为“送风”，为实现排风或送风而采用的一系列设备、装置的总体称为通风系统。

一、室内空气污染物种类

（一）工业建筑空气污染物有害物

工业建筑中的主要污染物是伴随生产工艺过程产生的，不同的生产过程有着不同的污染物。污染物的种类和发生量必须通过对工艺过程详细了解后获得，通常咨询工艺专业和查阅有关的工艺手册得到。在工业建筑中主要是指粉尘和有害气体。

1. 粉尘

粉尘是指能够在空气中浮游的固体微粒。工业粉尘的来源主要有以下几方面：①固体物料的机械粉碎和研磨；②粉状物料的混合、筛分、包装及运输；③物质的燃烧；④物质被加热时产生的蒸汽在空气中的氧化和凝结。

粉尘对危害人体的途径主要经呼吸道进入人体。粉尘对人体健康的危害程度同粉尘的性质、粒径大小和进入人体的粉尘量有关。其中，化学性质是危害人体的主要因素，粒径大小是危害人体的重要因素，不同粒径对人体的危害。如图 9－1 所示。

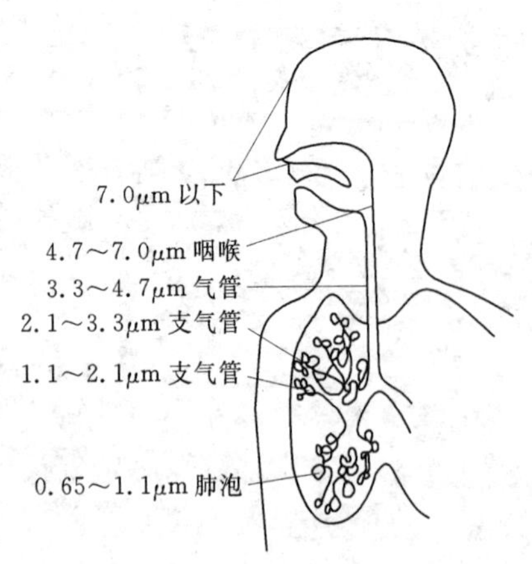

图 9－1　吸入人体的粉尘

2. 有害蒸气和气体

在化工、造纸、纺织、金属冶炼、喷漆、浇铸、电镀、酸洗等工艺过程中，均产生大量的有害气体，如汞蒸汽、铅、苯、二氧化硫等。工业有害物对人体的危害程度取决于其毒性和浓度的大小、时间的长短、车间的气象条件以及人的劳动强度、年龄、性别和体质。

（二）民用建筑空气污染物有害物

民用建筑中污染物的来源主要有：人、人的活动、建筑物所用的材料（建筑材料、装饰材料、涂料等），设备（复印机、空调设备等）。主要成分有：二氧化碳、一氧化碳、可吸入粒子、病原体、烟卷烟气、氮氧化物、甲醛（含在各种粘接板材、保温材料中），放射性气体氡（含住砖、石及砌体中）、石棉（含在建筑材料中）、挥发有机化合物和气味等，如表 9-1 所示。

表 9-1　　常见有害物及对人体的危害

有害物名称	来　源	侵入的途径	对 人 体 的 危 害
汞蒸气	汞矿石冶炼、用汞生产过程	呼吸道、消化道	急性中毒损害消化器官和肾脏慢性中毒表现在神经系统
铅	有色金属冶炼、蓄电池、橡胶生产过程	呼吸道	在体内积累，损害消化道、造血器官和神经系统
二氧化碳	燃烧、人的呼吸、吸烟	呼吸道、消化道	空气中含量增多会导致人不适，产生中毒症状，甚至死亡
一氧化碳	燃烧设备的燃烧、停车场的汽车排气、抽烟	呼吸道、消化道	与血红蛋白亲和，生成一氧化碳血红蛋白，降低了血红蛋白的输送氧气的能力，导致人缺氧，严重者窒息而死
二氧化硫	煤和石油的燃烧	呼吸道、消化道	是一种活性毒物，对呼吸器官有强烈的腐蚀作用，使鼻、咽喉和支气管发炎
氮氧化物	燃气灶、汽车排气、燃气热水器和化工、电镀生产工艺	呼吸道、消化道	对呼吸器官有强烈刺激，能引起急性哮喘病和肺气肿
苯	作为溶剂和黏合剂用于家具、喷漆行业	皮肤表面渗入、呼吸道	急性中毒对中枢神经系统的麻醉作用，重者可导致死亡。慢性中毒损害神经系统和造血器官
甲醛	人造板、装饰布、涂料、地毯、新家具、香烟的烟气	呼吸道	对皮肤、眼结膜、呼吸道黏膜有刺激作用，可导致流泪、头晕、头痛、乏力等症状
氡	砖石砌体、混凝土、石膏板、花岗石等石料加工的板或饰面砖	呼吸道、辐射	形成放射性飘尘被人体吸收后，沉积在肺部，导致肺部慢性病变，诱发肺癌或损害肺功能

（三）空气中有害物含量与有关标准

1. 有害物浓度

有害物对人体的危害，不但取决于有害物的性质，还取决于它在空气中的含量，浓度愈大，危害也愈大。

有害物的浓度可以用质量浓度和体积浓度两种表示方法。质量浓度既每立方米空气中所含有害物的毫克数，以 mg/m^3 表示；体积浓度既每立方米空气中所含有害物的毫升数，以 mL/m^3 表示。粉尘在空气中的含量也有两种表示方法。质量浓度和颗粒浓度，颗粒浓度既每平方米空气中所含粉尘的颗粒数。

2. 卫生标准

为保护工人、居民的安全和健康，使工业企业的设计符合卫生要求，我国不断颁布和修订相关标准，使其更科学、更全面、更合理。目前，实行的卫生及排放标准有《工业企业设计卫生标准》(GBZ1—2002)，是目前工业通风设计和验收的重要依据。对工业企业车间内有害物质的最高容许浓度、空气的温度、相对湿度和流速等都作了规定。例如标准规定，车间空气中一般性粉尘的最高容许浓度为 $10mg/m^3$。车间内有害气体的最高容许浓度，是指人员在此浓度下长期活动而不会引起职业病的浓度。

3. 排放标准

随着我国环保事业的发展，制订了《环境空气质量标准》(GB3095—1996)、《大气污染物综合排放标准》(GB16297—1996)，《锅炉大气污染物排放标准》(GB12348—2001)。同时，不同行业还根据行业的特点，制订了相应的标准，如《水泥厂大气污染物排放标准》(GB4915—1996)。

必须指出，在工业企业密集的地区，有时虽然对具体单位来说都达标了，但该地区的大气污染程度有时可能超过大气质量标准的规定。因此，目前有些城市已提出采用大气排放总量控制。

（四）控制污染物传播的方法

根据空气流动的动力不同，通风方式可分为自然通风和机械通风两种。

1. 自然通风

所谓自然通风，就是依靠室内外空气所产生的热压和风压作用而进行的通风。自然通风突出优点是不需要动力设备，不消耗电能，比较经济，使用管理也比较简单，也可以获得较大的换气量，因此应优先采用这一种通风方式。普通民用建筑的居住。办公用房等，宜采用自然通风。

2. 机械通风

所谓机械通风，就是依靠风机作用而进行的通风。在自然通风不能满足卫生和生产要求时采用机械通风或自然和机械的联合通风。

第二节　自　然　通　风

一、自然通风原理

自然通风是借助于室内外空气自然的压力——风压和热压作用促使空气流动的。

风压作用下的自然通风，自然风吹向建筑物的迎风面形成正压，在其背风面形成负压。在建筑物的迎风面与背风面之间形成压差，在它的作用下，室外空气通过建筑物迎风面上的门、窗、孔口进入室内，室内空气则通过背风面上的门、窗、孔口流出，形成穿堂

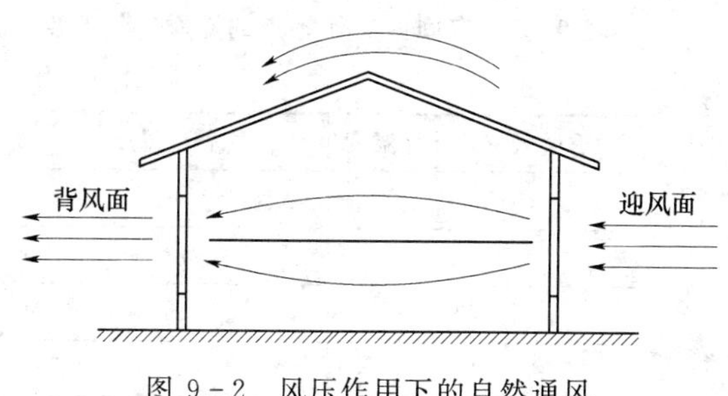

图 9-2　风压作用下的自然通风

风。层高较低的民用建筑，主要是利用这种自然通风，如图 9-2 所示。

热压作用下的自然通风，是利用室内外空气温度的不同而形成的容重压力差造成的室内外空气交换。温度高的地方空气较轻，即压力较低，温度低的地方空气轻重，压力较高。因此，如果室内温度高于室外气温或室内上部气温高于下部气温，则在室内外或室内上下形成压差。此时，空气便从室外经门窗及缝隙流入室内或从室内下部流向上部；如果上部有外窗、天窗或风帽等，热空气便由这些地方排至室外，这就形成热压式自然通风。室内散热量大，层高较高的建筑物，当室外无风时，主要是靠热压进行自然通风。如图 9-3 所示。

当室外有风，室内散热量又较大时，风压和热压同时起作用，自然通风效果最好。

自然通风的通风量受自然条件、建筑平面、建筑结构、工艺设备布置等因素的影响难以有效控制，通风效果不够稳定，自然通风只能对整个房间进行全面通风换气。因此，有效的自然通风需要经过精心的研究和设计。

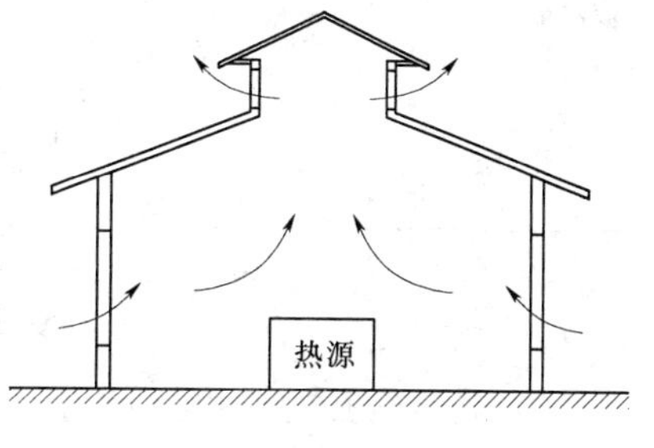

图 9-3　热压作用下的自然通风

二、自然通风设计计算

自然通风的计算包括设计性计算和校核计算。设计性计算是根据已确定的工艺条件和要求的工作温度，计算必需的全面通风量，确定进、排风窗的位置及所需窗孔的面积。校核计算在已经确定的工艺、结构、窗孔及其面积的条件下，计算最大的自然通风量，校核工作区的是否满足卫生标准的要求。

（1）计算全面通风量。消除余热的全面通风量按下式计算

$$L=\frac{Q}{c(t_p-t_j)}\quad(\mathrm{m^3/h})\qquad(9-1)$$

式中　Q——车间总余热量，kJ/s；

c——空气的比热容，$c=1.01$kJ/(kg·℃)；

t_p——车间的排风温度，℃；

t_j——车间的进风温度，℃。

车间的排风温度有两种方法：

1）温度梯度法

$$t_p=t_n+\alpha(h-2)\quad(℃)\qquad(9-2)$$

式中　t_n——工作区温度，即指工作地点所在地面上 2m 以内的温度，℃；

t_p——排风天窗中心距地面高度，m；

α——沿车间高度方向的温度梯度，℃/m。

2）有效热量系数法

$$t_p = t_w + \frac{t_n - t_w}{m} \quad (9-3)$$

$$m = m_1 \times m_2 \times m_3$$

式中 m_1——由热源占地面积和车间地板面积比值确定系数，见表9-2；

m_2——由热源高度确定系数，见表9-3；

m_3——由热源的辐射散热量和总热量比值确定系数，见表9-4。

表9-2 车间内工作地点的夏季空气温度

单位：℃

夏季通风室外计算温度	工作区温度
29	<32
31	<34
32～33	<35
34	<36

表9-3 系数 m_2

热源高度（m）	≤2	4	6	8	10	12	≥14
m_2	1.0	0.85	0.75	0.65	0.60	0.55	0.5

表9-4 系数 m_3

辐射热量/总热量（m）	≤0.4	0.5	0.55	0.6	0.65	0.7
m_3	1.0	1.07	1.12	1.18	1.30	1.45

（2）确定窗孔的位置，分配各窗孔的进、排风量。

（3）确定窗孔的面积。

进风窗孔

$$F_a = \frac{G_a}{\mu_a \sqrt{2h_1 g(\rho_w - \rho_n)\rho_w}} \quad (9-4)$$

排风窗孔

$$F_b = \frac{G_b}{\mu_b \sqrt{2h_2 g(\rho_w - \rho_n)\rho_p}} \quad (9-5)$$

式中 G_a、G_b——窗孔 a、b 的流量，kg/s；

μ_a、μ_b——窗孔 a、b 的流量系数；

ρ_w——室外空气的密度，kg/m^3；

ρ_p——排风温度下的空气密度，kg/m^3；

ρ_n——室内平均温度下的空气密度，kg/m^3；

h_1、h_2——中和面至窗孔 a、b 的距离，m。

根据房间空气质量平衡方程式，$G_a = G_b$，近似认为，$\mu_a \approx \mu_b$，$\rho_w \approx \rho_p$，上述公式可简化为

$$\left(\frac{F_a}{F_b}\right)^2 = \frac{h_2}{h_1} \text{ 或 } \frac{F_a}{F_b} = \left(\frac{h_2}{h_1}\right)^{\frac{1}{2}} \quad (9-6)$$

由式（9-6）可见，进排风窗孔面积之比是随中和面位置的变化而变化的。中和面上移，排风窗孔面积增大，进风窗孔面积减小；中和面下移，排风窗孔面积减小，进风窗孔面积增大。在热车间都采用上部天窗进行排风，天窗的造价比侧窗高，因此中和面位置不

宜选得太高。

三、自然通风与建筑设计

1. 建筑平面规划

建筑群的布局可从平面和空间两个方面考虑。一般建筑群的平面布局可分为行列式、错列式、斜列式及周边式等，从通风的角度来看，错列式和斜列式较行列式和周边式好。

当用行列式布置时，建筑群内部流场因风向不同而有很大变化。错列式和斜列式可使风从斜向导入建筑群内部。有时亦可结合地形采样自由排列的方式。周边式很难将风导入，这种布置方式只适于冬季寒冷地区。

利用穿堂风进行自然通风的建筑物，为了保证建筑的自然通风效果，建筑主要进风面一般应与夏季主导风向成60°～90°，不宜小于45°，同时，应避免大面积外墙和玻璃窗受到西晒。南方炎热地区的冷加工车间应以避免西晒为主。为了保证厂房有足够的进风窗孔，不宜将过多的附属建筑布置在厂房四周，特别是厂房的迎风面。

室外风吹过建筑物时，迎风面的正压区和背风面的负压区都会延伸一定的距离，距离的大小与建筑物的形状和高度有关。在这个距离内，如果有其他较低矮的建筑物存在，就会受高大建筑所形成的正压区或负压区的影响。为了保证较低矮的建筑物能正常进风和排风，各建筑之间有关的尺寸应保持适当的比例。

2. 建筑形式的选择

（1）以自然通风为主的热车间应尽量采用单跨厂房。

（2）在多跨厂房中应将冷热跨间隔布置，尽量避免热跨相邻。

（3）夏季自然通风应采用流量系数大、易于操作和维修的进风口或窗扇。

（4）夏季自然通风用的进风口，其下缘距室内地面高度不应大于1.2m，还应避开室内热源和有害气体污染源，以防止进风被污染。

（5）在严寒地区或寒冷地区的用于冬季自然通风的进风口，其下缘距室内地面不宜低于4m，如低于4m时，应采取防止冷风吹向工作地点的措施。

（6）利用天窗排风的生产厂房，符合下列情况之一者应采用避风天窗：①炎热地区，室内散热量大于23W/m^{2}时；②其他地区，室内散热量大干35W/m^{2}时；③不允许气流倒灌时。

（7）以自然通风为主的建筑物的主进风面宜布置在主导风向侧。当放散粉尘或有害气体时，在其背风侧的空气动力阴影区内的外墙上，应避免设置进风口。屋顶处于正压区时，应避免设排风天窗。

3. 工艺布置

（1）以热压为主进行自然通风的厂房，应尽量将设备布置在天窗下方。

（2）散热量大的热量应尽量布置在厂房外侧，夏季主导风向的下风侧。

（3）当热源靠近生产厂房一侧的外墙布置，而外墙与热源间无工作点时，热源应尽量布置在该侧外墙的两个进风口之间。

散发热量的工业建筑物的自然通风量应根据热压进行计算。当自然通风不能满足人员活动区的温度要求时，宜辅已机械通风。当室内设有机械通风设备时，应考虑它对自然通风的影响。

第三节 机械通风

根据通风系统的作用范围不同，机械通风可划分为局部通风和全面通风两种。散发热，蒸汽或有害物质的建筑物，宜采用局部排风。当局部排风达不到卫生要求时，采用全面送风或采用全面排风。

一、全面通风

全面通风系统是对整个房间进行通风换气，用新鲜空气把整个房间的有害物浓度冲淡到最高允许浓度以下，或改变房间内的温度、湿度。因此，也称为稀释通风。全面通风所需的风量大大超过局部通风，用清洁的空气稀释室内空气中的有害物浓度，同时不断把污染的空气排至室外，使室内空气中的有害物浓度不超过卫生标准的最高容许浓度。

全面通风，是使整个房间全面进行送风及排风。一般做法有三种：一是机械送风，机械排风；二是机械送风，自然排风；三是机械送风，自然进风，如图 9-4、图 9-5 所示。

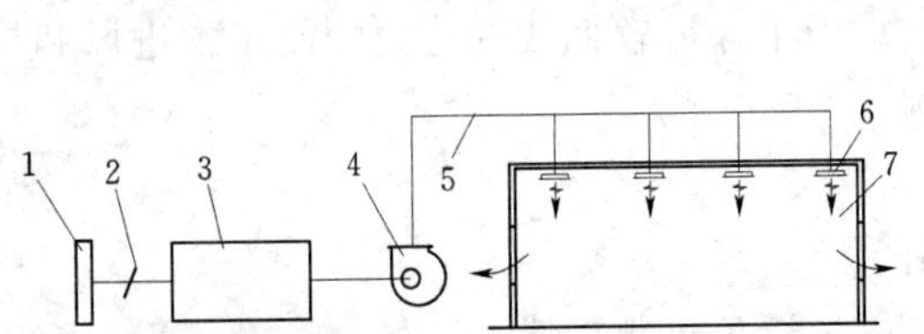

图 9-4　全面送风系统

1—进风口；2—风阀；3—空气处理设备；4—风机；5—风管；6—送风口；7—通风房间

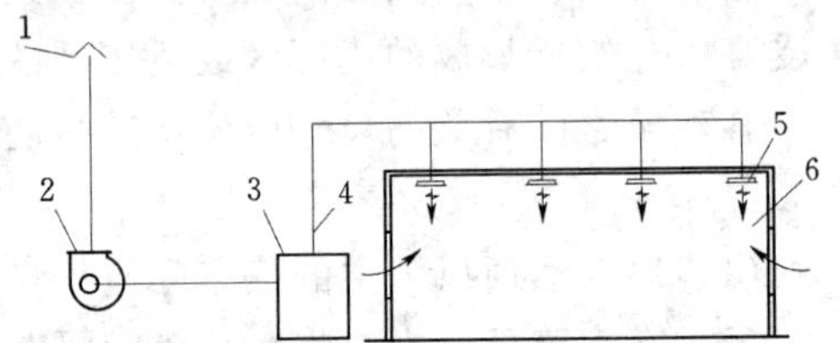

图 9-5　全面排风系统

1—排风帽；2—风机；3—空气处理设备；4—风管；5—排风口；6—通风房间

1. 全面通风量的确定

消除余热所需要的通风量　$$L_r=\frac{Q}{c\rho(t_p-t_j)}\quad(m^3/s)\tag{9-7}$$

消除余湿所需要的通风量　$$L_s=\frac{W}{\rho(d_p-d_j)}\quad(m^3/s)\tag{9-8}$$

消除有害气体所需要的通风量　$$L_h=\frac{kX}{(y_p-y_j)}\quad(m^3/s)\tag{9-9}$$

式中　Q——室内湿热余热量，W；

W——室内余湿量，g/s；

X——室内有害气体的散发量，mg/s；

t——室内温度,℃；

d——空气的含湿量，g/kg 干空气；

y——空气中有害气体的浓度，mg/m^3；

c——空气的定压比热，kj/kg·℃；

ρ——空气的密度，kg/ m^3；

k——安全系数；

p——排风；

j——进风。

注意，根据卫生标准的规定，当数种溶剂（苯及其同系物或醇类或醋酸类）的蒸汽，或数种刺激性气体（三氧化二硫及三氧化硫或氟化氢及其盐类等），同时在室内放散时，由于它们对人体的作用是叠加的，全面通风量应按各种气体分别稀释至容许浓度所需空气量的总和计算。

同时放散数种其他有害物质时，全面通风量应分别计算稀释各有害物所需的风量，然后取最大值。

同时放散有害物质、余热和余湿时全面通风量应按其中所需最大的空气量确定。

当散入室内的有害物量无法具体计算时，全面通风量可按类似房间换气次数的经验数值进行计算。

换气次数，就是通风量（m^3/h）与通风房间体积 V 的比值，换气次数 $n=L/V$（次/h）。各种房间的换气次数，可从有关的资料中查得。

2. 事故通风

工厂中有一些工艺过程，由于操作事故或设备故障而突然发生大量有毒害气体或有燃烧、爆炸危险的气体。为防止对工作人员造成伤害和防止进一步扩大事故，必须设有临时的排风系统——事故通风系统。

可能突然放散大量有害气体或有爆炸危险气体的生产厂房，应设置事故通风装置。

（1）事故排风的排风量应根据工艺资料计算确定。但换气次数不应小于每小时 12 次。

（2）事故排风宜由经常使用的排风系统和事故排风的排风系统共同保证，但必须在发生事故时，提供足够的排风量。

（3）排风的通风机，应分别在室内、外便于操作的地点设置开关，其供电系统的可靠性等级，应由工艺设计确定，并应符合国家现行《供配电系统设计规范》（GB5002—95）以及其他有关规范的要求。

（4）事故排风的吸风口，应设在有害气体或爆炸危险物质散发量可能最大的地点。当发生事故向室内放散密度比空气大的气体和蒸汽时，吸风口应设在地面以上 0.3～1.0m 处；放散密度比空气小的气体和蒸汽时，吸风口应设在上部地带，且对于可燃气体和蒸汽，吸风口应尽量紧贴顶棚布置，其上缘距顶棚不得大于 0.4m。

（5）事故排风的排风口设置：①不应布置在人员经常停留或经常通行的地点；②事故排风的排风口，应高于 20m 范围内最高建筑物的屋面 3m 以上；③排风口与机械送风系统进风口的水平距离大于 20m；④当水平距离小于 20m 时，排风口应高于进风口 6m 以上。

二、局部通风

局部通风系统的作用范围，仅限于个别地点或局部区域。它包括了局部送风系统和局部排风系统两种。

1．局部排风系统

局部排风系统是指在局部工作地点将污浊空气就地排除．以防止其扩散的排风系统、由局部排风罩、排风管道、空气净化装置、排风机部分组成，如图 9－6 所示。

2. 局部送风系统

局部送风系统，是指向局部地点送入新鲜空气或经过处理的空气，以改善该局部区域的空气环境的系统，由送风口、送风管道、空气处理装、送风机部分组成，如图 9-7 所示。

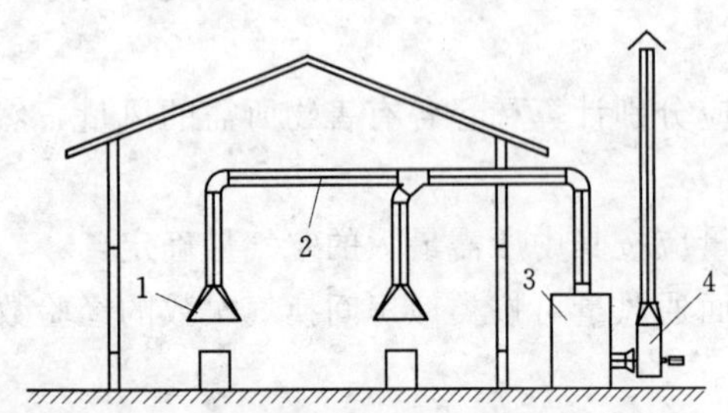

图 9-6　局部机械排风系统

1—局部排风罩；2—风管；
3—空气处理设备；4—风机

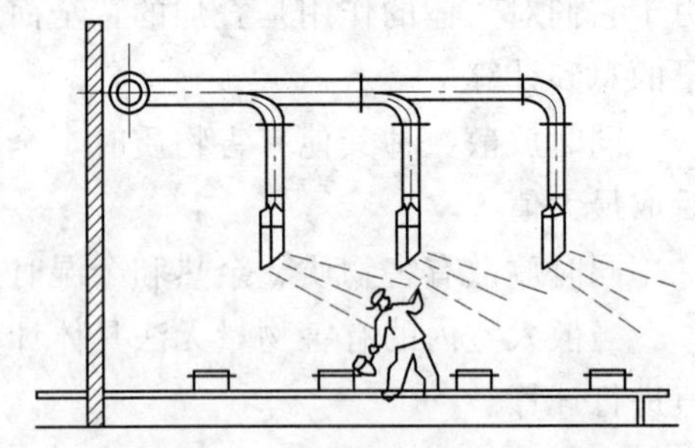

图 9-7　局部机械送风系统

3. 局部通风系统划分原则

当车间内不同地点有不同的送、排风要求，或车间面积较大，送、排点较多时，常分设多个送、排风系统。

(1) 空气处理要求相同、室内参数要求相同的，可划为一系统。

(2) 同一生产流程、运行班次和时间相同的，工作的点相距不大时，可划为同一系统。

(3) 对下列情况应单独设置排风系统：

1) 两种或两种以上的有害物质混合后能引起燃烧或爆炸。

2) 两种有害物质混合后能形成毒害更大或腐蚀性的混合物或化合物。

3) 两种有害物质混合后易使蒸汽凝结并积聚粉尘。

4) 放散剧毒物质的房间和设备。

(4) 温、湿度不同的含尘气体，当混合后可能导致风管内结露时，应分设系统。

(5) 如排风量大的排风点位于风机附近，不宜和远处排风量小的排风点合为同一系统。

三、气流组织

全面通风效果不仅取决于通风量的大小，还与通风气流的组织有关。所谓气流组织就是合理地布置送、排风口位置，分配风量以及选用风口形式，以便用最小的通风量达到最佳的通风效果。

一般通风房间的气流组织有多种方式，设计时要根据有害物源的位置、工人操作位置、有害物性质及浓度分布等具体情况，按下述原则确定。

(1) 排风口应尽量靠近有害物源或有害物浓度高的区域，把有害物迅速从室内排出。

(2) 送风口应尽量接近人员操作地点。送入房间的清洁空气，要先经过操作地点，再经过污染区域排至室外。

(3) 在整个通风房间内，尽量使送风气流均匀分布，减少涡流，避免有害物在局部区域的积聚。

总之，使送风气流进入室内后，不经有害物污染或污染程度最少便能到达人的活动区域；尽可能避免先经过有害物污染后才到达人的活动区域，或进风未经人的活动区域或未经有害物散发区便排出室外，造成所谓短路现象。

四、空气平衡和热平衡

无论采用何种通风方式，必须保证室内的空气质量平衡，即单位时间内送入室内的空气质量等于排出的空气质量。风量平衡的表达式为

$$G_{zj}+G_{jj}=G_{zp}+G_{jp} \tag{9-10}$$

式中 G_{zj}——自然进风量，kg/s；

G_{jj}——机械进风量，kg/s；

G_{zp}——自然排风量，kg/s；

G_{jp}——机械排风量，kg/s。

通风房间的空气热平衡，是指要使通风房间的温度达到设计要求并保持不变，必须是房间的总得热量等于总失热量。热量平衡表达式为

$$\sum Q_h+cL_p\rho_n t_n=\sum Q_f+cL_{jj}\rho_{jj}t_{jj}+cL_{zj}\rho_w t_w+cL_{hx}\rho_n(t_s-t_n) \tag{9-11}$$

式中 $\sum Q_h$——围护结构、材料吸热等造成的总失热量，kW；

$\sum Q_f$——房间内生产设备、产品及采暖设备的总放热量，kW；

L_p——局部和全面排风量，m^3/s；

L_{jj}——机械进风量，m^3/s；

L_{zj}——自然进风量，m^3/s；

L_{hx}——再循环空气量，m^3/s；

c——空气质量比容，kj/kg·℃；

ρ_n——室内空气密度，kg/m^3；

ρ_w——室外空气密度，kg/m^3；

t_n——室内空气温度，℃；

t_w——室外空气计算温度，℃；

t_s——再循环空气温度，℃。

实际通风问题比较复杂，有时进风和排风有几种形式和状态，必须在风量平衡、热量平衡的条件下，确定进风量及送风参数。

第四节 通风系统的主要设备及管道

一、排风罩

排风罩是设置在有害物源处，捕集和控制有害物的重要部件。排风罩的形式很多，主要分为以下几类：

1. 排风罩的分类

(1) 密闭罩：它把有害物源全部密闭在罩内，在罩上设有工作孔，从罩外吸入空气，罩内污染空气由上部排风口排出。优点：排风量小、效果好；缺点：影响设备检修，有的看不到罩内的工作状况，如图 9-8 所示。

(2) 柜式排风罩（通风柜）：柜式排风罩的结构和密闭罩相似，由于工艺操作需要，罩的一面可全部敞开。如图 9-9 所示。

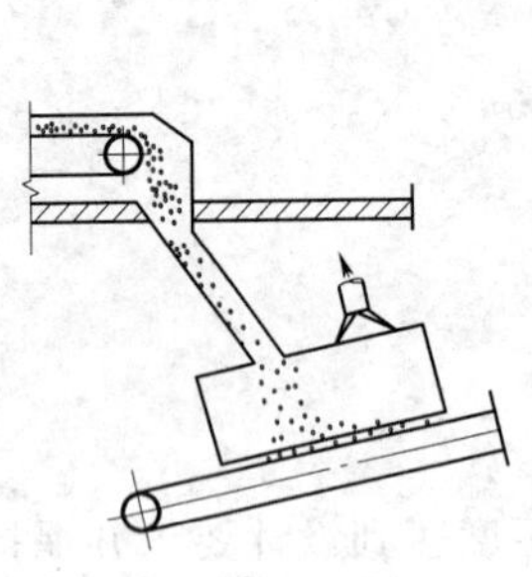

图 9-8　局部密闭罩

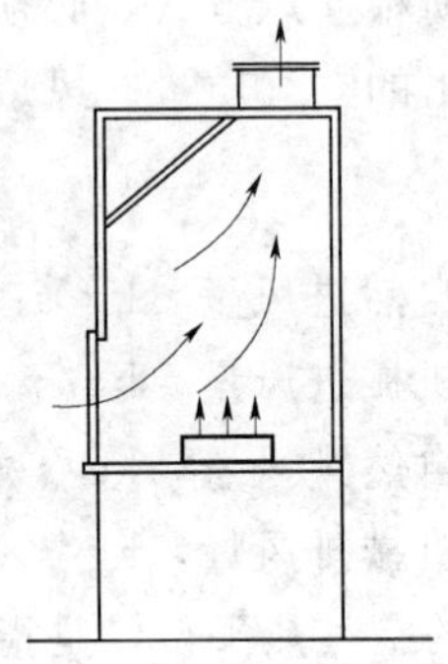

图 9-9　柜式排风罩

(3) 外部吸气罩：由于工艺条件限制，生产设备不能密闭时，可把排风罩设在有害物源附近，依靠罩口的抽吸作用，在有害物发散地点造成一定的气流运动，把有害物吸入罩内。如图 9-10 所示。

(4) 接受式罩：生产过程或设备本身会产生或诱导一定的气流运动，带动有害物一起运动，如高温热源上部的对流气流及等，对这种情况，应尽可能把排风罩设在污染气流前方，让它直接进入罩内，这类排风罩称为接受罩。如图 9-11 所示。

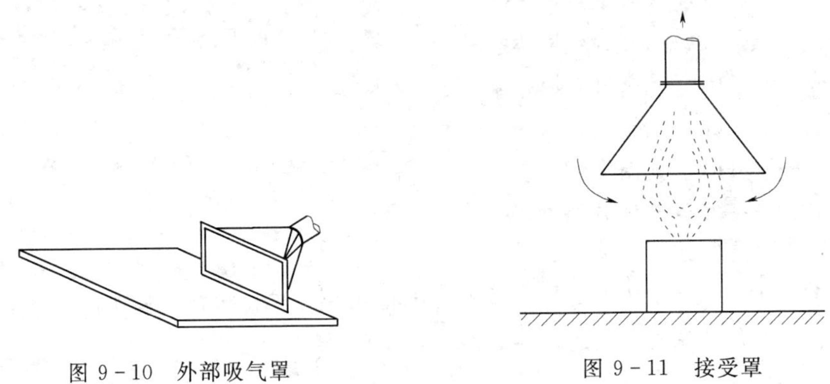

图 9-10　外部吸气罩

图 9-11　接受罩

(5) 槽边排风罩：是外部排风罩的特殊形式，用于各种工业槽，分为单侧、双侧、周边型三种。如图 9-12 所示。

(6) 吹吸式排风罩：外部吸气罩罩口外的气流速度衰减很快，罩口至有害物源距离较大时，需要较大的排风量才能在控制点造成所需的控制风速。因此，人们设想可以利用射流作为动力，把有害物输送到排风罩口再由其排除，这种把吹和吸结合起来的排风罩称为吹吸式排风罩。如图 9－13 所示。

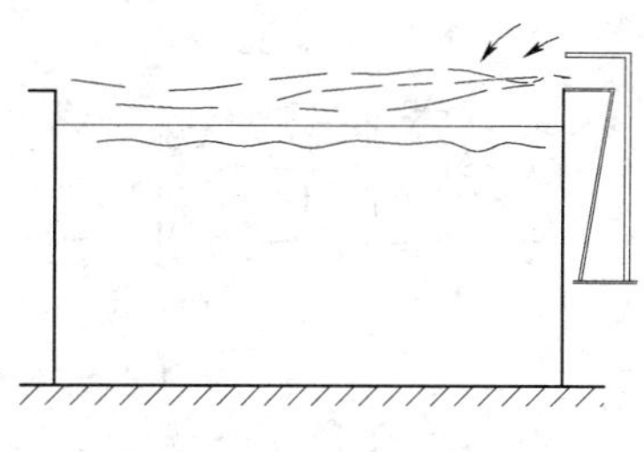

图 9－12　槽边排风罩

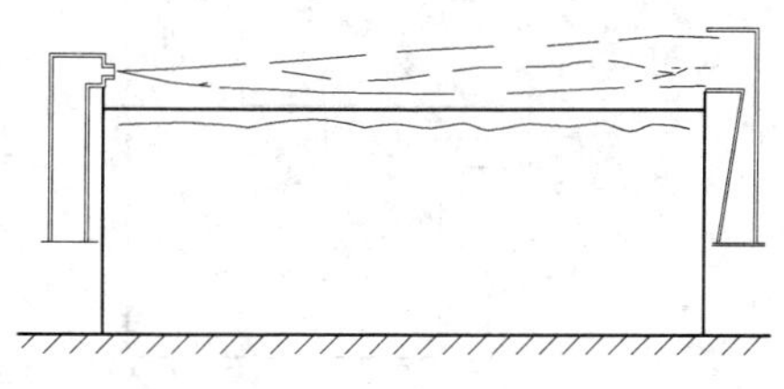

图 9－13　吸吹式排风罩

2. *局部排风罩的设计原则*

（1）对散发粉尘或有害气体的工艺流程与设备应采取密闭措施。设置局部排风罩时，宜采用密闭罩。确定密闭罩的吸风口位置、结构和风速，应使罩内负压均匀，防止污染物外逸，对于散发粉尘的污染源，应避免过多抽取粉尘。

（2）当不能或不便采用密闭罩时，可根据工艺要求选择适宜的其他开敞式排风罩。局部排风罩应尽可能包围或靠近有害物发生源，使有害物局限于较小的空间，尽可能减小其吸气范围，便于捕集和控制。

（3）排风罩的吸气气流方向应尽可能与污染气流运动方向一致。

（4）已被污染的吸入气流不允许通过人的呼吸区。设计时要充分考虑操作人员的位置和活动范围。

（5）排风罩的设计与工艺密切配合，使局部排风罩的配置与生产工艺协调一致，力求不影响工艺操作。排风罩应力求结构简单、造价低，便于制作安装和拆卸维修。

（6）要尽可能避免或减弱干扰气流如穿堂风、送风气流等对吸气气流的影响。

二、除尘器

除尘器用于分离机械排风所排出的空气中的粉尘，根据主要除尘机理的不同，除尘器可分为以下几类：

（1）重力沉降室：利用重力作用使粉尘自然沉降的一种最简单的除尘装置。如图 9－14 所示。

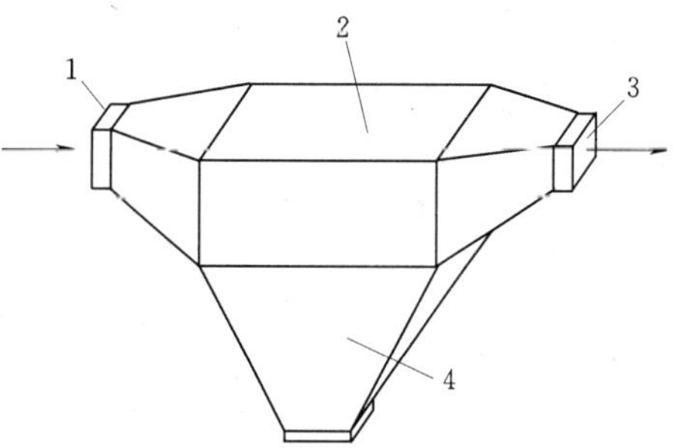

图 9－14　重力沉降室

1—含尘气体进口；2—沉降室；3—净化气体出口；4—灰斗

（2）惯性除尘器：旋风除尘器是利用气流旋转过程中作用在尘粒上的惯性离心力，使尘粒从气流中分离的。如图 9－15 所示。

（3）旋风除尘器：利用气流旋转过程中作用在尘粒上的惯性离心力，使尘粒从气流中分离的。如图 9－16 所示，旋风除尘器在通风工程中得到了广泛应用，它主要用于 10μm 以上的粉尘，可用作多级除尘中的第一级除尘器。它也是我国中小型燃煤锅炉烟气净化的主要除尘设备。

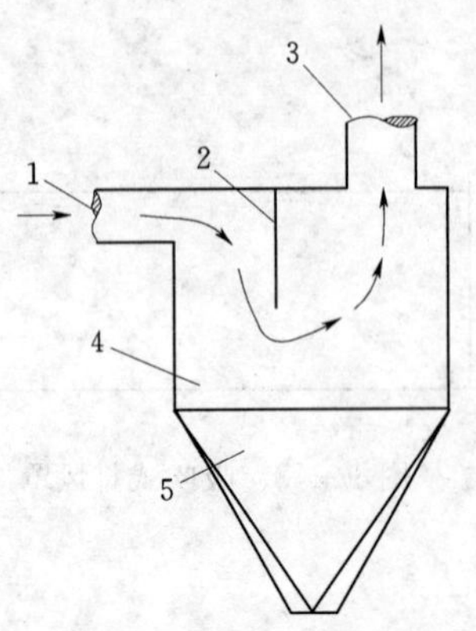

图 9-15 惯性除尘器
1—含尘气体进口；2—挡板；3—净化气体出口；
4—箱体；5—灰斗

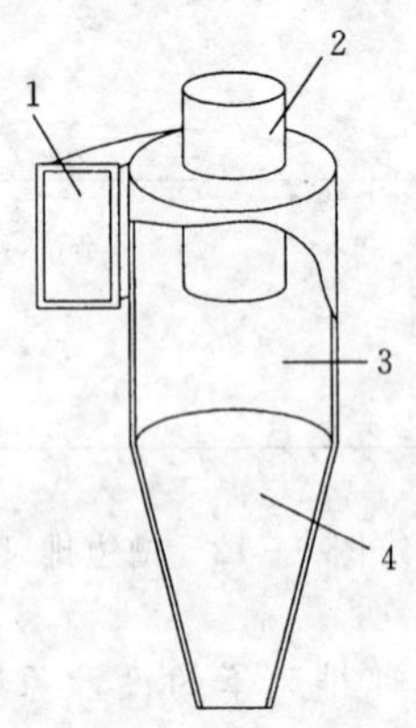

图 9-16 旋风除尘器
1—含尘气体进口；2—排出管；
3—筒体；4—锥体

(4) 过滤式除尘器：袋式除尘器是利用多孔的袋状过滤元件从含尘气体中捕集粉尘的一种除尘设备。主要由过滤装置和清灰装置两部分组成。如图 9-17 所示。

(5) 湿式除尘器：通过含尘气体与液滴或液膜的接触使尘粒从气流中分离的。它的优点是结构简单、投资低、占地面积小、除尘效率高，能同时进行有害气体的净化。它适宜处理有爆炸危险或同时含有多种有害物的气体；它的缺点是有用物料不能干法回收，泥浆处理比较困难，为了避免水系污染，有时要设置专门的废水处理设备，如图 9-18 所示。

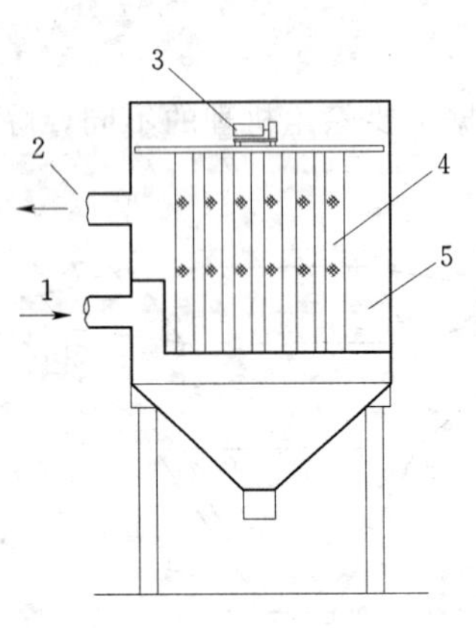

图 9-17 过滤式除尘器
1—含尘气体进口；2—净化气体出口；
3—清灰装置；4—滤料；5—箱体

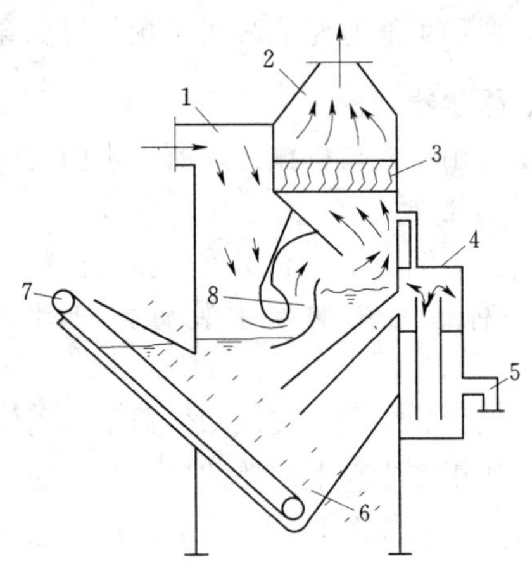

图 9-18 冲激式除尘器
1—含尘气体进口；2—净化气体出口；3—挡水板；
4—溢流箱；5—溢流口；6—泥浆斗；
7—刮板输送机；8—S 型通道

(6) 静电除尘器：利用电力捕集气流中悬浮尘粒，它是净化含尘气体最有效的装置之一；采用电除尘器虽然一次性投资较其他类型的除尘器要高，但是由于它具有除尘效率高、阻力小，能处理高温烟气、处理烟气量的能力大和日常运行费用低等优点。因此、在火力发电、冶金、化学，造纸和水泥等工业部门的工业通风除尘工程广泛的应用。电除尘器本体如图 9－19 所示；它主要部件有联箱、电晕极、收尘极、气流分布板、储灰系统、壳体和梯子平台等组成。

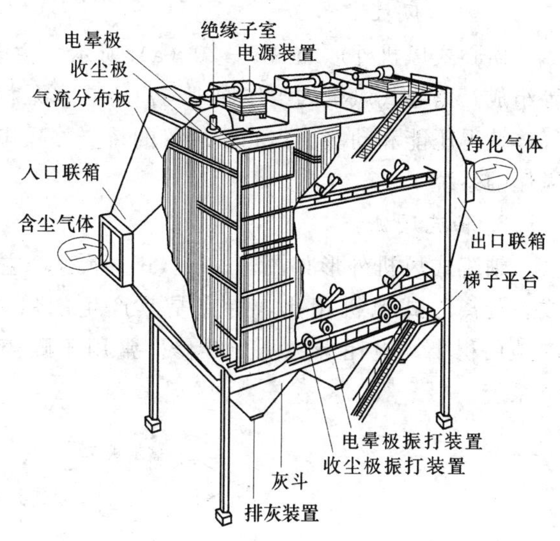

图 9－19　静电除尘器

（7）有害气体的吸收设备：在生产过程和生活活动中经常产生各种有害气体，含有有害气体的废气直接排入大气将会造成大气污染，破坏环境，为此，含有有害气体的废气排入大气之前，必须进行净化处理。有害气体的处理方法大致可分为以下几类（其中燃烧法、吸收法和吸附法较为常用）：

- 有害气体的处理方法
  - 净化处理
    - 物理方法
      - 水洗法——仅能用于易溶于水的物质
      - 冷凝法——将有害蒸汽冷凝成液体加以回收，通常作为燃烧、吸附法的预处理手段
      - 物理吸附法——用吸附剂吸附有害组分，使排气得到净化
      - 电子束照射法——用电子束照射产生氧化力极强的游离基使有害气体氧化分解
    - 化学方法
      - 燃烧法
        - 直接燃烧——不需辅助燃料
        - 热力燃烧——处加辅助燃烧
        - 催化燃烧——依靠催化剂将有害组分氧化分解
        - 表面燃烧——有害组分与灼热的金属表面接触而得到氧化分解
      - 氧化法——用氧化剂将有害组分氧化分解
      - 药液吸收法（含酸碱中和）——用药液吸收洗涤有害组分通过化学反应生成无害盐类
      - 化学吸附法——吸附过程中伴随着化学反应，吸附剂需经化学处理
      - 覆盖法——用芳香气体覆盖臭气
    - 生物方法——用活性污泥培植菌种分解消化有害组分
  - 高空稀释排放——从高烟囱排放有害气体，用大气扩散稀释，排放口有害气体浓度和排放速率（总量），必须符合国家有关标准

三、通风机

风机是输送空气的动力装置。在通风工程中常用的风机有离心式、轴流式、贯流式三种。通风机的全称包括六个部分：名称、型号、机号、传动方式、旋转方向、风口位置。例如：选用时，根据应用场合以及风机压力、风量等参数，同时考虑风机性能曲线等因素。有时，为了提高风压或者风量，可以将风机串联或并联使用。

1. 离心风机

离心式风机外形如图 9-20（a）所示，主要由叶轮、机壳、风机轴、进风口和电机等组成。离心式风机的工作原理与离心式水泵相同，主要借助叶轮旋转时产生的离心力使气体获得压能和动能。离心式风机的特点是噪声低、全压头高，往往用于要求低噪声、高风压的系统。

2. 轴流风机

轴流式风机外形如图 9-20（b）所示，主要由叶轮、机壳、电机和机座等部分组成。与离心式风机相比，特点是其产生的风压较低，且噪声较高。优点是风量较大、占地面积小、电耗小、便于维修。常用于噪声要求不高，阻力较小或风道较短的大风量系统。

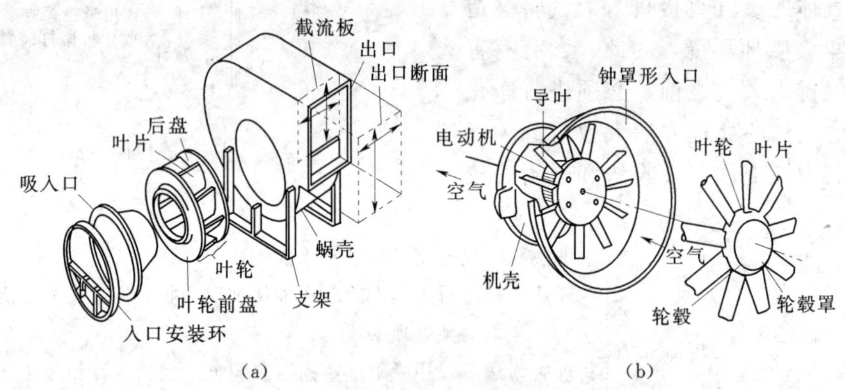

图 9-20　风机的结构

（a）离心风机；（b）轴流风机

四、通风管道系统

通风管道是通风和空调系统的重要组成部分，通风管道系统的设计直接影响到通风空调系统的使用效果和技术经济性。

1. 通风管道的材料

制作风道的材料很多，根据输送气体的性质确定。工业通风系统常使用薄钢板制作风道，截面呈圆形或矩形。输送腐蚀性气体的通风系统，如采用涂刷防腐油漆的钢板风道仍不能满足要求时，可用硬聚氯乙烯塑料板制作。除尘系统因管壁磨损大，通常用厚度为1.5～3.0mm 的普通钢板。一般通风系统采用厚度为 0.5～1.5mm 的钢板。埋在地下的风道，通常用混凝土做底，两边砌砖，内表面抹光，上面再用预制的钢筋混凝土板做顶，如地下水位较高，尚需做防水层。通风和空调系统中常采用镀锌钢板，为节省钢材也常使用矩形截面的砖砌风道，矿渣石膏板或矿渣混凝土板风道。

硬聚氯乙烯塑料板适用于有腐蚀作用的通风、空调系统。另外，由于近年来玻璃钢材料的防火阻燃性能得到改善，玻璃钢风管的使用也日趋广泛。总之，风管材料应根据使用要求和就地取材的原则选用。

2. 风道的截面积确定

$$F=\frac{L}{3600v} \tag{9-12}$$

式中　F——风道的截面积，m^2；

L——通过风道的风量，m^3/h；

v——风道中的风速，m/s。

显然，在确定风道的截面积时，必须事先拟定其流动速度值。对于机械通风系统，如果流速取得较大，固然可以减小风道截面积，从而降低通风系统的造价和减少风道占用的空间，但却增大了空气流动的阻力，增加风机消耗的电能，并且气流流动的噪声也随之增大。如果流速取得偏低，则与上述情况相反，将增加系统的造价和降低运行费用。因此，对流速的选定，应该进行技术经济比较。其原则是使通风系统的初投资和运行费用的总和最经济，同时也要兼顾噪声和布置方面的一些因素，如表 9-5 所示。

表 9-5　　　　风道中的空气流速　　　　单位：m/s

类　别	管道材料	干　管	支　管
自然通风		0.5～1.0	0.5～0.7
民用建筑	砖、混凝土	4～12	2～6
机械通风		5～8	2～5
工业建筑机械通风	薄钢板	6～14	2～8

除尘系统中的空气流速，应根据避免粉尘沉积以及尽可能减少流动阻力和对系统磨损的原则来确定，根据粉尘的不同，一般在 12～13m/s 范围内。

无论在工业通风或空气调节中，风道的截面积一般都比较大，近年来通风空调工程风管的工厂化施工，施工企业在预制加工厂按统一现格制作出大量的风管相配件，供现场安装时选用，用钢板或塑料板制作的风管，应按统一规格标准确定风管的断面尺寸。

工业建筑的风道布置应避免与工艺过程和工艺管道相互影响，民用建筑中，风道布置应以不占或少占房间的有效面积或与建筑结构结合，充分利用建筑的剩余空间。风道断面尺寸应考结构的可能及建筑美观的要求。使风道与内部装修相协周；当房间有吊顶时应尽量将风道布置在吊顶内。

在居住和公共建筑中，垂直的砖风道最好砌筑在墙内，但为避免结露和影响自然通风的作用压力，一般不允许设在外墙中而应设在间壁墙里，相邻两个排风或进风竖风道的间距不能小于 1/2 砖，排风与进风竖向风道的间距应不小于 1 砖。

各楼层内性质相同的一些房间的竖向排风道，可以在顶部（阁楼里或最上层的走廊及民间顶棚下）汇合在一起。对于高层建筑，尚需符合防火规范的规定。

工业通风系统在地面以上的风道，通常采用明装，风道用支架支承，沿墙壁及柱子敷设，或者用吊架吊在楼板或桁架下面（风道距墙较远时）。布置时，应力求缩短风道的长度，但应以不影响生产过程和各种工艺设备下相冲突为前提。此外，对于大型风道，还应尽量避免影响采光。

敷设在地下的风道，应避免与工艺设备及建筑物的基础相冲突。并应与其他各种地下管道和电缆的敷设相配合，应设置必要的检查口。

3. 通风管道的布置

风管布置直接关系到通风、空调系统的总体布置，它与工艺、土建、电气、给排水等专业关系密切，应相互配合、协调一致。

(1) 除尘系统的排风点不宜过多，以利各支管间阻力平衡。如排风点多，可用大断面集合管连接各支管。集合管内流速不宜超过 3m/s，集合管下部设卸灰装置。

(2) 除尘风管应尽可能垂直或倾斜敷设时与水平面夹角最好大于 45°。

(3) 含有蒸汽、雾滴的气体时，如表面处理车间的排风管道，应有不小于 0.005 的坡度，并应在风管的最低点和风机底部装设水封泄液管。

(4) 排除含剧毒、易燃、易爆物质的排风管，其正压段不应穿过其他房间。

(5) 风管布置应力求顺直，避免复杂的局部管件。弯头、三通等管件要安排得当，与风管的连接要合理，以减少阻力和噪声。

4. 进、排风口位置确定

(1) 进风口。进风口是通风、空调系统采集室外新鲜空气的入口，其位置应满足下列要求：

1) 应设在室外空气较清洁的地点。进风口处室外空气中有害物质浓度不应大于室内作业地点最高允许浓度的 30%。

2) 应尽量设在排风口的上风侧，并且应低于排风口。

3) 进风口的底部距室外地坪不宜低于 2 m，当布置在绿化地带时不宜低于 1 m。

4) 降温用的进风口宜设在建筑物的背阴处。

(2) 排风口：

1) 在一般情况下通风排气立管出口至少应高出屋面 0.5m。

2) 通风排气中的有害物质必需经大气扩散稀释时，排风口应位于建筑物空气动力阴影区和正压区以上。

3) 要求在大气中扩散稀释的通风排气，其排风口上不应设风帽。

5. 防爆及防火

空气中含有可燃物时，如果可燃物与空气中的氧在一定条件下进行剧烈的氧化反应，就可能发生爆炸。空气中可燃物浓度过小或过大时都不会造成爆炸。通风系统发生爆炸是空气中的可燃物含量达到了爆炸浓度极限，同时遇到电火花、金属碰撞引起的火龙或其他火源而造成的。因此，设计有爆炸危险的通风系统时，应注意以下几点：

(1) 系统的风量除了满足一般的要求外，还应校核其中可燃物的浓度。如果可燃物浓度在爆炸浓度的范围内，则应按下式加大风量

$$L \geqslant \frac{X}{0.5y} \quad (\mathrm{m^3/s}) \tag{9-13}$$

式中　X——在局部排风罩内每秒排出的可燃物量或每秒产生的可燃物量，g/s；

y——可燃物爆炸浓度下限，g/m^3。

(2) 防止可燃物在通风系统的局部地点（死角）积聚。

（3）选用防爆风机，并采用直联或联轴器传动方式。如果采用三角皮带传动，为防止静电产生火花，可用接地电刷把静电引入地下。

（4）有爆炸危险的通风系统，应设防爆门。当系统内压力急剧升高时，靠防爆门自动开启泄压。

第五节 建筑的防排烟

建筑防排烟分防烟和排烟两种形式，防烟是将烟气封闭在一定区域内，以确保人员疏散通路的畅通，无烟气（少量烟气）的侵入。排烟是将火灾时产生的烟气及时排除，防止烟气向防火分区以外扩散，以确保疏散通路畅通和疏散所需要的时间。

一、建筑火灾烟气控制的必要性

火灾是一种多发性灾难，它导致巨大的经济损失和人员伤亡。建筑一旦发生火灾，产生大量烟气，这是造成人员伤亡的主要原因。

建筑烟气是指在建筑发生火灾时，物质在燃烧和热分解作用下生成的产物与剩余空气的混合物。

（1）烟气的毒性。烟气中 CO、HCN、NH_3 等都是有毒性的气体；另外，大量的 CO_2 气体及燃烧后消耗了空气中大量氧气，引起人体缺氧而窒息。

（2）烟气的高温危害。火灾时物质燃烧产生大量热量，使烟气温度迅速升高。火灾初起 5～20min 烟气温度可达 250℃，而后由于空气不足，温度有所下降，当窗户爆裂，燃烧加剧短时间可达 500℃。燃烧的高温使火灾蔓延，金属材料强度降低，导致结构倒塌，人员伤亡，高温还会使人昏厥、烧伤。

（3）烟气的遮光作用

当光线通过烟气时使光线强强度减弱，能见距离缩短，称为烟气的遮光作用。能见距离是指人肉眼看到光源的距离，能见距离缩短不利于人员的疏散，使人感到恐惧，造成局部混乱，自救能力降低，同时也影响消防人员的救援工作。

二、自然排烟

自然排烟是火灾时所发生的高温烟气，在自然力的作用下，使室内外空气对流进行排烟。具有经济、简单、不需使用动力和专业设备。

1. 自然排烟的形式

自然排烟的方式可分为：

（1）利用可开启的外窗进行自然排烟，如图 9-21 所示。

（2）利用室外阳台或凹廊进行自然排烟，如图 9-22 所示。

2. 自然排烟的条件

在允许采用自然排烟的部位，应满足下列条件：

（1）防烟楼梯间前室、消防电梯前室可开启外窗的面积不应小于 2.00m^2，合用前室不小于 3.00m^2。

（2）靠外墙的防烟楼梯间每五层内可开启的外窗的面积之和不小于 2.00m^2。

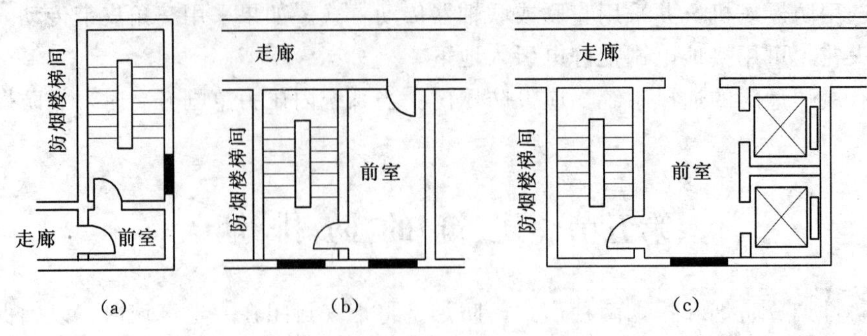

图 9-21 可开启外窗排烟

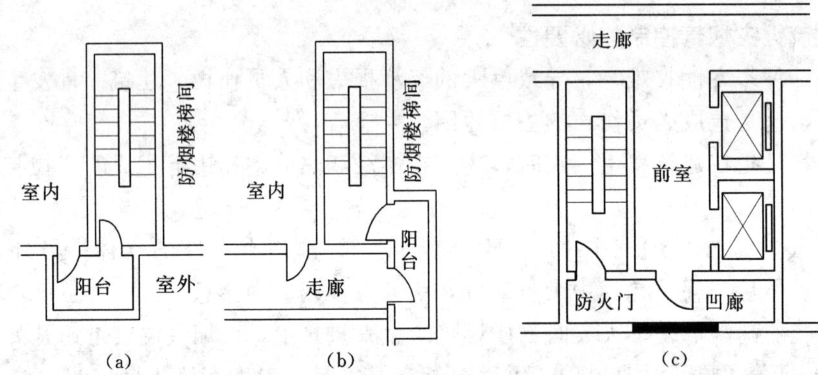

图 9-22 利用室外阳台或凹廊排烟

(3) 长度不超过 60m 的内走廊可开启外窗面积不应小于走廊面积的 2%。

(4) 需要排烟的房间可开启外窗的面积不应小于该房间面积的 2%。

(5) 净空高度小于 12m 的中庭可开启天窗或高侧窗的面积不应小于该中庭地面积的 5%。

(6) 防烟楼梯间前室或合用前室，利用敞开的阳台、凹廊或前室内有朝向的可开启外窗自然排烟时，该楼梯间可不设防烟不同设备。

三、机械排烟

机械排烟是采用排风机进行强制排烟。由挡烟壁、排烟口、排烟防火阀、排烟风道、排烟风机和排烟风口组成。

(一) 机械排烟的部位

对一类高层建筑和建筑高度超过 32m 的二类高层建筑的下列部位，应设置机械排烟设施：

(1) 无直接自然通风，且长度超过 20m 的内走道。

(2) 虽有直接自然通风，但长度超过 60m 的内走道。

(3) 面积超过 $100m^2$，且经常有人停留或可燃物较多的地上无窗房间或设固定窗的房间。

(4) 不具备自然排烟条件或净空高度超过 12m 的中庭。

(5) 除利用窗井等开窗进行自然排烟的房间外，各房间总面积超过 200m^2或一个房间面积超过 50m^2，且经常有人停留或可燃物较多的地下室。

（二）机械排烟量的计算

设置机械排烟的部位，其排烟风机的风量应符合下列规定：

(1) 担负一个防烟分区排烟或净空高度大于 6.0m 的不划防烟分区的房间时，应按每平方米面积不小于 60m^3/h 计算（单台风机最小排烟量不应小于 7200m^3/h)。

(2) 担负两个或两个以上防烟分区排烟时，应按最大防烟分区面积每平方米不小于 120m^3/h 计算。

(3) 中庭体积小于 17000m^3时，其排烟量按其体积的 6 次/h 换气计算；中庭体积大于 17000m^3 时，其排烟量按其体积的 4 次/h 换气计算；但最小排烟量不应小于 102000m^3/h 计算。

(4) 排烟风机的全压安排烟系统最不利环路计算，其排风量应增加漏风系数。

（三）机械排烟系统设计原则

1. 排烟系统的布置

(1) 走道的机械排烟系统宜竖向设置；房间的机械排烟系统宜按防烟分区设置。

(2) 机械排烟系统与通风、空气调节系统宜分开设置。若合用时，必须采取可靠的防火安全措施，并应符合排烟系统要求。

(3) 置机械排烟的地下室，应同时设置送风系统，且送风量不宜小于排烟量的 50%。

(4) 排烟气流组织合理，并尽量考虑与疏散人流方向相反。

(5) 排烟口的尺寸，可根据烟气通过排烟口的速度不宜大于 10m/s 进行计算。

(6) 排烟管道必须采用不燃材料制作。安装在吊顶内的排烟管道，其隔热层应采用不燃烧材料制作，并应与可燃物保持不小于 150mm 的距离。

2. 排烟口

(1) 当用隔墙或挡烟垂壁划分防火分区时，每个防火分区应分别设置排烟口。

(2) 防烟分区内的排烟口距最远点的水平距离不应超过 30m。在排烟支管上应设有当烟气温度超过 280℃时能自行关闭的排烟防火阀。

(3) 排烟口应设在顶棚上或靠近顶棚的墙面上，且与附近安全出口沿走道方向相邻边缘之间的最小水平距离不应小于 1.50m。设在顶棚上的排烟口，距可燃构件或可燃物的距离不应小于 1.00m。

(4) 同一分区内的数个排烟口，应能同时开启，排烟量等于各排烟口排烟量的总和。

四、机械加压防烟

机械加压防烟目的是为了在建筑物发生火灾时，提供不受烟气干扰的疏散路线和避难场所。

1. 机械加压送风防烟部位的确定

(1) 不具备自然排烟条件的防烟楼梯间、消防电梯间前室或合用前室。

(2) 采用自然排烟措施的防烟楼梯间，其不具备自然排烟条件的前室。

(3) 封闭避难层（间）。

2. 机械加压送风防烟系统送风量的计算

加压送风防烟的两条原则：门开启时，有一定的向外风速，各国法规也不一致，我国规定 0.75～1.25m/s。关门时，室内有一定的正压，我国规定 25～50Pa。采用的方法有压差法和门洞风速法，通常按加压送风的控制标准计算，如表 9-6 所示。

表 9-6 最小机械加压送风量 单位：m^3/h

条件和部位		加压送风量
前室不送风的防烟楼梯间		25000
防烟楼梯间及其合用前室分别加压送风	防烟楼梯间	16000
	合用前室	13000
消防电梯间前室		15000
防烟楼梯间采用自然排烟，前室或合用前室加压送风		22000

机械加压送风防烟系统的加压送风量应经计算确定，当计算结果与表 9-6 的规定不一致时，应采用较大值。

3. 机械加压送风防烟系统的原则

（1）机械加压送风机可采用轴流风机或中、低压离心风机，风机位置应根据供电条件、风量分配均衡、新风入口不受火、烟威胁等因素确定。

（2）楼梯间宜每隔 2－3 层设一个加压送风口，前室的加压送风口应每层设一个。

（3）送风口不宜被门挡住的部位，送风口的风速不宜大于 7m/s。

（4）层数超过 32 层的高层建筑，其送风系统及送风量应分段设计。

（5）剪刀楼梯间可合用一个风道，其风量应按 2 个楼梯间风量计算，送风口应分别设置。

（6）封闭避难层（间）的机械加压送风量应按避难层净面积每平方米不小于 $30m^3/h$ 计算。

（7）机械加压送风的防烟楼梯间和合用前室，宜分别独立设置送风系统，当必须共用一个系统时，应在通向合用前室的支风管上设置压差自动调节装置。

五、防排烟设备

1. 防火、防排烟阀口的分类

防火、防排烟阀口的分类，如表 9-7 所示。

表 9-7 防火、防排烟阀口基本分类

类别	名称	性能及用途
防火	防火阀	通过 70℃温度熔断器自动关闭，用于通风空调系统风管内，防止火焰沿风管蔓延
	防烟防火	通过烟感或 70℃温度熔断器自动关闭，用于通风空调系统风管内，防止烟火沿风管蔓延
防烟	加压送风口	烟感或手动控制开启，280℃温度熔断器重新关闭，联动风机，用于加压送风系统的风口
排烟	排烟阀	电信号或手动开启，联动排烟风机开启，用于排烟系统风管上

续表

类别	名称	性　能　及　用　途
排烟	排烟防火阀	电信号或手动开启，280℃温度熔断器重新关闭，用于排烟系统风机吸入口处管道上
排烟	排烟口	电信号或手动开启，联动排烟风机，用于排烟系统风管或排烟房间的墙、顶棚上
排烟	排烟窗	电信号或手动开启，用于自然排烟的外墙上

2. 常用防火、防排烟阀口

(1) 排烟防火阀，如图 9-23 所示。

(2) 板式排烟口，如图 9-24 所示。

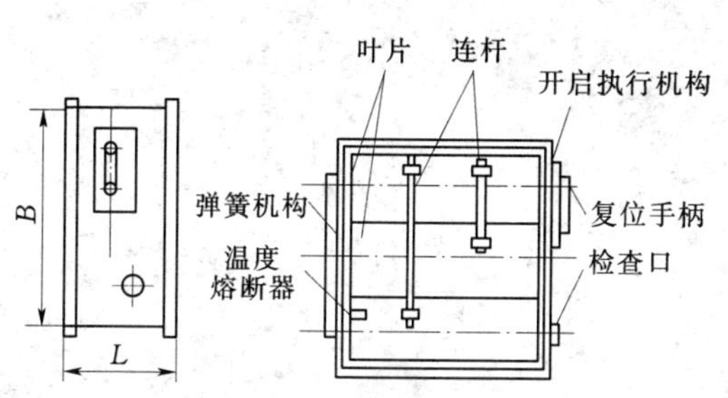

图 9-23　排烟防火阀

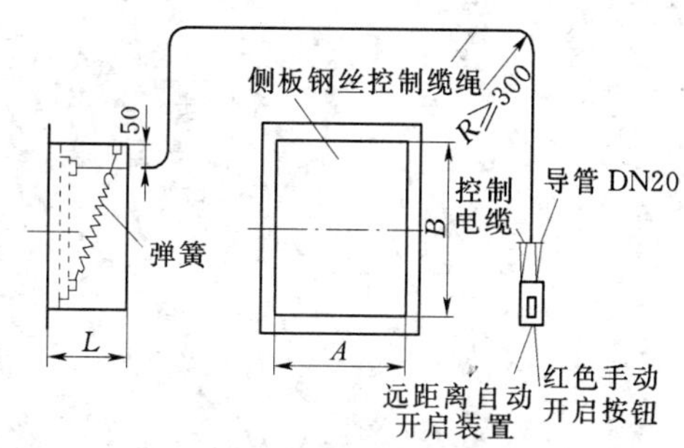

图 9-24　板式排烟口

(3) 多叶排烟口/送风口，如图 9-25 所示。

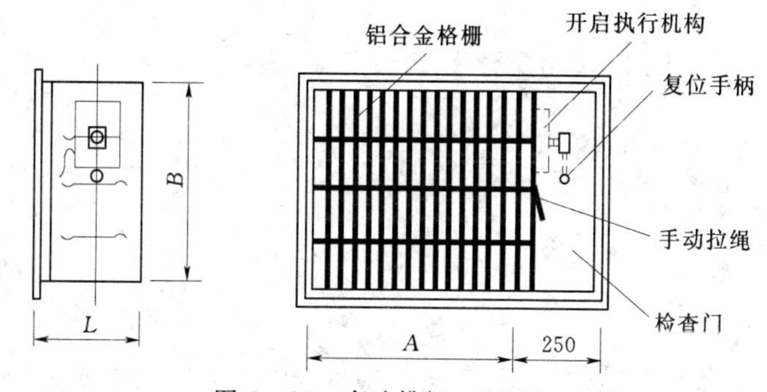

图 9-25　多叶排烟口/送风口

(4) 防火风口，如图 9-26 所示。

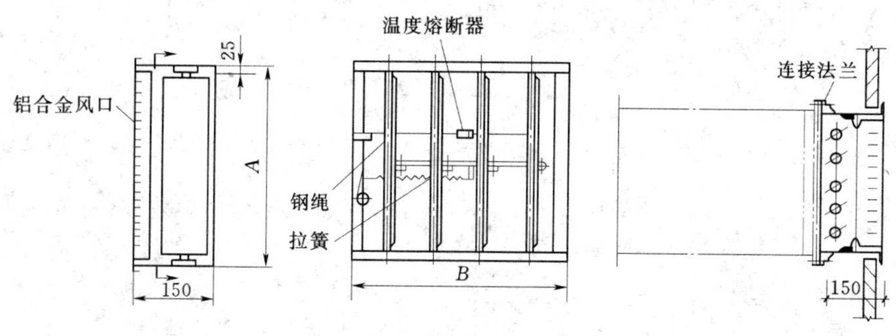

图 9-26　防火风口

3. 防排烟通风机

防排烟系统的通风机，可采用普通钢制离心通风机或采用防火排烟专用通风机。如HTF型、PA型轴流式排烟风机、PW型排烟屋顶风机。

第三篇　建 筑 电 气 工 程

第十章　电力系统及建筑供配电

第一节　电 力 系 统 概 述

一、电力系统的概念

火力、水力、风力、核能等发电厂将其他形式能量转化为电能，然后经变电—送电—变电—配电等过程，将电能分配到各个用电场所。由于电力不能大量贮存，其生产、输送、分配和消费都是在同一时间内完成，必须把电厂、输配电网、变配电所以及电力用户有机地连接成一个统一整体，即构成电力系统。把由发电厂的发电机、升压及降压变电设备、输配电网及电能用户（用电设备）组成的统一整体统称为电力系统。如图 10－1 所示。

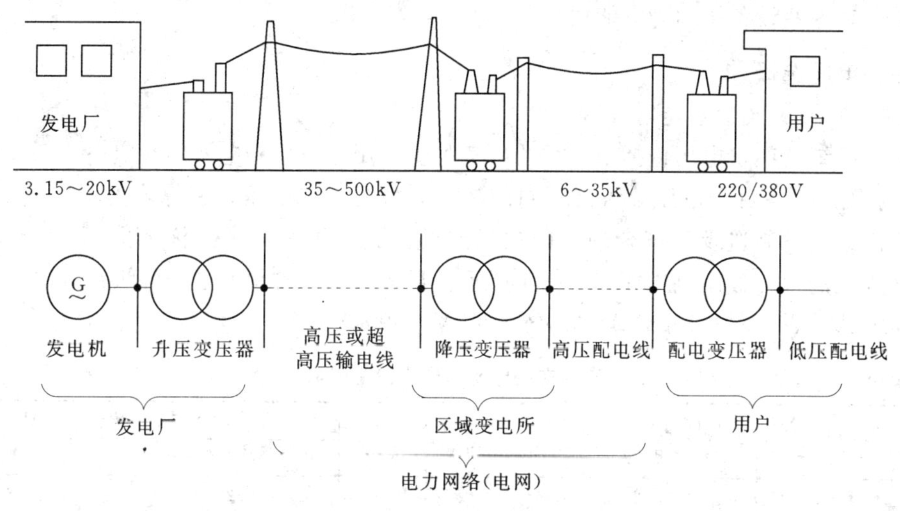

图 10－1　电力系统示意图

二、电力系统的组成

1. 发电厂

发电厂是生产电能的工厂，将自然界蕴藏的各种一次能源（如热能、水的势能、太阳能及核能）转变为电能。目前，我国以火力发电厂和水力发电厂为主，每年火力发电消耗煤炭几亿吨，给运输和环保都带来了巨大压力。我国的水力资源是比较丰富的，但可开发的资源有限，而且受到地域条件的限制，水电的开发难度越来越大。核能是当前能够替代煤、石油能源，而且有可能大规模发展的唯一现实可行的能源。我国从 20 世纪 80 年代开始建造核电厂，核电建设取得了显著的成就。但是，同发展核电的先进国家相比，还有很大的差距。我国核电机组（包括运行的和在建的）的装机容量不仅比美国、法国低得多，而且比我国周边国家（日本、韩国、俄罗斯）也少，只相当于它们的1/5～1/2。为了适应我国社会、经济发展的需要，我国政府已经决定要积极推进核电的发展。

2. 变配电所

变配电所是各级电压的变电所和配电所的总称。变电所是变换电压和交换电能的场所，由变压器和配电装置组成，按照变电的性质和用途可分为枢纽变电所、区域（地区）变电所和用户变电所。枢纽变电所负责电力系统的电能传输和分配，对整个电力网络起到纽带连接作用；区域变电所是将枢纽变电所输送的电能做一次降压后分配给电能用户；用户变电所接受区域变电所的电能，降压并分配给各用电设备。配电所仅安装受、配电设备而没有变压器，它仅起到电能接受和分配的作用。

3. 输配电网

输配电网是电能输送的通道，由不同电压等级的电力线路组成，是联系发电厂、各级变配电所及电能用户的中间环节。

4. 电能用户

电能用户是电能消耗的设备，从电力系统中汲取电能，并将电能转化为机械能、热能、光能等。按其用途可分为照明用电设备、动力用电设备、工艺用电设备和试验用电设备等，所有这些设备统称为电能用户。

三、电压选择

（一）电力系统的额定电压

电力系统的额定电压包括电力系统中各种供、用电设备和电网的额定电压。在图10-1所示系统中，各部分电压等级是不同的。电力系统额定电压是在综合考虑了输送功率、输送距离、设备制造及经济合理等因素确定的。我国国家标准《标准电压》（GB156—1993）规定的部分额定电压如表10-1所示。目前，我国常用的电压等级：220V、380V、6kV、10kV、35kV、110kV、220kV、330kV、500kV。

表10-1　我国三相交流电网和电力设备的额定电压

分类	电网和用电设备（额定电压/kV）	发电机（额定电压/kV）	电力变压器（额定电压/kV）	
			一次绕组	二次绕组
低压	0.22 0.38 0.66	0.23 0.4 0.69	0.22 0.38 0.66	0.23 0.4 0.69
高压	3 6 10 — 35 63 110 220 330 500	3.15 6.3 10.5 13.8，15.75，18.20 — — — — — —	3及3.15 6及6.3 10及10.5 13.8，15.75，18.20 35 63 110 220 330 500	3.15及3.3 6.3及6.6 10.5及11 — 38.5 69 121 242 363 550

（二）电压偏差

1. 概念

电压偏差是供配电系统在正常运行方式下，系统各点的实际电压对系统额定电压的偏差，常用相对于系统额定电压的百分数表示，即

$$\Delta U=\frac{U-U_r}{U_r}\times 100\% \tag{10-1}$$

式中　ΔU——电压偏差，用百分数表示；

U——系统各点的实际电压，V 或 kV；

U_r——系统的额定电压，V 或 kV。

2. 用电设备端子电压偏差允许值

在配电设计中，常用电气设备端子的电压偏差不应超过表 10-2 规定的允许值。

表 10-2　用电设备端子电压偏差允许值

名　称	电压偏差允许值（%）	名　称	电压偏差允许值（%）
电动机： 正常情况下	+5～-5	照明： 一般工作场所 远离变电所的小面积一般工作场所 应急照明、安全特低电压供电的照明 道路照明、警卫照明	 +5～-5 +5～-10 +5～-10 +5～-10

（三）供配电电压确定原则

用电单位的供电电压应根据用电容量、用电设备特性、供电距离、供电线路的回路数、当地公共电网现状及其发展规划等因素，经技术比较确定。

（1）当供电电压为 35kV 以上时，用电单位的一级配电电压应采用 10kV；当 6kV 用电设备的总容量较大，选用 6kV 经济合理时，宜采用 6kV。低压配电电压应采用 220/380V。

（2）当供电电压为 35kV，能减少配变电级数，简化接线及技术经济合理时，配电电压宜采用 35kV。

第二节　变电所和配电所

建筑供配电系统的变、配电所常见的是 10kV 及以下，因此，本节主要介绍的是 10kV 及以下变配电所的形式及要求。

一、变、配电所的分类

（一）变电所的类型

1. 户外变电所

变压器安装于户外露天的地面上，不需要建造房屋，所以通风良好、造价低，在建筑平面布置许可的条件下广泛采用。

2. 附设变电所

变电所的一面墙壁或几面墙壁与建筑物的墙壁共用。此种变电所虽比户外变电所造价

高，但供电可靠性好。

3. 独立变电所

变电所设置在离建筑物有一定距离的单独建筑物内。此种变电所造价较高，适用于对几个用户供电，但又不便于附设在某一个用户侧的情况。

4. 变电台

将容量较小的变压器安装在户外电杆或者台墩上。

(二) 配电所的类型

1. 附设配电所

附设配电所是指把配电所附设于某建筑物内，其造价经济，较多采用。

2. 独立配电所

独立配电所不受其他建筑物的影响，布置方便，便于进出线，但造价较高。

3. 变、配电所

变、配电所即带变电所的配电所，也分为附设式和独立式。

(三) 变、配电所的位置确定

变、配电所位置选择，应根据下列要求综合确定：

(1) 深入或接近负荷中心。

(2) 进出线方便。

(3) 接近电源侧。

(4) 设备吊装、运输方便。

(5) 不应设在有剧烈振动或有爆炸危险介质的场所。

(6) 不宜设在多尘、水雾或有腐蚀性气体的场所，当无法远离时，不应设在污染源的下风侧。

(7) 不应设在厕所、浴室、厨房或其他经常积水场所的正下方，且不宜与上述场所贴邻。如果贴邻，相邻隔墙应做无渗漏、无结露等防水处理。

(8) 变、配电所为独立建筑物时，不应设置在地势低洼和可能积水的场所。

(9) 变、配电所可设置在建筑物的地下层，但不宜设置在最底层。

二、变、配电所的布置要求

(一) 基本要求

变、配电所的布置应在高、低压供电系统设计方案确定的基础上进行，并应满足以下基本要求：

(1) 布置紧凑合理，便于设备的操作、巡视、搬运、检修和试验，同时须考虑发展的可能性。

(2) 合理安排建筑物内各房间的相对位置。配电室的位置应便于进、出线（特别是架空进出线时更要注意)。低压配电室通常与变压器室相邻，以减少低压母线长度。高压电容器室尽量与高压配电室相毗连。控制室、值班室和辅助房间的位置要便于运行人员工作和管理等。在安排各房间时应尽量利用自然采光和自然通风。

(3) 建筑物内变、配电所，不宜设置裸露带电导体或装置，不宜设置带可燃性油的电气设备和变压器，其布置应符合下列规定：

1）不带可燃油的高压配电装置、低压配电装置和干式变压器等可设置在同一房间内。具有符合IP3X防护等级外壳的不带可燃性油的高压配电装置、低压配电装置和干式变压器，可相互靠近布置。

2）可燃性油浸电力电容器应设置在单独房间内。

（4）内设可燃性油浸变压器的独立变、配电所与其他建筑物之间的防火间距，必须符合现行国家标准《建筑设计防火规范》的要求，并应符合下列规定：

1）变压器应分别设置在单独的房间内，变、配电所宜为单层建筑，当为两层布置时，变压器应设置在底层。

2）变压器在正常运行时应能方便和安全地对油位、油温等进行观察，并易于抽取油样。

3）变压器室门应向外开启；变压器室内可不考虑吊芯检修，但门前应有运输通道。

4）变压器室应设置储存变压器全部油量的事故储油设施。

（5）高低压配电装置室内，宜留有适当数量的相应配电装置的备用位置。低压配电装置尚应留有适当数量的备用回路。

（6）有人值班的变、配电所应设单独的值班室。值班室应能直接或经过走道与配电装置室相通，并应有门直接通向室外或走道。

当变、配电所设有低压配电装置时，值班室可与低压配电装置室合并，且值班人员工作的一端，配电装置与墙的净距不应小于3m。

（二）变压器室

（1）变压器外廓（防护外壳）与变压器室墙壁和门的净距不应小于表10－3的规定。

（2）多台干式变压器布置在同一房间内时，变压器防护外壳间的净距不应小于表10－4及图10－2和图10－3的规定。

表10－3　　变压器外廓（防护外壳）与变压器室墙壁和门的最小净距　　单位：m

项目 ＼ 变压器容量（kVA）	100～1000	1250～2500
油浸变压器外廓与后壁、侧壁净距	0.6	0.8
油浸变压器外廓与门净距	0.8	1.0
干式变压器带有IP2X及以上防护等级金属外壳与后壁、侧壁净距	0.6	0.8
干式变压器带有IP2X及以上防护等级金属外壳与门净距	0.8	1.0

注　表中各值不适用于制造厂的成套产品。

表10－4　　变压器防护外壳间的最小净距　　单位：m

项目 ＼ 变压器容量（kVA）		100～1000	1250～2500
变压器侧面具有IP2X防护等级及以上的金属外壳	A	0.6	0.8
变压器侧面具有IP3X防护等级及以上的金属外壳	A	可贴邻布置	可贴邻布置
考虑变压器外壳之间有一台变压器拉出防护外壳	B①	变压器宽度b+0.6	变压器宽度b+0.6
考虑变压器外壳之间有一台变压器拉出防护外壳	B	1.0	1.2

①　当变压器外壳的门为不可拆卸式时，其B值应是门扇的宽度c加变压器宽度b之和再加0.3m。

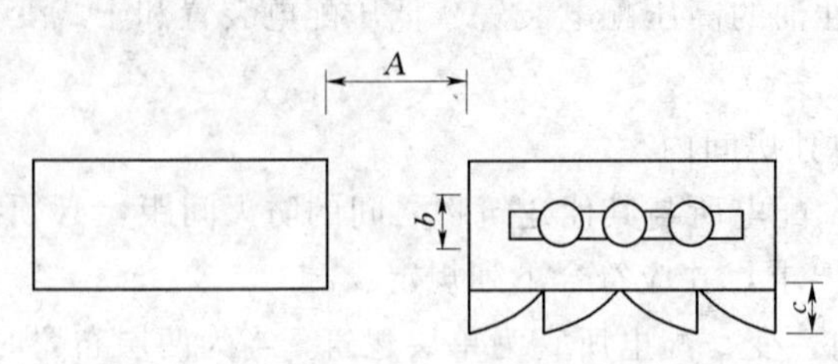

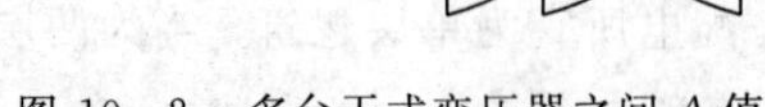

图 10-2　多台干式变压器之间 A 值

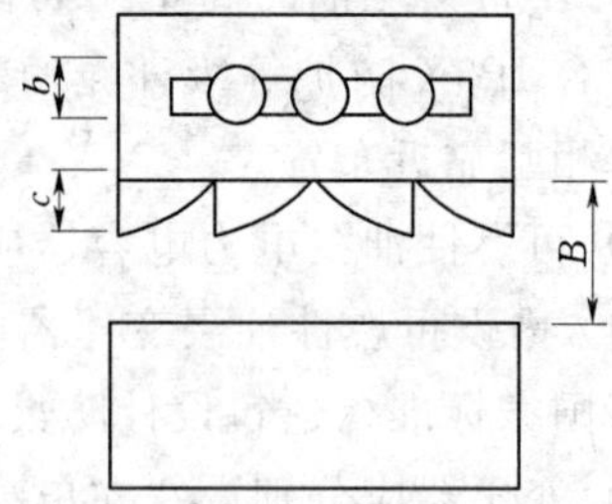

图 10-3　多台干式变压器之间 B 值

（三）高压配电室

（1）配电装置的布置应符合下列规定：

1）配电装置的布置，应不危及人身安全和周围设备安全，并应满足在正常运行、检修、短路和过电压情况下的要求。

2）配电装置的布置，应便于设备的操作、搬运、检修和试验，并应考虑电缆或架空线进出线方便。

3）配电装置间相邻带电部分的额定电压不同时，应按较高的额定电压确定其安全净距。

（2）配电装置室内各种通道的净宽不应小于表 10-5 的规定。

（3）屋内配电装置距顶板的距离不宜小于 0.8m，当有梁时，距梁底不宜小于 0.6m。

表 10-5　　配电装置室内各种通道的最小净宽　　单位：m

开关柜布置方式	柜后维护通道	柜前操作通道	
		固定式	手车式
单排布置	0.8	1.5	单车长度+1.2
双排面对面布置	0.8	2.0	双车长度+0.9
双排背对背布置	1.0	1.5	单车长度+1.2

注　1. 固定式开关柜为靠墙布置时，柜后与墙净距应大于 0.05m，侧面与墙净距应大于 0.2m。
2. 通道宽度的建筑物的墙面遇有柱类局部凸出时，凸出部位的通道宽度可减少 0.2m。

（四）低压配电室

（1）配电装置的布置，应考虑设备的操作、搬运、检修和试验的方便。

（2）当成排布置的配电屏长度大于 6m 时，屏后面的通道应设有两个出口。当两出口之间的距离大于 15m 时，应增加出口。

（3）成排布置的配电屏，其屏前和屏后的通道净宽不应小于表 10-6 的规定。

表 10-6　　配电屏前后的通道净宽　　单位：m

布置方式 / 装置种类	单排布置		双排对面布置		双排背对背布置	
	屏前	屏后	屏前	屏后	屏前	屏后
固定式	1.5	1.0	2.0	1.0	1.5	1.5
抽屉式	1.8	1.0	2.3	1.0	1.8	1.0
控制屏（柜）	1.5	0.8	2.0	0.8	—	—

注　1. 当建筑物墙面遇有柱类局部凸出时，凸出部位的通道宽度可减少 0.2m。
2. 各种布置方式，屏端通道不应小于 0.8m。

三、变、配电所对其他专业的要求

（一）对土建专业的要求

（1）可燃油油浸电力变压器室的耐火等级应为一级。非燃或难燃介质的电力变压器室、高压配电装置室和电容器室的耐火等级不应低于二级。低压配电装置室和电容器室的耐火等级不应低于三级。

（2）变、配电所的门应为防火门，并应符合下列规定：

1）变、配电所位于高层主体建筑（或裙房）内时，通向其他相邻房间的门应为甲级防火门，通向过道的门应为乙级防火门。

2）变、配电所位于多层建筑物的二层或更高层时，通向其他相邻房间的门应为甲级防火门，通向过道的门应为乙级防火门。

3）变、配电所位于多层建筑物的一层时，通向相邻房间或过道的门应为乙级防火门。

4）变、配电所位于地下层或下面有地下层时，通向相邻房间或过道的门应为甲级防火门。

5）变、配电所附近堆有易燃物品或通向汽车库的门应为甲级防火门。

6）变、配电所直接通向室外的门应为丙级防火门。

（3）变、配电所的通风窗，应采用非燃烧材料。

（4）配电装置室及变压器室门的宽度宜按最大不可拆卸部件宽度加 0.3m，高度宜按不可拆卸部件最大高度加 0.5m。

（5）当变、配电所设置在建筑物内时，应向结构专业提出荷载要求并应设有运输通道。当其通道为吊装孔或吊装平台时，其吊装孔和平台的尺寸应满足吊装最大设备的需要，吊钩与吊装孔的垂直距离应满足吊装最高设备的需要。

（6）当变、配电所与上下或贴邻的居住、办公房间仅有一层楼板或墙体相隔时，变、配电所内应采取屏蔽、降噪等措施。

（7）高压配电室和电容器室，宜装设不能开启的自然采光窗，窗台距室外地坪不宜低于 1.8m。临街的一面不宜开设窗户。

（8）变压器室、配电装置室、电容器室的门应向外开，并应装锁。相邻配电室之间设门时，门应向低电压配电室开启。

（9）变、配电所各房间经常开启的门、窗，不宜直通含有酸、碱、蒸汽、粉尘和噪声严重的场所。

（10）变压器室、配电装置室、电容器室等应设置防止雨、雪和小动物进入室内的设施。

（11）长度大于 7m 的配电装置室应设两个出口，并宜布置在配电室的两端。当变、配电所采用双层布置时，位于楼上的配电装置室应至少设一个通向室外的平台或通道的出口。

（12）变、配电所的电缆沟和电缆室，应采取防水、排水措施。当变、配电所设置在地下层时，其进出地下层的电缆口必须采取有效的防水措施。

（二）对暖通及给排水专业的要求

（1）地上变、配电所内的变压器室宜采用自然通风，地下变、配电所的变压器室应设机械送排风系统，夏季的排风温度不宜高于45℃，进风和排风的温差不宜大于15℃。

(2) 电容器室应有良好的自然通风，通风量应根据电容器温度类别按夏季排风温度不超过电容器所允许的最高环境空气温度计算。当自然通风不能满足排热要求时，可增设机械排风。

(3) 当变压器室、电容器室采用机械通风或变、配电所位于地下层时，其专用通风管道应采用非燃烧材料制作。当周围环境污秽时，宜在进风口处加空气过滤器。

(4) 在采暖地区，控制室（值班室）应采暖，采暖计算温度为18℃。在严寒地区，当配电室内温度影响电气设备元件和仪表正常运行时，应设采暖装置。控制室和配电装置室内的采暖装置，应采取防止渗漏措施，不应有法兰、螺纹接头和阀门等。

(5) 位于炎热地区的变、配电所，屋面应有隔热措施。控制室（值班室）宜考虑通风、除湿，有技术要求时，可接入空调系统。

(6) 位于地下层的变、配电所，其控制室（值班室）应保证运行的卫生条件，当不能满足要求时，应装设通风系统或空调装置。在高潮湿环境地区尚应设置吸湿机或在装置内加装去湿电加热器；在地下层应有排水和防进水措施。

(7) 变压器室、电容器室、配电装置室、控制室内不应有与其无关的管道通过。

(8) 装有六氟化硫（SF_6）设备的配电装置的房间，其排风系统应考虑有底部排风口。

(9) 有人值班的变、配电所，宜设卫生间及上下水设施。

第三节 建筑供配电系统

一、建筑供配电系统的任务

建筑供配电系统的任务就是从电力网引入电源，直接或经过降压，合理分配给各用电设备使用。小负荷用户可直接接入当地低压电网，对于用电量较大的建筑和建筑群需从电力网引入高压电源，经变压器降压后，再由电线、电缆分配至各建筑或用电设备使用。

二、建筑供配电系统的电压选择和电能质量

(一) 电压选择

(1) 用电单位的供电电压应根据用电负荷容量、设备特征、供电距离、当地公共电网现状及其发展规划等因素，经技术经济比较后确定。

(2) 当用电设备总容量在250kW及以上或变压器容量在160kVA及以上时，宜以10(6)kV供电；当用电设备总容量在250kW以下或变压器容量在160kVA以下时，可由低压供电。

(3) 对大型公共建筑，应根据空调冷水机组的容量以及地区供电条件，合理确定机组的额定电压和用电单位的供电电压，并应考虑大容量电动机启动时对变压器的影响。

(二) 电能质量

电能质量指标包括电压、波形和频率的质量。

(1) 用电单位受电端供电电压的偏差允许值，应符合下列要求：

1）10kV及以下三相供电电压允许偏差应为标称系统电压±7%。

2）220V单相供电电压允许偏差应为标称系统电压的+7%、-10%。

3）对供电电压允许偏差有特殊要求的用电单位，应与供电企业协议确定。

（2）宜采取抑制措施，将用电单位供配电系统的谐波限在规定范围内。

三、建筑用电负荷等级划分及供电要求

1. 用电负荷等级划分

用电负荷根据供电可靠性及中断供电所造成的损失或影响的程度，分为一级负荷、二级负荷及三级负荷。各级负荷应符合下列规定：

（1）符合下列情况之一时，应为一级负荷：

1）中断供电将造成人身伤亡。

2）中断供电将造成重大影响或重大损失。

3）中断供电将破坏有重大影响的用电单位的正常工作，或造成公共场所秩序严重混乱。例如：重要通信枢纽、重要交通枢纽、重要的经济信息中心、特级或甲级体育建筑、国宾馆、承担重大国事活动的会堂、经常用于重要国际活动的大量人员集中的公共场所等的重要用电负荷。在一级负荷中，当中断供电将发生中毒、爆炸和火灾等情况的负荷以及特别重要场所的不允许中断供电的负荷，应为特别重要的负荷。

（2）符合下列情况之一时，应为二级负荷：

1）中断供电将造成较大影响或损失。

2）中断供电将影响重要用电单位的正常工作或造成公共场所秩序混乱。

（3）不属于一级和二级的用电负荷应为三级负荷。

（4）民用建筑中消防用电的负荷等级，应符合下列规定：

1）一类高层民用建筑的消防控制室、火灾自动报警及联动控制装置、火灾应急照明及疏散指示标志、防烟及排烟设施、自动灭火系统、消防水泵、消防电梯及其排水泵、电动的防火卷帘及门窗以及阀门等消防用电应为一级负荷，二类高层民用建筑内的上述消防用电应为二级负荷。

2）特、甲等剧场，上条所列的消防用电应为一级负荷，乙、丙等剧场应为二级负荷。

3）特级体育场馆的应急照明为一级负荷中的特别重要负荷；甲级体育场馆的应急照明应为一级负荷。

4）当主体建筑中有一级负荷中特别重要负荷时，直接影响其运行的空调用电应为一级负荷；当主体建筑中有大量一级负荷时，直接影响其运行的空调用电应为二级负荷。

5）重要电信机房的交流电源，其负荷级别应与该建筑工程中最高等级的用电负荷相同。

6）区域性的生活给水泵房、采暖锅炉房及换热站的用电负荷，应根据工程规模、重要性等因素合理确定负荷等级，且不应低于二级。

7）有特殊要求的用电负荷，应根据实际情况与有关部门协商确定。

2. 各级用电负荷供电要求

（1）一级负荷应由两个电源供电，当一个电源发生故障时，另一个电源不应同时受到

损坏。

（2）对于一级负荷中的特别重要负荷，应增设应急电源，并严禁将其他负荷接入应急供电系统。

应急电源与正常电源之间必须采取防止并列运行的措施。下列电源可作为应急电源：

1）供电网络中独立于正常电源的专用馈电线路。

2）独立于正常电源的发电机组。

3）蓄电池。

（3）二级负荷的供电系统，宜由两回线路供电。在负荷较小或地区供电条件困难时，二级负荷可由一回路 6kV 及以上专用的架空线路或电缆供电。当采用架空线时，可为一回路架空线供电。当采用电缆线路时，应采用两根电缆组成的线路供电，其每根电缆应能承受 100%的二级负荷。

（4）三级负荷可按约定供电。

四、建筑供配电系统

（一）建筑供配电系统的基本要求

（1）供配电系统的设计应按负荷性质、用电容量、工程特点、系统规模和发展规划以及当地供电条件，合理确定设计方案。

（2）供配电系统的设计应保障安全、供电可靠、技术先进和经济合理。

（3）供配电系统的构成应简单明确，减少电能损失，并便于管理和维护。

（4）电压等级一般不宜超过两级。

（5）单相用电设备应合理配置，力求三相负荷平衡。

（二）低压配电形式

1. 一般多层民用建筑

民用建筑低压配电一般采用 220/380V 电压配电，常用的配电方式有：放射式、树干式和混合式三种，如图 10-4 所示。

（1）放射式：放射式接线如图 10-4（a）所示，它的优点是配电线路相对独立，发生故障互不影响，供电可靠性较高；配电设备比较集中，便于维修。但干线较多，有色金属消耗也较多。

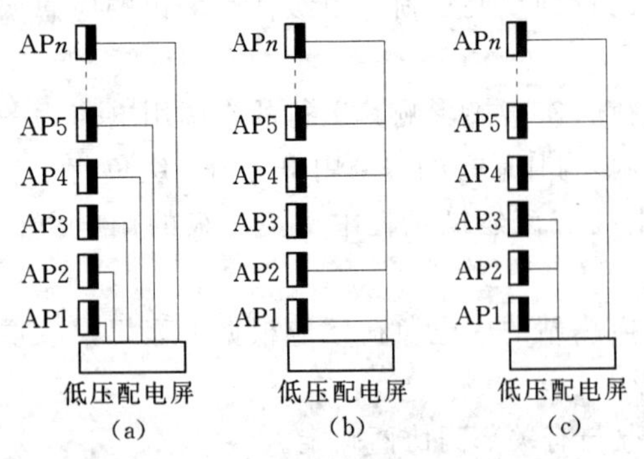

图 10-4　低压配电线路的配电方式
（a）放射式；（b）树干式；（c）混合式

对于下列情况，低压配电系统应采用放射式接线：

1）容量大、负荷集中或重要的用电设备。

2）需要集中联锁起动、停车的设备。

3）对于有腐蚀介质或有爆炸危险的场所，其配电及保护起动设备不宜放在现场，必须由与之相隔离的房间馈出线路。

（2）树干式：树干式接线如图 10-4（b）所示，从变电所低压侧的引出线直接向各分支回路的配电箱供电。这种配电方式使变电所低压侧结构简化，减少电气设备需用量，有色金属的消耗也减少。这种接线方式的主要缺点是：当干线发生故障时，停电范围很大。

采用树干式配电时必须考虑干线的电压质量。有两种情况不宜采用树干式配电：

1）容量较大的用电设备，因为它将导致干线的电压质量明显下降，影响到接在同一干线上的其他用电设备的正常工作，因此，容量大的用电设备必须采用放射式供电。

2）对于电压质量要求严格的用电设备，不宜接在树干式接线上，而应采用放射式供电。树干式配电一般只适于用电设备的布置比较均匀、容量不大、又无特殊要求的场合。

（3）混合式：混合式接线如图 10－4（c）所示，它是放射式和树干式的综合运用，具有两者的优点，在民用建筑中应用最为广泛。

2. 高层建筑

（1）高层建筑的负荷特征。高层建筑用电负荷与一般民用建筑相比有以下特征：

1）在高层建筑中增设了特殊的用电设备。如电梯、生活水泵和空调机组以及在火灾时使用的消防水泵、消防电梯、消防风机、应急照明、火灾报警系统等。

2）高层建筑的用电量大而集中。

3）高层建筑用电可靠性要求很高。一类建筑的消防用电设备为一级负荷，二类建筑的消防设备为二级负荷。高层建筑的客梯、生活水泵、排污泵也属一、二级负荷，应急照明、楼梯间照明也相应的为一级负荷或二级负荷。

（2）高层建筑的供电电源：高层建筑的供电必须按照重要负荷和集中负荷这两点来考虑。为了保证高层建筑供电的可靠性，一般采用两个 10kV 的高压电源供电。如果当地供电部门只能提供一个高压电源时，必须装设柴油发电机组作为备用电源。

（3）高层建筑的低压配电系统的组成形式：高层建筑低压配电系统配电形式的确定，应满足计量、维护管理、供电安全及可靠性的要求。一般宜将电力和照明分成两个配电系统，事故照明应自成系统。对于高层建筑中容量较大的集中负荷或重要负荷、大型负荷采用放射式供电，从变压器低压母线向用电设备直接供电。对于高层建筑中各楼层的照明、风机等均匀分布的负荷，采用分区树干式向各楼层供电。树干式配电分区的层数，可根据用电负荷的性质、密度、管理等条件来确定，对普通高层住宅，可适当扩大分区层数。高层建筑常用低压配电方式如图 10－5 所示。

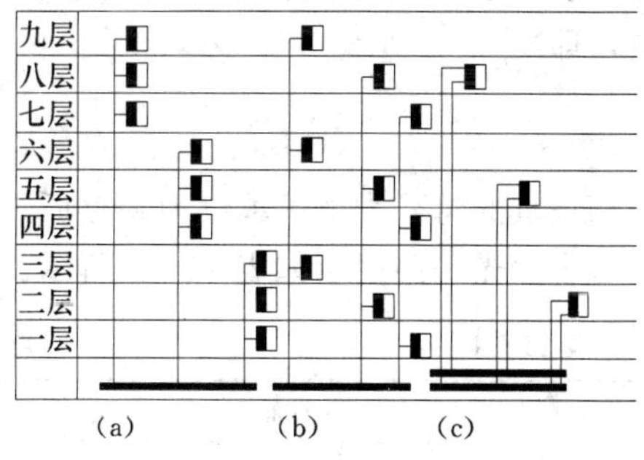

图 10－5　高层建筑常用低压配电方式
（a）单干线；（b）交叉式单干线；（c）双干线

第十一章 建筑照明

第一节 照明基础知识

一、基本概念

1. 光通量

根据辐射对标准光度观察者的作用导出的光度量，用符号 Φ 表示，单位为 lm（流明）。

2. 发光强度

发光体在给定方向上的发光强度是该发光体在该方向的立体角元 $d\Omega$ 内传输的光通量 $d\Phi$ 除以该立体角元之商，即

$$I=\frac{d\Phi}{d\Omega} \tag{11-1}$$

该量的符号为 I，单位为坎德拉，cd，1cd=1lm/sr。

发光强度是表征光源（物体）发光强弱程度的物理量。

3. 照度

表面上一点的照度是入射到包含该点的面元上的光通量 $d\Phi$ 除以该面元面积 dA 之商，即

$$E=\frac{d\Phi}{dA} \tag{11-2}$$

该量的符号为 E，单位为勒克斯，lx，$1lx=1lm/m^2$。

自然光的照度值如表 11-1 所示。

表 11-1 自然光的照度值

自然光照射下的平面	照度（lx）	自然光照射下的平面	照度（lx）
无月之夜的地面上	0.002	晴天太阳散射光（非直射）下的地面上	1000
月夜里的地面上	0.2	白天采光良好的室内	100—500
中午太阳光下的地面上	100000		

4. 亮度

光源在给定方向单位投影面积上的发光强度，称为光源在该方向上的亮度，即

$$L=\frac{d\Phi}{dA\cos\theta d\Omega} \tag{11-3}$$

该量的符号为 L，单位为坎德拉每平方米，cd/m^2，也叫尼特。

5. 色温

当某一种光源（热辐射光源）的色品与某一温度下的完全辐射体（黑体）的色品完全

相同时，完全辐射体（黑体）的温度，称为色温。部分光源的色温如表 11－2 所示。

表 11－2　　部分光源的色温

光　源	色　温（K）	光　源	色　温（K）
太阳光（大气外）	6500	钨丝白炽灯（1000W）	2920
太阳（在地表面）	4000～5000	荧光灯（日光色）	6500
蓝色天空	18000～22000	荧光灯（白色）	4500
月亮	4125	荧光灯（暖白色）	3500
蜡烛	1925	荧光高压汞灯	5500
钨丝白炽灯（100W）	2740	高光效金属卤化物灯	4300
高压钠灯	2100	钪钠灯	3800～4200
显色改进型高压钠灯	2300	卤钨灯	3000～3200
白炽灯	2700～2900	低压卤钨灯	3000～3200

6. 显色性

照明光源对物体色表的影响，该影响是由于观察者有意识或无意识地将它与参比光源下的色表相比较而产生的。

7. 显色指数

在具有合理允差的色适应状态下，被测光源照明物体的心理物理色与参比光源照明同一色样的心理物理色符合程度的度量。显色指数分为特殊显色指数和一般显色指数。照明光源评价采用一般显色指数，用 Ra 表示。颜色失真越少，显色指数越高，光源的显色性越好。常用光源显色指数及使用场所如表 11－3 所示。

表 11－3　　常用光源显色指数及使用场所选择

光源种类	一般显色指数 Ra	适用场所举例
日光色荧光灯	70～80	住宅，旅馆，商店，办公室，学校，医院，印刷车间，实验室，计算站，纺织车间，控制室，设计室，绘图室，装配车间，电镀车间
紧凑型荧光灯	85 以上	饭店，旅馆，住宅，走廊，通道，厅堂
白炽灯	95～99	客房，卧室，画廊，装饰照明，颜色检验，颜色匹配，局部照明
显色改进型高压钠灯（NGX）	60～65	工业生产车间，厅堂
高光效金属卤素灯（ZJD），钪钠灯（KNG）	60 以上	大型体育场馆，生产车间，庭院，夜景
高压钠灯（NG）	23～25	仓库，道路，隧道，港口，码头，广场，庭院，夜景
低压卤钨灯	100	商店，橱窗，博物馆，住宅，厅堂装饰、宾馆走廊、电梯照明
卤钨灯	97	适用于高照度，舞台照明、体育馆应急照明
镝灯（DDG）	75	多用于体育馆照明，以利电视转播

8. 光效

光源发出的光通量除以光源功率所得之商，称为光源的发光效能，简称光效，单位为流明每瓦特（lm/W）。各类光源光效值如表 11－4 所示。

表 11-4 各类光源发光效率值

光源种类	发光效率(lm/W)	光源种类	发光效率(lm/W)
高压钠灯	72～107	荧光灯	27～57.5
显色改进型高压钠灯	77～84	荧光高压汞灯	31.5～52.5
高光效金属卤素灯(ZJD)及钪钠灯	64～80	卤钨灯	21
镝灯	52～80	白炽灯	6.5～19
紧凑型荧光灯	47～77		

注 表中低值为小功率灯，高值为同类大功率灯。

9. 统一眩光值(UGR)

统一眩光值是度量处于视觉环境中的照明装置发出的光对人眼引起不舒适感主观反应的心理参量，可按 CIE 统一眩光值公式计算。

二、照明质量

照明质量受诸多因素影响，包括照度、照度均匀度、眩光值、光源颜色和房间反射比等指标。

1. 照度

规定表面上的最低平均照度称为维持平均照度，低于此照度值，照明装置就必须进行维护。工程设计中采用的照度值就是作业面或参考平面上的维持平均照度值。在民用建筑照明设计中，应根据建筑性质、建筑规模、等级标准、功能要求和使用条件等选取照度标准值，居住建筑、办公建筑的照度标准值如表 11-5、表 11-6 所示。

表 11-5 居住建筑照明标准值

房间或场所		参考平面及其高度	照度标准值(lx)	Ra
起居室	一般活动	0.75m 水平面	100	80
	书写、阅读		300①	
卧室	一般活动	0.75m 水平面	75	80
	床头、阅读		150①	
餐厅		0.75m 餐桌面	150	80
厨房	一般活动	0.75m 水平面	100	80
	操作台	台面	150①	
卫生间		0.75m 水平面	100	80

① 宜用混合照明。

表 11-6 办公建筑照明标准值

房间或场所	参考平面及其高度	照度标准值(lx)	UGR	Ra
普通办公室	0.75m 水平面	300	19	80
高档办公室	0.75m 水平面	500	19	80
会议室	0.75m 水平面	300	22	80
接待室、前台	0.75m 水平面	300	—	80

续表

房间或场所	参考平面及其高度	照度标准值（lx）	UGR	Ra
营业厅	0.75m 水平面	300	22	80
设计室	实际工作面	500	19	80
文件整理、复印、发行室	0.75m 水平面	300	—	80
资料、档案室	0.75m 水平面	200	—	80

2. 照度均匀度

用规定表面上的最小照度与平均照度之比来表示照度均匀度。

（1）公共建筑的工作房间和工业建筑作业区域内的一般照明照度均匀度，不应小于 0.7，而作业面邻近周围的照度均匀度不应小于 0.5。

（2）房间或场所内的通道和其他非作业区域的一般照明的照度值不宜低于作业区域一般照明照度值的 1/3。

3. 眩光值

公共建筑和工业建筑常用房间或场所的不舒适眩光采用统一眩光值（UGR）评价，通过防止或减少光幕反射和反射眩光、加大灯具遮光角、限制灯具的平均亮度等实现。

4. 光源颜色

照明光源色表可按其色温或相关色温分为三组，光源色表分组如表 11－7 所示。

表 11－7　光源的色表分组

色表分组	色表特征	色温或相关色温（K）	适用场所举例
Ⅰ	暖	小于 3300	客房、卧室、病房、酒吧、餐厅
Ⅱ	中间	3300～5300	办公室、教室、阅读室、诊室、检验室、机加工车间、仪表装配
Ⅲ	冷	大于 5300	热加工车间、高照度场所

三、照明方式与种类

（一）照明方式

照明方式可分为一般照明、分区一般照明、局部照明和混合照明。

1. 一般照明

为照亮整个场所而设置的均匀照明称作一般照明。

2. 分区一般照明

对某一特定区域，设计成不同的照度来照亮该区域的一般照明称作分区一般照明。当仅需要提高房间内某些特定工作区的照度时，宜采用分区一般照明。

3. 局部照明

特定视觉工作用的、为照亮某个局部而设置的照明称作局部照明。

4. 混合照明

由一般照明与局部照明组成的照明称作混合照明。对于部分作业面照度要求较高，只采用一般照明不合理的场所，宜采用混合照明。

（二）照明种类

照明可分为正常照明、应急照明、值班照明、警卫照明和障碍照明五类。照明种类应按照不同的使用要求确定。

第二节 光源及照明灯具

一、光源的选择和应用

（一）光源的分类

光源按发光原理分为两大类：一类是热辐射光源，如白炽灯，卤钨灯、低压卤钨灯等；另一类是气体放电光源，如荧光灯、高压荧光汞灯、低压钠灯、显色改进型高压钠灯、金属卤化物灯（镝灯、钪钠灯等）等。

（二）照明光源选择的基本要求

照明光源的确定，应根据使用场所，光源的光效、显色性、寿命、启动点燃和再点燃时间等光电特性指标以及环境条件对光源光电参数的影响合理选择。

（1）照明应采用高光效光源。

（2）应根据识别颜色要求和场所特点，选用相应显色指数的光源。

（3）当照度低于100lx时，宜采用色温较低的光源；当照度为100～1000lx时，宜采用中色温光源；当电气照明需要同天然采光结合时，宜选用光源色温在4500～6000K的荧光灯或其他气体放电光源。

（4）下列工作场所宜选用白炽灯：

1）要求瞬时启动和连续平滑调光的场所。

2）防止电磁干扰的场所。

3）开关频繁的场所。

4）装饰要求高的场所。

5）照度要求不高，并且照明时间较短的场所。

（5）应急照明采用能可靠点燃的光源，如白炽灯、卤钨灯、荧光灯。

（6）高大厅堂、站房（不小于5m时）及室外照明宜选用金属卤化物灯或高显色钠灯。

（7）当使用一种光源不能满足显色性要求时，可采用混光照明。

二、灯具的分类、选择及布置

（一）灯具的作用和特性

1. 灯具的作用

灯具是透光、分配和改变光源分布的器具，包括除光源外所有用于固定和保护光源所需的全部零、部件及与电源连接所必需的线路附件。其作用在于固定与保护光源及光源控制装置，实现配光，防止直接眩光，创造舒适的光环境，保证照明安全。

2. 灯具的特性

（1）灯具的效率：在相同的使用条件下，灯具发出的总光通量（Φ_1）与灯具内所有光源发出的总光通量（Φ_2）之比，称为灯具效率，也称灯具光输出比，用符号 η 表示。

$$\eta=\frac{\Phi_1}{\Phi_2} \tag{11-4}$$

灯具的效率说明灯具对光源光通的利用程度，它的值总是小于 1。灯具的效率与灯具的形状和材料有关。

（2）灯具的遮光角（保护角）：灯具的遮光角是光源发光体最边缘的一点和灯具出光口的连线与灯具下缘连线之间的夹角，如图 11－1 所示。它具有限制直接眩光的作用。保护角的大小应根据光源亮度和照明眩光限制质量等级确定。光源亮度越高，眩光限制质量等级越高，灯具遮光角要求越大。

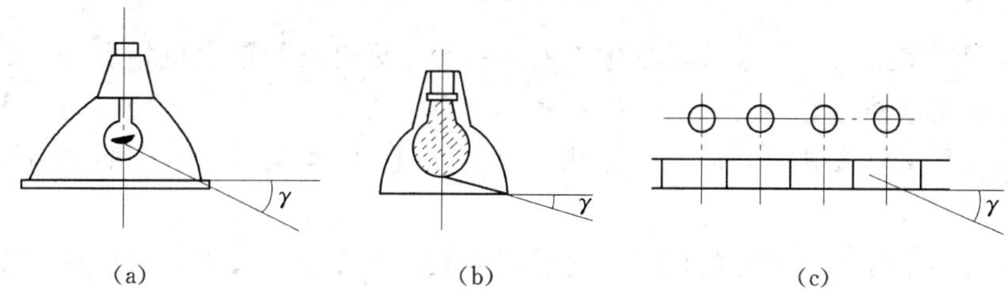

图 11－1　灯具的遮光角图

（a）普通灯泡；（b）乳白灯泡；（c）挡光格片

（3）灯具的配光：光源或照明灯具在空间各个方向对发光强度的分布称为配光。在极坐标图上标出各方位的发光强度值所连成的曲线就是灯具的配光曲线，如图 11－2 所示。

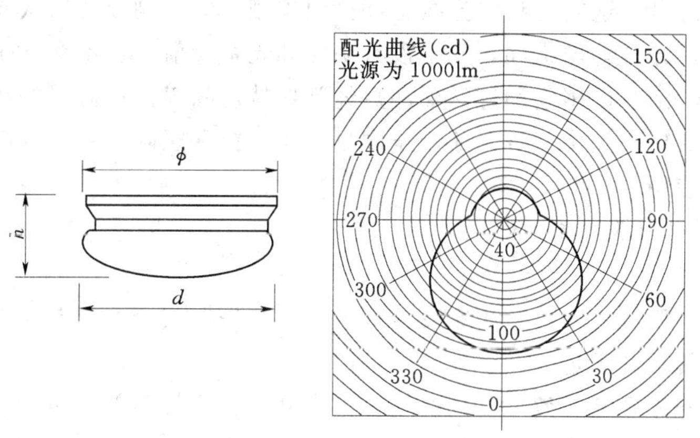

图 11－2　对称灯具的配光曲线图

（二）灯具的分类

灯具的分类方式很多，通常以灯具的光通在空间上的分配比例分类；或者按灯具的结构特点分类；或者按灯具的安装方式来分类等。灯具按光通量在上下空间的分配比例可分为直接型、半直接型、全漫射（直接—间接）型、半间接型、间接型五类。各类灯具的光通分配比例如图 11－3 所示。

（1）直接型灯具：直接型灯具的用途最广泛。因为 90％以上的光通向下照射，所以

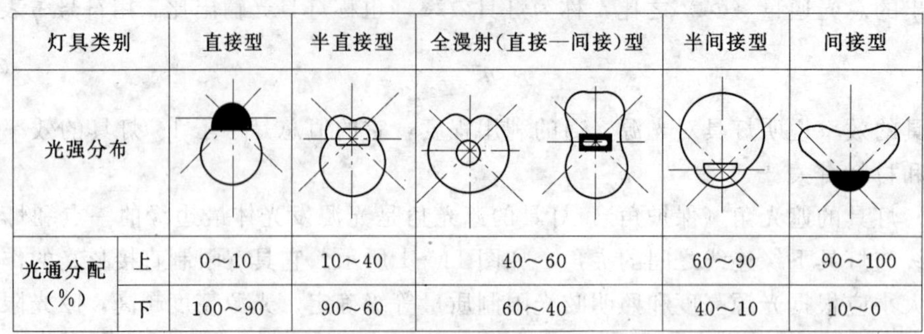

灯具类别		直接型	半直接型	全漫射(直接—间接)型	半间接型	间接型
光强分布						
光通分配(%)	上	0～10	10～40	40～60	60～90	90～100
	下	100～90	90～60	60～40	40～10	10～0

图 11-3 按光通量分配比例灯具分类

灯具的光通利用率最高。如果灯具是敞口的，一般来说灯具的效率也相当高。工作环境照明应当优先采用这种灯具。

直接型灯具又可按其配光曲线的形状分为：广照型、均匀照型、配照型、深照型和特照型五种。

(2) 半直接型灯具：它能将较多的光线照射到工作面上，又能发出少量的光线照射顶棚，减小了灯具与顶棚间的强烈对比，使室内环境亮度更舒适。半直接型灯具也有较高的光通利用率。

(3) 半间接型灯具：这类灯具上半部用透光材料制成，下半部用漫射透光材料制成。由于大部分光线投向顶棚和上部墙面，增加了室内的间接光，光线更为柔和宜人。半间接型灯具主要用于民用建筑的装饰照明。

(4) 间接型灯具：这类灯具将光线全部投向顶棚，使顶棚成为二次光源。因此，室内光线扩散性极好，光线均匀柔和，几乎没有阴影和光幕反射，也不会产生直接眩光。但光通损失较大、不经济。使用这种灯具要注意经常保持房间表面和灯具的清洁，避免因积尘污染而降低照明效果。间接型灯具适用于剧场、美术馆和医院的一般照明，通常还和其他类型的灯具配合使用。

(三) 灯具的选择及布置

1. 灯具的选择

(1) 选择的照明灯具应符合国家现行标准《灯具一般安全要求与试验》(GB7000.1—2002) 中的有关要求和规定。

(2) 应选用配光合理、效率高的灯具。室内开启式直接型灯具的效率不应低于 75%；带漫射罩的灯具的效率不应低于 60%，带有格栅的灯具效率不应低于 60%。

(3) 根据照明场所的不同环境条件，应分别采用下列各种灯具：

1) 在多尘的场所，应根据灰尘数量和性质选择合适灯具，通常选用防水防尘灯具。

2) 在潮湿的场所，应采用防水灯具。开水间、厨房、浴室应选用防潮灯具。

3) 在有水淋或可能浸水，以及有压力的水冲洗灯具的场所，应选用防水密闭型灯具。

4) 在有腐蚀性气体和蒸汽的场所，宜采用防腐蚀密闭式灯具。

5) 在高温场所，宜采用散热性能好的灯具。

6) 在装有锻锤、大型桥式吊车等振动、摆动较大场所使用的灯具，应有防震和防脱落措施。

7）在易受机械损伤场所使用的灯具，应有防护措施。

8）在有爆炸和火灾危险场所使用的灯具，应根据有爆炸和火灾危险的介质分类等级选择灯具，并符合现行规范的有关规定。

9）在有洁净要求的场所，应装设不易积尘，易于擦拭的灯具。

2. 灯具的布置

灯具的布置是确定灯具在房间内的空间位置，它与光的投射方向、工作面的照度、照度的均匀性、眩光的限制等都有直接的影响。灯具的布置是否合理还关系到照明安装容量和投资费用以及维护检修方便与安全。

（1）布灯的合理性。灯具的布置要根据房间使用及家具、设备的分布情况，建筑、结构形式和视觉工作特点等条件来进行。在一个场所内，需要考虑人员在任何地方进行工作的可能性，通常是要保证在照度最低的地方，具有规定的最小照度，且各点照度差别不能过大，保证照度均匀度符合要求。

1）灯具离墙的距离。布灯合理，照度均匀，灯具之间的距离就不应过大，离墙也不能太远。一般要求灯具到墙的距离为灯具间距 L 的 1/3～1/2，点光源灯具布置如图 11－4 所示。

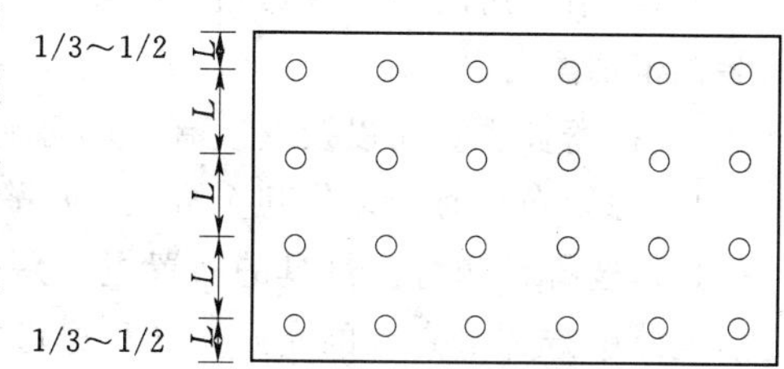

图 11－4　点光源灯具布置图

2）灯具的距高比 L/h。灯具的布置是否合理，主要取决于灯具的间距 L 和计算高度 h（灯具至工作面的高度）的比值是否恰当。L/h 值小，照度均匀度好，但投资多，经济性差；L/h 值过大，布灯稀少，照度均匀度就差。各种灯具适宜的距高比值，可参照表 11－8 来确定。

表 11－8　　各种照明灯具最有利的 L/h 值（距高比）

照明器类型	多列布置时 L/h		单列布置时 L/h	
	最有利值	最大允许值	最有利值	最大允许值
圆球灯、吸顶灯、防水防尘灯、广照型灯、散照型灯	2.3	3.2	1.9	2.5
无罩灯、磨砂罩灯、乳白玻璃罩灯、配罩型灯	1.8	2.5	1.8	2.0
深罩型灯、塔形灯	1.6	1.8	1.5	1.7
镜面探照灯、下部带漫射透光玻璃格栅的荧光灯	1.2	1.4	1.2	1.4

在校核距高比 L/h 值时，几种布灯形式中的 L 值，可按图 11－5 中的公式计算。荧光灯具有两个方向的对称轴，所以它的最大允许距高比值有横向 B—B 和纵向 A—A 两个。灯具布置合理可以有效地消除在主要观察范围内的反射眩光。

3）灯具的悬挂高度。灯具的悬挂高度（距地高度），以不发生眩光作用为限，可以在生产工作活动范围 2～12m 之内选择，还应当考虑防止碰撞和触电等电气安全的要求。表面亮度大、保护角小的灯具悬挂得可以高些。

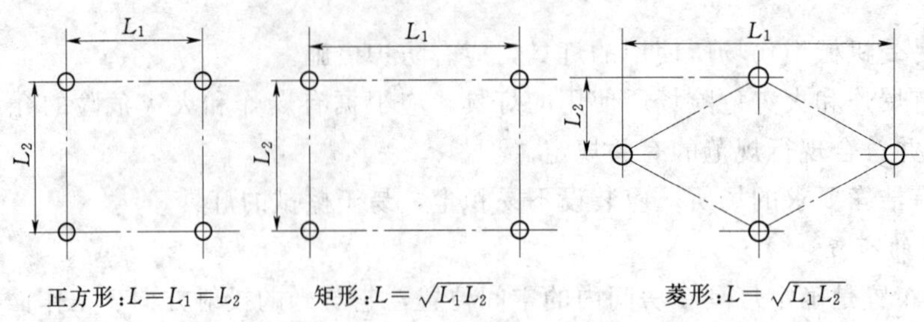

图 11-5　计算 L 值的几种形式图

(2) 均匀性布灯。即在布置灯具时，不考虑室内设施的摆设位置，而将灯具均匀地有规律地排列，以使工作面上获得均匀的照度。在进行均匀布灯时应注意以下几点：

1) 顶棚的整体效果。考虑顶棚上吊风扇、空调送风口、扬声器、火灾探头等其他设备的安装，要统一安排、统一布置。

2) 在吊顶房间内，灯具布置时要考虑吊顶材料的安装尺寸，凸凹变化情况，要与室内装饰密切配合。

3) 在商业、宾馆以及安装有玻璃幕墙的建筑中，还特别注意开灯后的夜景效果。

4) 均匀布灯时应多作几个方案，以资比较，选其最佳方案。

(3) 选择性布灯。灯具的布置主要是根据工作场所设施布置情况，有选择地布置。其优点是能够选择最有利的光照方向和尽可能避免工作面上的阴影，并且还可以减少一定的灯具数量、节约投资、节省能源。在选择性布灯时应注意以下几点：

1) 选择布灯的前提是必须保证工作面上的照度。

2) 与建筑、结构、装饰形式相配合，艺术格调和谐。

3) 考虑维护、检修方便与安全。

4) 不能产生眩光，避免阴影（在博物展览馆等场所，有时借助阴影来增强立体感）。

5) 布灯应保证人员、车辆顺利通行。

6) 顶灯与壁灯相结合的问题。比较高大的房间可采用顶灯和壁灯相结合的布灯方案。一般房间以顶灯为好，若单纯用壁灯，会使房间空间昏暗，不利于视觉工作和安全。

总之，在进行灯具布置时，必须满足工作场所的使用要求，灯具布置的图案应与建筑造型和室内外装饰做到和谐统一。

第三节　建筑照明设计

一、照明设计要求

1. 基本要求

(1) 照明主要是由照明环境内所从事的活动决定，根据视觉工作的性质确定照明方案。

(2) 照明设计应做到保证照明质量、节约能源、经济合理、安全可靠、便于管理和维护。

2. 照明方案的确定原则

(1) 居住、娱乐、社交活动等房间，主要是保证照明的舒适感和艺术效果。

（2）办公建筑，为提高可见度和有利于节能，应尽量将灯光集中于工作区内。

（3）在商店出售和陈列商品的售货厅，照明的主要任务是把顾客的注意力吸引到陈列商品上来。

（4）在博物馆、美术馆，照明的一个最重要的要求是使展品获得准确的显色性，并要注意把展品的立体感表现出来。同时，还要注意保护展品，防止由于某些展品受到长时间的或强烈的光辐射而变质褪色。

（5）在体育运动场所应充分采用高光效混光光源组成的灯具，并应该充分注意提高垂直照度。

（6）对于有重要意义的楼、堂、馆、所，或有代表性的其他建筑以及风景区，一些高级的或大型的商场、宾馆以及车站、码头等建筑，常常需要装设供欣赏的外观立面照明。

对于建筑立面照明的处理，应充分利用建筑物本身的各种特点和周围环境特点，创造出良好的艺术气氛和效果。

3. 专业协调

电气照明设计是建筑安装工程的一个组成部分。为了做好电气照明的设计工作，必须与其他专业设计（如建筑、结构、给排水、采暖通风、空调、装饰等设计）相互协调，相互配合，避免管网交叉出现矛盾。

另外，电气照明设计者要很好地理解建筑、装修等设计的意图，对于比较重要的建筑，有时还需与建筑设计者一道利用模型试验来预测照明效果。

二、照明设计程序

1. 照明设计的初始资料

在进行照明设计之前，应收集如下设计资料：

（1）建筑的平面、立面和剖面图。

（2）全面了解该建筑的建设规模、生产工艺、建筑构造和总平面布置情况。

（3）了解该建筑供电电源的供电方式，供电的电压等级，电源的回路数，对功率因数的要求。

（4）向建设单位及有关专业了解工艺设备布置图和室内布置图。

（5）向建设单位了解建设标准。各房间灯具标准要求；各房间使用功能要求；各工作场所对光源的要求，视觉功能要求，照明灯具的显色性要求；建筑物是否设置节日彩灯和建筑立面照明，是否安装广告霓虹灯等设施。

2. 照明设计的步骤

（1）确定设计照度。根据各个房间对视觉工作的要求和室内环境的清洁状况，按有关照明标准规定的照度标准，确定各房间或场所的照度和照度补偿系数。

（2）选择照明方式。根据建筑和工艺的要求，选择合理的照明方式。

（3）光源和灯具的选择。依据房间装修色彩、配光和光色的要求和环境条件等因素来选择光源和灯具。

（4）合理布置灯具。从照明光线的投射方向、工作面的照度、照度的均匀性和眩光的限制以及建设投资运行费用、维护检修方便和安全等因素综合考虑。

(5) 照度的计算。根据各房间的照度标准，通过计算确定各个房间的灯具数量或光源数量，或者以初拟的灯具数量来验算房间的照度值。

(6) 考虑整个建筑的照明供电系统，并对供电方案进行对比，确定配电方式。

(7) 各支线负荷的平衡分配，线路走向的确定。划分各配电盘的供电范围，确定各配电盘的安装位置。

(8) 计算电流。计算各支线和干线的工作电流，选择导线截面和型号、敷设方式、穿管管径。进行中性线电流的验算和电压损失值的验算。

(9) 电气设备的选择。

三、照明节能

照明工程一般采取以下四方面措施节能。

(1) 合理确定照度标准值。

(2) 选择合适的照明方式。

(3) 合理选择照明光源：

1) 照明光源应根据使用场所的不同，合理地选用发光效率高、显色性好、使用寿命长，色温或相关色温适宜并符合环保要求的光源。

2) 选用光源，在满足显色性、启动时间等要求条件下，应根据光源、灯具及镇流器等的效率、寿命和价格进行综合技术经济分析比较后确定。

3) 高度较低房间，如办公室、教室、会议室宜选用细管径（不大于 26mm）的直管形荧光灯。

4) 商店的营业厅以及仪表、电子等生产车间应选用细管径（不大于 26mm）直管形荧光灯、紧凑型荧光灯或小功率的金属卤化物灯。

5) 高度较大的工业厂房，应按照生产使用要求，分别选用金属卤化物灯或高压钠灯，亦可采用大功率细管径荧光灯。

6) 一般照明场所不应使用高压汞灯。

7) 采用荧光灯时，宜采用一般显色指数（Ra）大于 80 的三基色荧光灯。

8) 城市机动交通道路应选用高压钠灯，显色性要求较高的场所，可选用金属卤化物灯。

9) 一般情况下，室内外照明不应采用普通照明用白炽灯，在特殊情况下需采用时，不应采用 100W 以上的灯泡。

(4) 照明灯具及附件选择：

1) 在满足眩光限制和配光要求条件下，应采用效率高的灯具。

2) 应选用光通量维持率高的灯具，减少维护工作量和费用，提高节能效果。

3) 当采用自镇流紧凑型荧光灯时，应选用电子镇流器。

4) 当采用直管形荧光灯时，应选用电子镇流器或节能型电感镇流器。

5) 当采用高压钠灯、金属卤化物灯时，应选用节能型电感镇流器，对于 150W 及以下的高压钠灯和金属卤化物灯，可选用电子镇流器。

6) 在有集中空调而且照明容量大的场所，宜采用照明灯具与空调回风口结合的方式。

第十二章　建 筑 物 防 雷

第一节　建筑物防雷基本知识

一、雷电活动的规律

（一）雷电活动的一般规律

(1) 湿热地区比气候寒冷而干燥的地区雷电活动多。

(2) 雷电活动与地理纬度有关，赤道上最多，由赤道分别向北、向南递减。

(3) 从地域划分，雷电活动山区多于平原，陆地多于湖泊、海洋。

(4) 雷电活动最多的月份是7～8月。

（二）落雷的相关因素

1. 地面落雷的相关因素

(1) 地理条件。湿热地区的雷电活动多于干冷地区，在我国大致按华南、西南、长江流域、华北、东北、西北依次递减。从地域看是山区多于平原，陆地多于湖海。雷电频度与地面落雷虽是两个概念，但雷电频度大的地区往往地面落雷也多。

(2) 地质条件。有利于很快聚集与雷云相反电荷的地面，如地下埋有导电矿藏的地区，地下水位高的地方，矿泉、小河沟、地下水出口处，土壤电阻率突变的地方，土山的山顶或岩石山的山脚等处容易落雷。

(3) 地形条件。某些地形往往可以引起局部气候的变化，造成有利于雷云形成和相遇的条件，如某些山区，山的南坡落雷多于北坡，靠海的一面山坡落雷多于背海的一面山坡。

(4) 地物条件。由于地物的影响，有利于雷云与大地之间建立良好的放电通道，如孤立高耸的地物、排出导电尘埃的厂房及排出废气的管道、屋旁大树、山区和旷野输电线等易受雷击。

2. 建筑物落雷的相关因素

(1) 建筑物的孤立程度。旷野中孤立的建筑物和建筑物群中的高耸建筑物，易受雷击。

(2) 建筑物的结构。金属屋顶、金属构架、钢筋混凝土结构的建筑物易受雷击。

(3) 建筑物的性质。常年积水的冰库，非常潮湿的牛、马棚，建筑群中个别特别潮湿的建筑物，容易积聚大量电荷；生产、贮存易挥发物的建筑物，容易形成游离物质，因而易受雷击。

(4) 建筑物的位置和外廓尺寸。一般认为建筑物位于地面落雷较多的地区和外廓尺寸较大的建筑物易受雷击。

3. 建筑物易受雷击的部位

(1) 平屋面或坡度不大于1/10的屋面——檐角、女儿墙、屋檐，如图12-1(a)、(b)所示。

(2) 坡度大于1/10且小于1/2的屋面——屋角、屋脊、檐角、屋檐，如图12-1(c)所示。

(3) 坡度不小于1/2的屋面——屋角、屋脊、檐角，如图12-1(d)所示。

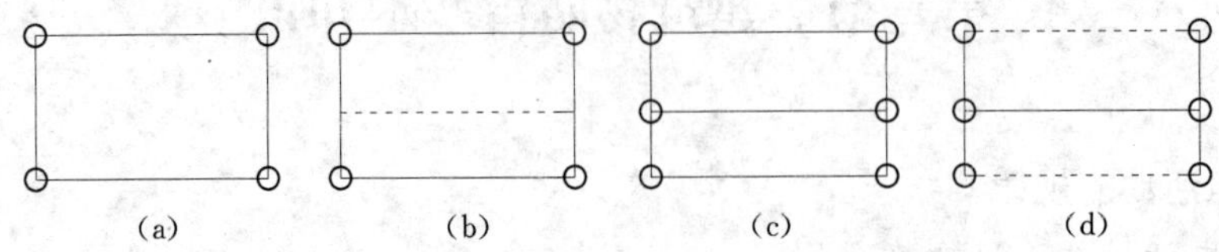

图12-1 不同屋面坡度建筑物的易受雷击部位

○—雷击率最高部位；—— —易受雷击部位；………—不易受雷击的屋脊或屋檐

二、雷电的种类及其危害

(一) 感应雷

1. 静电感应

带电云层与大地间产生的强大的静电场因雷击放电，正负电荷猛烈中和而导致附近地面导体、输电线路、金属管线等感应的束缚电荷因来不及迅速流散而形成了静电感应过电压。这种过电压在输电线路上可高达数百千伏，会导致线路绝缘闪络及所连接的电气设备的绝缘遭受损坏；在危险环境中的金属管线间还可能产生火花放电而导致火灾或爆炸。

2. 电磁感应

由于雷电流脉冲具有很高的幅值和陡度，会在其周围空间形成强大的瞬变脉冲电磁场，使附近的导体上感应出很高的感应过电压。这些电磁脉冲感应电压耦合到电子信息设备中，导致"噪声"干扰及测量误差，甚至对电子器件产生破坏性损伤。

(二) 直击雷

1. 瞬态电涌效应

当雷电直接击中地面物体及防雷装置时，强大的雷电流流经防雷接地装置时，会在引下线及接地体上产生极高的瞬态过电压。此过电压导致接地装置的对地电位升高，并在接地点附近地面形成高电位梯度，可能造成接地装置附近的人员因承受过高"跨步电压"而造成伤害。当人员直接接触防雷引下线及与其相连的金属物体时，还可能遭受高达数十至数百千伏的"接触电压"的电击危险。此外，这种过电压还可能由于引出、引入建筑物的各种架空或埋地的金属管线而造成转移过电压，导致与线路连接的电气设备绝缘遭受损坏，或可能对其他未做等电位联结的接地金属物体闪络放电。

当雷电直击于架空电气线路或天线杆等物体时，强大的雷电波还会直接沿架空线路侵入建筑物内，同样会因高电位及闪络放电而引发人员伤亡及建筑物和电气设备的损伤。

2. 热效应

雷电流的热效应包括高幅值雷电流流经导体电阻时所迅速产生的焦耳热，以及闪电对防雷接闪器或放电间隙击穿所形成的强大电弧附着点热损。

高达数百千安的雷电流持续时间可长达数百毫秒甚至 1s 以上，此雷电流流经导体所产生的焦耳热会导致导体的温度急速升高，影响导体的热稳定，使导体的机械强度降低甚至被熔化或击穿，还可能因此而导致其他二次事故。

3. 机械效应

极高的雷电流峰值通过防雷装置的导体时会在平行导体间或角状、环状导体之间产生冲击性的电动力。这种电动力是流过导体的雷电流的磁耦合而产生的电磁力，其大小与雷电流的幅值及导体的几何形状有关。当雷电流幅值很大时，其产生的冲击力可能导致对流过雷电流的建筑设施及防雷设施的损坏，因此应对防雷设施的机械强度及其连接和固定方法提出相应的要求。

第二节　建筑物的防雷分类及措施

一、建筑物的防雷分类

根据建筑物的重要性、使用性质、发生雷击事故的可能性和后果，建筑物防雷类别分为三类。

1. 第一类防雷建筑物

(1) 凡制造、使用或贮存炸药、火药、起爆药、火工品等大量爆炸物质的建筑物，因电火花而引起爆炸，会造成巨大破坏和人身伤亡者。

(2) 具有 0 区或 10 区爆炸危险环境的建筑物。

(3) 具有 1 区爆炸危险环境的建筑物，因电火花而引起爆炸，会造成巨大破坏和人身伤亡者。

2. 第二类防雷建筑物

(1) 国家级重点文物保护的建筑物。

(2) 国家级的会堂、办公建筑物、大型展览和博览建筑物、大型火车站、国宾馆、国家级档案馆、大型城市的重要给水水泵房等特别重要的建筑物。

(3) 国家级计算中心、国际通信枢纽等对国民经济有重要意义且装有大量电子设备的建筑物。

(4) 制造、使用或贮存爆炸物质的建筑物，且电火花不易引起爆炸或不致造成巨大破坏和人身伤亡者。

(5) 具有 1 区爆炸危险环境的建筑物，且电火花不易引起爆炸或不致造成巨大破坏和人身伤亡者。

(6) 具有 2 区或 11 区爆炸危险环境的建筑物。

(7) 工业企业内有爆炸危险的露天钢质封闭气罐。

(8) 预计雷击次数大于 0.06 次/年的部、省级办公建筑物及其他重要或人员密集的公共建筑物。

(9) 预计雷击次数大于 0.3 次/年的住宅、办公楼等一般性民用建筑物。

3. 第三类防雷建筑物

(1) 省级重点文物保护的建筑物及省级档案馆。

(2) 预计雷击次数大于或等于0.012次/年，且小于或等于0.06次/年的部、省级办公建筑物及其他重要或人员密集的公共建筑物。

(3) 预计雷击次数大于或等于0.06次/年，且小于或等于0.3次/年的住宅、办公楼等一般性民用建筑物。

(4) 预计雷击次数大于或等于0.06次/年的一般性工业建筑物。

(5) 根据雷击后对工业生产的影响及产生的后果，并结合当地气象、地形、地质及周围环境等因素，确定需要防雷的21区、22区、23区火灾危险环境。

(6) 在平均雷暴日大于15天/年的地区，高度在15m及以上烟囱、水塔等孤立的高耸建筑物；在平均雷暴日小于或等于15天/年的地区，高度在20m及以上的烟囱、水塔等孤立的高耸建筑物。

二、建筑物的防雷内容及措施

(一) 建筑物的防雷内容

按照雷击效应及其危害，建筑物（含构筑物）的防雷包括防直击雷、防雷电感应、防雷电波侵入及防止雷击电磁脉冲等内容。

(二) 建筑物的防雷措施

建筑物的防雷措施包括防直击雷、防雷电感应和防雷电波侵入三种。

1. 第一类防雷建筑物和第二类防雷建筑物

第一类防雷建筑物和第二类防雷建筑物中第(4)、(5)、(6)款的建筑物，应有防直击雷、防雷电感应和防雷电波侵入的措施。

2. 第二类防雷建筑物和第三类防雷建筑物

第二类防雷建筑物中除(4)、(5)、(6)款以外的其他建筑物和第三类防雷建筑物，应有防直击雷和防雷电波侵入的措施。

3. 兼有第一、二、三类防雷建筑区间的防雷措施

根据各类防雷建筑区间的面积占建筑物总面积的百分比及能否遭直接雷击来确定建筑物防雷类别，并根据防雷类别采取相应的保护措施。

(1) 确定为第二类防雷建筑物时，对第一类防雷建筑区间的防雷电感应和防雷电波侵入，采取第一类防雷建筑物的保护措施。

(2) 确定为第三类防雷建筑物时，对第一、二类防雷建筑区间的防雷电感应和防雷电波侵入，采取各自类别的保护措施。

4. 仅有一部分为第一、二、三类防雷建筑区间的防雷措施

(1) 当防雷建筑区间可能遭直接雷击时，宜按各自类别采取防雷措施。

(2) 当防雷建筑区间不可能遭直接雷击时，可不考虑防直击雷，仅考虑各自要求的防雷电感应和防雷电波侵入的措施。

(3) 当防雷建筑区间的面积占建筑物总面积的50%以上时，按上述第3项采取防雷措施。

5. 安装有大量电子系统设备的建筑物防雷措施

安装有大量电子系统设备的建筑物，除根据建筑防雷类别划分需要采取的防雷措施外，还应有防雷击电磁脉冲的措施。

三、建筑物的防雷装置

建筑物的防雷装置由接闪器、引下线、接地装置、浪涌保护器及其他连接导体等组成。

1. 接闪器

接闪器是用来接受直接雷击的金属物体。它通过引下线与接地装置联结。接闪器的形式可采用避雷针、避雷带（网）、屋顶上的永久性金属物及金属屋面等，可由其中一种形式或任意组合而成。

2. 引下线

引下线是避雷保护装置的中段部分，上端连接接闪器，下端连接接地装置。引下线可利用建筑物钢筋混凝土中的钢筋或采用圆钢、扁钢。

3. 接地装置

接地装置包括埋设在地下的接地线和接地体。接地装置宜优先利用钢筋混凝土中的钢筋，当不具备条件时，宜采用圆钢、钢管、角钢或扁钢等金属体作人工接地极。

第十三章　智　能　建　筑

第一节　智 能 建 筑 概 述

一、智能建筑的概念

自 1984 年智能建筑理念提出至今，智能建筑的发展历史较短，目前尚无统一的概念。例如，美国智能化建筑学会定义“智能建筑”是将结构、系统、服务、运营及其相互联系全面综合，达到最佳组合，获得高效率、高功能与高舒适性的大楼。

考虑到建筑环境必须适应智能建筑的要求，方便有效地利用现代信息和通信设备并采用建筑设备自动化技术，使建筑物具有高度综合管理的功能，因此，在新加坡规定智能建筑必须具备三个条件：一是具有先进的自动化控制系统，可自动调节大厦内的各种设施，包括室内温度、湿度、灯光、保安、消防等，创造舒适安全的环境；二是具有良好的通信网络设施，使数据能够在大厦内或层与层之间进行流通；三是能够提供足够的对外通信设施与能力。

我国国家标准《智能建筑设计标准》(GB/T50314—2006) 对智能建筑 (IB) 的定义是：以建筑物为平台，兼备信息设施系统、信息化应用系统、建筑设备管理系统、公共安全系统等，集结构、系统、服务、管理及其优化组合为一体，向人们提供安全、高效、便捷、节能、环保、健康的建筑环境。

二、智能建筑的构成

根据《智能建筑设计标准》(GB/T50314—2006) 规定，智能建筑的智能化系统工程宜由智能化集成系统、信息设施系统、信息化应用系统、建筑设备管理系统、公共安全系统、机房工程和建筑环境等要素构成。

（一）智能化集成系统 (IIS)

智能化集成系统是将不同功能的建筑智能化系统，通过统一的信息平台实现集成，以形成具有信息汇集、资源共享及优化管理等综合功能的系统。它的目标是以满足建筑物的使用功能，实现信息资源共享和优化管理及实施综合管理。

（二）信息设施系统 (ITSI)

1. 信息设施系统概念

信息设施系统是为确保建筑物与外部信息通信网的互联及信息畅通，对语音、数据、图像和多媒体等各类信息予以接收、交换、传输、存贮、检索和显示等进行综合处理的多种类信息设备系统加以组合，提供实现建筑物业务及管理等应用功能的信息通信基础设施。

2. 信息设施系统的组成

信息设施系统包括通信接入系统、电话交换系统、信息网络系统、综合布线系统、室内移动通信覆盖系统、卫星通信系统、有线电视及卫星电视接收系统、广播系统、会议系统、信息导引及发布系统、时钟系统和其他相关的信息通信系统。

（三）信息化应用系统（ITAS）

1. 信息化应用系统概念

信息化应用系统是以建筑物信息设施系统和建筑设备管理系统等为基础，为满足建筑物各类业务和管理功能的多种类信息设备与应用软件组合而成的系统。

2. 信息化应用系统的组成

信息化应用系统包括工作业务应用系统、物业运营管理系统、公共服务管理系统、公众信息服务系统、智能卡应用系统和信息网络安全管理系统等其他业务功能所需要的应用系统。根据建筑物的功能及标准不同可以取舍。

（四）建筑设备管理系统（BMS）

建筑设备管理系统是对建筑设备监控系统和公共安全系统等实施综合管理的系统。该系统应确保各类设备运行稳定、安全可靠，并达到节能和环保的要求。

（五）公共安全系统（PSS）

为维护公共安全，综合运用现代科学技术，以应对危害社会安全的各类突发事件而构建的技术防范系统或保障体系。

（六）机房工程（EEEP）

为提供智能化系统的设备和装置等安装条件，以确保各系统安全、稳定和可靠地运行与维护的建筑环境而实施的综合工程。

（七）建筑环境

建筑物的整体环境，包括建筑物内的物理环境、光环境、电磁环境、空气质量。

第二节　综合布线系统

综合布线系统是信息设施系统的重要组成部分，它是信息化应用系统的重要基础。

一、综合布线系统的概念

综合布线系统是一套用于建筑物内或建筑群之间为计算机、通信设施与监控系统预先设置的信息传输通道。它是为适应综合业务数字网（ISDN）的需求而发展起来的一种特别设计的布线方式，为智能建筑和建筑群中的信息设施提供了多厂家产品兼容、模块化扩展、更新与系统灵活重组的可能性，既为用户创造了现代信息系统环境，强化了控制与管理，又为用户节约了费用，保护了投资。综合布线系统能适应各种设施当前需要和今后发展，具有兼容性、可靠性、使用灵活性和管理科学性等特点，所以它是智能化建筑能够保证优质高效服务的基础设施之一。

二、综合布线系统的构成

综合布线系统工程设计宜包括工作区、配线子系统、干线子系统、建筑群子系统、设备间、进线间、管理等七个部分，其基本构成如图 13－1 所示。

1. 工作区

一个独立的需要设置终端设备（TE）的区域宜划分为一个工作区。工作区应由配线

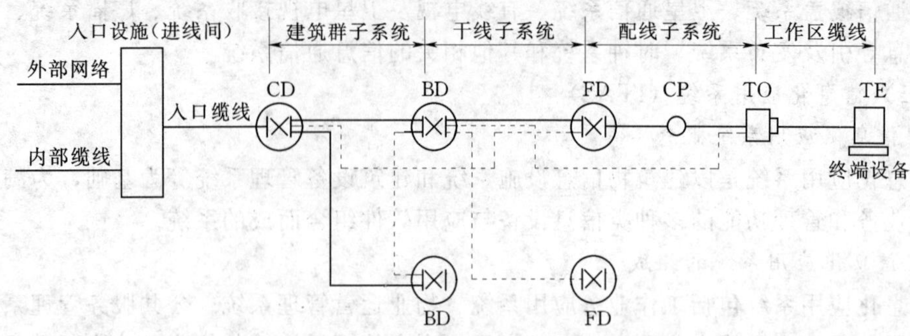

图 13-1　综合布线系统基本构成

子系统的信息插座到终端设备的连接缆线及适配器组成，并应符合下列规定：

（1）工作区面积的划分，应根据不同建筑物的功能和应用，并作具体分析后确定。当终端设备需求不明确时，工作区面积的确定如表 13-1 所示。

表 13-1　　　　　　　　　　　　工 作 区 面 积

建 筑 物 类 型 及 功 能	工作区面积（m^2）
银行、金融中心、证交中心、计算中心、特种阅览室等，终端设备较为密集的场地	3～5
办公区	4～10
会议室	5～20
住宅	15～60
展览区	15～100
商场	20～60
候机厅、体育场馆	20～100

（2）每一个工作区信息点数量的配置，应根据用户的性质、网络的构成及实际需求，并考虑冗余和发展等因素，具体配置如表 13-2 所示。

表 13-2　　　　　　　　　　　信 息 点 数 量 配 置

建筑物功能区	每一个工作区信息点数量（个）			备　注
	语音	数据	光纤（双工端口）	
办公区（一般）	1	1	—	—
办公区（重要）	2	2	1	—
出租或大客户区域	≥2	≥2	≥1	—
政务办公区	2～5	≥2	≥1	分内、外网络

2. 配线子系统

配线子系统宜由安装在工作区的信息插座、信息插座至电信间配线设备（FD）的配线电缆或光缆及电信间的配线设备、设备缆线和跳线等组成，并应符合下列规定：

（1）配线子系统宜采用4对对绞电缆；当需要时，可根据实际需要选用更高性能等级的电缆或光缆。

（2）配线子系统中对绞电缆、光缆从楼层配线设备（FD）宜直接连接到信息插座。

（3）楼层配线设备和信息插座之间可采用1个集合点（CP）。

（4）配线设备连接的跳线宜选用专用插接软跳线或光纤跳线，在电话应用时宜选用双芯对绞电缆。

3. 干线子系统

干线子系统宜由设备间至电信间的干线电缆和光缆、安装在设备间的建筑物配线设备（BD）及设备缆线和跳线等组成，并应符合下列规定：

（1）干线子系统所需的电缆总对数和光纤总芯数，应满足实际需求，并留余量；当使用对绞电缆作为数据干线电缆时，对绞电缆的长度不应大于90m。

（2）干线子系统应选择干线缆线距离较短、安全和经济的路由；干线电缆宜采用点对点端接，也可采用分支递减端接。

（3）若计算机主机和电话交换机设置在建筑物内不同的设备间，宜在设计中采用不同的干线电缆分别满足语音和数据的需要，必要时可采用光缆。

4. 建筑群子系统

建筑群子系统宜由连接多个建筑物之间的主干电缆和光缆、建筑群配线设备（CD）、设备缆线和跳线等组成，并应符合下列规定：

（1）建筑物间的数据干线宜采用多模、单模光缆，语音干线可采用大对数对绞电缆。

（2）建筑群和建筑物间的干线电缆、光缆布线的交接不应多于两次，从楼层配线架（FD）到建筑群配线架（CD）之间只应通过一个建筑物配线架（BD）。

5. 设备间

设备间是在每幢建筑物的适当地点设置通信设备、计算机网络设备和建筑物配线设备，进行网络管理和信息交换的场地。对于综合布线系统，设备间主要安装建筑物配线设备（BD）。电话交换机、计算机主机可与建筑物配线设备安装在同一设备间。

6. 进线间

进线间宜设置在建筑物首层或地下一层便于缆线进、出的地方，是建筑物配线系统与电信业务经营者和其他信息业务服务商的配线网络互联互通及交接的场地。小型工程的设备间可兼作进线间。

7. 管理

管理应对进线间、设备间、电信间和工作区的配线设备、缆线、信息插座等设施，按一定的模式进行标识和记录，并宜符合下列规定：

（1）规模较大的综合布线系统宜采用计算机进行文档记录与保存，规模较小的综合布线系统宜按图纸资料进行管理；应做到记录准确，并及时更新，便于查阅。

（2）综合布线的电缆、光缆、配线设备、端接点、接地配置、敷设管线等组成部分均应给定唯一的标识符，并设置标签；标识符应采用相同数量的字母和数字等标明。

（3）电缆和光缆的两端均应标明相同的编号。

（4）设备间、电信间、进线间的配线设备宜采用统一的色标区别各类业务与用途的配线区。

（5）所有标志应保持清晰并满足使用环境要求。

三、综合布线系统的设备间及电信间

1. 设备间

（1）设备间宜设置在建筑物首层及以上或地下一层（当地下为多层时），并考虑主干缆线的传输距离与数量。

（2）设备间内应有足够的设备安装空间，其使用面积不应小于 $10m^2$，设备间的宽度不宜小于 2.5m。设备间的面积宜符合下列规定：

1）当系统信息点少于 6000 个（语音、数据点各一半）时为 $10m^2$。

2）当系统信息点大于 6000 个时，应根据工程的具体情况每增加 1000 个信息点，宜增加 $2m^2$。

3）上列两款中设备间面积均不包括程控用户交换机、计算机网络等设备所需的面积。

2. 电信间

电信间的使用面积不应小于 $5m^2$，电信间的数目，应按所服务的楼层范围来考虑。如果配线电缆长度都在 90m 范围以内时，宜设置一个电信间。当超出这一范围时，宜设两个或多个电信间。当每层的信息点数量较少，配线电缆长度不大于 90m 的情况下，宜几个楼层合设一个电信间。

四、综合布线系统的基本要求

（1）综合布线系统设施及管线的建设，应纳入建筑与建筑群相应的规划设计之中。工程设计时，应根据工程项目的性质、功能、环境条件和近、远期用户需求进行设计，并应考虑施工和维护方便，确保综合布线系统工程的质量和安全，做到技术先进、经济合理。

（2）综合布线系统应与信息设施系统、信息化应用系统、公共安全系统、建筑设备管理系统等统筹规划，相互协调，并按照各系统信息的传输要求优化设计。

（3）综合布线系统作为建筑物的公用通信配套设施，在工程设计中应满足为多家电信业务经营者提供业务的需求。

（4）综合布线系统应采用开放式星形拓扑结构，该结构下的每个分支子系统都是相对独立的单元，对每个分支单元系统改动都不影响其他子系统。

（5）综合布线系统链路中选用的缆线、连接器件、跳线等性能和类别必须全部满足该链路等级传输性能的要求。

第三节 建筑设备监控系统

建筑设备监控系统是建筑设备管理系统的主要组成部分，以建筑设备监控系统为基础，集成公共安全系统就构成了建筑设备管理系统。《公共建筑节能设计标准》(GB50189—2005）提出的对集中采暖与空气调节系统进行监测与控制，是建筑设备监控系统的主要任务。

一、建筑设备监控系统的概念

建筑设备监控系统是智能建筑中的一个重要系统，建筑设备监控系统是对建筑物和建筑群的供配电、照明、制冷、热源与热交换、空调、通风、给排水以及电梯等机电设备进行集中监视、控制与管理的综合系统。建筑设备监控系统是以计算机局域网为通信基础、以计算机技术为核心的计算机控制系统，它具有分散控制和集中管理的功能。建筑物内诸多的机电设备之间存在着内在的相互联系，于是就需要完善的集中控制和管理。建筑设备监控系统对机电设备进行综合管理、调度、监视、操作和控制，为用户提供一个高效、节能、舒适、温馨而安全的环境，并降低建筑物的能耗和管理成本。

建筑设备监控系统的作用：

(1) 实现自动监视与自动调节以适应室内环境的变化。

(2) 设备的启、停和运行进行连锁操作，以确保机组的安全运行。

(3) 设备的故障自动监测，以保证机电设备的安全和及时维修。

(4) 实现优化控制以节能降耗。

(5) 提高对楼宇的整体管理效率，节省人力和时间。

二、建筑设备监控系统的构成

建筑设备监控系统一般由冷冻水及冷却水系统、热交换系统、采暖通风及空气调节系统、给水与排水系统、供配电系统、公共照明系统、电梯和自动扶梯系统等子系统组成。

三、建筑设备监控系统的基本规定

(1) 建筑设备监控系统应支持开放式系统技术，宜建立分布式控制网络。

(2) 应选择先进、成熟和实用的技术和设备，符合技术发展的方向，并容易扩展、维护和升级。

(3) 选择的第三方子系统或产品应具备开放性和互操作性。

(4) 应从硬件和软件两方面充分实现系统的可集成性。

(5) 应采取必要的防范措施，确保系统和信息的安全性。

(6) 应根据建筑的功能、重要性等确定采取冗余、容错等技术。

(7) 建筑设备监控系统，应具备系统自诊断和故障报警功能。

(8) 当工程有智能建筑集成要求，且主管部门允许时，建筑设备监控系统（BAS）应提供与火灾自动报警系统（FAS）及安全技术防范系统（SAS）的通信接口，构成建筑设备管理系统（BMS）。

(9) 建筑设备监控系统规模，可按实时数据库的硬件点和软件点点数区分，具体如表 13－3 所示。

表 13－3　建筑设备监控系统规模

系统规模	实时数据库点数
小型系统	999 及以下
中型系统	1000～2999
大型系统	3000 及以上

四、建筑设备监控系统的网络结构

建筑设备监控系统宜采用分布式系统、多层次的网络结构。并应根据系统的规模、功能要求及选用产品的特点，采用单层、两层或三层的网络结构，但不同网络结构均应满足分布式系统集中监视操作和分散采集控制（分散危险）的原则。

1. 网络结构设计原则

（1）大型系统宜采用由管理、控制、现场设备三个网络层构成的三层网络结构，其网络结构如图13-2所示。

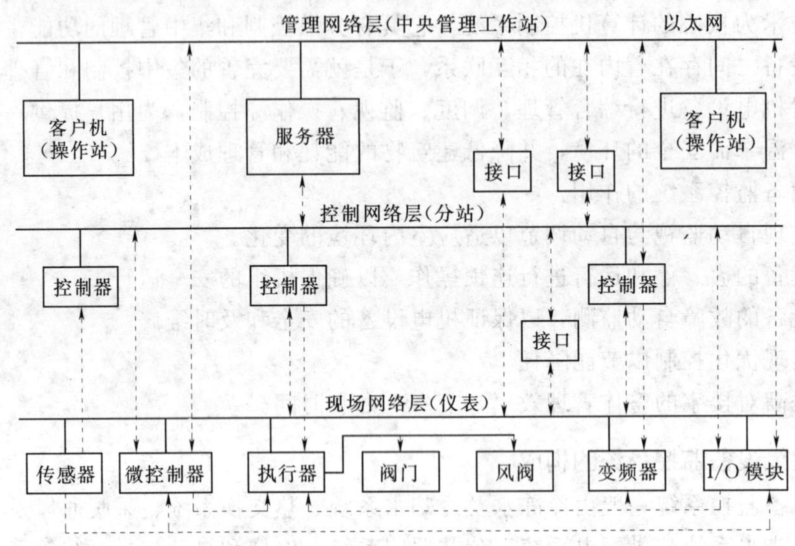

图13-2　建筑设备监控系统三层网络系统结构

（2）中型系统宜采用两层或三层的网络结构，其中两层网络结构宜由管理层和现场设备层构成。

（3）小型系统宜采用以现场设备层为骨干构成的单层网络结构或两层网络结构。

（4）各网络层的配置要求：管理网络层应完成系统集中监控和各种系统的集成；控制网络层应完成建筑设备的自动控制；现场设备网络层应完成末端设备控制和现场仪表设备的信息采集和处理。

2. 管理网络层（中央管理工作站）的功能及配置

（1）管理网络层应具备的功能：监控系统的运行参数；检测可控的子系统对控制命令的响应情况；显示和记录各种测量数据、运行状态、故障报警等信息；数据报表和打印。

（2）管理网络层的配置应符合下列规定：

1）宜采用10BASE－T/100BASE－T方式，选用双绞线作为传输介质。

2）服务器与客户机（操作站）之间的连接宜选用交换式集线器。

3）管理网络层的服务器和至少一个客户机（操作站）应位于监控中心内。

4）如果管理体制允许，建筑设备监控系统（BAS）、火灾自动报警系统（FAS）和安全技术防范系统（SAS）共用一个控制中心或各控制中心相距不远的情况下，BAS、SAS、FAS可共用同一个管理网络层，构成建筑管理系统（BMS），但应使三者其余部分的网络各自保持相对独立。

3. 控制网络层（分站）的功能及配置

（1）控制网络层应完成的功能包括对主控项目的开环控制和闭环控制、监控点逻辑开关表控制和监控点时间表控制。

（2）控制网络层的配置应符合下列规定：

1）宜采用总线拓扑结构，也可采用环形、星形拓扑结构；用双绞线作为传输介质。

2）控制网络层可包括并行工作的多条通信总线，每条通信总线可通过网络通信接口与管理网络层（中央管理工作站）连接，也可通过管理网络层服务器的 RS232 通信接口或内置通信网卡直接与服务器连接。

3）当控制器（分站）采用以太网通信接口而与管理网络层处于同一通信级别时，可采用交换式集线器连接，与中央管理工作站进行通信。

4）控制器（分站）之间通信，应为对等式（peer to peer）直接数据通信。

5）控制器（分站）可与现场网络层的智能现场仪表和分布式智能输入、输出模块进行通信。

6）当控制器（分站）采用分布式智能输入、输出模块时，可以用软件配置的方法，把各个输入、输出点分配到不同的控制器（分站）中进行监控。

4. 现场网络层功能及配置

（1）现场网络层的微控制器应具有对末端设备进行控制的功能，并能独立于控制器（分站）和中央管理工作站完成控制操作。

（2）现场网络层的配置应符合下列规定：

1）微控制器、分布式智能输入输出模块、智能现场仪表之间，应为对等式直接数据通信。

2）现场网络层可包括并行工作的多条通信总线，每条通信总线可视为一个现场网络。

3）每个现场网络可通过网络通信接口与管理网络层（中央管理工作站）连接，也可通过网络管理层服务器 RS232 通信接口或内置通信网卡直接与服务器连接。

4）当微控制器和（或）分布式智能输入输出模块，采用以太网通信接口而与管理网络层处于同一通信级别时，可采用交换式集线器连接，与中央管理工作站进行通信。

5）智能现场仪表可通过网络通信接口与控制网络层控制器（分站）进行通信。

6）智能现场仪表宜采用分布式连接，用软件配置的方法，可把各种现场设备信息分配到不同的控制器、微控制器中进行处理。

五、建筑设备监控系统的软件

建筑设备监控系统的三个网络层，应具有不同的软件。管理网络层应配置服务器软件、客户机软件、用户工具软件和可选择的其他软件；控制网络层应配置控制器软件；现场网络层配置微控制器软件。

第四节　公共安全系统

公共安全是指公民全体及个人和社会的安全，指社会和公民个人从事和进行正常的生活、学习、工作、娱乐、交往所必需的稳定的外部环境和秩序。智能建筑的公共安全系统是以技术手段来保障建筑物内人身、财产及建筑物本身安全的自动化系统。

一、公共安全系统的功能

（1）具有应对火灾、非法侵入、自然灾害、重大安全事故和公共卫生事故等危害人们生命财产安全的各种突发事件，建立起应急及长效的技术防范保障体系。

（2）以人为本、平战结合、应急联动和安全可靠。

二、公共安全系统的构成

公共安全系统包括火灾自动报警系统、安全技术防范系统和应急联动系统等。

三、火灾自动报警系统

1. 火灾自动报警系统的组成

火灾自动报警系统包括火灾报警及联动系统、火灾应急广播或警报系统、消防专用电话系统。

2. 火灾自动报警系统的基本要求

（1）火灾自动报警系统的设置应根据建筑物的使用性质、火灾危险性、疏散和扑救难度的级别选择不同的保护措施和系统形式。

（2）建筑物内的主要场所应根据建筑特点选择相适应的火灾探测器。

（3）对于重要的建筑物，火灾自动报警系统的主机宜设有热备份，当系统的主用主机出现故障时，备用主机能及时投入运行，以提高系统的安全性、可靠性。

（4）应配置带有汉化操作的界面，操作软件的配置应简单易操作。

（5）应预留与建筑设备管理系统的数据通信接口，接口界面的各项技术指标均应符合相关要求。

（6）宜与安全技术防范系统实现互联，可实现安全技术防范系统作为火灾自动报警系统有效的辅助手段。

（7）消防监控中心机房宜单独设置，当与建筑设备管理系统和安全技术防范系统等合用控制室时，应符合有关规定。

3. 应设置火灾自动报警系统的场所

（1）高层建筑：

1）建筑高度超过 100m 的高层建筑，除游泳池、溜冰场、卫生间外，均应设火灾自动报警系统。

2）除住宅、商住楼的住宅部分、游泳池、溜冰场外，建筑高度不超过 100m 的一类高层建筑的下列部位应设置火灾自动报警系统：医院病房楼的病房、贵重医疗设备室、病历档案室、药品库；高级旅馆的客房和公共活动用房；商业楼、商住楼的营业厅，展览楼的展览厅；电信楼、邮政楼的重要机房和重要房间；财贸金融楼的办公室、营业厅、票证库；广播电视楼的演播室、播音室、录音室、节目播出技术用房、道具布景；电力调度楼、防灾指挥调度楼等的微波机房、计算机房、控制机房、动力机房；图书馆的阅览室、办公室、书库；档案楼的档案库、阅览室、办公室；办公楼的办公室、会议室、档案室；走道、门厅、可燃物品库房、空调机房、配电室、自备发电机房；净高超过 2.6m 且可燃物较多的技术夹层；贵重设备间和火灾危险性较大的房间；经常有人停留或可燃物较多的地下室；电子计算机房的主机房、控制室、纸库、磁带库。

3）二类高层建筑的下列部位应设火灾自动报警系统：财贸金融楼的办公室、营业厅、票证库；电子计算机房的主机房、控制室、纸库、磁带库；面积大于 $50m^2$ 的可燃物品库房；面积大于 $500m^2$ 的营业厅；经常有人停留或可燃物较多的地下室；性质重要或有贵重物品的房间。

（2）多层及单层建筑：

1）大中型电子计算机房及其控制室、记录介质库，特殊贵重或火灾危险性大的机器、仪表、仪器设备室、贵重物品库房，设有气体灭火系统的房间。

2）每座占地面积大于 $1000m^2$ 的棉、毛、丝、麻、化纤及其织物的库房，占地面积超过 $500m^2$ 或总建筑面积超过 $1000m^2$ 的卷烟库房。

3）任一层建筑面积大于 $1500m^2$ 或总建筑面积大于 $3000m^2$ 的制鞋、制衣、玩具等厂房。

4）任一层建筑面积大于 $3000m^2$ 或总建筑面积大于 $6000m^2$ 的商店、展览建筑、财贸金融建筑、客运和货运建筑等。

5）图书、文物珍藏库，每座藏书超过 100 万册的图书馆，重要的档案馆。

6）地市级及以上广播电视建筑、邮政楼、电信楼，城市或区域性电力、交通和防灾救灾指挥调度等建筑。

7）特等、甲等剧院或座位数超过 1500 个的其他等级的剧院、电影院，座位数超过 2000 个的会堂或礼堂，座位数超过 3000 个的体育馆。

8）老年人建筑、任一楼层建筑面积大于 $1500m^2$ 或总建筑面积大于 $3000m^2$ 的旅馆建筑、疗养院的病房楼、儿童活动场所和大于等于 200 床位的医院的门诊楼、病房楼、手术部等。

9）建筑面积大于 $500m^2$ 的地下、半地下商店。

10）设置在地下、半地下或建筑的地上四层及四层以上的歌舞娱乐、放映游艺场所。

11）净高大于 2.6m 且可燃物较多的技术夹层，净高大于 0.8m 且有可燃物的闷顶或吊顶内。

12）建筑内可能散发可燃气体、可燃蒸气的场所。

（3）地下民用建筑：

1）铁道、车站、汽车库（Ⅰ、Ⅱ类）。

2）影剧院、礼堂。

3）商场、医院、旅馆、展览厅、歌舞娱乐、放映游艺场所。

4）重要的实验室、图书库、资料库、档案库。

4. 系统保护对象分级与报警、探测区域的划分

（1）民用建筑火灾自动报警系统保护对象分级，应根据其使用性质、火灾危险性、疏散和扑救难度等综合确定，分为特级、一级、二级。系统保护对象分级应符合《火灾自动报警系统设计规范》（GB50116—98）的规定。

（2）报警区域应根据防火分区或楼层划分。一个报警区域宜由一个或同层相邻几个防火分区组成。

（3）探测区域的划分应符合下列规定：

1）探测区域应按独立房（套）间划分。一个探测区域的面积不宜超过500m^2；从主要入口能看清其内部，且面积不超过1000m^2的房间，也可划为一个探测区域。

2）红外光束线型感烟火灾探测器的探测区域长度不宜超过100m，缆式感温火灾探测器的探测区域不宜超过200m；空气管差温火灾探测器的探测区域长度宜在20～100m之间。

3）符合下列条件之一的二级保护对象，可将几个房间划为一个探测区域：相邻房间不超过5间，总面积不超过400m^2，并在门口设有灯光显示装置；相邻房间不超过10间，总面积不超过1000m^2，在每个房间门口均能看清其内部，并在门口设有灯光显示装置。

4）下列场所应分别单独划分探测区域：敞开或封闭楼梯间；防烟楼梯间前室、消防电梯前室、消防电梯与防烟楼梯间合用的前室；走道、坡道、管道井、电缆隧道；建筑物闷顶、夹层。

5. 消防控制设备的组成及控制

（1）消防控制设备应由下列部分或全部控制装置组成：火灾报警控制器；自动灭火系统的控制装置；室内消火栓系统的控制装置；防烟、排烟系统及空调通风系统的控制装置；常开防火门、防火卷帘的控制装置；电梯回降控制装置；火灾应急广播的控制装置；火灾警报装置的控制装置；火灾应急照明与疏散指示标志的控制装置。

（2）消防控制设备的控制方式应根据建筑的形式、工程规模、管理体制及功能要求综合确定，并应符合下列规定：

1）单体建筑宜集中控制。

2）大型建筑群宜采用分散与集中相结合控制。

3）消防控制设备的控制电源及信号回路电压宜采用直流24V。

6. 消防控制室的要求

（1）消防控制室的门应向疏散方向开启，且入口处应设置明显的标志。

（2）消防控制室的送、回风管在其穿墙处应设防火阀。

（3）消防控制室内严禁与其无关的电气线路及管路穿过。

（4）消防控制室周围不应布置电磁场干扰较强及其他影响消防控制设备工作的设备用房。

（5）消防控制室内设备的布置应符合下列要求：

1）设备面盘前的操作距离：单列布置时不应小于1.5m；双列布置时不应小于2m。

2）在值班人员经常工作的一面，设备面盘至墙的距离不应小于3m。

3）设备面盘后的维修距离不宜小于1m。

4）设备面盘的排列长度大于4m时，其两端应设置宽度不小于1m的通道。

四、安全技术防范系统

1. 概述

安全防范是指建筑及居住区中，采取“人防”、“物防”和“技防”相结合的手段，保障人们在生产、生活中的人身、财产安全以及生产、生活设施不受侵害。其主要手段包括在防范区域内设置安保人员（人防）、建造防范设备（物防），运用监控、通信等防范技术建立安全监视防范系统是安全防范工作中的技防。安全技术防范系统是综合运用计算机网络技术、通信技术、电子信息技术、安全防范技术等，以集中监视、集中控制、集中管理为目的，将各种安全防范设备与系统通过组合或集成所构成的一个综合性安全技术防范系统。

2. 安全技术防范系统的构成

（1）安全技术防范系统构成包括下列内容：

1）安全技术防范系统一般由安全管理系统和若干个相关子系统组成。

2）安全技术防范系统的结构模式按其规模大小、复杂程度可有多种构建模式。按照系统集成度的高低，安全技术防范系统分为集成式、组合式、分散式三种类型。

3）各相关子系统的基本配置，包括前端、传输、信息处理/控制/管理、显示/记录四大单元。不同（功能）的子系统，其各单元的具体内容有所不同。

4）目前较常用的子系统主要包括：入侵报警系统、视频安防监控系统、出入口控制系统、电子巡查系统、停车库（场）管理系统以及以防爆安全检查系统为代表的特殊子系统等。

（2）入侵报警系统：系统应能根据被防护对象的使用功能及安全防范管理的要求，对设防区域的非法入侵、盗窃、破坏和抢劫等，进行实时有效的探测与报警。高风险防护对象的入侵报警系统应有报警复核（声音）功能。系统不得有漏报警，误报警率应符合相关要求。入侵报警系统的设计应符合《入侵报警系统技术要求》等相关标准的要求。

（3）视频安防监控系统：系统应能根据建筑物的使用功能及安全防范管理的要求，对必须进行视频安防监控的场所、部位、通道等进行实时、有效的视频探测、视频监视，图像显示、记录与回放，宜具有视频入侵报警功能。与入侵报警系统联合设置的视频安防监控系统，应有图像复核功能，宜有图像复核加声音复核功能。视频安防监控系统的设计应符合《视频安防监控系统技术要求》等相关标准的要求。

（4）出入口控制系统：系统应能根据建筑物的使用功能和安全防范管理的要求，对需要控制的各类出入口，按各种不同的通行对象及其准入级别，对其进、出实施实时控制与管理，并应具有报警功能。出入口控制系统的设计应符合《出入口控制系统技术要求》等相关标准的要求。人员安全疏散口，应符合国家标准《建筑设计防火规范》的要求。防盗安全门、访客对讲系统、可视对讲系统作为一种民用出入口控制系统，其设计应符合国家现行标准《防盗安全门通用技术条件》、《楼寓对讲电控防盗门通用技术条件》、《黑白可视对讲系统》的技术要求。

（5）电子巡查系统：系统应能根据建筑物的使用功能和安全防范管理的要求，按照预先编制的保安人员巡查程序，通过信息识读器或其他方式对保安人员巡逻的工作状态（是否准时、是否遵守顺序等）进行监督、记录，并能对意外情况及时报警。

（6）停车库（场）管理系统：系统应能根据建筑物的使用功能和安全防范管理的需要，对停车库（场）的车辆通行道口实施出入控制、监视、行车信号指示、停车管理及车辆防盗报警等综合管理。停车库（场）管理系统，作为安全技术防范系统的一个子系统，主要是考虑到智能大厦、智能小区在安全防范管理工作上的需要。因为车辆的安全也是社会公众普遍关注的一个社会热点问题，把车辆存放时的安全问题纳入安全技术防范系统中，有利于维护社会治安的稳定。

(7) 其他子系统：应根据安全防范管理工作对各类建筑物、构筑物的防护要求或对建筑物、构筑物内特殊部位的防护要求，设置其他特殊的安全技术防范子系统，如防爆安全检查系统、专用的高安全实体防护系统、各类周界防护系统等。

3. 安全技术防范系统的设计原则

(1) 系统的防护级别与被防护对象的风险等级相适应。

(2) 技防、物防、人防相结合，探测、延迟、反应相协调。

(3) 满足防护的纵深性、均衡性、抗易损性要求。

(4) 满足系统的安全性、电磁兼容性要求。

(5) 满足系统的可靠性、维修性与维护保障性要求。

(6) 满足系统的先进性、兼容性、可扩展性要求。

(7) 满足系统的经济性、适用性要求。

4. 安全技术防范系统的一般规定

(1) 入侵报警系统应符合下列规定：

1) 应根据各类建筑物（群）、构筑物（群）安全防范的管理要求和环境条件，根据总体纵深防护和局部纵深防护的原则，分别或综合设置建筑物（群）和构筑物（群）周界防护、建筑物和构筑物内（外）区域或空间防护、重点实物目标防护系统。

2) 系统应能独立运行。有输出接口，可用手动、自动操作以有线或无线方式报警。系统除应能本地报警外，还应能异地报警。系统应能与视频安防监控系统、出入口控制系统等联动。集成式安全技术防范系统的入侵报警系统应能与安全技术防范系统的安全管理系统联网，实现安全管理系统对入侵报警系统的自动化管理与控制。组合式安全技术防范系统的入侵报警系统应能与安全技术防范系统的安全管理系统连接，实现安全管理系统对入侵报警系统的联动管理与控制。分散式安全技术防范系统的入侵报警系统，应能向管理部门提供决策所需的主要信息。

3) 系统的前端应按需要选择、安装各类入侵探测设备，构成点、线、面、空间或其组合的综合防护系统。

4) 应能按时间、区域、部位任意编程设防和撤防。

5) 应能对设备运行状态和信号传输线路进行检验，对故障能及时报警。

6) 应具有防破坏报警功能。

7) 应能显示和记录报警部位和有关警情数据，并能提供与其他子系统联动的控制接口信号。

8) 在重要区域和重要部位发出报警的同时，应能对报警现场进行声音复核。

(2) 视频安防监控系统应符合下列规定：

1) 应根据各类建筑物安全防范管理的需要，对建筑物内（外）的主要公共活动场所、通道、电梯及重要部位和场所等进行视频探测、图像实时监视和有效记录、回放。对高风险的防护对象，显示、记录、回放的图像质量及信息保存时间应满足管理要求。

2) 系统的画面显示应能任意编程，能自动或手动切换，画面上应有摄像机的编号、部位、地址和时间、日期显示。

3) 系统应能独立运行。应能与入侵报警系统、出入口控制系统等联动。当与报警系统联动时，能自动对报警现场进行图像复核，能将现场图像自动切换到指定的监示器上显示并自动录像。集成式安全技术防范系统的视频安防监控系统应能与安全技术防范系统的安全管理系统联网，实现安全管理系统对视频安防监控系统的自动化管理与控制。组合式安全技术防范系统的视频安防监控系统应能与安全技术防范系统的安全管理系统连接，实现安全管理系统对视频安防监控系统的联动管理与控制。分散式安全技术防范系统的视频安防监控系统，应能向管理部门提供决策所需的主要信息。

(3) 出入口控制系统应符合下列规定：

1) 应根据安全防范管理的需要，在楼内（外）通行门、出入口、通道、重要办公室门等处设置出入口控制装置。系统应对受控区域的位置、通行对象及通行时间等进行实时控制并设定多级程序控制。系统应有报警功能。

2) 系统的识别装置和执行机构应保证操作的有效性和可靠性。宜有防尾随措施。

3) 系统的信息处理装置应能对系统中的有关信息自动记录、打印、存贮，并有防篡改和防销毁等措施。应有防止同类设备非法复制的密码系统，密码系统应能在授权的情况下修改。

4) 系统应能独立运行。应能与电子巡查系统、入侵报警系统、视频安防监控系统等联动。集成式安全技术防范系统的出入口控制系统应能与安全技术防范系统的安全管理系统联网，实现安全管理系统对出入口控制系统的自动化管理与控制。组合式安全技术防范系统的出入口控制系统应能与安全技术防范系统的安全管理系统连接，实现安全管理系统对出入口控制系统的联动管理与控制。分散式安全技术防范系统的出入口控制系统，应能向管理部门提供决策所需的主要信息。

5) 系统必须满足紧急逃生时人员疏散的相关要求。疏散出口的门均应设为向疏散方向开启。人员集中场所应采用平推外开门，配有门锁的出入口，在紧急逃生时，应不需要钥匙或其他工具，亦不需要专门的知识或费力便可从建筑物内开启。其他应急疏散门，可采用内推闩加声光报警模式。

(4) 电子巡查系统应符合下列规定：

1) 应编制巡查程序，应能在预先设定的巡查路线中，用信息识读器或其他方式，对人员的巡查活动状态进行监督和记录，在线式电子巡查系统应在巡查过程发生意外情况时能及时报警。

2) 系统可独立设置，也可与出入口控制系统或入侵报警系统联合设置。独立设置的电子巡查系统应能与安全技术防范系统的安全管理系统联网，满足安全管理系统对该系统管理的相关要求。

(5) 停车库（场）管理系统应符合下列规定：

1) 应根据安全防范管理的需要选择的功能：入口处车位显示；出入口及场内通道的行车指示；车辆出入识别、比对、控制；车牌和车型的自动识别；自动控制出入挡车器；自动计费与收费金额显示；多个出入口的联网与监控管理；停车场整体收费的统计与管理；分层的车辆统计与在位车显示；意外情况发生时向外报警。

2) 系统可独立运行，也可与安全技术防范系统的出入口控制系统联合设置。可在停车场内设置独立的视频安防监控系统，并与停车库（场）管理系统联动；停车库（场）管理系统也可与安全技术防范系统的视频安防监控系统联动。

3）独立运行的停车库（场）管理系统应能与安全技术防范系统的安全管理系统联网，并满足安全管理系统对该系统管理的相关要求。

（6）根据安全防范管理工作的需要，可在特殊建筑物内外（如民用机场、车站、码头）或特殊场所（如大型集会入口处、核电站、重要物资存贮地、监狱等）临时或永久设置防爆安全检查系统、高安全实体防护系统、高安全周界防护系统等，并应符合下列规定：

1）防爆安全检查系统，应能对规定的爆炸物、武器或其他违禁物品进行实时、有效的探测、显示、记录和报警。系统的探测率、误报率和人员物品的通过率应满足国家现行相关标准的要求；探测应不对人体和物品产生伤害，不应引起爆炸物起爆。

2）高安全实体防护系统（如用于核设施）应满足国家现行相关标准的要求，不能产生辐射泄漏或影响环境安全。

3）高安全周界防护系统（如监狱设施的周界高压电网），应遵从“技防、物防、人防相结合”的原则，并应符合国家现行相关标准的要求。

第五节 机房工程

一、机房工程的范围和内容

（1）机房工程范围包括信息中心设备机房、数字程控交换机系统设备机房、通信系统总配线设备机房、消防监控中心机房、安防监控中心机房、智能化系统设备总控室、通信接入系统设备机房、有线电视前端设备机房、弱电间（电信间）和应急指挥中心机房及其他智能化系统的设备机房。

（2）机房工程内容包括机房配电及照明系统、机房空调、机房电源、防静电地板、防雷接地系统、机房环境监控系统和机房气体灭火系统等。

二、机房的设置

1. 一般规定

（1）综合布线设备间宜与计算机网络机房及电话交换机房靠近或合并。

（2）消防控制室可单独设置，亦可与安防系统、建筑设备监控系统合用控制室。

（3）公共广播可与消防控制室合并设置，亦可与有前端的有线电视系统合设机房。

（4）安防控制室宜靠近保安值班室设置。

（5）高层建筑或电子信息系统较多的多层建筑，除设备机房外，应设置电信间。

（6）各系统机房面积、电信间面积、布线通道应留有发展空间。

（7）不允许与其无关的水管、风管、电缆等各种管线穿过。

（8）机房宜采用防静电架空地板，架空地板的内净高度及承重能力应符合有关规范的规定和所安装设备的荷载要求。

（9）地震基本烈度为Ⅶ度及以上地区，机房设备的安装应采取抗震措施。

2. 机房的选址

（1）机房宜设在建筑物首层及以上层，当地下为多层时，也可设在地下一层。

（2）机房宜靠近电信间，方便各种线路进出。

（3）机房应远离强电磁场干扰场所，不应设置在变压器室、配电室的楼上、楼下或隔壁场所。

（4）机房宜远离振动源和噪声源的场所；当不能避免时，应采取隔振、消声和隔声措施。

（5）设备（机柜、发电机、UPS、专用空调等）吊装、运输方便。

（6）机房应远离粉尘、油烟、有害气体以及生产或贮存具有腐蚀性、易燃、易爆物品的场所。

（7）机房不应设置在厕所、浴室或其他潮湿、易积水场所的正下方或贴邻。

（8）机房宜根据设备配置及工作运行要求，由主机房、辅助用房组成。机房和辅助用房的面积应根据近期设备布置和操作、维护确定，并应留有发展余地。

3. 消防与安全

（1）机房的耐火等级不应低于建筑主体的耐火等级，消防控制室应为一级。

（2）电信间墙体应为耐火极限不低于1.0h的不燃烧体，门应采用丙级防火门。

（3）机房出口应设置向疏散方向开启且能自动关闭的门，并应保证在任何情况下都能从机房内打开。

（4）设在首层的机房的外门、外窗应采取安全措施。

（5）根据机房的重要性，可设警卫室或保安设施。

三、其他

（1）机房的背景电磁场强度应符合现行国家标准《环境电磁波卫生标准》（GB9175—1988）有关的规定。

（2）机房应设专用空调系统，机房的环境温、湿度应符合所配置设备规定的使用环境条件及相应的技术标准。

（3）根据机房的规模和管理的需要，宜设置机房环境综合监控系统。

（4）机房工程应符合现行国家标准《电子计算机房设计规范》（GB50174—93）和《建筑物电子信息系统防雷技术规范》（GB50343—2004）有关的规定。

参 考 文 献

[1] 陈妙芳. 建筑设备 [M]. 上海：同济大学出版社，2002.

[2] 刘灿生. 给水排水工程施工书册 [M]. 北京：中国建筑工业出版社，2002.

[3] 建筑工程常用数据系列书册编写组. 给水排水常用数据手册 [M]. 北京：中国建筑工业出版社，2002.

[4] 高湘，张建锋. 给水工程技术及工程实例 [M]. 北京：化学工业出版社，2002.

[5] 建筑给水排水设计规范（GB50015—2003） [S]. 北京：中国建筑工业出版社，2003.

[6] 建筑设计防火规范（GB50016—2006）[S]. 北京：中国建筑工业出版社，2006.

[7] 建筑中水设计规范（GB50336—2002）[S]. 北京：中国建筑工业出版社，2002.

[8] 樊建军. 建筑给水排水及消防工程 [M]. 北京：中国建筑工业出版社，2005.

[9] 高明远，岳秀萍. 建筑给水排水工程学 [M]. 北京：中国建筑工业出版社，2002.

[10] 王增长. 建筑给水排水工程（第五版）[M]. 北京：中国建筑工业出版社，2005

[11] 李玉华，张爱民. 高层建筑给水排水设计 [M]. 哈尔滨：黑龙江科学技术出版社，2002.

[12] 刘源全，张国军. 建筑设备 [M]. 北京：北京大学出版社，2006.

[13] 高明远，岳秀萍. 建筑设备工程（第三版） [M]. 北京：中国建筑工业出版社，2005.

[14] 韩剑宏. 中水回用技术及工程实例 [M]. 北京：化学工业出版社，2004.

[15] 王继明等. 建筑设备（第二版）[M]. 北京：中国建筑工业出版社，2007.

[16] 李青，戴萌. MBR 工艺用于生态型住宅小区的中水回用 [J]. 中国给水排水，2006，22 (16).

[17] 刘梦真，王宇清. 高层建筑采暖设计技术. [M]. 北京：机械工业出版社，2004.

[18] 杨昌智等. 暖通空调工程设计方法与系统分析. [M]. 北京：中国建筑工业出版社，2005

[19] 陆亚俊，马最良，姚杨. 空调工程中的制冷技术. [M]. 哈尔滨：哈尔滨工程大学出版社，2001.

[20] 陆亚俊，马最良，邹平华. 暖通空调. [M]. 北京：中国建筑工业出版社，2002.

[21] 陆耀庆. 实用供热空调设计手册. [M]. 北京：中国建筑工业出版社，2005.

[22] 高明远，岳秀萍. 建筑设备工程 [M]. 北京：中国工业出版社，2006.

[23] 刘源全，张国军. 建筑设备 [M]. 北京：北京大学出版社，2006.

[24] 王汉青. 通风工程 [M]. 北京：机械工业出版社，2007.

[25] 采暖通风与空气调节设计规范（GB50019—2003）[S]. 北京：中国计划出版

社，2003.

[26] 高层民用建筑设计防火规范（GB50045—95）[S]. 北京：中国计划出版社，2001.

[27] 段春丽. 黄仕元. 建筑电气 [M]. 北京：机械工业出版社，2006.

[28] 刘复欣. 建筑供电与照明 [M]. 北京：中国建筑工业出版社，2004.

[29] 刘介才. 工厂供电 [M]. 北京：机械工业出版社，2004.

[30] 北京照明学会照明设计专业委员会. 照明设计手册 [M]. 北京：中国电力出版社，2006.

[31] 李恭慰. 建筑照明设计手册 [M]. 北京：中国建筑工业出版社，2004.

[32] 戴瑜兴，等. 民用建筑电气设计手册 [M]. 北京：中国建筑工业出版社，2007.

[33] 任元会. 工业与民用配电设计手册 [M]. 北京：中国电力出版社，2005.

[34] 建筑照明设计标准（GB50034—2004）[S]. 北京：中国建筑工业出版社，2004.

[35] 智能建筑设计标准（GB/T500314—2006）[S]. 北京：中国计划出版社，2007.

[36] 民用建筑电气设计规范（JGJ16—2008）[S]. 北京：中国建筑工业出版社，2008.

高等学校“十一五”精品规划教材

测量学
房屋建筑学
土木工程施工
土木工程地质
建筑钢结构
建筑工程制图
建筑工程制图习题集
土力学
钢结构
理论力学
计算机辅助设计—AutoCAD
土木工程材料
建筑工程施工组织与管理
流体力学
建设工程项目管理
土木工程建设监理
弹性力学
高层建筑结构设计
结构力学
材料力学

建筑设备工程
建筑结构抗震
混凝土结构设计原理
混凝土结构设计
高屋建筑结构设计
建筑力学
工程制图
工程制图习题集
机械制图
机械制图习题集
水利工程监理
水利水电工程测量
工程水文学
地下水利用
灌溉排水工程学
水利工程施工
水利水电工程概预算
工程力学（高职高专适用）
水利工程监理
水资源规划及利用